21世纪高等教育工程管理系列教材

建筑设备工程

主　编　赵志曼　白国强

参　编　孙玉梅　王新泉　陈花军　杨张镜鉴

主　审　施永生

机械工业出版社

本书共分为三篇，主要内容包括：建筑给水排水工程、暖通空调工程和建筑电气。全书简化了对基础理论的阐述，如水力学和流体力学等，遵从实际工程情况和识读工程图的要求，配以大量图片、思考题和实训作业，以帮助读者掌握相关知识。

为突出教材的主要内容和培养读者解决基本问题的能力，本书将建筑给水排水工程、暖通空调工程和建筑电气的相关内容，如建筑消防给水系统、高层建筑供暖系统和建筑弱电系统放在“拓展学习”部分中，以供读者选学。

本书可作为高等院校工程管理、工程造价、建筑学及土建类相关专业教材，也可作为土木工程设计、施工、监理和科研人员的参考用书。

图书在版编目（CIP）数据

建筑设备工程/赵志曼，白国强主编．—北京：机械工业出版社，2013.11（2024.6重印）

21世纪高等教育工程管理系列教材

ISBN 978-7-111-44381-0

Ⅰ．①建…　Ⅱ．①赵…　②白…　Ⅲ．①房屋建筑设备-高等学校-教材　Ⅳ．①TU8

中国版本图书馆CIP数据核字（2013）第244639号

机械工业出版社（北京市百万庄大街22号　邮政编码100037）
策划编辑：冷　彬　责任编辑：冷　彬　臧程程　王　琪　冯　铗
版式设计：霍永明　责任校对：张　媛
封面设计：张　静　责任印制：常天培
北京机工印刷厂有限公司印刷
2024年6月第1版第11次印刷
184mm×260mm ·21.25印张·521千字
标准书号：ISBN 978-7-111-44381-0
定价：55.00元

电话服务　　网络服务
客服电话：010-88361066　　机　工　官　网：www.cmpbook.com
010-88379833　　机　工　官　博：weibo.com/cmp1952
010-68326294　　金　书　网：www.golden-book.com
封底无防伪标均为盗版　　机工教育服务网：www.cmpedu.com

序

随着新世纪我国建设进程的加快，特别是经济全球化大发展和我国加入WTO，工程建设领域对从事项目决策和全过程管理的复合型高级管理人才的需求逐渐扩大，而这种扩大又主要体现在对应用型人才的需求上，这使得高校工程管理专业人才的教育培养面临新的挑战与机遇。

工程管理专业是教育部将原本科专业目录中的建筑管理工程、国际工程管理、投资与工程造价管理、房地产经营管理（部分）等专业进行整合后，设置的一个具有较强综合性和较大专业覆盖面的新专业。应该说，该专业的建设与发展还需要不断地改革与完善。

为了能更有利于推动工程管理专业教育的发展及专业人才的培养，机械工业出版社组织编写了一套该专业的系列教材。鉴于该学科的综合性、交叉性以及近年来工程管理理论与实践知识的快速发展，本套教材本着“概念准确、基础扎实、突出应用、淡化过程”的编写原则，力求做到既能够符合现阶段该专业教学大纲、专业方向设置及课程结构体系改革的基本要求，又可满足目前我国工程管理专业培养应用型人才目标的需要。

本套教材是在总结以往教学经验的基础上编写的，主要注重突出以下几个特点：

（1）专业的融合性　工程管理专业是个多学科的复合型专业，根据国家提出的“宽口径、厚基础”的高等教育办学思想，本套教材按照该专业指导委员会制定的四个平台课程的结构体系方案，即土木工程技术平台课程及管理学、经济学和法律专业平台课程来规划配套。编写时注意不同的平台课程之间的交叉、融合，这样不仅有利于形成全面完整的教学体系，同时也可以满足不同类型、不同专业背景的院校开办工程管理专业的教学需要。

（2）知识的系统性、完整性　因为工程管理专业人才是在国内外工程建设、房地产、投资与金融等领域从事相关管理工程，同时可能是在政府、教学和科研单位从事教学、科研和管理工作的复合型高级工程管理人才，所以本套教材所包含的知识点较全面地覆盖了不同行业工作实践中需要掌握的各方面知识，同时在组织和设计上也考虑了与相邻学科有关课程的关联与衔接。

(3) 内容的实用性　教材编写遵循教学规律，避免大量理论问题的分析和讨论，提高可操作性和工程实践性，特别是紧密结合了工程建设领域实行的工程项目管理注册制的内容，与执业人员注册资格培训的要求相吻合，并通过具体的案例分析和独立的案例练习，使学生能够在建筑施工管理、工程项目评价、项目招投标、工程监理、工程建设法规等专业领域获得系统深入的专业知识和基本训练。

(4) 教材的创新性与时效性　本套教材及时地反映工程管理理论与实践知识的更新，将本学科最新的技术、标准和规范纳入教学内容；同时在法规、相关政策等方面与最新的国家法律法规保持一致。

我们相信，本套系列教材的出版将对工程管理专业教育的发展及高素质的复合型工程管理人才的培养起到积极的作用，同时也为高等院校专业的教育资源和机械工业出版社专业的教材出版平台的深入结合，实现相互促进、共同发展的良性循环奠定基础。

前　言

本书主要介绍建筑给水排水、供暖通风、空气调节、燃气输配、供电、照明和通信等系统的相关基础知识和技术，适合作为高等院校工程管理、工程造价、建筑学及土建类相关专业教材。

全书从“培养卓越工程师”的角度出发，根据国家现行建设工程规范，对各篇专业知识和主要内容进行了系统的介绍，突出重点，以例题和施工图实例为依托，深化学习内容，做到教学与练习密切结合，使读者能在有限的学时中掌握最主要的专业技能。

本书编写分工为：第1章、第2章由昆明理工大学孙玉梅编写，第Ⅰ篇拓展学习由昆明理工大学赵志曼编写；第3章由河南城建学院陈花军编写，第4章由中原工学院王新泉编写，第5章由华北水利水电大学白国强编写，第Ⅱ篇拓展学习由陈花军、王新泉、白国强共同编写；第Ⅲ篇及第Ⅲ篇拓展学习由云南经济管理职业学院杨张镜鉴编写。本书由赵志曼、白国强担任主编，昆明理工大学施永生教授担任主审。

感谢上海恒爱节能环保科技有限公司董事长刘移山先生为本书提供了部分图片。

由于时间仓促和水平有限，本书存在许多不足之处，恳请读者给予指正。

编　者

目 录

第Ⅰ篇　建筑给水排水工程

第1章 建筑给水系统

建筑给水工程是供应小区范围内和建筑内部的生活用水、生产用水和消防用水的一系列工程设施的组合。建筑内部给水与小区给水系统是以建筑物内的给水引入管上的阀门井或水表井为界。

建筑给水系统是将水自给水引入管引至室内各用水及配水设施（如配水龙头、生产用水设备、消防设备等），并满足用户对水质、水量、水压要求的相关系统。

1.1 给水系统的分类与组成

1.1.1 给水系统的分类

建筑给水系统按用途及供水对象，可分为三类：

（1）生活给水系统　生活给水系统是在民用、公共建筑和工业企业建筑内，专供人们生活饮用、烹调、盥洗等生活用水的供水系统，分为生活饮用水系统和杂用水系统。目前，国内通常将饮用水与杂用水系统合为一体，统称生活给水系统。其水质必须符合国家规定的饮用水质标准，且水量和水压应满足用户需求。该系统用水量常不均匀。

（2）生产给水系统　生产给水系统是在工业建筑或公共建筑中，供给生产原料和产品洗涤、设备冷却及产品制造过程用水的供水系统。其用水量均匀，各种生产用水的水质、水量、水压及可靠性的要求由于工艺的不同差异很大。

（3）消防给水系统　消防给水系统是在多层或高层民用建筑和大型公共建筑、某些生产车间和库房中，供给各类消防设备用水的给水系统。一般分为消火栓给水系统和自动喷水灭火系统。其用水量较大，对水质无特殊要求，低于饮用水标准；但对压力要求较高，必须执行《消防给水及消火栓系统技术规范》（GB 50974—2014）等规范的有关规定，保证有足够的水量和水压。

除以上三种给水系统外，还可以根据所要求的水质、水压、水量、水温，综合考虑经济、技术和安全等各方面，组成不同的共用给水系统，如生活-消防给水系统、生产-消防给水系统、生活-生产给水系统、生活-生产-消防给水系统等。

影响给水系统选择的相关因素有：

1）各类用水对水质、水量、水压、水温的要求。

2）室外给水系统的实际情况。

3）建筑使用功能对给水系统的要求。

1.1.2 给水系统的组成

一般建筑给水系统由以下几个部分组成，如图1-1所示。

（1）引入管　指室外给水管网与室内给水管网之间的联络管。包括由市政给水管网将水引入到小区给水管网的管段，以及自室外给水管穿过建筑承重墙及基础，将水引入的室内的管段，即进户管。

(2) 水表节点　指由安装在引入管上的水表及其前后设置的阀门和泄水装置构成水表节点。

(3) 给水管网　指由水平干管、立管和支管等组成的管道系统。

(4) 配水龙头或生产用水设备　指水龙头等配水装置及生产用水设备。

(5) 给水附件　指管道系统中调节和控制水量的各类阀门，如闸阀、止回阀、减压阀等。

(6) 升压和贮水设备　当市政管网的水压或流量经常或间断不足，不能满足室内或建筑小区内给水要求时，应设加压和流量调节装置，如贮水箱、水泵装置、气压给水、水池等装置。

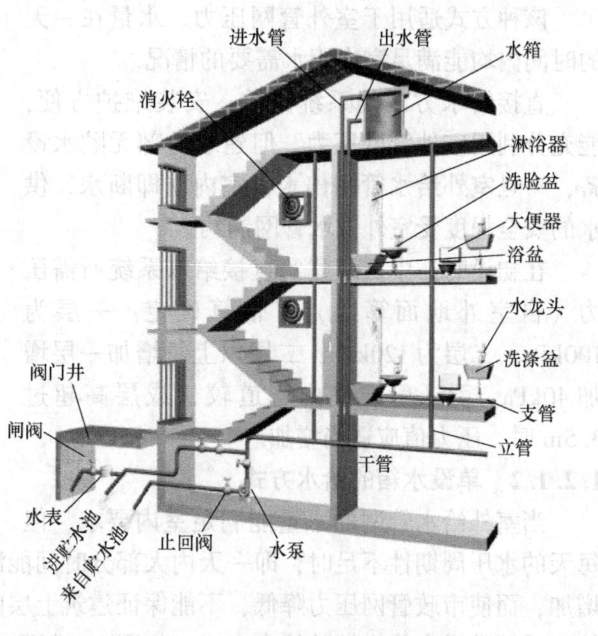

图1-1　建筑内部给水系统

(7) 消防和其他设备　按照建筑物的防火要求及规定，某些层数较多的民用建筑、大型公共建筑及容易发生火灾的仓库、生产车间等，必须设置室内消防给水系统，即设置消火栓系统或自动喷水灭火系统等消防给水系统。

1.2　给水方式与给水系统的选择

1.2.1　给水方式

给水方式即给水系统的供水方案。必须根据用户对水质、水压和水量的要求，室外管网所能提供的水质、水量和水压情况，卫生器具及消防设备等用水点在建筑物内的分布，以及用户对供水安全要求等条件来确定。

在选择室内给水方式时，具体依据以下原则：

1）力求给水系统简单，管道输送距离短。

2）充分利用城市管网水压直接供水。

3）供水应安全可靠，管理、维修方便。

4）水质接近时尽量采用共用给水系统。

5）尽量采用循环或复用给水系统。

6）卫生器具给水配件承受的最大工作压力不得大于0.6MPa。

典型给水方式有以下几种：

1.2.1.1　直接给水方式

当市政给水管网提供的水压、水量和水质均能满足室内给水管网要求时，宜采用直接给水方式，直接把室外管网的水引入建筑各用水点，如图1-2所示。

该种方式适用于室外管网压力、水量在一天的时间内均能满足室内用水需要的情况。

直接给水方式的系统简单，安装维护方便，能充分利用室外管网压力。但建筑内部无贮水设备，一旦室外给水管网停水，室内立即断水；供水的安全程度受室外供水管网制约。

在初设时，中低层建筑直接给水系统所需压力（自室外地面算起）可估算确定：一层为100kPa，二层为120kPa，二层以上每增加一层增加40kPa。引入管或室内管道较长或层高超过3.5m时，压力值应适当增加。

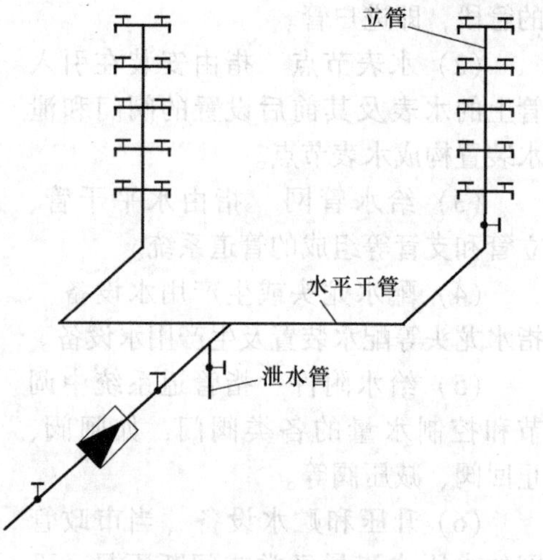

图1-2 直接给水方式

1.2.1.2 单设水箱的给水方式

当室外给水管网的水量能满足室内要求，但每天的水压周期性不足时，即一天内大部分时间能满足需要，仅在用水高峰时，由于水量的增加，而使市政管网压力降低，不能保证建筑上层的用水时，可在建筑物的顶层之上设置水箱，采用单设高位水箱的给水方式，如图1-3所示。该方式在室外管网水压大于室内所需压力时，向水箱进水；当室外管网水压不足时，水箱出水。

该给水方式的优点是供水可靠，系统简单，投资省，节能，无需设管理人员，能减轻市政管网高峰负荷（大多数屋顶水箱，总容量很大，能起到调节作用），可充分利用室外给水管网水压。缺点是增加了建筑物的荷载，水箱水质易产生二次污染。当供水水压、水量周期性不足时采用此方式。

1.2.1.3 单设水泵的给水方式

当室外给水管网水压经常不足时，可采用单设水泵的给水方式，如图1-4所示。这种方式有恒速泵供水和变频调速泵供水两种方式。当室内用水量大而均匀时，可用恒速泵供水；当室内用水量不均匀时，宜采用一台或多台水泵变速运行方式（也称为变频调速泵供水方式），以提高水泵的工作效率，降低电耗。变频调速泵通过改变电动机定子的供电频率来改变电动机的转速，从而使水泵的转速发生变化。调节水泵的转速，可以改变水泵的流量、扬程和功率，使出水量适应用水量的变化，并使水泵变流量供水时保持高效运行。

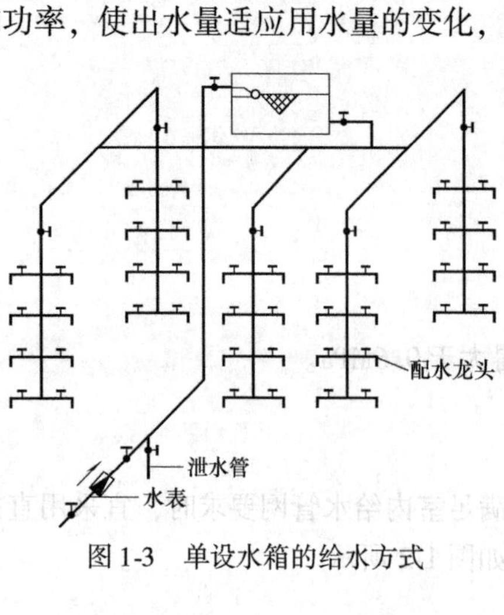

图1-3 单设水箱的给水方式

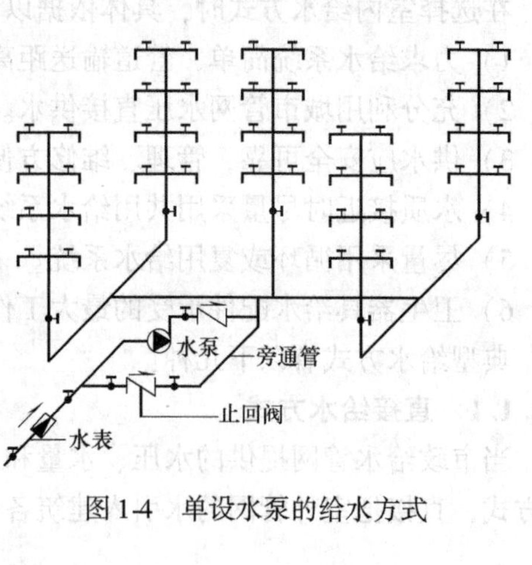

图1-4 单设水泵的给水方式

单设水泵供水的最大优点是：

1）高效节能。

2）设备占地面积较小；不设高位水箱，减少了结构负荷，节省了水箱占地面积，避免了水质的二次污染。

水泵直接从室外管网抽水，会使室外管网水压降低，影响附近用户用水，因此在系统中一般还需设置贮水池。当从室外管网直接抽水时，需经供水部门批准。

1.2.1.4　设水泵、水箱的联合供水方式

当室外管网低或经常水压供水不足，且室内用水又不很均匀时，可采用设水泵、水箱的联合给水方式，如图 1-5 所示。此种方式中，水泵及时向水箱充水，使水箱容积减小，又由于水箱的调节作用，使水泵工作状态稳定，可以使其在高效率下工作，同时由于水箱的调节，可以延时供水，供水压力稳定。还可以在水箱上设置液体继电器，使水泵启闭自动化。

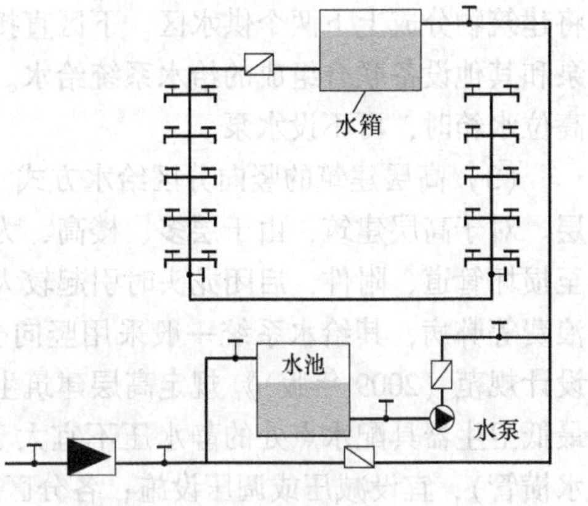

图 1-5　水泵水箱联合给水方式

该种方式投资较大，安装和维修都比较复杂。适用于室外给水管网水压低于或经常不能满足建筑内部给水管网所需水压，且室内用水不均匀的场合。

1.2.1.5　气压给水设备的给水方式

室外给水管网供水压力低于或经常压力不足，且不宜设置高位水箱的建筑，可采用该种方式，即用水泵抽水加压，利用罐中气压变化调节流量和控制水泵运行，如图 1-6 所示。该方式供水可靠，无高位水箱，但水泵效率低、耗能多。适用于室外给水管网水压不能满足建筑内给水管网所需水压，室内用水不均匀，不宜设高位水箱的建筑。

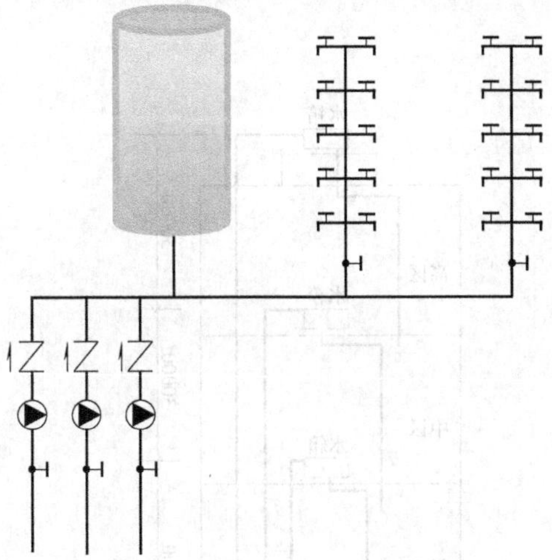
图 1-6　气压给水设备给水方式

1.2.1.6　分区给水方式

对于层数较多的建筑物，当室外给水管网水压不能满足室内用水时，可将其竖向分区。该种方式供水安全，但投资较大，维护复杂。适用于多层建筑中，室外给水管网能提供一定的水压，满足建筑下部几层用水要求，且下部几层用水量较大的情况。

（1）分区给水中各区可采用不同的给水方式

1）低区直接给水，高区为设贮水池、水泵、水箱的给水方式。

2）设贮水池和水泵、水箱分区并联给水方式。

3）气压水罐并列给水方式。

4）并联直接给水方式。

5）水泵、水箱分区串联给水方式。

6）水箱减压供水方式。

7）减压阀分区供水方式。高层建筑供水管路，也可采用减压阀。这种供水方式有高位水箱减压阀给水方式、气压水箱减压阀给水方式及无水箱减压阀供水方式。采用减压阀的最大优点是占用建筑面积少，缺点是水泵的运行动力费用高。

（2）建筑的低层充分利用建筑室外管网水压的给水方式　多层建筑或高层建筑，室外给水管网水压一般只能满足建筑下部几层的需求，为了充分有效地利用室外管网的水压，常将建筑物分成上下两个供水区。下区直接在建筑物外部管网提供的压力下给水；上区则由水泵和其他设备联合组成的给水系统给水。对于多层住宅，当室外给水管网水压在夜间能进入高位水箱时，可不设水泵。

（3）高层建筑的竖向分区给水方式　竖向分区，每个分区负担的楼层数一般为10～12层。对于高层建筑，由于层多、楼高，为避免低层管道中静水压力过大，造成管道漏水，甚至损坏管道、附件，启闭龙头时引起较大的噪声，并会使低层水龙头出流量过大，造成水量浪费等弊病，其给水系统一般采用竖向分区的给水方式。GB 50015—2003《建筑给水排水设计规范（2009年版）》规定高层建筑生活给水系统竖向分区压力应符合下列要求：各分区最低卫生器具配水点处的静水压不宜大于0.45MPa；静水压大于0.35MPa的入户管（或配水横管），宜设减压或调压设施；各分区最不利配水点的水压，应满足用水水压要求。居住建筑入户给水压力不应大于0.35MPa。

高层建筑分区给水方式的分区形式有并联式（图1-7）、串联式（图1-8）和减压式（图1-9）。升压和贮水设备可采用水泵（图1-10、图1-11）、水箱方式，也可采用气压给水方式。图1-12所示为采用气压给水装置的并列式分区给水方式。

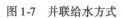

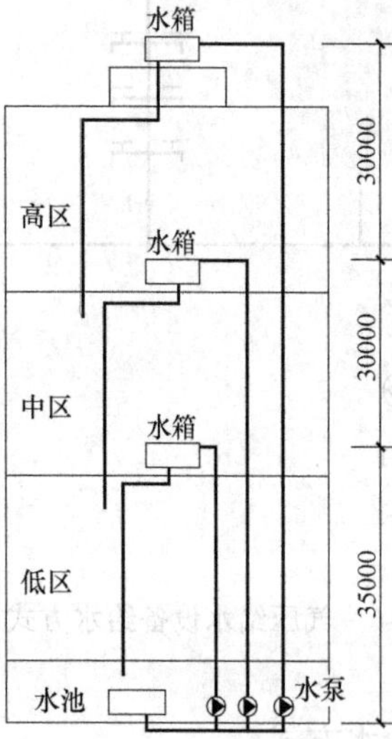

图1-7　并联给水方式

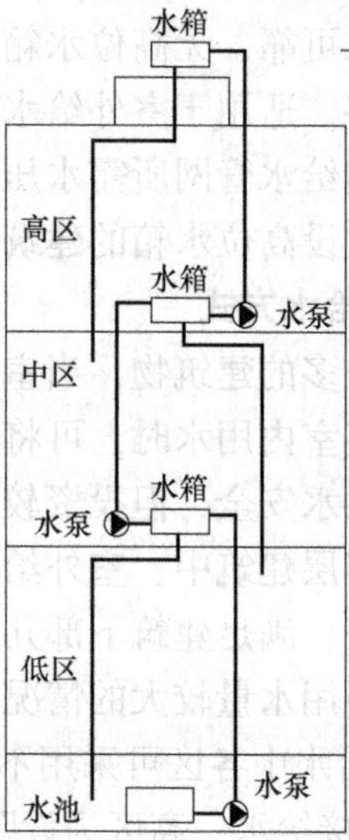

图1-8　串联给水方式

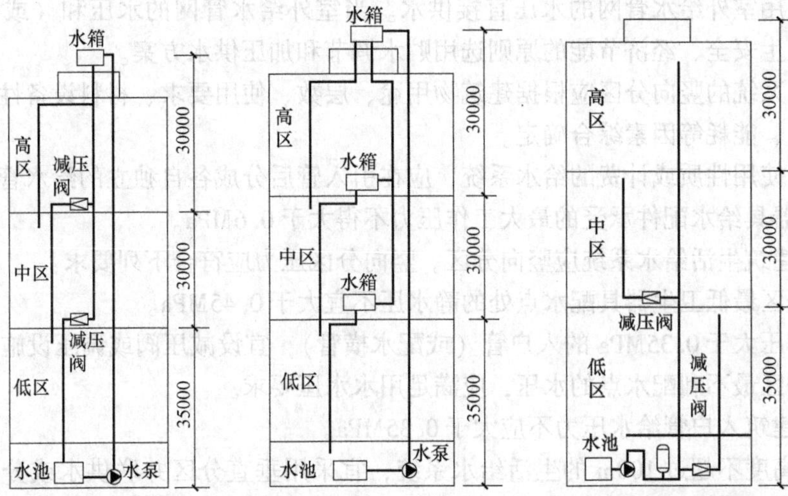

减压阀减压方式　　水箱减压方式　　变频泵垂直串联设减压阀给水方式

图 1-9　减压给水方式

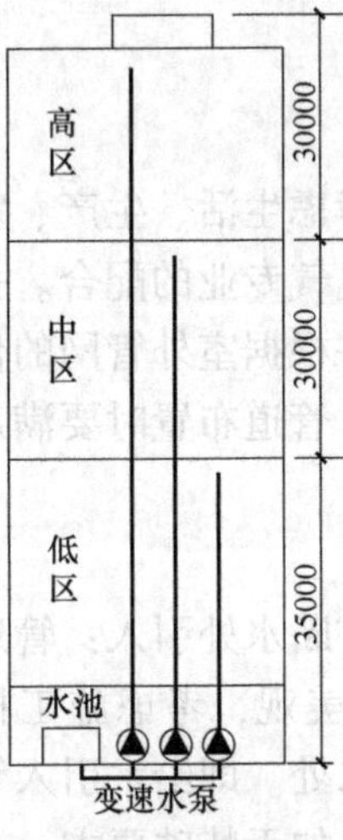

图 1-10　并列水泵给水方式

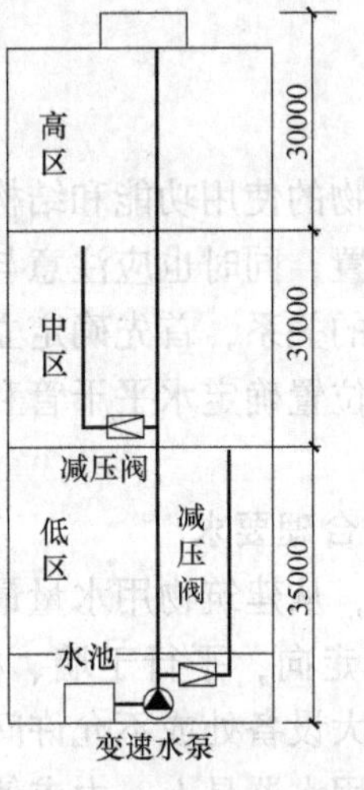

图 1-11　水泵减压阀给水方式

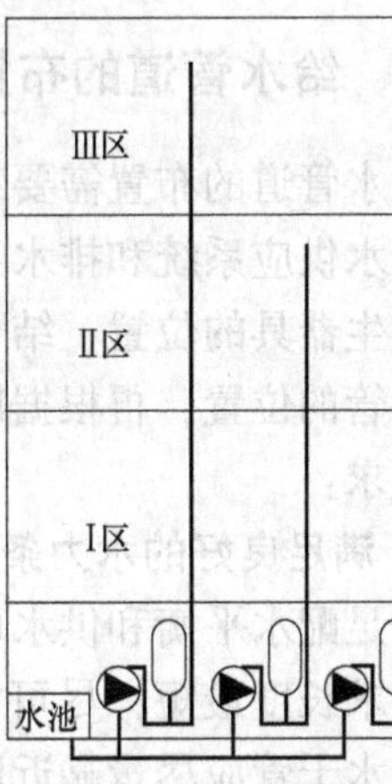

图 1-12　并列气压给水方式

1.2.2　给水系统的选择

1）小区的室外给水系统，其水量应满足小区内全部用水的要求，其水压应满足最不利配水点的水压要求。小区的室外给水系统，应尽量利用城镇给水管网的水压直接供水。当城镇给水管网的水压、水量不足时，应设置贮水调节和加压装置。

2）小区给水系统设计应综合利用各种水资源，宜实行分质供水，充分利用再生水、雨水等非传统水源；优先采用循环和重复利用给水系统。

3）小区的加压给水系统，应根据小区的规模、建筑高度和建筑物的分布等因素确定加压站的数量、规模和水压。

4）建筑物内的给水系统宜按下列要求确定：

① 应利用室外给水管网的水压直接供水。当室外给水管网的水压和（或）水量不足时，应根据卫生安全、经济节能的原则选用贮水调节和加压供水方案。

② 给水系统的竖向分区应根据建筑物用途、层数、使用要求、材料设备性能、维护管理、节约供水、能耗等因素综合确定。

③ 不同使用性质或计费的给水系统，应在引入管后分成各自独立的给水管网。

5）卫生器具给水配件承受的最大工作压力不得大于0.6MPa。

6）高层建筑生活给水系统应竖向分区。竖向分区压力应符合下列要求：

① 各分区最低卫生器具配水点处的静水压不宜大于0.45MPa。

② 静水压大于0.35MPa的入户管（或配水横管），宜设减压阀或调压设施。

③ 各分区最不利配水点的水压，应满足用水水压要求。

7）居住建筑入户管给水压力不应大于0.35MPa。

8）建筑高度不超过100m的生活给水系统，宜采用垂直分区并联供水或分区减压的供水方式；建筑高度超过100m的生活给水系统，宜采用垂直串联供水方式。

1.3 给水管道的布置与敷设

1.3.1 给水管道的布置要求

给水管道的布置需要结合建筑物的使用功能和结构要求，综合考虑生活、生产、室内消防及热水供应系统和排水系统的位置，同时也应注意与暖通空调和电气专业的配合。一般应根据卫生器具的位置，结合上下层的关系，首先确定立管的位置，并根据室外管网的位置确定引入管的位置，再根据用水器具位置确定水平干管和支管的布置。管道布置时要满足以下基本要求：

1. 满足良好的水力条件，经济合理要求

满足配水平衡和供水可靠要求，从建筑物用水量最大处和不允许断水处引入；管道布置时应力求长度最短，尽可能呈直线走向，平行于墙、柱敷设，兼顾美观，考虑施工检修方便；给水干管应尽量靠近用水量最大设备处或不允许间断供水的用水处。即给水引入管、水平干管及立管尽量靠近用水量大的用水器具上，力求使管道短而直。如无特殊要求，一般管道宜呈枝状布置，以减小工程量，降低造价。

2. 确保供水的安全性要求

引入管的根数考虑。对于不允许间断供水的建筑，应从室外环状管网的不同管段设两根或两根以上引入管，室内管道布置成环状或双向供水，也可采取设贮水池或补充第二水源等安全供水措施；室内给水管道不允许敷设在排水沟、烟道和风道内，不允许穿过大小便槽、橱窗、壁柜、木装修。给水管道与排水管道等有一定距离要求，以防止给水水质受到污染。

3. 保护管道不受损坏的要求

给水管道穿过承重墙或基础处，应预留洞口，且管顶净空不得小于建筑物的沉降量，一般不宜小于0.1m；管道不得穿越生产设备基础，特殊情况下必须穿越时，应与相关专业人员协商处理；给水管宜敷设在不结冻的房间内，如设在可能结冻的地方，应采取防冻措施；

避开沉降缝，如果必须穿越时，应采取相应的技术措施，如图 1-13 所示。

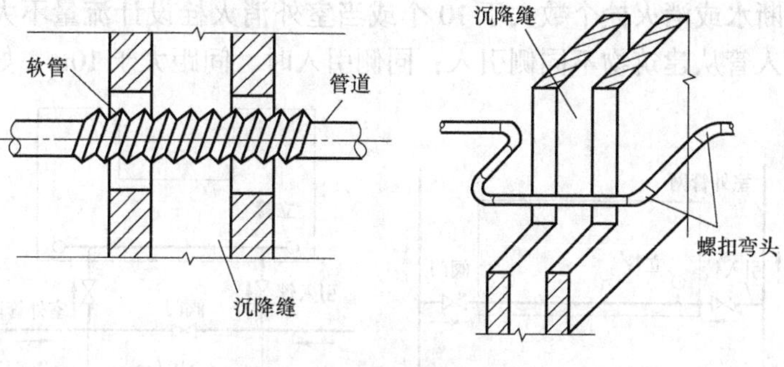

图 1-13　管道穿越沉降缝

4. 不影响生产安全和建筑物使用功能方面的要求

在给水管道架空布置时，应不妨碍生产操作及车间内交通运输。如不在设备上通过，不允许在遇水会引起爆炸、燃烧或损坏的原料、产品、设备上面布设管道。埋地时应避开设备基础，避免压坏或震坏；管道穿过地下室外墙或地下构筑物的墙壁处，应采取防水措施，如图 1-14 所示；管道外面如可能结露，应采取防结露措施。

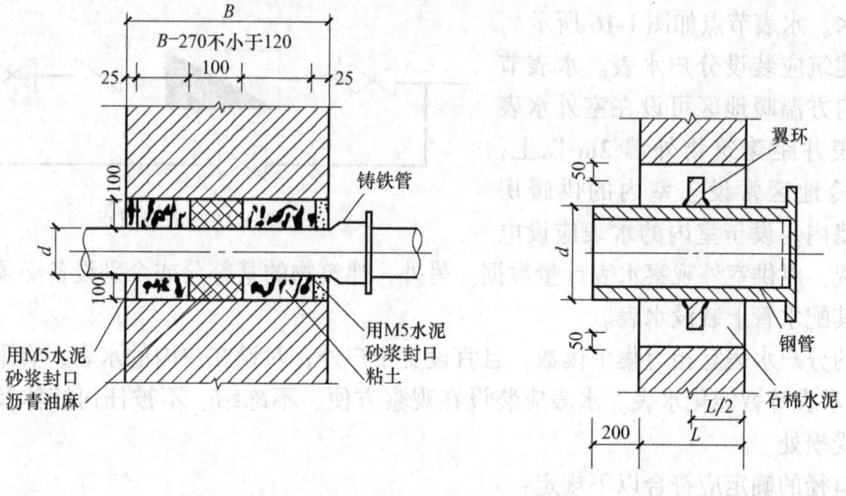

图 1-14　管道的防水措施

5. 便于安装、检修的措施要求

如给水横管宜设 0.002～0.005 的坡度坡向泄水装置，以便检修时泄空和清洗。对于管道井，当需进人检修时，其通道净宽度不宜小于 0.6m。

1.3.2　引入管和水表节点布置

小区的室外给水管网，宜布置成环状网，或者与城镇给水管连接成环状网。环状给水管网与城镇给水管的连接管不宜少于两条。

引入管是室外给水管网与室内给水管网之间的联络管。引入管敷设时常与外墙垂直。引入管的位置要结合室外给水管网的具体情况，由建筑最大用水量处接入；当用水点分布不均匀时，宜从建筑物用水量最大处和不允许断水处引入。当用水点分布均匀时，宜从建筑中间引入。还应考虑水表的安装和维护管理需求及与其他地下管道的协调布置。

引入管数目根据房屋的使用性质及消防要求等因素确定。一般建筑给水管网只设一条引入管，当不允许断水或消火栓个数大于 10 个或当室外消火栓设计流量不大于 20L/s 时设置两条。且一般引入管从建筑物不同侧引入；同侧引入时，间距大于 10m，如图 1-15 所示。

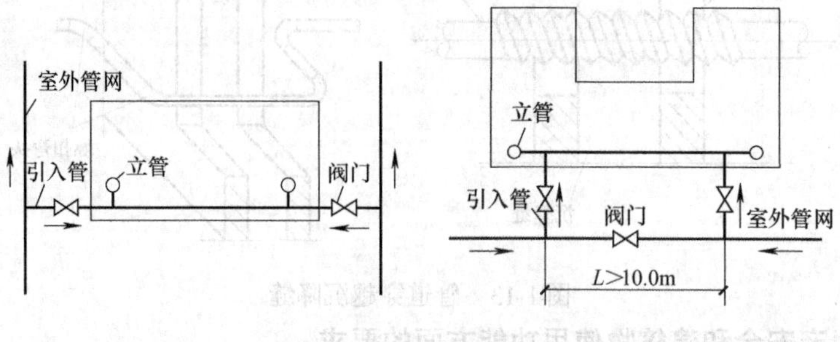

图 1-15　引入管的布置

建筑物的引入管，住宅的入户管及公用建筑物内需计量水量的水管上均应设置水表，水表前后应有阀门及放水阀。阀门的作用是关闭管段，以便修理或拆换水表；放水阀主要用于检修室内管路时，将系统内的水放空或检验水表的灵敏度。在生产厂房，为保证供水安全，在引入管水表节点处设穿越管段，管段上设阀门，非事故时关闭，水表更换或事故时可通过穿越管供水。水表节点如图 1-16 所示。

住宅建筑应装设分户水表。水表节点在我国南方温暖地区可设在室外水表井中，水表井距建筑物外墙 2m 以上；在北方寒冷地区常设于室内的供暖房间，承重墙内。设于室内的水表应设电子传感装置，以供室外观察水表计量数据。另外，建筑物的某部分或个别设备必须计算水量时，应在其配水管上装设水表。

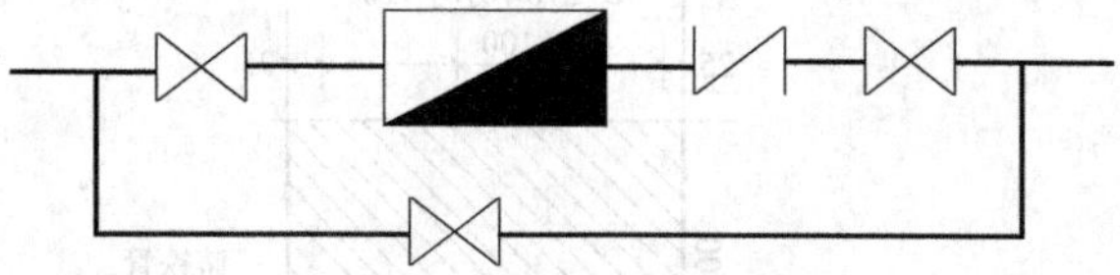

图 1-16　水表节点

住宅的分户水表宜相对集中读数，且宜设置于户外；对设在户内的水表，宜采用远传水表或 IC 卡水表等智能化水表。水表应装设在观察方便、不冻结、不被任何液体及杂质所淹没和不易受损处。

水表口径的确定应符合以下规定：

1）用水量均匀的生活给水系统的水表，应以给水设计流量选定水表的常用流量。

2）用水量不均匀的生活给水系统的水表，应以给水设计流量选定水表的过载流量。

3）在消防时除生活用水外尚需通过消防流量的水表，应以生活用水的设计流量叠加消防流量进行校核，校核流量不应大于水表的过载流量。

1.3.3　给水管网的布置与敷设

室内给水管网的布置与建筑物的性质、结构情况、用水要求及用水点的位置有关。布置时，应力求管线简短，平行于梁、柱沿壁面或顶棚作直线布置，不妨碍美观，且便于安装及检修。

1. 给水管网的布置形式

给水管网的布置根据用水安全性要求分为：

(1) 枝状布置　一般情况下，室内给水管网宜采用枝状管网，单向供水。

(2) 环状布置　在不允许断水的建筑或生产设备中，可采用环状供水形式。

室内生活给水管道宜布置成枝状管网，单向供水。

根据给水管网的水平干管的布置位置还可分成以下三种形式：

(1) 下行上给式　水平干管敷设在地下室顶棚下、专门的地沟内或在底层直接埋地敷设，由下向上供水。这种布置形式常用于一般居住建筑和公共建筑中的直接给水方式，如图1-17所示。

(2) 上行下给式　水平干管设于顶层顶棚下、吊顶中，或者明设在屋顶平面上自上向下供水。这种布置形式常用于一般民用建筑设有屋顶水箱的给水方式，如图1-18所示。

(3) 环状式　水平干管设置成环状。对于不允许间断供水的建筑物，如某些生产车间、高级宾馆及有消防要求的给水系统中，采用环状式供水形式。

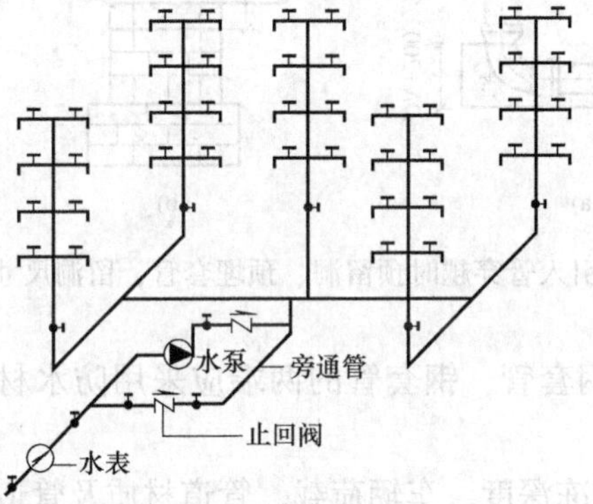

图1-17　下行上给式供水

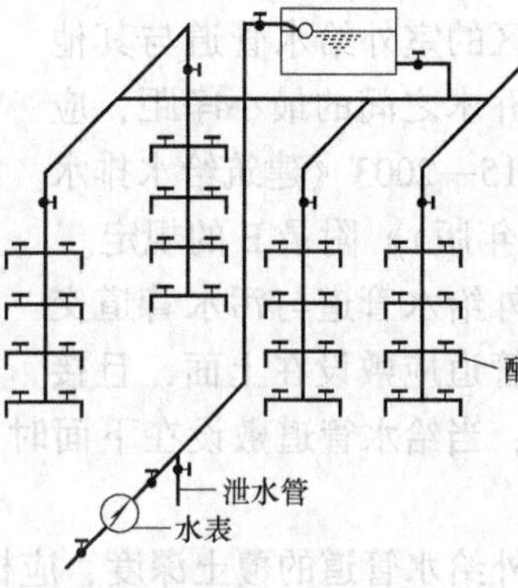

图1-18　上行下给式供水

2. 给水管道的敷设形式

根据建筑物的性质及要求，给水管道的敷设有明装和暗装两种。

(1) 明装　管道在室内沿墙、梁、柱、顶棚下、地板旁暴露敷设。

管道明装造价较低，便于安装维修；但不美观，易有凝结水、表面积灰，妨碍环境卫生。只有对卫生、美观没有特殊要求的建筑才采用此种方式。适用于一般民用建筑和生产车间。

(2) 暗装　管道敷设在地下室顶棚下或吊顶中，或者在管井、管槽、管沟中隐蔽敷设。分为直埋式和非直埋式两种。直埋式管道嵌墙敷设、埋地或在地坪层内敷设；非直埋式管道在管道井、管窿、吊顶内，以及地坪架空层内敷设。

暗装管道卫生条件好，美观；但施工复杂，造价高，检修维护不便。一般用于宾馆、医院等建筑标准较高的建筑。

3. 给水管道的敷设要求

(1) 引入管的敷设要求　引入管穿越承重墙或基础时，要注意管道的保护。若基础埋深较浅，则管道可从基础底部穿过，如图1-19a所示；若基础埋深较深，则引入管将穿越承重墙或基础本体，此时应预留洞口，如图1-19b所示，引入管穿越承重墙或基础时预留洞口、预埋套管（防水套管），留洞尺寸是管道的公称尺寸 *DN* 加上200mm，如图1-19a、b所示。遇有湿陷性黄土地区，引入管可设在地沟内引入。

引入管的覆土厚度，室外部分通常敷设在冰冻线以下 0.15m，覆土 0.7m 以上。室内部分，引入管的覆土厚度根据材料要求而不同：①金属管的覆土厚度大于或等于 0.3m；②塑料管 $DN \leqslant 50$mm 时，覆土厚度大于或等于 0.5m；$DN > 50$mm 时，覆土厚度大于或等于 0.7m。

（2）管道的敷设要求

1）室外管道的敷设要求：

① 小区的室外给水管道应沿区内道路敷设，宜平行于建筑物敷设在人行道、慢车道或草地下；管道外壁距建筑物外墙的净距不宜小于 1m，且不得影响建筑物的基础。

② 小区的室外给水管道与其他地下管线及乔木之间的最小净距，应符合 GB 50015—2003《建筑给水排水规范（2009 年版）》附录 B 的规定。

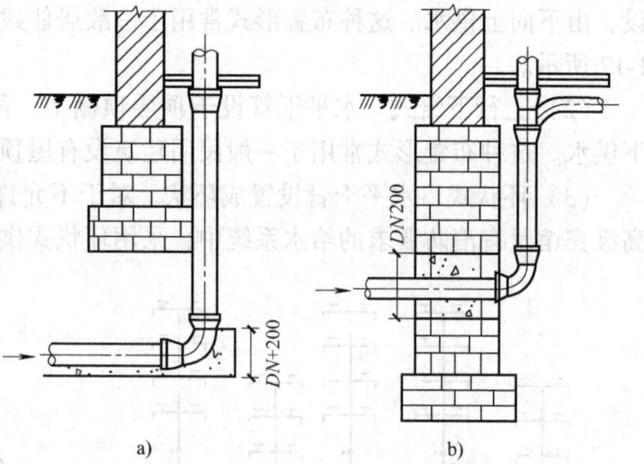

图 1-19 引入管穿越时预留洞、预埋套管，留洞尺寸

③ 室外给水管道与污水管道交叉时，给水管道应敷设在上面，且接口不应重叠；当给水管道敷设在下面时，应设置钢套管，钢套管的两端应采用防水材料封闭。

④ 室外给水管道的覆土深度，应根据土壤冰冻深度、车辆荷载、管道材质及管道交叉等因素确定。管顶最小覆土深度不得小于土壤冰冻线以下 0.15m，行车道下的管线覆土深度不宜小于 0.70m。

⑤ 室外给水管道上的阀门，宜设置阀门井或阀门套筒。

2）室内管道穿越要求：

① 给水横管穿越承重墙或基础，立管穿越楼板，应预留洞口。

② 给水管道穿越下列部位或接管时，应设置防水套管：穿越地下室或地下构筑物的外墙处；穿越屋面处（注：有可靠的防水措施时，可不设套管）；穿越钢筋混凝土水池（箱）的壁板或底板连接管道时。明设的给水立管穿越楼板时，应采取防水措施。

③ 给水管道不宜穿越伸缩缝、沉降缝、变形缝。如必须穿越时，应设置补偿管道伸缩和剪切变形的装置。给水管道的伸缩补偿装置，应按直线长度、管材的线胀系数、环境温度和管内水温的变化、管道节点的允许位移量等因素经计算确定。应利用管道自身的折角补偿温度变形。

④ 给水管道应避免穿越人防地下室。必须穿越时，应按 GB 50038—2005《人民防空地下室设计规范》的要求设置防护阀门等措施。

⑤ 室内给水管道不应穿越变配电房、电梯机房、通信机房、大中型计算机房、计算机网络中心、音像库房等遇水会损坏设备和引发事故的房间，并应避免在生产设备、配电柜上方通过。室内给水管道的布置，不得妨碍生产操作、交通运输和建筑物的使用。室内给水管道不得布置在遇水会引起燃烧、爆炸的原料、产品和设备的上面。埋地敷设的给水管道应避

免布置在可能受重物压坏处。管道不得穿越生产设备基础，在特殊情况下必须穿越时，应采取有效的保护措施。

3）管道在空中敷设时，必须采取管道的固定措施。

为了固定室内管道位置，不使管道因受自重、温度或外力影响而变形或位移，水平管道和垂直管道都应每隔一定距离装设支架、吊架。常用支架、吊架有钩钉、管卡、吊环、托架等，如图1-20所示。楼层高度不超过4m时，立管只需设一个管卡，通常设于1.5m高度处。支架、吊架间距视管径大小而定，见表1-1。

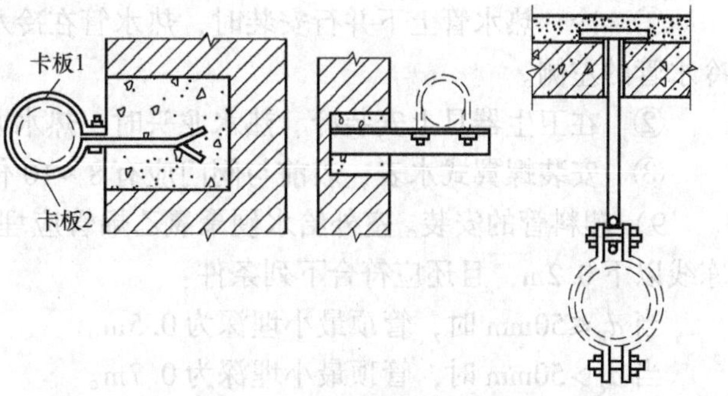

图1-20 管道的固定措施

表1-1 管径在15～150mm的水平钢管支架、吊架间距

管径/mm		15	20	25	32	40	50	70	80	100	150
支架、吊架最大间距/m	保温	1.5	2.0	2.0	2.5	3.0	3.0	3.5	4.0	4.5	6.0
	不保温	2.0	2.5	3.0	3.5	4.0	4.5	5.0	5.5	6.0	7.0

4）给水管道不得敷设在烟道、风道、电梯井内、排水沟内。给水管道不宜穿越橱窗、壁柜。给水管道不得穿过大便槽和小便槽，且立管离大、小便槽端部不得小于0.5m。生活给水管道不宜与输送易燃、可燃或有害的液体或气体的管道同管廊（沟）敷设。暗装管道不得直接敷设在建筑结构层内。

5）室内给水管道与其他管道一同架设时，应当考虑安全、施工、维护等要求。在管道平行或交叉设置时，对管道的相互位置、距离、固定等应按管道综合有关要求统一处理。在给水管道与其他管道平行埋设、交叉埋设时，建筑物内给水管道和排水管道之间有最小间距要求：

① 给水管道不得穿过大便槽和小便槽，且立管离大、小便槽端部不得小于0.5m。

② 生活给水引入管与污水排出管管外壁的水平净距不宜小于1.0m。建筑物内埋地敷设的生活给水管与排水管之间的最小净距，平行埋设时应为0.5m；交叉埋设时不应小于0.15m，且给水管应在排水管的上面。

③ 室外给水管道与污水管道交叉时，给水管道应敷设在上面，且接口不应重叠；当给水管道敷设在污水管道下方时，给水管道应设置钢套管，钢套管的两端应采用防水材料封闭。套管伸出交叉管的长度每边不小于3m，套管两端采用防水材料封闭。

敷设在室外综合管廊（沟）内的给水管道，宜在热水、热力管道下方，冷冻管和排水管的上方。给水管道与各种管道之间的净距，应满足安装操作的需要，且不宜小于0.3m。室内冷、热水管上、下平行敷设时，冷水管应在热水管下方。卫生器具的冷水连接管，应在热水连接管的右侧。

6）管道与墙、梁、柱的间距应满足施工、维护、检修的要求；室内给水管道上的各种阀门，宜装设在便于检修和便于操作的位置。

7）给水管道与其他管道共架敷设时，宜敷设在排水管、冷冻管的上面或热水管、蒸汽管的下面。

8）给水支管敷设。

① 冷、热水管上下并行安装时，热水管在冷水管的上面；垂直并行安装时，热水管在冷水管的左侧。

② 在卫生器具上安装冷、热水龙头时，热水龙头在冷水龙头的左侧。

③ 安装螺翼式水表，表前与阀门应有8~10倍水表直径的直线管段。

9）塑料管的安装。室外给水硬聚氯乙烯管应埋地敷设。一般情况下，埋设深度可在冰冻线以下0.2m，且还应符合下列条件：

当d_e≤50mm时，管顶最小埋深为0.5m。

当d_e>50mm时，管顶最小埋深为0.7m。

塑料管在吊运及下沟时，采用可靠的软带吊具，不得与沟壁或沟底激烈碰撞。水箱的进出水管、排污管，自水箱至阀门间的管道，不得采用塑料管。

塑料给水管道在室内宜暗设。明设时立管应布置在不易受撞击处，如不能避免时，应在管外采取保护措施。

塑料给水管道不得布置在灶台上边缘；明设的塑料给水立管距灶台边缘不得小于0.4m，距燃气热水器边缘不宜小于0.2m。达不到此要求时，应有保护措施。塑料给水管道不得与水加热器或热水炉直接连接，应有不小于0.4m的金属管段过渡。

10）管道低处应设置泄水管和泄水阀，管道隆起点和平直段的必要位置上应装设排气阀。需要泄空的给水管道，其横管宜设有0.002~0.005的坡度坡向泄水装置。

11）给水管道暗设时，应符合下列要求：

① 不得直接敷设在建筑物结构层内。

② 干管和立管应敷设在吊顶、管井、管窿内，支管宜敷设在楼（地）面的垫层内或沿墙敷设在管槽内。

③ 敷设在垫层或墙体管槽内的给水支管的外径不宜大于25mm。

④ 敷设在垫层或墙体管槽内的给水管管材宜采用塑料、金属与塑料复合管材或耐腐蚀的金属管材。

⑤ 敷设在垫层或墙体管槽内的管材，不得有卡套式或卡环式接口，柔性管材宜采用分水器向各卫生器具配水，中途不得有连接配件，两端接口应明露。

12）管道井的尺寸，应根据管道数量、管径大小、排列方式、维修条件，结合建筑平面和结构形式等合理确定。需进人维修管道的管井，其维修人员的工作通道净宽度不宜小于0.6m。管道井应每层设外开检修门。管道井的井壁和检修门的耐火极限和管道井的竖向防火隔断应符合消防规范的规定。

13）管道防护应符合下列要求：

① 在室外明设的给水管道，应避免受阳光直接照射，塑料给水管还应有有效保护措施。

② 在结冻地区应做保温层，保温层的外壳应密封防渗。敷设在有可能结冻的房间、地下室及管井、管沟等处的给水管道应有防冻措施。

③ 当给水管道结露会影响环境，引起装饰、物品等受损害时，给水管道应做防结露保

冷层。防结露保冷层的计算和构造，可按 GB/T 4272—2008《设备及管道绝热技术通则》执行。

1.3.4　管道防护措施

1. 防腐

明装或暗装的给水管道，除镀锌钢管和塑料管道外，必须进行管道防腐。管道防腐最简单的办法是刷油，把管道外壁除锈打磨干净，先涂底漆，再涂刷面漆。对于不需要装饰的管道，面漆可刷银粉漆；需要装饰和标志的管道，面漆可刷调和漆或铅油，使其颜色与房间装饰要求相适应。暗装管道可不刷面漆，一般采用先刷冷底子油再用沥青涂层等方法处理。

管道外防腐：钢管外防腐采用刷油法，做防腐层。铸铁管明装刷樟丹及银粉，埋地管道外表一律刷沥青防腐，先刷冷底子油，再用沥青涂层等方法处理。

2. 防冻、防结露

寒冷地区屋顶水箱，冬季不采暖的室内管道，设于门厅、过道处的管道，应采取保温、防冻措施。常用的做法是：管道除锈涂油漆后，可包扎矿渣棉、石棉硅藻土、玻璃棉、膨胀蛭石或用泡沫水泥瓦等保温层外包玻璃布涂漆等作为保护层，如图 1-21 所示。

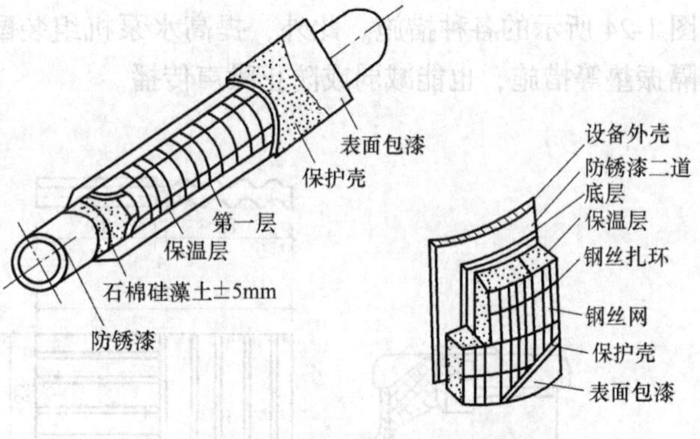

图 1-21　管道的防冻、防结露做法

管道明装在温度较高、湿度较大的房间，如厨房、洗涤间、某些车间等，根据建筑物性质及使用要求，可以采取防结露措施。防结露的做法与保温方法相同，可采用防潮绝缘层。

3. 防高温

塑料给水管有热胀冷缩现象，为防止高温时被破坏，需在一定管长上安装补偿器装置，如图 1-22 所示。

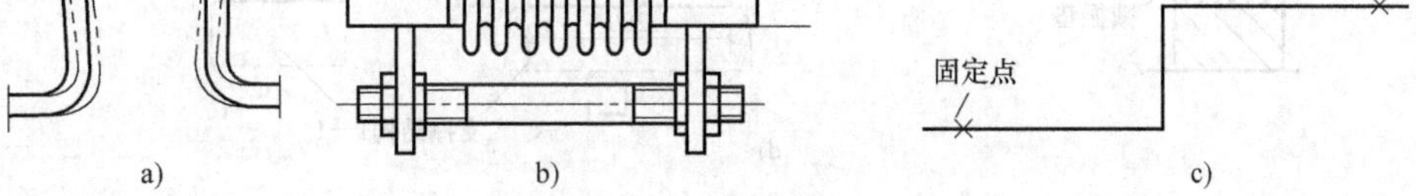

图 1-22　管道补偿器

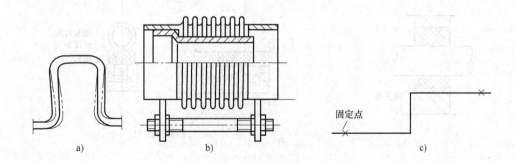

a）方形补偿器　b）波纹补偿器　c）Z 形补偿器

4. 防噪声

管网或设备在使用过程中常会发生噪声。噪声能沿着建筑物结构或管道传播。噪声的来源一般有下列几方面：

1）由于器材的损坏，在某些地方（闸阀、止回阀等）产生机械的敲击声。

2）管道中水的流速太高，通过阀门时，以及在管径突变或流速急变处，可能产生噪声。

3）由水泵工作时发出的噪声。

4）由于管中压力大，流速高引起水锤发生噪声。

防振防噪声的措施有：远离安静房间，采用隔声墙壁、质量良好的配件、减振基础及隔振垫（图1-23）及采用内衬垫减震材料（图1-24）。

在建筑设计时，水泵房、卫生间不靠近卧室及其他需要安静的房间，必要时可做隔声墙壁。在布置管道时，应避免管道沿着卧室或与卧室相邻的墙壁敷设。为了防止附件和设备上产生噪声，应选用质量良好的配件、器材及可曲挠橡胶接头等。安装管道及器材时也可采用如图1-24所示的各种措施。此外，提高水泵机组装配和安装的准确性，采用减振基础及安装隔振垫等措施，也能减弱或防止噪声传播。

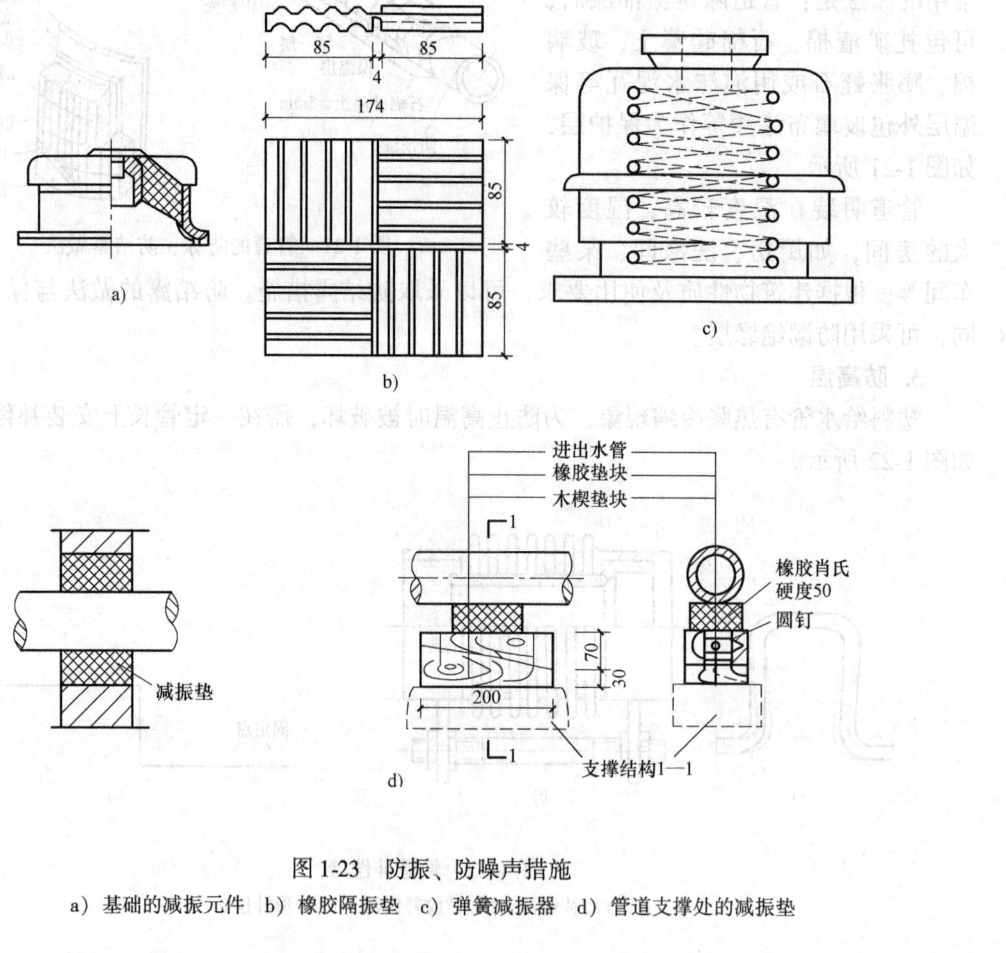

图1-23 防振、防噪声措施

a）基础的减振元件 b）橡胶隔振垫 c）弹簧减振器 d）管道支撑处的减振垫

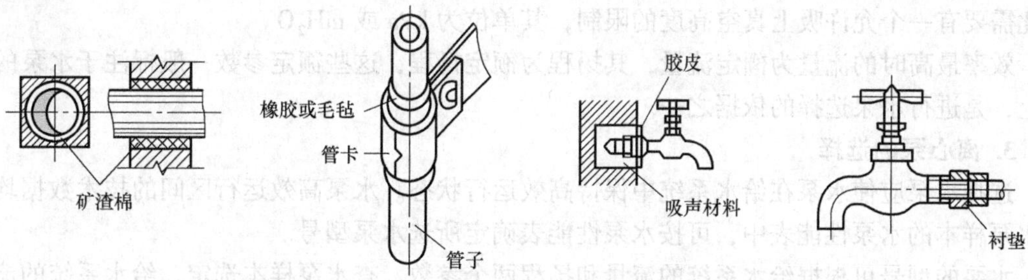

图 1-24　防振、防噪声措施——内衬垫减震材料

1.4　水泵、储水和气压给水设备

在室外给水管网压力不足的情况下。为了保证室内给水管网所需压力，常设置水泵和水箱。在消防给水系统中，也常需设置水泵以满足消防时所需的压力。水泵、水箱、贮水池、气压给水装置等都是建筑给水供水设备。

1.4.1　水泵及水泵房

水泵是给水系统中的主要升压设备。在建筑给水系统中，一般多采用离心式水泵，它具有结构简单、体积小、效率高、运转平稳等优点。

1. 离心泵的工作原理

离心泵通过离心力的作用来输送和提升液体。它主要由泵壳、泵轴、叶轮、吸水管、压水管等部分组成。水泵起动前要排除泵内空气，将水泵泵壳及吸水管中充满水；水泵起动后，在叶轮高速转动下，形成离心力，水从叶轮中心被甩向泵壳，使水获得动能与压能。由于泵壳的断面是逐渐扩大的，所以水进入泵壳后流速逐渐减小，部分动能转化为压能，使泵出口的水具有较高的压力流入压水管。同时，水被甩走后，水泵进口处形成真空，由于负压的作用，将吸水池中的水通过吸水管压入泵体。由于电动机带动叶轮连续旋转，离心泵也就均匀地连续供水。

水泵的工作方式有两种：一是“吸水式”，即泵轴高于吸水池最低设计水位；二是“灌入式”，即吸水池最低设计水位高于泵轴。后者可省去真空泵等灌水设备，也便于水泵及时起动，有条件时应优先采用。

2. 离心泵的基本工作参数

选用离心泵时需要根据它的基本工作参数来决定型号。离心泵的基本工作参数主要有：

(1) 流量 (Q)　单位时间内水通过水泵的体积，单位为 L/s 或 m^3/h。

(2) 扬程 (H)　单位质量的水通过水泵时所获得的能量，单位为 mH_2O 或 kPa。

(3) 轴功率 (N)　水泵从电动机处所得到的全部功率，单位为 kW。

(4) 效率 (η)　因水泵工作时本身也有能量损失，因此水泵真正得到的能量（即有效功率 N_u）小于轴功率 N，效率 η 即为此二者的比值。

(5) 转速 (n)　叶轮每分钟的转动次数，单位为 r/min。

(6) 允许吸上真空高度 (H_s)　当叶轮进口处的压力低于水的饱和蒸汽压时，水就发生汽化形成大量气泡，使水泵产生噪声和振动，严重时甚至发生“气蚀现象”而损伤叶轮，因此需要有一个允许吸上真空高度的限制，其单位为 kPa 或 mH_2O。

效率最高时的流量为额定流量，其扬程为额定扬程，这些额定参数一般标注于水泵的铭牌上，是进行水泵选择的依据之一。

3. 离心泵的选择

选择水泵应使水泵在给水系统中保持高效运行状态。水泵高效运行区间的技术数据均载于水泵样本的水泵性能表中，可按水泵性能表确定所选水泵型号。

水泵的型号可根据给水系统的流量和扬程两个参数，查水泵样本选定。给水系统的流量在无屋顶水箱时，以系统最大瞬时流量即按设计秒流量 q 确定；有水箱时，因水箱能起调节水量作用，水泵流量可按最大时流量或平均时流量确定。给水系统的扬程按设计秒流量时系统所需压力 $H_{S.U}$ 确定。

选择水泵时，必须根据给水系统最大小时的设计流量 q 和相当于该设计流量时系统所需的压力 $H_{S.U}$，按水泵性能表确定所选水泵型号。

具体说来，应使水泵的流量 $Q \geqslant q$，使水泵的扬程 $H \geqslant H_{S.U}$，并使水泵在高效率情况下工作。考虑到运转过程中水泵的磨损和效能降低，通常使水泵的 Q 及 H 稍大于 q 及 $H_{S.U}$，一般采用 10% ~15% 的附加值。

在水泵性能表上，附有传动配件、电动机型号等，可一并选用。

4. 水泵的吸水管与出水管

1）水泵宜自灌吸水。卧式离心泵的泵顶放气孔、立式多级离心泵吸水端第一级（段）泵体可置于最低设计水位标高以下，每台水泵宜设置单独从水池吸水的吸水管。吸水管内的流速宜采用 1.0~1.2m/s；吸水管口应设置喇叭口。喇叭口宜向下，低于水池最低水位，且宜小于 0.3m（消防水泵除外），当达不到此要求时，应采取防止空气被吸入的措施。

吸水管喇叭口至池底的净距，不应小于 0.8 倍吸水管管径，且不应小于 0.1m；吸水管喇叭口边缘与池壁的净距，不宜小于 1.5 倍吸水管管径；吸水管与吸水管之间的净距，不宜小于 3.5 倍吸水管管径（管径以相邻两者的平均值计）（注：当水池水位不能满足水泵自灌起动水位时，应有防止水泵空载起动的保护措施）。

2）当每台水泵单独从水池吸水有困难时，可采用单独从吸水总管上自灌吸水，吸水总管应符合下列规定：

① 吸水总管伸入水池的引水管不宜少于两条，当一条引水管发生故障时，其余引水管应能通过全部设计流量。每条引水管上应设闸门（注：水池有独立的两个及以上的分格，每格有一条引水管，可视为有两条及以上的引水管）。

② 引水管宜设向下的喇叭口。喇叭口的设置应符合吸水管喇叭口的相应规定，但喇叭口低于水池最低水位的距离不宜小于 0.3m。

③ 吸水总管内的流速应小于 1.2m/s。

④ 水泵吸水管与吸水总管的连接，应采用管顶平接或高出管顶连接。

3）自吸式水泵每台应设置独立从水池吸水的吸水管。水泵的允许安装高度，应根据当地的大气压力、最高水温时的饱和蒸汽压、水泵的汽蚀余量、水池最低水位和吸水管路的水头损失，经计算确定，并应有安全裕量。安全裕量应不小于 0.3m。

4）每台水泵的出水管上，应装设压力表、止回阀和阀门（符合多功能阀安装条件的出水管，可用多功能阀取代止回阀和阀门），必要时应设置水锤消除装置。自灌式吸水的水泵吸水管上应装设阀门，并宜装设管道过滤器。

5. 水泵的布置

水泵机组及控制设备通常设置在水泵房。一般在底层或地下室内设置水泵房。在供水量较大的情况下，常将水泵并联工作，此时两台或两台以上的水泵同时向压力管路供水。

水泵机组的布置原则为：管线最短，弯头最少，管路便于连接；布置力求紧凑，尽量减少水泵房平面尺寸以降低建筑造价，并考虑到扩建和发展；同时注意起吊设备时的方便。水泵机组的布置间距应符合下述要求：

1）水泵机组并排安装的间距，应当使检修时在机组间能放置拆卸下来的电动机和泵体。机组和配电箱间通道不得小于 1.5m。

2）水泵机组基础的侧面至墙面及相邻基础的距离不宜小于 0.7m，口径小于或等于 50mm 的小型泵，此距离可适当减小。

3）水泵机组的基础端边之间和至墙面的距离不得小于 1.0m，水泵机组端头到墙壁或相邻机组的间距应比轴的长度多出 0.5m，且不留通道的机组突出部分与墙壁间的净距及相邻机组的突出部分的净距不得小于 0.2m。

4）对于电动机容量小于或等于 20kW 或吸水口直径小于或等于 100mm 的小型水泵，为了节省泵房面积，也可两台同型号水泵共用一个基础，基础的一侧与墙面之间可不留通道，也可周围留有 0.7m 的通道。

5）水泵机组应设在独立的基础上，不得与建筑物基础相连，以免传播振动和噪声。水泵机组的基础至少应高出地面 0.1m。

6. 水泵房

1）小区独立设置的水泵房，宜靠近用水大户。水泵机组的运行噪声应符合 GB 3096—2008《声环境质量标准》的要求。

2）民用建筑物内的生活给水泵房不应设置在毗邻居住用房或在其上层或下层，水泵机组宜设在水池的侧面、下方，单台泵可设于水池内或管道内，其运行噪声应符合 GB 50118—2010《民用建筑隔声设计规范》的规定。

3）对有防震或有安静要求的房间的上下和与其毗邻的房间内，不得布置水泵。建筑物内的给水泵房，应采用下列减振防噪措施：

① 应选用低噪声水泵机组。

② 吸水管和出水管上应设置减振装置。

③ 水泵机组的基础应设置减振装置。

④ 管道支架、吊架和管道穿墙、楼板处，应采取防止固体传声措施。

⑤ 必要时，水泵房的墙壁和天花板应采取隔声、吸声处理。但消防专用水泵可以除外。

4）设置水泵的房间，应设排水设施；通风应良好，不得结冻。

5）当水泵机组供水量大于 $200m^3/h$ 时，泵房应有一间面积为 $10 \sim 15m^2$ 的修理间和一间面积约为 $5m^2$ 的库房。

6）泵房的高度在无起重机起重设备时，应不小于 3.2m（指室内地面至梁底的距离）。当有起重机起重设备时应按具体情况确定。

7）泵房门的宽度和高度，应根据设备运入的方便确定。开窗总面积应不小于泵房地板面积的1/6，靠近配电箱处不得开窗（可用固定窗）。

8）泵房内应有地面积水排除措施。在设有消防水泵时，应符合建筑防火规范的规定。

9）泵房内宜有检修水泵的场地。检修场地尺寸宜按水泵或电动机外形尺寸四周有不小于0.7m的通道确定。泵房内配电柜和控制柜前面通道宽度不宜小于1.5m。泵房内宜设置手动起重设备。

1.4.2 水塔和贮水池

在市政给水管网向居住小区供水时，当存在给水管网的水量和水压与居住小区的水量和水压不协调时，可设水塔或贮水池作为贮存和调节水量的构筑物。水塔设于高处，贮水池一般设置在建筑物的地下室或埋地设置在建筑物旁。水塔的容积应按室外给水管网供水压力其相应流量变化曲线和居住小区最高日用水压力和用水量之间的平衡关系，经分析计算确定。设置在寒冷地区的水塔，应有保温和防冻措施。

居住小区如设有加压泵站的贮水池，则此类贮水池的生活用水有效容积，可按小区生活用水的室外给水管网流入量和泵房水泵供出量的变化曲线关系，经分析计算确定。当缺少上述资料时，可按居住小区最高日用水量的15%～20%确定。安全贮水量应根据城镇供水制度，供水可靠程度及小区对供水的保证要求确定；建筑物内生活贮水池宜按建筑物最高日用水量的20%～25%确定。对于贮存消防用水量的贮水池，既要有保证水质不变坏，又要有保证消防水量平时不被动用的措施。消防贮水量应按国家现行的有关消防规范执行。

贮水池（箱）不宜毗邻电气用房和居住用房或在其下方。贮水池内宜设水泵吸水坑。吸水坑的大小和深度，应满足水泵或水泵吸水管的安装要求。对无调节要求的加压冷水系统，可不设贮水池而设吸水井。吸水井有效容积不应小于水泵3min的设计流量。

贮水池一般设置在建筑物旁的室外，埋地设置，此时应注意与排水管道的间距及与化粪池的净距不得小于10m。贮水池也可设置在地下室或设在底层。池（箱）外壁与建筑本体结构墙面或其他池壁之间的净距，应满足施工或装配的要求，无管道的侧面，净距不宜小于0.7m；安装有管道的侧面，净距不宜小于1.0m，且管道外壁与建筑本体墙面之间的通道宽度不宜小于0.6m；设有人孔的池顶，顶板面与上面建筑本体板底的净空不应小于0.8m。

1.4.3 高位水箱

在建筑给水系统中，需要增压、稳压或贮存一定的水量时，可设置水箱。水箱常为圆形或矩形。特殊条件下，也可设计成任意形状。水箱的材质应不影响水质。一般用钢板或钢筋混凝土制作。目前也有用玻璃钢制作的成品水箱。选用玻璃钢制作生活给水箱时，应采用食品级树脂为原料。

生活用水高位水箱应符合下列规定：

1）由城镇给水管网夜间直接进水的高位水箱的生活用水调节容积，宜按用水人数和最高日用水定额确定；由水泵联动提升进水的水箱的生活用水调节容积，不宜小于最大用水时水量的50%。

2）高位水箱箱壁与水箱间墙壁及箱顶与水箱间顶面的净距应符合GB 50015—2003《建筑给水排水设计规范（2009年版）》的规定，箱底与水箱间地面板的净距，当有管道敷设时不宜小于0.8m。

3）水箱的设置高度（以底板面计）应满足最高层用户的用水水压要求。当达不到要求时，宜采取管道增压措施。

1. 高位水箱的容积及设置高度

（1）水箱的容积 水箱的有效容积应根据调节水量、生活和消防贮备水量确定。其中生活调节水量按下列情况分别确定：

1）单设高位水箱时，其生活用水有效调节容积宜按用水人数和最高日用水定额确定。

2）设水泵、水箱时，其生活用水有效调节容积不宜小于最大用水时水量的50%。

消防贮备水量一般取10min的消防用水量。为避免水箱容积过大，根据GB 50016—2012《建筑防火规范》规定，当室内消防用水量小于或等于25L/s，经计算消防水箱所需消防储水量大于$12m^3$时，仍可采用$12m^3$；当室内消防用水量大于25L/s，经计算消防水箱所需消防储水量大于$18m^3$时，仍可采用$18m^3$。

仅在夜间进水的水箱，生活用水贮备量按用水人数和用水定额确定。

（2）水箱的设置高度 水箱的设置高度应保证最不利配水点处有所需的流出水头，通常根据房屋高度、管道长度、管道直径，以及设计流量等技术条件，经水力计算后确定。

对于贮存有消防水量的水箱，水箱安装高度难以满足顶部几层消防水压的要求时，需另行采取局部增压措施。

2. 水箱的配管

水箱上应设置下列管道，如图1-25所示。

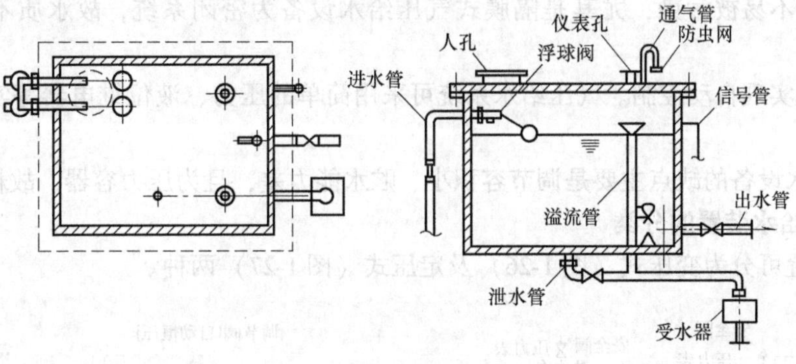

图1-25 水箱的配管

（1）进水管 当水箱利用室外给水管网压力进水时，为防止溢流，在进水管上应安装水位控制阀，如浮球阀。浮球阀不宜少于两个。进水管入口距箱盖的距离应满足浮球阀的安装要求。当水箱由泵供水，并采用控制水泵启闭的自动装置时，不需设水位控制阀。进水管管径可按水泵出水量或室内最大瞬时用水量即设计秒流量确定。

（2）出水管 为了保证工作可靠和维护方便，进、出水管应分开设置。出水管可由水箱侧壁接出，其管口下缘至水箱内底的距离应不小于50mm，以防沉淀物流入配水管网。其管径按设计秒流量确定。

（3）溢流管 管口要设在水箱允许最高水位以上，管径应按水箱最大流入量确定，其管径一般比进水管管径大（为进水管管径的两倍或增加1~2号），但在水箱底1m以下管段的管径可采用与进水管直径相等的管径。溢流管上不得装设阀门。溢流管中溢出的水流，必须经过隔断水箱后才能与排水管道相连，以防水箱中的水受到污染。设在平屋顶上的水箱，溢流管出水可直接排到屋面后排除。

(4) 水位信号装置　水位信号装置是反映水位控制阀失灵信号的装置，可采用自动液位信号计设在水箱内，也可在溢流管下10mm处设信号管，直通值班室内的洗涤盆等处，其管径一般采用15~20mm。若需随时了解水箱水位，也可在水箱侧壁便于观察处，安装玻璃液位计。

(5) 泄水管（污水管）　泄水管（污水管）装在箱底，以便排出箱底沉泥及清洗水箱的污水。污水管与溢流管相连接，经过溢流管将污水排入下水道。管径采用40~50mm，管上应设阀门，可与溢流管连接后用同一管道排水，但不得与排水管道直接相连。

(6) 通气管　通气管设在饮用水箱的密闭箱盖上，管上不应设阀门。管口应朝下，并设防止灰尘、昆虫和蚊蝇进入的滤网。

1.4.4 气压给水设备

气压给水设备是利用密闭贮罐内被水泵间接压缩的空气作媒介，向给水系统压送水量的一种给水装置。它既可以调节水量、贮存水量，又可以保持系统所需水压。它具有以下优点：

1）灵活性较大，安装位置不受限制，给水压力可在一定范围内调节，施工安装简便，便于扩建、改建和拆建，尤其适用于有隐蔽要求及地震区建筑等不宜设置高位水箱的建筑中。

2）水质不易被污染，尤其是隔膜式气压给水设备为密闭系统，故水质不会受外界污染。

3）便于实现自动控制。气压给水系统可采用简单的压力、液位继电器等实现全自动供水控制。

气压给水设备的缺点主要是调节容积小、贮水能力差，且为压力容器，故耗钢量较大。

1. 气压给水装置的分类

气压装置可分为变压式（图1-26）及定压式（图1-27）两种。

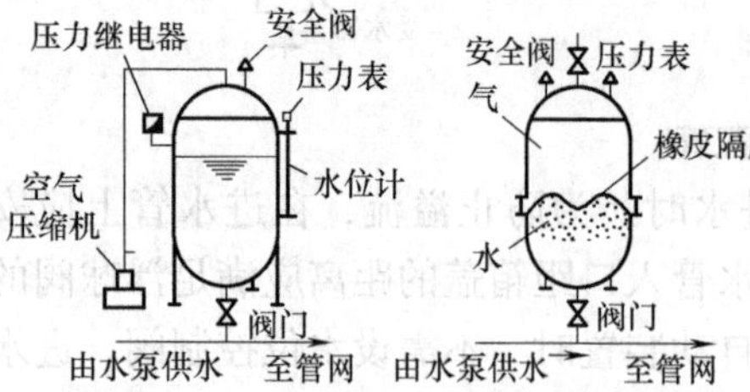

a)　b)

图1-26　变压式气压装置

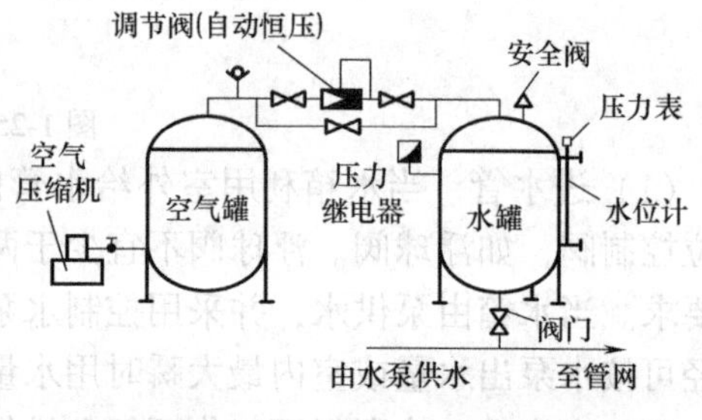

图1-27　定压式气压装置

(1) 变压式气压装置　变压式系统是罐内的水在压缩空气的压力下，被送往用水点，随着罐内水量的减少，空气体积膨胀，压力逐渐降低，当压力降到最小设计压力时，水泵在压力继电器作用下起动重新充水；水泵出水除供用户外，多余部分进入气压水罐，罐内水位随之上升，空气又被压缩，在压力升到最大设计压力后，水泵停机。该系统处于高低压力变化的情况下运行。变压式气压装置常设在没有稳定压力要求的供水系统中。

由于空气具有溶于水的特性，水罐中的空气逐渐被输出的水带走，加之气压水罐的质量及安装不当等原因都会造成气体泄漏现象，所以在运行中气压水罐内的空气会逐渐减少，导致水泵频繁起动，并影响气压装置的正常运行，必须及时补气。第一种补气的方法是空气压缩机补气。由于该方法容易使空气压缩机的润滑油进入气压水罐，造成水质污染，目前已很少采取这种补气方法。第二种补气方式是泄空补气，即对于允许短时停水的给水系统，采取定期泄空罐内存水的方法进行补气。目前，在气压给水设备中常采用专用的补气装置，如补气罐补气等。

为了简化气压给水装置，省略补气和排气装置，保护水质免受脏空气和空气压缩机润滑油的污染，目前有一种采用隔膜式气压罐的给水装置，即在罐内装设弹性隔膜或胶囊，将水气隔开，囊外充以定量空气，囊内充水，罐内压力随贮水量增减而变化。这种隔膜式气压装置是变压式气压给水系统的另一种形式，其优点是水、气不相接触，罐中水不受空气污染，保证供水卫生。此外，罐中空气不会外泄，因而不需经常补气，节省动力。

(2) 定压式气压给水设备　在用户要求水压稳定时，可在变压式气压给水装置的供水管上安装调压阀，调节后水压在要求范围内，使管网处于恒压下工作。也可在双罐变压式气压给水设备的压缩空气连通管上安装压力调节阀，调节后气压在要求范围内。

2. 气压给水设备的布置与安装

气压给水设备是一个组合式的成套设备，可设置在底层、地下室、辅助用房内，也可根据给水方式设置在顶层或高层建筑的技术层内。气压给水设备中应装设溢流阀、压力表、泄水管，对于其中的水泵，同样需做好减振措施，放置气压给水设备的房间也同样需设置排除积水措施。

1.5 给水管材及附件

1）给水系统采用的管材和管件，应符合国家现行有关产品标准的要求。管材和管件的工作压力不得大于产品标准公称压力或标称的允许工作压力。

2）小区室外埋地给水管道采用的管材，应具有耐腐蚀和能承受相应地面荷载的能力。可采用塑料给水管、有衬里的铸铁给水管、经可靠防腐处理的钢管。管内壁的防腐材料，应符合现行的国家有关卫生标准的要求。

3）室内的给水管道，应选用耐腐蚀和安装连接方便可靠的管材，可采用塑料给水管、塑料和金属复合管、铜管、不锈钢管及经可靠防腐处理的钢管。

（注：高层建筑给水立管不宜采用塑料管。）

4）给水管道上使用的各类阀门的材质，应耐腐蚀和耐压。根据管径大小和所承受压力的等级及使用温度，可采用全铜、全不锈钢、钢壳铜芯和全塑阀门等。

1.5.1 管材

建筑给水系统常用给水管材一般有钢管、铸铁管、塑料管、铜管及铝塑复合管等。但必须注意：生活用水的给水管必须是无毒的。

1. 管材的选择与连接

(1) 管材的选择

1) 新建、改建、扩建城市供水管道（管径在 400mm 以下）和住宅小区室外给水管道应使用无毒硬聚氯乙烯、聚乙烯塑料管；大口径城市供水管道可选用钢塑复合管。

2) 新建、改建住宅室内给水管道、热水管道和供暖管道优先选用铝塑复合管、交联聚乙烯管等新型管材，淘汰镀锌钢管。

(2) 管道材料

1) 给水管材。给水管材有钢管、铸铁管、塑料管。

2) 钢管。钢管有焊接钢管、无缝钢管两种。焊接钢管有普通钢管和加厚钢管两种，又可分镀锌钢管（白铁管）和非镀锌钢管（黑铁管)。

3) 铸铁管。给水铸铁管有低压、普压、高压三种，室内给水管道一般采用普压给水铸铁管。

(3) 给水管道的连接

1) 低压流体输送用镀锌焊接钢管，采用螺纹连接。

2) 给水硬聚氯乙烯管（UPVC）一般采用承插连接，其中承插粘接适用于管外径为 20 ~160mm 的管道连接，橡胶圈连接适用于管外径≥63mm 的管道连接，其与金属管配件、阀门等的连接采用螺纹或法兰连接。采用给水硬聚氯乙烯管螺纹连接时，宜采用聚四氟乙烯生料带作为密封填充物，不宜使用厚白漆、麻丝。

3) 给水聚丙烯管（PP-R）采用热熔承插连接。

4) 不锈钢管采用电焊或氩弧焊连接，薄壁铜管采用承插钎焊焊接。

5) 给水铸铁管采用橡胶圈、石棉水泥或膨胀水泥承插接口连接，在交通要道等振动较大的地段采用青铅接口。

6) 球墨铸铁管采用橡胶圈机械式接口或承插式接口，也可以采用螺纹法兰连接的方式。

2. 常用管材

(1) 钢管　低压流体输送用焊接钢管。焊接钢管由碳素软钢制造，是管道工程中最常用的一种小直径管材，一般采用 $DN<150$mm，并且要求采用热浸镀锌工艺生产的产品，适用于输送水、煤气、蒸汽等介质。按其表面质量的不同，焊接钢管分为镀锌钢管（俗称白铁管）和非镀锌钢管（俗称黑铁管)。内、外壁镀上一层锌保护层的钢管，较非镀锌钢管重 3% ~6%。无缝钢管是在焊接钢管不能满足压力要求的情况下采用，一般主要用于高压供热系统和高层建筑的冷、热水管道和蒸汽管道及各种机械零件的坯料。

钢管规格以公称直径（也称公称口径、公称通径）表示，即用字母 DN 及其后附加公称直径数值表示。例如 DN40 表示钢管公称直径为 40mm。无缝钢管则以外径乘以壁厚来表示规格。钢管按其管材壁厚不同分为薄壁管、普通管和加厚管三种。薄壁管不宜用于输送介质，可作为套管用。

钢管强度高，能耐高压，抗震性能好，自重比铸铁管轻，单管的长度大，接口方便，加工安装简单。但造价较高，承受外荷载的稳定性差，耐腐蚀性差，管壁内外都需有防腐措施。通常只在管径大和水压高处，以及因地质、地形条件限制或穿越铁路、河谷和地震地区时使用。

钢管连接的方法有三种：螺纹连接，焊接和法兰连接。螺纹连接是最常用的连接方法，其连接零件有三通、四通、弯管和渐缩管等钢管的管件及连接如图1-28所示。

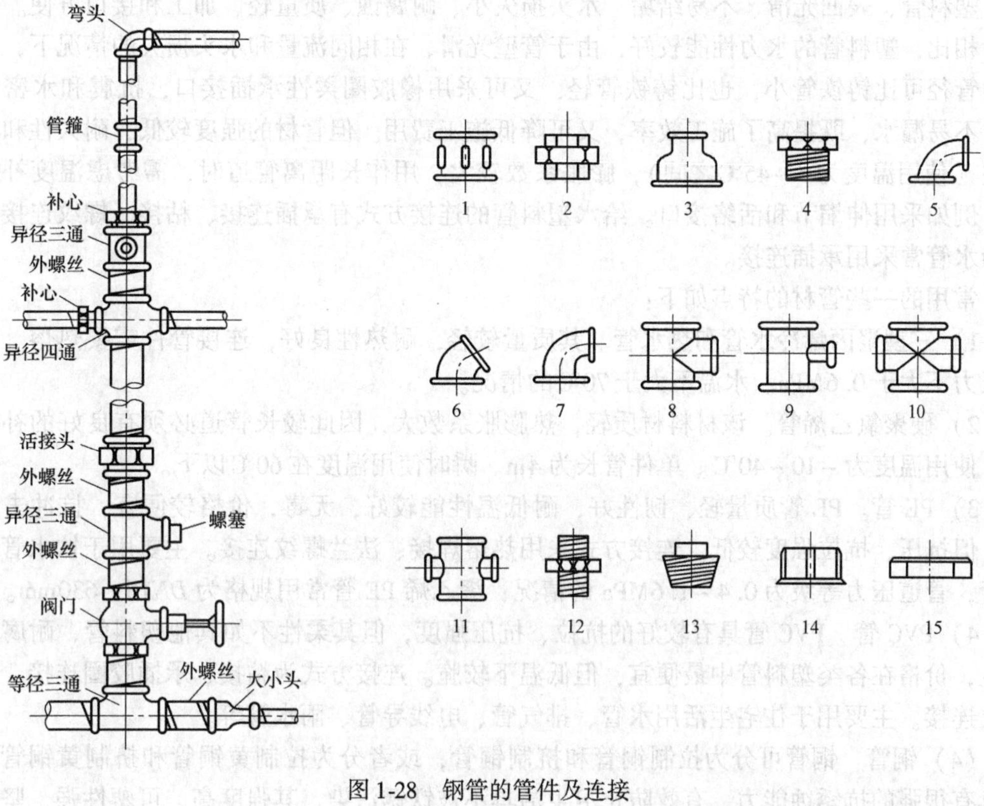

图1-28　钢管的管件及连接

1—外管箍　2—活接头　3—大小头　4—补芯　5—90°弯头　6—45°弯头　7—异径90°弯头　8—等径三通　9—异径三通　10—等径四通　11—异径三通　12—活接头　13—内丝堵　14—外丝堵　15—盲板

钢管供货长度分为普通长度、定尺长度和倍尺长度。普通长度又称为不定尺长度。热轧管不定尺长度为3～12.5m。冷轧管当壁厚≤1mm时，不定尺长度为1.5～7m；当壁厚>1mm时，不定尺长度为1.5～9m。定尺长度是指按某一固定尺寸或几个固定长度供货，其长度允许偏差为+2.00mm。倍尺长度是指按某一长度的倍数供货。

（2）铸铁管　铸铁管按材质不同可分为灰铸铁管（石墨成片状）、球墨铸铁管（石墨成球状）、高硅铸铁管（石墨成团絮状）等。

铸铁管耐腐蚀性强、造价低、耐久性好，适合于埋地敷设，因此在管径大于75mm的给水埋地管中广泛应用。但其质地较脆，抗冲击和抗震能力较差，质量较大，会发生接口漏水、水管断裂和爆管事故。柔性抗震接口排水铸铁直管采用橡胶圈密封、螺栓紧固，在内水压下具有良好的挠曲性、伸缩性，能适应较大的轴向位移和横向曲挠变形，适合用作高层建筑室内排水管，对地震区尤为合适。

我国生产的给水铸铁管有低压管（管压小于或等于0.45MPa）、普压管（管压小于或等于0.75MPa）、高压管（管压小于或等于1.0MPa）三种。室内给水管道常采用普压给水铸铁管单管长度在3～6m，常采用承插式和法兰连接。

（3）塑料管　塑料管分为给水用硬聚氯乙烯塑料管、聚乙烯管（PE管）、聚丙烯管

(PP 管)、改性的聚丙烯管［如三型聚丙烯管（PP-R 管）］、聚丁烯管（PB 管），以及硬聚氯乙烯塑料管（UPVC 管）等。

塑料管、表面光滑、不易结垢、水头损失小、耐腐蚀、质量轻、加工和接口方便。与铸铁管相比，塑料管的水力性能较好，由于管壁光滑，在相同流量和水头损失的情况下，塑料管的管径可比铸铁管小，也比铸铁管轻，又可采用橡胶圈柔性承插接口，抗震和水密性较好，不易漏水，既提高了施工效率，又可降低施工费用。但管材的强度较低，耐久性和耐温性差（使用温度为5~45℃之间），膨胀系数较大，用作长距离管道时，需考虑温度补偿措施，例如采用伸缩节和活络接口。给水塑料管的连接方式有承插连接、粘接、螺纹连接。室外给水管常采用承插连接。

常用的一些管材的特点如下：

1）三型聚丙烯冷水管和热水管。其质量较轻，耐热性良好，连接管件需要热熔。适用于压力不大于0.6MPa、水温不大于70℃的情况。

2）硬聚氯乙烯管。该材料材质轻，热膨胀系数大，因此较长管道必须有良好的补偿措施。使用温度为－10~40℃。单件管长为4m。瞬时使用温度在60℃以下。

3）PE 管。PE 管质量轻、韧性好，耐低温性能较好，无毒，价格较便宜，抗冲击强度高，但抗压、抗拉强度较低。连接方式采用热熔焊接、法兰螺纹连接。主要用于饮水管、雨水管，管道压力等级为0.4~1.6MPa 的情况；聚乙烯 PE 管常用规格为 *DN*16~630mm。

4）PVC 管　PVC 管具有较好的抗拉、抗压强度，但其柔性不如其他塑料管，耐腐蚀性优良，价格在各类塑料管中最便宜，但低温下较脆。连接方式为粘接、承插胶圈连接、法兰螺纹连接。主要用于住宅生活用水管、排气管、电线导管、雨水管等。

(4）铜管　铜管可分为拉制铜管和挤制铜管，或者分为拉制黄铜管和挤制黄铜管。铜管具有很强的抗锈蚀能力，有效防止卫生洁具不被铁锈污染，其强度高，可塑性强，坚固耐用；能承受较高的外力负荷，热胀冷缩系数小，能抗高温环境，防火性能也较好；使用寿命长，可完全被回收利用，不污染环境。但由于管材造价较高，因此一般用于热水管道，且在建筑标准较高的建筑（如宾馆等）建筑中采用。

(5）铝塑复合管　铝塑复合（PAP）管材的使用温度可达 90℃。铝塑复合管内外壁均为聚氯乙烯，中间以铝合金为骨架。该种管材除具有塑料管的优点外，还具有质量较轻、耐压强度高及耐化学腐蚀性能好、可曲挠、接口少、安装方便、美观等优点。按输送介质的不同分为给水管、热水管、煤气管等，目前管材规格为 *DN*15~*DN*50mm。适于输送冷水、生活热水及在采暖空调中使用。

铝塑复合管的连接配件采用的是铜制配件，采用螺纹压挤连接方式，管道安装很方便。目前，铝塑复合管以其优良的特性，尤其在保证供水水质方面的优势，在我国沿海城市中的应用越来越广。

1.5.2　管道附件

给水管道附件是安装在管道及设备上的启闭和调节装置的总称。管道附件一般分为配水附件、控制附件和其他附件三大类。配水附件如装在卫生器具及用水点的各式水龙头，用以调节和分配水流。控制附件用来调节水量、水压、关断水流、改变水流方向，如球形阀、闸阀、止回阀、浮球阀及溢流阀等。

1. 配水附件

配水附件是指安装在卫生器具和用水点的各式水龙头，如图 1-29 所示。

配水附件的形式较多，有球形阀式配水龙头，是早期用于洗涤盆、污水盆、盥洗槽上的水龙头；有旋塞式配水龙头，此龙头旋转 90°即可完全开启；有用于洗脸盆、浴盆的冷热水混合龙头；有淋浴用的莲蓬头；有化验盆使用的鹅颈三联龙头；有医院使用的脚踩龙头；以及延时自闭式龙头和红外线电子自控龙头等。

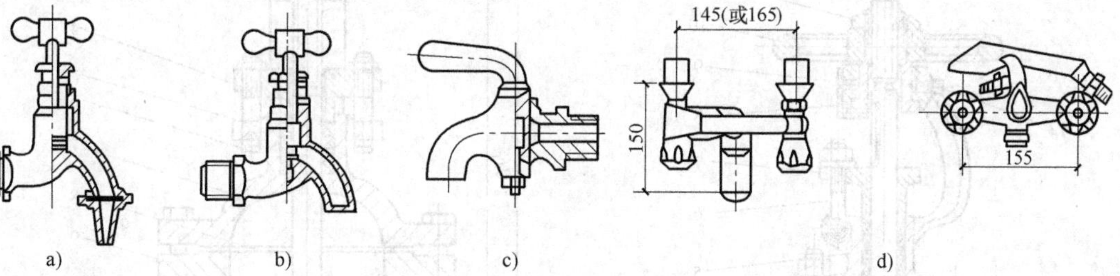

图 1-29　配水附件

a）球形阀式配水龙头　b）旋塞式配水龙头　c）盥洗龙头　d）混合龙头

2. 控制附件

控制附件用来调节水量、水压、关断水流、控制输送介质的流动，如各种阀门。给水管道的下列部位应设置阀门：

1）小区给水管道，从城镇给水管道到引入管段。

2）小区室外环状管网的节点处，应按分隔要求设置；环状管段过长时，宜设置分段阀门。

3）从小区给水干管上接出的支管起端或接户管起端。

4）入户管、水表前和各分支立管。

5）室内给水管道向住户、公用卫生间等接出的配水管起端。

6）水池（箱）、加压泵房、加热器、减压阀、倒流防止器等处应按安装要求配置。

阀门一般分为：闸阀、截止阀、旋塞阀、球阀、蝶阀、隔膜阀、止回阀、节流阀、溢流阀、减压阀、疏水阀、调节阀。给水管道上使用的阀门，应根据使用要求按下列原则选型：

① 需调节流量、水压时，宜采用调节阀、截止阀。一般公称直径 $DN \leqslant 50$mm 时采用截止阀，公称直径 $DN > 50$mm 时采用闸阀。

② 要求水流阻力小的部位宜采用闸板阀、球阀、半球阀。

③ 安装空间较小的场所，宜采用蝶阀、球阀。

④ 水流需双向流动的管段上，不得使用截止阀。

⑤ 口径较大的水泵，出水管上宜采用多功能阀。

（1）截止阀　截止阀如图 1-30 所示。此阀关闭严密，水流阻力较大，安装时要注意流体低进高出，方向不能装反，适用于公称直径小于或等于 50mm 的管段或经常启闭，水流单向流动，需要调节流量、水压的管段上。

（2）闸阀　闸阀如图 1-31 所示。此阀全开时水流呈直线通过，阻力小，属于全开闭型阀门，不宜作频繁开闭或调节流量用，也不适于作为节流使用。闸阀在使用中，如果水中有杂质落入阀座后，则闸阀不能关闭到底，因而易产生漏水现象。闸阀适于管径大于 50mm 时，在双向流动的管段上采用。

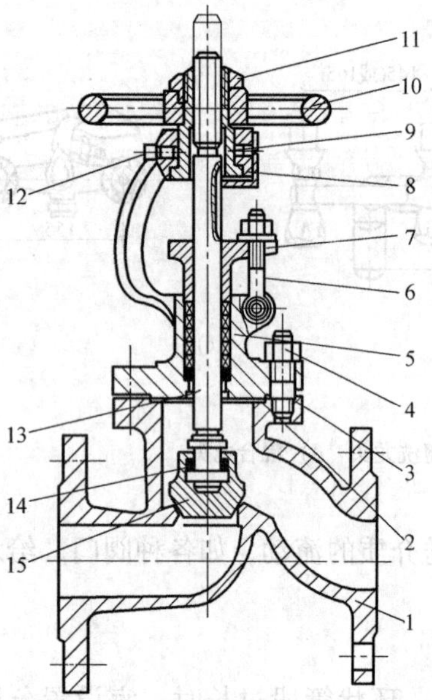

图 1-30　截止阀

1—阀体　2—中法兰垫片　3—双头螺柱　4—螺母　5—填料　6—活节螺栓　7—填料压盖　8—导向块　9—阀杆螺母　10—手轮　11—压紧螺母　12—油杯　13—阀杆　14—钢球　15—阀瓣

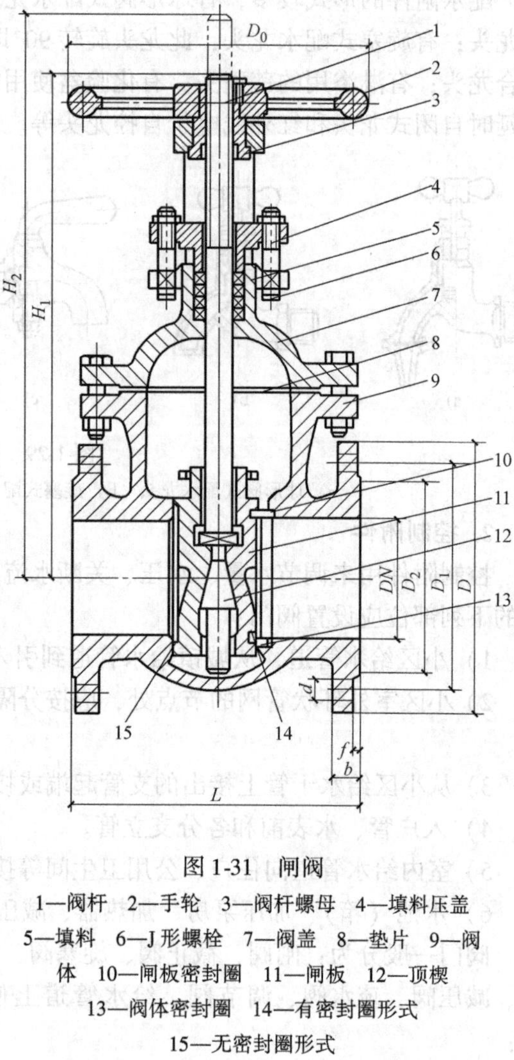

图 1-31　闸阀

1—阀杆　2—手轮　3—阀杆螺母　4—填料压盖　5—填料　6—J 形螺栓　7—阀盖　8—垫片　9—阀体　10—闸板密封圈　11—闸板　12—顶楔　13—阀体密封圈　14—有密封圈形式　15—无密封圈形式

（3）蝶阀　蝶阀如图 1-32 所示。蝶阀的体内阀板旋转可使阀门启闭。空间小的部位宜采用蝶阀，不常启闭，用在双向流动的管段上。常用于低温、低压输送介质的管道上，介质可以是水、空气、油，温度不能超过 80℃，连接方式多为法兰连接，可以手动或电动。蝶阀的蝶板安装于管道的直径方向。在蝶阀阀体圆柱形通道内，圆盘形蝶板绕着轴线旋转，旋转角度为 0°～90°之间，旋转到 90°时，阀门则为全开状态。蝶阀结构简单、体积小、质量轻，只由少数几个零件组成；而且只需旋转 90°即可快速启闭，操作简单。蝶阀处于完全开启位置时，蝶板厚度是介质流经阀体时唯一的阻力，因此通过该阀门所产生的压力降低很小，故具有较好的流量控制特性，可以作调节用。

蝶阀有弹性密封和金属密封两种密封形式。弹性密封阀门，密封圈可以镶嵌在阀体上或附在蝶板周边。采用金属密封的阀门一般比采用弹性密封的阀门寿命长，但很难做到完全密封。不过金属密封能适应较高的工作温度，弹性密封则受工作温度限制。

(4) 球阀 球阀如图 1-33 所示。运用开孔球形阀芯旋转来开、断管道通路，故称为球阀。球阀是由旋塞阀演变而来。它们具有相同的旋转 90°的动作，不同的是球阀的旋塞体是球体，有圆形通孔或通道通过其轴线。当球阀旋转 90°时，在进、出口处应全部呈现球面，从而截断介质流动。其优点是体积小、启闭快，流体阻力很小，不易漏损；缺点是不宜用于高温管道。适用于各种压力、各种流体和部分粒状固体介质的输送。

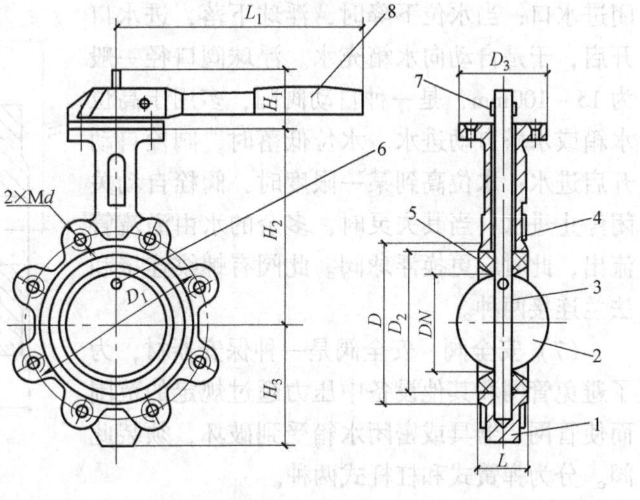

图 1-32 蝶阀

1—阀体 2—蝶板 3—阀杆 4—滑动轴承 5—阀座密封套 6—圆锥销 7—键 8—手柄

球阀只需要用旋转 90°的操作和很小的转动力矩就能关闭严密。完全平行的阀体内腔为介质提供了阻力很小、直通的流道。球阀最适宜直接做开闭使用，但也能作节流和控制流量之用。球阀的主要特点是本身结构紧凑，易于操作和维修，适用于水、溶剂、酸和天然气等一般工作介质，而且还适用于工作条件恶劣的介质，如氧气、过氧化氢、甲烷、乙烯、树脂等。球阀阀体可以是整体的，也可以是组合式的。

(5) 止回阀 止回阀又称为单向阀或逆止阀，如图 1-34 所示。它是限制压力管道中的水流朝一个方向流动的阀门。它有严格的方向性，只许介质向一个方向流动，而阻止其逆向流动，用于不让介质倒流的管路上。

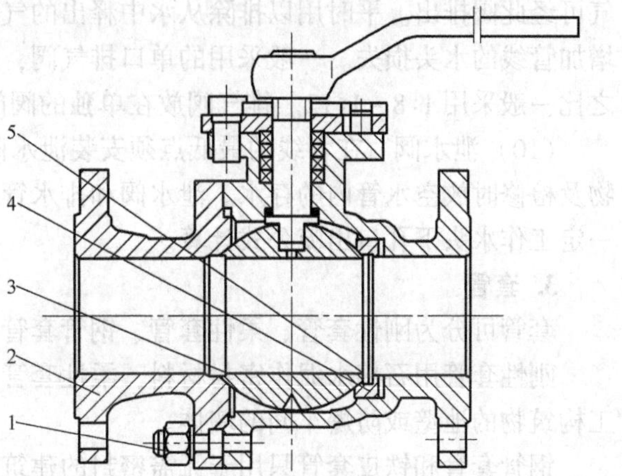

图 1-33 球阀

1—右阀体 2—左阀体 3—球体 4—右阀座 5—弹性垫

止回阀根据结构不同可分为升降式和旋启式。升降式止回阀只能用于水平管道上，水头损失较大，只适用于小管径。一般直径较大的水平、垂直管道均可安装旋启式止回阀，安装时应注意介质的流向。止回阀的安装具有方向性，且阀板或阀芯启闭既要与水流方向一致，又要在重力作用下能自行关闭，以防止常开不闭的状态。如安装在水压大于 196kPa 的泵站出水管上，阀门的闸板可绕轴旋转，防止因突然断电或其他事故时水流倒流而损坏水泵设备。止回阀的类型除旋启式外，微阻缓闭止回阀和液压式缓冲止回阀还有防止水锤的作用。

(6) 浮球阀 浮球阀是一种可自动进水、自动关闭的阀门，多装在水箱或水池内。当水箱充水到既定水位时，浮球随水位浮起，关闭进水口；当水位下降时，浮球下落，进水口开启，于是自动向水箱充水。浮球阀口径一般为15～100mm，是一种自动阀门，多用于高位水箱或水塔自动进水。水位低落时，阀栓自动开启进水；水位高到某一限度时，阀栓自动关闭停止进水；当其失灵时，多余的水由溢流管流出，此时应更换浮球阀。此阀有螺纹连接和法兰连接两种。

(7) 安全阀　安全阀是一种保安器材，为了避免管网和其他设备中压力超过规定的范围而使管网、器具或密闭水箱受到破坏，须装此阀。分为弹簧式和杠杆式两种。

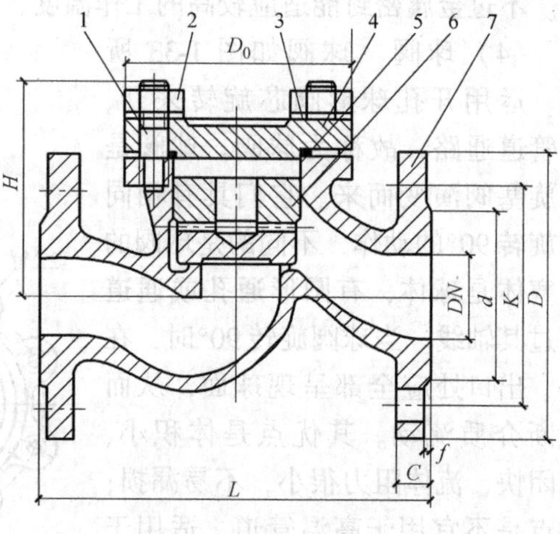

图1-34　止回阀

1—螺栓　2—螺母　3—垫圈　4—阀盖　5—中法兰垫片　6—阀瓣　7—阀体

(8) 减压阀　减压阀又称为调压阀，用于管路中降低介质压力，起到调节管段压力的作用。减压阀前后应装设阀门、压力表；阀前应装过滤器，并应便于排污。减压阀宜设置两组，其中一组备用。环网供水和设置在自动喷水灭火系统报警阀前时，可单组设置。采用减压阀可简化给水系统，常用于分区给水中调节压力，因此在高层建筑给水和消防给水系统中的应用较为广泛。

(9) 排气阀　排气阀安装在管线的隆起部分，使管线投产时或检修后通水时，管内空气可经此阀排出。平时用以排除从水中释出的气体，以免空气积在管中，减小过水断面积和增加管线的水头损失。一般采用的单口排气阀，垂直安装在管线上。排气阀口径与管线直径之比一般采用1:8～1:12。排气阀放在单独的阀门井内，也可和其他配件合用一个阀门井。

(10) 泄水阀　在管线的最低点须安装泄水阀，它和排水管连接，以排除水管中的沉淀物及检修时放空水管内的存水。泄水阀和排水管的直径由所需放空时间决定。放空时间可按一定工作水头下孔口出流公式计算。

3. 套管

套管可分为刚性套管、柔性套管、钢管套管和铁皮套管。

刚性套管用石棉水泥作密封材料，柔性套管用油盘根作密封材料，这两种套管可用于水工构筑物的池壁或防爆车间的墙体。

钢管套管和铁皮套管只用于无需密封的建筑物墙体和楼板。

1.5.3　水表

1. 水表分类

水表是计量用水量的仪表，有容积式水表和流速式水表两种。

流速式水表是根据管径一定时，通过水表的水流速度与流量成正比的原理来测量的。水流通过水表时推动翼轮旋转，翼轮转轴传动一系列联动齿轮，再传递到记录装置，在刻度盘指针指示下便可读到流量的累积值。建筑给水系统中广泛采用流速式水表。

流速式水表按翼轮构造不同分为旋翼式和螺翼式，如图1-35所示。旋翼式的翼轮转轴与水流方向垂直，水流阻力较大，多为小口径水表，宜测量小的流量。螺翼式的翼轮转轴与水流方向平行，阻力较小，适用于大流量的计量，为大口径水表。

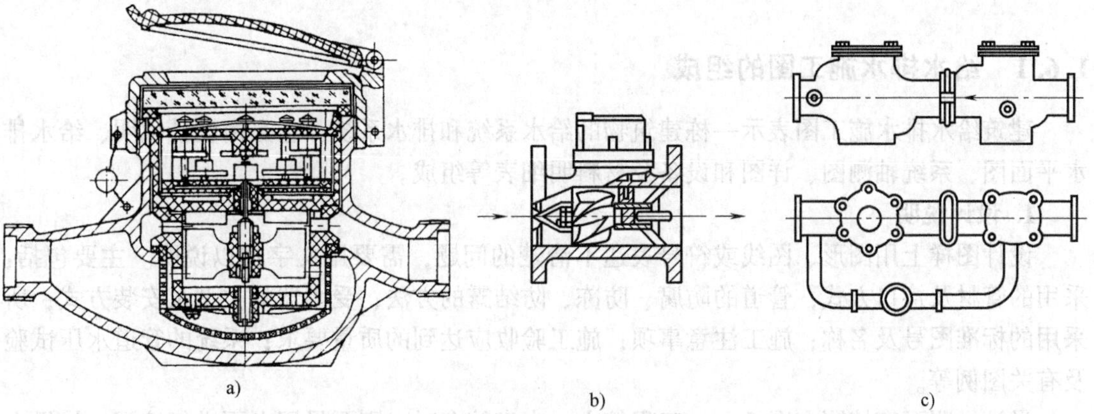

a)　b)　c)

图 1-35　水表

a) 旋翼式水表　b) 螺翼式水表　c) 复式水表

流速式水表按其计数机件所处状态又分为干式和湿式两种。干式构造复杂，灵敏度差；湿式构造简单，计量准确，密封性能好。

2. 水表的性能参数

流通能力 Q_L：产生 10kPa 水头损失时的流量。

特性流量 Q_t：产生 100kPa 水头损失时的流量。

最大流量 Q_{max}：短时间内超负荷运转的流量上限数。

额定流量 Q_e：正常运转的工作流量。

最小流量 Q_{min}：准确计数的流量下限数。

灵敏度 g_L：由静止开始转动的最小起动流量。

3. 水表选择

(1) 水表的型号　水表的型号是按照通过水表的设计流量（不包括消防流量）选择的，以不超过水表额定流量来确定水表口径，并以平均小时流量的 6% ~8% 校核水表灵敏度。对生活-消防共用系统，还需进行消防流量复核，使总流量不超过水表最大流量限值。此外，还应进行水表水头损失校核。

(2) 水表类型　按管径大小选择。当 $DN \leqslant 50$mm 时，采用旋翼式水表；当 $DN > 50$mm 时，采用螺翼式水表。

(3) 水表直径确定　当用水量均匀时，以额定流量确定；当给水量不均匀时，以最大流量确定。

(4) 水表的水头损失　水表的水头损失应按选用产品所给定的压力损失值计算。在未确定具体产品时，可按下列情况取用：住宅入户管上的水表宜取 0.01MPa。建筑物或小区引入管上的水表在生活工况时，宜取 0.03MPa；在消防工况时，宜取 0.05MPa。

水表节点是安装在引水管上的水表及其前后设置的阀门和泄水装置的总称。对于不允许停水或设有消防管道的建筑，还应装设旁通管。

1.6 建筑给水施工图识读

1.6.1 给水排水施工图的组成

建筑给水排水施工图表示一栋建筑物的给水系统和排水系统，它是由设计说明、给水排水平面图、系统轴测图、详图和设备及材料明细表等组成。

1. 设计说明

设计图样上用图形、图线或符号表达不清楚的问题，需要用文字加以说明。主要包括：采用的管材及接口方式；管道的防腐、防冻、防结露的方法；受水器的类型及安装方式；所采用的标准图号及名称；施工注意事项；施工验收应达到的质量要求；系统的管道水压试验及有关图例等。

设计说明可直接写在图纸上，工程较大、内容较多时，则要另用专页进行编写。如果有水泵、水箱等设备，还须写明其型号、规格及运行管理要求等。

2. 给水排水平面图

建筑给水排水平面图是给水排水工程图中最基本和最重要的图样。它主要表明建筑物内给水排水管道及设备的各层平面布置。一般包括：

1）建筑平面图。

2）各个设备如受水器（如洗涤盆、大便器、小便器等）的平面位置、类型。

3）管道的各干管、立管和支管的平面位置、走向，立管的编号和管道安装方式（明装或暗装）。

4）管道器材设备的平面位置。

5）各种管道部件（如阀门）的平面位置；给水引入管和污（废）水排出管的管径、平面位置，以及与室外给水排水管网的连接。

6）管道及设备安装预留洞位置，预埋件、管沟等方面对土建的要求。

建筑给水排水平面图在图纸上的布置方向应与相应的建筑平面图一致。建筑给水排水平面施工图中的房屋平面图，是复制土建施工图中房屋建筑平面图的有关部分。新设计的各种排水和其他重力流管线用粗实线表示；新设计的各种排水和其他重力流管线的不可见轮廓线用粗虚线表示；建筑物的可见轮廓线用细实线表示；给水排水设备、零（附）件的可见轮廓线，总图中新建的建筑物和构筑物的可见轮廓线，原有的各种给水和其他压力流管线用中实线表示。

在平面图中，当给水管与排水管交叉时，应连续绘出给水管，断开排水管。管道系统的立管在平面图中用小圆圈表示，闸阀、水表、清扫口等均用图例表示。给水立管和排水立管按顺序编号，并与系统图相对应。

3. 系统图

系统图分为给水系统图和排水系统图。它们是根据各层平面图中用水设备、管道的平面布置及竖向标高，用斜轴测投影的投影规则绘制而成的。分别表示给水系统和排水系统上下层之间、左右前后之间的空间关系。

建筑给水系统图和建筑排水系统图的布置方向应与相应的给水排水平面图一致。给水排水系统图应按45°正面斜轴测法绘制。给水管道系统图按每根给水引入管分组绘制；排水管道系统图按每根排出管分组绘制。

在系统图中，给水管道只绘至水嘴，排水管道只绘至受水器出口处的存水弯，而不绘出受水器。系统图上注有各管径尺寸、立管编号、管道标高及坡度。给水系统图表明给水阀门、水嘴等的位置，排水系统图表明存水弯、地漏、清扫口、检查口等管道附件的位置。

4. 详图

当某些设备的构造或管道之间的连接情况在平面图或系统图上表示不清楚又无法用文字说明时，将这些部位进行放大的图称作详图，详图表示某些给水排水设备及管道节点的详细构造及安装要求。

有些详图可直接查阅有关标准图集或建筑给水排水设计手册等。

5. 设备及材料明细表

为了能使施工的材料和设备符合图样要求，对重要工程中的材料和设备，应编制设备及材料明细表，以便作出预算和施工备料。

设备及材料明细表应包括：编号、名称、型号、规格、单位、数量、质量及附注等项目。施工图中涉及的管材、阀门、仪表、设备等均需列入表中，不影响工程进度和质量的零星材料，允许施工单位自行决定可不列入表中。施工图中选定的设备对生产厂家有明确要求时，应将生产厂家的厂名写在明细表的附注里。

1.6.2　给排水施工图表达特点

1）建筑给水排水工程一般采用平面图、剖视图、详图、管道系统图及管道纵断面图表达。平面图、剖视图、详图及管道纵断面图等都是用正投影绘制；系统图是用斜轴测图绘制；纵断面图可按不同比例绘制。

2）系统图按45°正面斜轴测的投影规则绘制（一般按比例绘制）。

3）图中管道、附件及设备等采用统一图例表示。其中，卫生器具的图例一般是较实物简化的图形符号，一般应按比例画出。

4）J（G）表示给水管、P（W）表示排水管。

5）给水及排水管道一般采用单线画法以粗线绘制，管道在纵断面图及详图中宜采用双线绘制，而建筑、结构及有关器材设备的可见轮廓均采用细实线绘制。有时，给水排水专业图中的管件安装详图、卫生设备安装详图、水处理建（构）筑物工艺图及泵房的平面图与剖视图还要在双线管道图上用细单点长画线画出管道中心轴线。

6）图中有关管道的连接配件是统一定型产品，在图中均不画出。

7）图样上要表达出对土建的要求：需注明与土建施工图相配合的预留洞、预埋件、管沟等。

8）不同管径的管道，以同样的线条表示。管道坡度无需按比例画出（画成水平），管径和坡度均用数字注明。

9）靠墙敷设的管道，一般不按比例准确表示出管线与墙面的微小距离，即使暗装管道也可按明装管道一样画在墙外，只需说明哪些部分要求暗装。

10）当在同一平面位置布置有几根不同高度的管道时，若严格按投影来画，管道会重叠在一起，这时可画成平行排列。

1.6.3 给水排水施工图一般规定

1. 图线

图线宽度应根据图样的类别、比例及复杂程度，从《房屋建筑制图统一标准》（GB/T 50001—2010）的线宽系列1.4mm、1.0mm、0.7mm、0.5mm、0.35mm、0.25mm、0.18mm、0.13mm中选取。给水排水专业图的线宽 b 宜为0.7mm或1.0mm。

在图线宽度上，一般重力流管线比压力流管线粗一级；新设计管线较原有管线粗一级。给水排水专业制图常用的各种线型应符合规定。给水及排水管道一般采用单线画法以粗线绘制，管道在纵断面图及详图中宜采用双线绘制，而建筑、结构及有关器材设备的可见轮廓均采用细实线绘制。

2. 标高

标高是标注管道或建（构）筑物高度的一种尺寸形式。标高符号用细实线绘制，三角形的尖端画在标高引出线上以表示标高位置，尖端的指向既可以向下，也可以向上。平面图与轴测图中管道标高的标注及剖视图中管道及水位标高的标注应按图1-36所示进行标注。当有几条管线在相邻位置时，可以用引出线引至管线外面，再画标高符号，在标高符号上分别注出几条管线的标高值。管沟地坪标高应从标注点用引出线引出后再画标高符号。标高标注有以下几点需要注意：

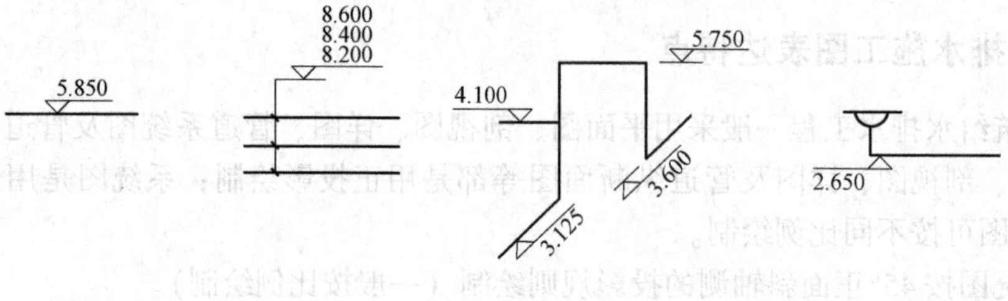

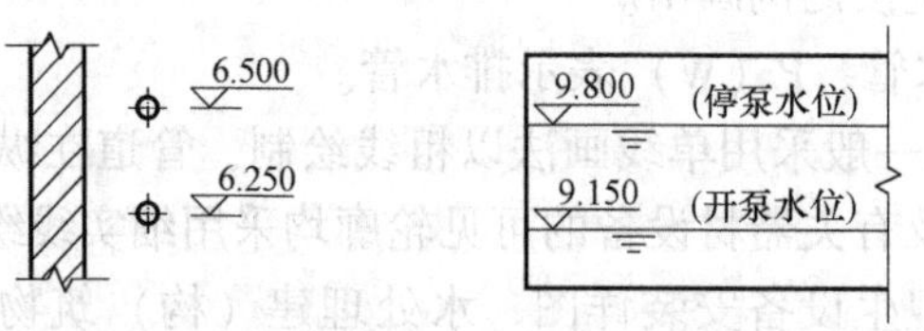

图1-36 标高的标注

a）平面图、轴测图中管道标高标注法 b）剖视图中管道及水位标高标注法

1）标高值以m为单位，在一般图样中宜注写到小数点后第三位，在总平面图及相应的厂区（小区）管道施工图中可注写到小数点后第二位。

2）地沟宜标注沟底标高；压力管道宜标注管中心标高；室内外重力管道宜标注管内底标高；必要时室内架空重力管道可标注管中心标高，但图中应加以说明。

3）各种管道应在起点、转角点、连接点、变坡点、交叉点等处根据需要标注管道的标高。

4）标高有绝对标高和相对标高两种。室内管道标注相对标高；室外管道标注绝对标高。

绝对标高是把我国青岛附近黄海的平均海平面定为绝对标高的零点，其他各地标高都以它为基准。如果总平面图上某一位置的高度比绝对标高零点高 5. 2m，那么这个位置的绝对标高为 5. 20。

相对标高一般将新建建（构）筑物的底层室内主要地坪面定为该建（构）筑物相对标高的零点，用 ±0 . 000 表示，比地坪低的用负号表示，如 –1. 350 表示这一位置比室内底层地坪低 1. 35m；比相对标高零点高的标高数值前不写“ + ”号，如 3. 200 表示这一位置比室内底层地坪高 3. 2m。

3. 管径

施工图上的管道必须按规定标注管径。管径尺寸应以 mm 为单位。在标注时，通常只注写代号与数字，而不注明单位。

（1）不同管材的管径表示不同　低压流体输送用焊接钢管、镀锌焊接钢管与铸铁管等，管径应以公称直径“*DN*”表示，如 *DN*15、*DN*50 等；塑料管管径可用外径表示，如 *De*20、*De*110 等，也可以按产品标准方法表示。

（2）管径的标注　管径在图样上一般标注在以下位置上，如图 1-37 所示。管径尺寸变径处；水平管道的管径尺寸标注在管道的上方；斜管道的管径尺寸标注在管道的斜上方；立管的管径尺寸标注在管道的左侧。当管径尺寸无法按上述位置标注时，可另找适当位置标注。多根管线的管径尺寸可用引出线进行标注。

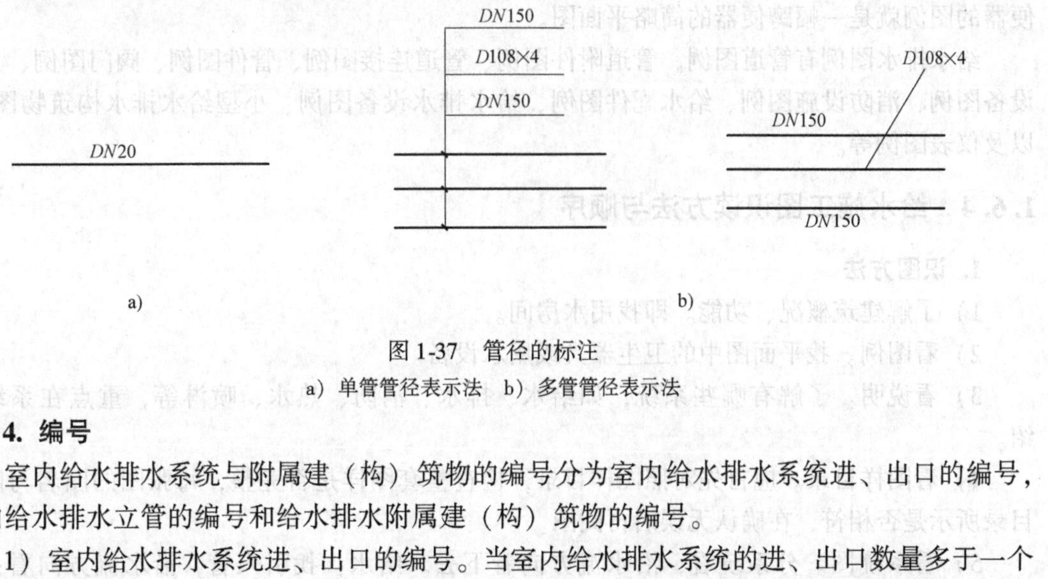

图 1-37　管径的标注
a）单管管径表示法　b）多管管径表示法

4. 编号

室内给水排水系统与附属建（构）筑物的编号分为室内给水排水系统进、出口的编号，室内给水排水立管的编号和给水排水附属建（构）筑物的编号。

1）室内给水排水系统进、出口的编号。当室内给水排水系统的进、出口数量多于一个时，应进行编号，如图 1-38 所示。一般是在 10mm 的小圆内通过圆心画一水平直径，在水平直径的上方是系统类别代号（汉语拼音字头），下方是系统编号（阿拉伯数字）。

2）室内给水排水立管的编号。当建（构）筑物内穿过楼层的立管多于 1 根时，应进行编号。室内给水排水立管的编号方式如图 1-38 所示，如 JL-1 表示 1 号给水立管（即穿过楼层的第一根给水立管）。

3）给水排水附属建（构）筑物的编号。给水排水附属建（构）筑物是指阀门井、水表井、检查井与化粪池等，当其数量多于一个时应进行编号，编号由建（构）筑物代号（汉语拼音字头）和顺序号（阿拉伯数字）组成。例如 W-1 表示 1 号污水井。给水阀门井的编号顺序是从干管到支管，由水源到用户；排水检查井的编号顺序是从上游至下游，先干管后支管。

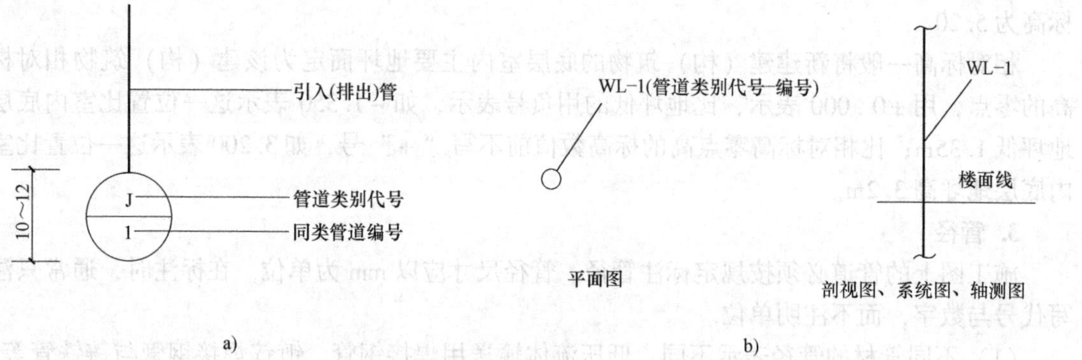

图 1-38 管道的编号

a）给水排水进出口编号表示法 b）立管编号表示法

5. 图例

给水排水工程的图例一般都比较形象和简单，但初学者还是会觉得陌生，需要进行一段时间的强行记忆，在联系实物形状后，就能融会贯通，遇见陌生的图例时也能进行推测，迅速接受。如热水管道是在粗实线中缀以字母“R”，即为“热”的汉语拼音的辅音字母；蹲便器的图例就是一幅蹲便器的简略平面图。

给水排水图例有管道图例、管道附件图例、管道连接图例、管件图例、阀门图例、卫生设备图例、消防设施图例、给水配件图例、给水排水设备图例、小型给水排水构筑物图例，以及仪表图例等。

1.6.4 给水施工图识读方法与顺序

1. 识图方法

1）了解建筑概况、功能。即找用水房间。

2）看图例。找平面图中的卫生器具或用水设备。

3）看说明。了解有哪些系统，如给水、排水、消防、热水、喷淋等，重点在系统介绍。

4）看图样目录。应首先对照图样目录，检查整套图样是否完整，每张图的图名与图样目录所示是否相符，在确认无误后再阅图。

5）看系统图。分系统看，沿水流方向看下去。给水：找引入管，沿水流方向看；排水：找排出管，逆水流方向看。

6）对照平面图看。将平面图和系统图对照起来看，以便相互说明补充，使管道、附件、器具、设备等在头脑里转换成空间的立体布置。

7）看详图。对于某些卫生器具或用水设备的安装尺寸、要求、接管方式等不了解时，还必须辅以相应的安装详图。

8）管线定位（位置、管径、坡度、标高）。

2. 识图顺序

按图纸种类，先读平面图，然后对照平面图读系统图，最后读详图。读平面图时，先读底层平面图，然后读各楼层平面图；读底层平面图时，先读给水引入管，然后读干管和立管。读给水系统图时，先找平面图和系统图相同编号的给水引入管，然后找相同编号的立管，最后分系统对照平面图识读。按介质流向，分别识读平面图和系统图。

识读给水图时，一般从给水引入管开始，依次按水流方向：引入管→水平干管→立管→横管→支管→水嘴的顺序进行识读。当给水系统设有高位水箱时，则需找出水箱的引入管，再按照水箱出水管→水平干管→立管横管→支管→水嘴的顺序进行识读。

另外，还应结合图样说明来识读平面图、系统图，以了解设备管道材料、安装要求及所需的详图或标准图。

通过图样识读，应掌握以下主要内容：给水引入管的平面布置、走向、管径、定位尺寸、系统编号，以及与室外给水管网的连接方式；给水干管、立管、横管、支管的管径，以及它们的平面位置和编号；受水器、升压设备、消防设备的平面位置、型号、规格；该图样所需的标准图等。

1.6.5 给水施工图识读案例

【例1-1】 图1-39～图1-44分别是一幢二层别墅的给水排水管道平面图（一层和二层）、系统图、卫生间大样图（卫生间A给水排水平面图及系统大样图，卫生间B给水排水平面图及系统大样图）厨房平面图和系统图。试对这套图进行给水施工图的识读。

解： 1. 建筑整体情况分析

1）本建筑是一幢2层小别墅，高约为7米，错层设计，地上两层，有一半地下车库。采用城市市政给水管网作为取水点；由于楼高较低，可利用市政管网的水压供水。

2）本建筑属于住宅性质，一层楼有餐厅、客厅和一个卧室、一个卫生间A和一个厨房；二层楼有三间卧室和两个卫生间——卫生间A和卫生间B。卫生间A和B布局不尽相同，卫生间B配有一个管道井，要求生活给水系统必须在管道井内把水配送至卫生间。

3）本建筑内安装有生活给水、排水、热水给水系统。

4）给水方式为下行上给式，热水由屋顶的太阳能热水器供给（设于坡屋顶内）。

5）排水方式为：清污分流，生活污水经化粪池处理后排入小区污水管道；雨水排入建筑四周的排水沟内。

2. 给水施工图识读

（1）一层给水排水管道平面图（图1-39）

从图1-39一层给水排水管道平面图可看出：

1）用水房间及用水设备

① 一层有一个卫生间A，布置有浴盆、洗脸盆、坐便器、洗衣机龙头四个用水设备。墙角处设有JL-1、PL-1、RL-1三根立管。

② 一层设有一个厨房，有一个洗涤池用水设备。厨房旁边设有管道井，管道井中设有JL-2、PL-2、RL-2三根立管。

2）一层给水分配。引入管直径为25mm，在室外设有水表节点，水表节点后分成两支：一支（管直径为25mm）进入厨房旁的管道井中，在管道井中设立管JL-2；另一支（管直径

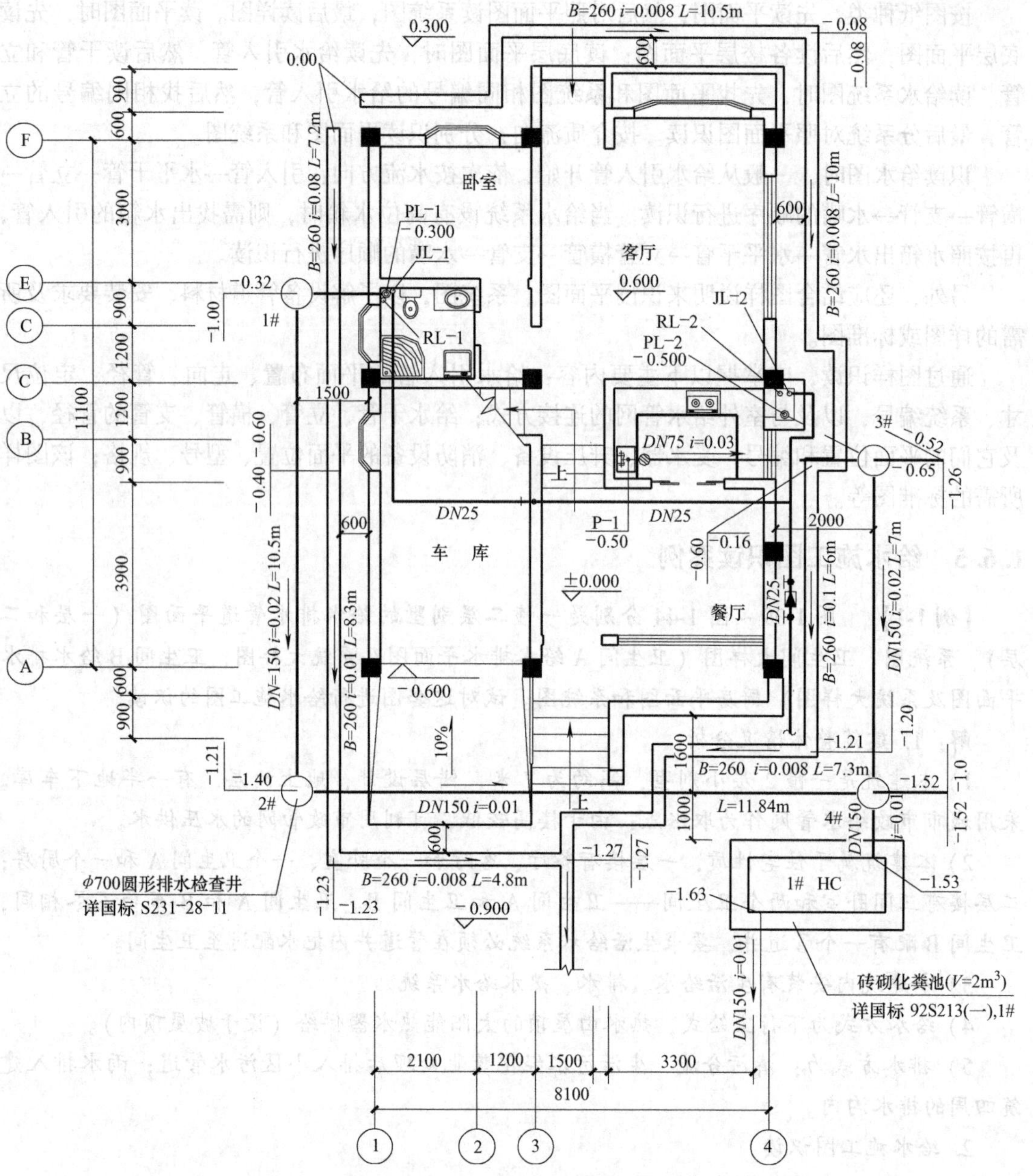

图 1-39 某别墅一层给水排水管道平面图

为 25mm）供车库用水并接到一层的卫生间 A，进入卫生间 A 的室内沿墙角设置立管 JL-1。

（2）二层给水排水管道平面图（图 1-40）

从图 1-40 二层给水排水管道平面图可看出，二层有两个卫生间：

1）卫生间 A，布置有浴盆、洗脸盆、坐便器、洗衣机龙头四个用水设备。墙角处设有 JL-1、PL-1、RL-1 三根立管。

2）卫生间 B，布置有浴盆、洗脸盆、坐便器三个用水设备，旁边的管道井中设有 JL-2、PL-2、RL-2 三根立管。

（3）给水排水系统图（图 1-41，a、b）

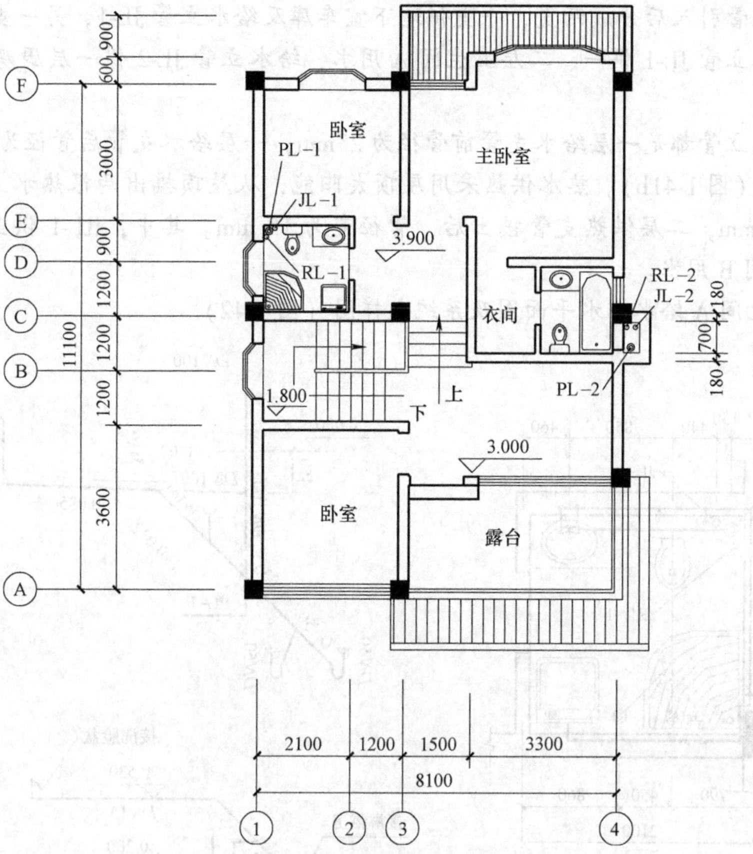

图 1-40　某别墅二层给水排水管道平面图

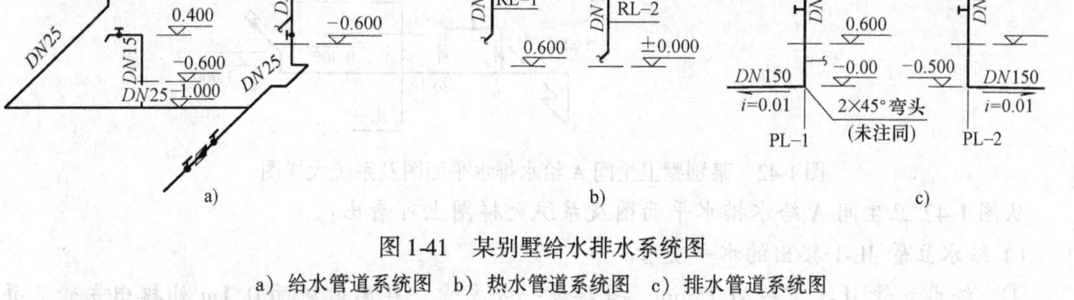

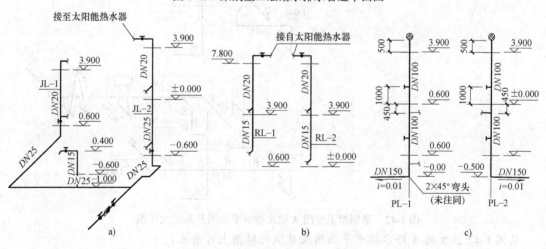

图 1-41　某别墅给水排水系统图

a）给水管道系统图　b）热水管道系统图　c）排水管道系统图

从图 1-41 给水排水系统图上可看出：

1）给水（图 1-41a）

①　给水引入管在标高 -1.00m 引入，引入管管径为 25mm。引入管上有一水表节点，下行上给式供水。

② 引入管引入后分成两支，一支供地下室车库及给水立管 JL-1，另一支供 JL-2。

③ 给水立管 JL-1 供一、二层卫生间 A 用水，给水立管 JL-2 供一层厨房和二层卫生间 B 用水。

④ 两根立管都是一层给水支管前管径为 25mm，一层给水支管后管径为 20mm。

2）热水（图 1-41b）。热水供热采用屋顶太阳能，从屋顶接出两根热水立管 RL-1、RL-2，管径为 20mm，二层供热支管接出后，管径变为 15 mm。其中，RL-1 供卫生间 A 用水，RL-2 供卫生间 B 用水。

（4）卫生间 A 给水排水平面图及系统大样图（图 1-42）

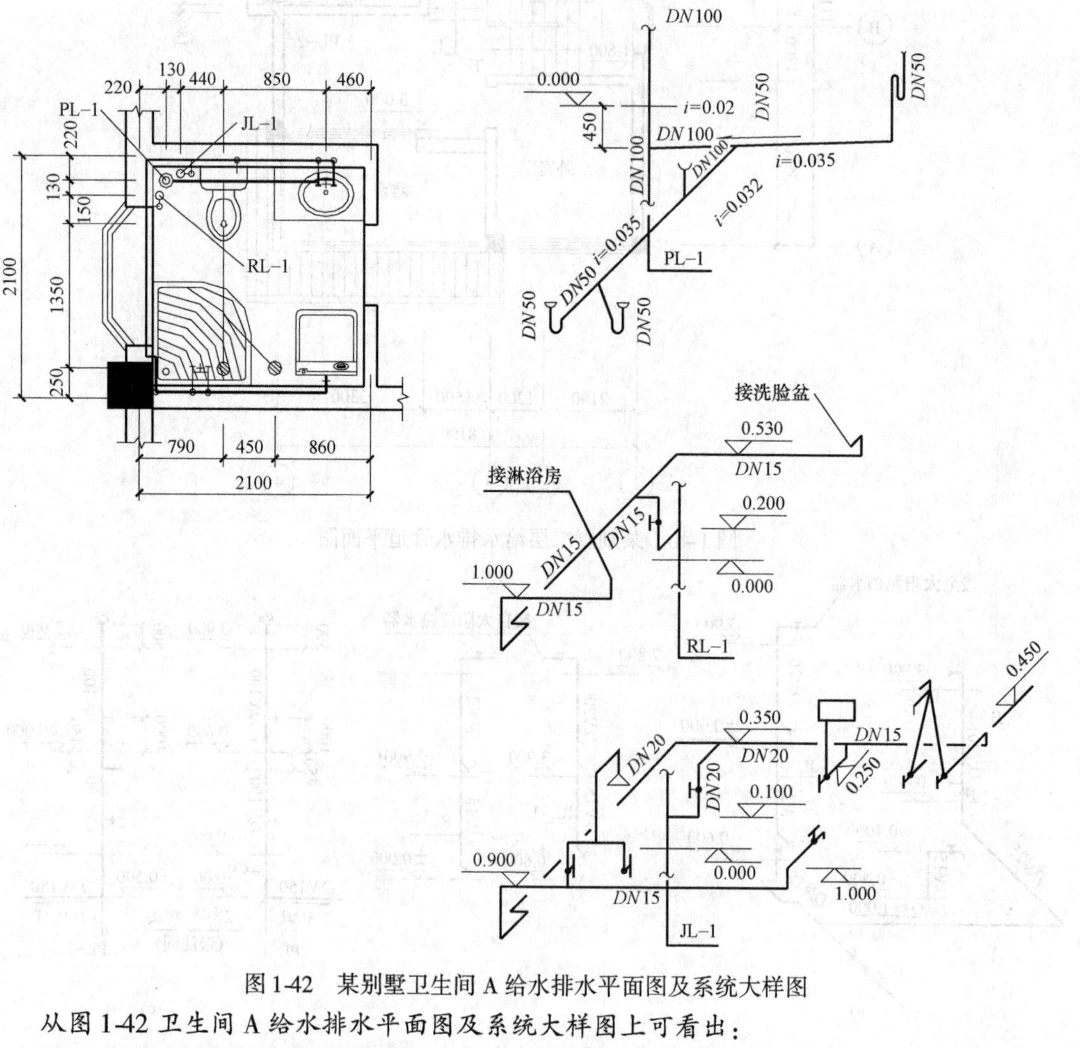

图 1-42 某别墅卫生间 A 给水排水平面图及系统大样图

从图 1-42 卫生间 A 给水排水平面图及系统大样图上可看出：

1）给水立管 JL-1 接出的水平支管

① 给水立管 JL-1 直径为 25mm，每层设一分支管，在离地板面 0.1m 处接出支管，并设有一个闸阀，支管向上登高到离地 0.35m 处转弯水平敷设向卫生间 A 供水，管径为 20mm，支管在卫生间 A 中分成两支。

② 供水支管的一支向坐便器和洗脸盆供水，从支管至坐便器一段直径为 20mm，坐便

器至洗脸盆一段直径变为 15mm。

③　供水支管的另一支向浴盆和洗衣机供水，一开始在标高 0.35m 处水平敷设，并在卫生间内墙墙角升高至标高 0.90m 处转弯水平敷设。从支管至浴盆一段直径为 20mm，在浴盆至洗衣机龙头一段直径变为 15mm。一楼和二楼分支管上的接管管径、以及距地面的距离完全相同。

2）热水立管 RL-1 接出的水平支管。热水立管 RL-1，管径为 15mm，它接出的水平支管，在离地板面 0.2m 处接出支管，并设有一个闸阀，支管向上升高到离地 0.53m 处转弯水平敷设向卫生间 A 供水，支管在卫生间 A 中分成两支。一支向洗脸盆供水，另一支向浴盆供水，管径均为 15mm。

（5）卫生间 B 给水排水平面图及系统大样图（图 1-43）

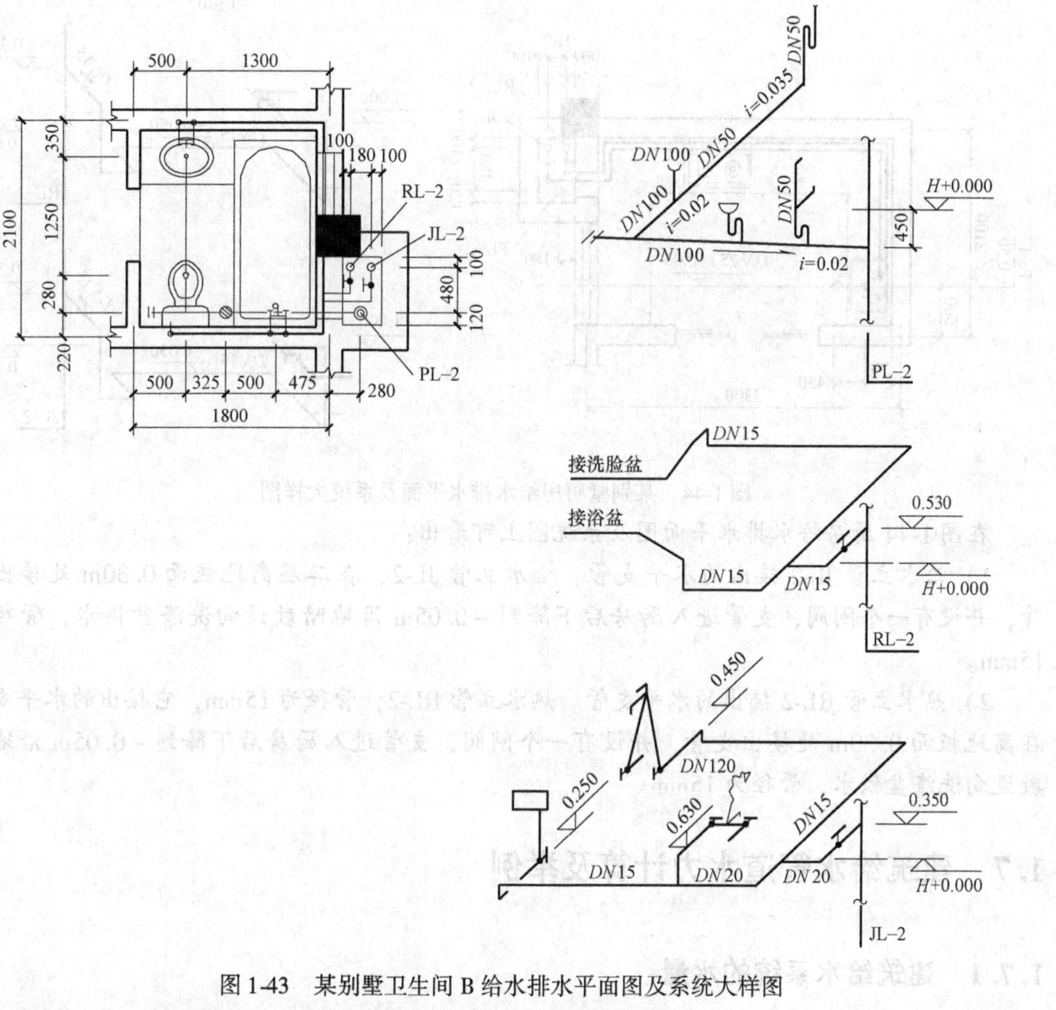

图 1-43　某别墅卫生间 B 给水排水平面图及系统大样图

在图 1-43 卫生间 B 给水排水平面图及系统大样图上可看出：

1）给水立管 JL-2 接出的水平支管

①　给水立管 JL-2，在二层离地板面 0.35m 处接出支管，并设有一个闸阀，支管水平敷设向卫生间 B 供水，管径为 20mm，支管在卫生间 B 中分成两支。

②　供水支管的一支向洗脸盆供水，直径为 15mm。

③ 供水支管的另一支向浴盆和坐便器供水，从支管至浴盆一段直径为20mm，在浴盆至坐便器一段直径变为15mm。

2）热水立管RL-2接出的水平支管。热水立管RL-2，管径为15mm，它在离地板面0.53m处接出水平支管，并设有一个闸阀，水平敷设向卫生间B供水，支管在卫生间B中分成两支：一支向洗脸盆供水，另一支向浴盆供水，管径均为15mm。

（6）厨房大样图（图1-44）

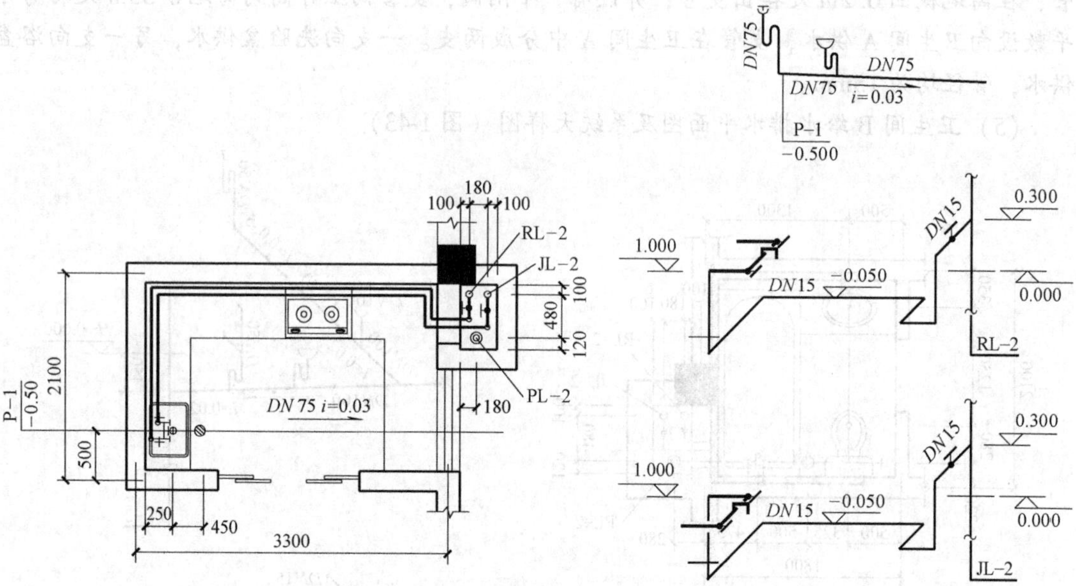

图1-44 某别墅厨房给水排水平面及系统大样图

在图1-44厨房给水排水平面图及系统图上可看出：

1）给水立管JL-2接出的水平支管。给水立管JL-2，在二层离地板面0.30m处接出支管，并设有一个闸阀，支管进入厨房后下降到-0.05m沿地暗敷设向洗涤盆供水，管径为15mm。

2）热水立管RL-2接出的水平支管。热水立管RL-2，管径为15mm，它接出的水平支管在离地板面0.30m处接出支管，并设有一个闸阀，支管进入厨房后下降到-0.05m沿地暗敷设向洗涤盆供水，管径为15mm。

1.7 建筑给水管道水力计算及举例

1.7.1 建筑给水系统的水量

室内有生活、生产、消防三类用水量。其中生产用水量一般比较均匀，可按消耗在单位产品上的水量或单位时间内消耗在生产设备上的水量计算确定。生活用水量受气候、生活习惯、建筑物性质、卫生器具和用水设施完善程度及水价等多种因素的影响，是不均匀的，可根据国家用水定额、小时变化系数和用水单位数计算。

1. 用水定额及小时变化系数

用水定额是指在某一度量单位内（单位时间、单位产品等）被居民或其他用户所消耗的水量。

小时变化系数是建筑物最高日最大时用水量和平均时用水量的比值，其值反映了用水不均匀程度的大小。各类建筑用水量定额及小时变化系数见表 1-2、表 1-3。

（1）住宅最高日生活用水定额及小时变化系数　对于生活饮用水，用水定额就是居民每人每天所消费的水量，它随各地的气候条件、生活习惯、生活水平及卫生设备的设置情况而各不相同。GB 50015—2003《建筑给水排水设计规范（2009 年版）》规定了住宅和公共建筑等生活用水定额及小时变化系数。住宅最高日生活用水量定额及小时变化系数见表 1-2。

表 1-2　住宅最高日生活用水定额及小时变化系数

住宅类别		卫生器具设置标准	用水定额 /(L/人·d)	小时变化系数 K_h
普通住宅	Ⅰ	有大便器、洗涤盆	85 ~ 150	3.0 ~ 2.5
	Ⅱ	有大便器、洗脸盆、洗涤盆、洗衣机、热水器和沐浴设备	130 ~ 300	2.8 ~ 2.3
	Ⅲ	有大便器、洗脸盆、洗涤盆、洗衣机、集中热水供应（或家用热水机组）和沐浴设备	180 ~ 320	2.5 ~ 2.0
别墅		有大便器、洗脸盆、洗涤盆、洗衣机、洒水栓，家用热水机组和沐浴设备	200 ~ 350	2.3 ~ 1.8

注：1. 当地主管部门对住宅生活用水定额有具体规定时，应按当地规定执行。
2. 别墅用水定额中含庭院绿化用水和汽车洗车用水。

（2）宿舍、旅馆等公共建筑的生活用水定额及小时变化系数　宿舍、旅馆等公共建筑的生活用水定额及小时变化系数，根据卫生器具完善程度和区域条件，可按表 1-3 确定。

表 1-3　宿舍、旅馆等公共建筑生活用水定额及小时变化系数

序号	建筑物名称		单位	最高日生活用水定额/L	使用时数 /h	小时变化系数 K_h
1	宿舍	Ⅰ类、Ⅱ类	每人每日	150 ~ 200	24	3.0 ~ 2.5
		Ⅲ类、Ⅳ类	每人每日	100 ~ 150	24	3.5 ~ 3.0
2	招待所、培训中心、普通旅馆	设公用盥洗室	每人每日	50 ~ 100	24	3.0 ~ 2.5
		设公用盥洗室、淋浴室	每人每日	80 ~ 130		
		设公用盥洗室、淋浴室、洗衣室	每人每日	100 ~ 150		
		设单独卫生间、公用洗衣室	每人每日	120 ~ 200		
3	酒店式公寓		每人每日	200 ~ 300	24	2.5 ~ 2.0
4	宾馆客房	旅客	每床位每日	250 ~ 400	24	2.5 ~ 2.0
		员工	每人每日	80 ~ 100		
5	医院住院部	设公用盥洗室	每床位每日	100 ~ 200	24	2.5 ~ 2.0
		设公用盥洗室、淋浴室	每床位每日	150 ~ 250	24	2.5 ~ 2.0
		设单独卫生间	每床位每日	250 ~ 400	24	2.5 ~ 2.0
		医务人员	每人每班	150 ~ 250	8	2.0 ~ 1.5
	门诊部、诊疗部		每病人每次	10 ~ 15	8 ~ 12	1.5 ~ 1.2
	疗养院、休养所住房部		每床位每日	200 ~ 300	24	2.0 ~ 1.5

（续）

序号	建筑物名称		单位	最高日生活用水定额/L	使用时数/h	小时变化系数 K_h
6	养老院、托老所	全托	每人每日	100～150	24	2.5～2.0
		日托	每人每日	50～80	10	2.0
7	幼儿园、托儿所	有住宿	每儿童每日	50～100	24	3.0～2.5
		无住宿	每儿童每日	30～50	10	2.0
8	公共浴室	淋浴	每顾客每次	100	12	2.0～1.5
		浴盆、淋浴	每顾客每次	120～150	12	
		桑拿浴（淋浴、按摩池）	每顾客每次	150～200	12	
9	理发室、美容院		每顾客每次	40～100	12	2.0～1.5
10	洗衣房		每 Kg 干衣	40～80	8	1.5～1.2
11	餐饮业	中餐酒楼	每顾客每次	40～60	10～12	1.5～1.2
		快餐店、职工及学生食堂	每顾客每次	20～25	12～16	
		酒吧、咖啡馆、茶座、卡拉 OK 房	每顾客每次	5～15	8～18	
12	商场	员工及顾客	每 m^2 营业厅面积每日	5～8	12	1.5～1.2
13	图书馆		每人每次	5～10	8～10	1.5～1.2
14	书店		每 m^2 营业厅面积每日	3～6	8～12	1.5～1.2
15	办公楼		每人每班	30～50	8～10	1.5～1.2
16	教学楼、实验室	中小学校	每学生每日	20～40	8～9	1.5～1.2
		高等院校	每学生每日	40～50	8～9	1.5～1.2
17	电影院，剧院		每观众每场	3～5	3	1.5～1.2
18	会展中心（博物馆、展览馆）		每 m^2 展厅面积每日	3～6	8～16	1.5～1.2
19	健身中心		每人每次	30～50	8～12	1.5～1.2
20	体育场（馆）	运动员淋浴	每人每次	30～40	4	3.0～2.0
		观众	每人每场	3	4	1.2
21	会议厅		每座位每次	6～8	4	1.5～1.2
22	航站楼、客运站旅客		每人次	3～6	8～16	1.5～1.2
23	菜市场地面冲洗及保鲜用水		每 m^2 每日	10～20	8～10	2.5～2.0
24	停车库地面冲洗水		每 m^2 每次	2～3	6～8	1.0

注：1. 除养老院、托儿所、幼儿园的用水定额中含食堂用水，其他均不含食堂用水。
2. 除注明外，均不含员工生活用水，员工用水定额为每人每班 40～60L。
3. 医疗建筑用水中已含医疗用水。
4. 空调用水应另计。

（3）工业企业用水定额　工业企业建筑，管理人员的生活用水定额可取 30～50L/人·

班；车间工人的生活用水定额应根据车间性质确定，宜采用 30 ~ 50L/人 · 班；用水时间宜取 8h，小时变化系数宜取 2.5 ~1.5 。

工业企业建筑淋浴用水定额，应根据现行国家标准《工业企业设计卫生标准》GBZ 1—2010 中车间的卫生特征分级确定，可采用 40 ~ 60L/人 · 次，延续供水时间宜取 1h。

生产用水量定额主要由生产工艺过程、设备情况和地区条件等因素决定。

（4）汽车冲洗用水定额　汽车冲洗用水定额，应根据采用的冲洗方式、车辆用途，以及道路路面等级和沾污程度等确定，按表 1-4 计算。

表 1-4　汽车冲洗用水定额

冲洗方式	高压水枪冲洗	循环用水冲洗补水	抹车、微水冲洗	蒸汽冲洗
轿车	40 ~ 60	20 ~ 30	10 ~ 15	3 ~ 5
公共汽车、载重汽车	80 ~ 120	40 ~ 60	15 ~ 30	—

注：当汽车冲洗设备用水定额有特殊要求时，其值应按产品要求确定。

（5）卫生器具的给水额定流量　室内用水是通过各种用水设备的配水龙头出水的，即设计秒流量是根据建筑内的卫生器具类型、数量及同时使用情况确定的，因此测定各种用水设备的额定流量是计算设计秒流量的基础。由于卫生器具种类较多，其额定流量又不尽相同，为简化计算，提出一个卫生器具的当量数。

计算中，以安装在污水盆上，支管直径为 DN15mm 的配水龙头额定流量 0.2L/s 作为一个给水当量，将各种卫生器具的额定流量换算成当量，统一以当量数进行流量计算。各种卫生器具的额定流量与 0.2L/s 的比值即为该卫生器具的当量数。卫生器具的给水额定流量、当量、连接管径和最低工作压力应按表 1-5 确定。

表 1-5　卫生器具的给水额定流量、当量、连接管公称管径和最低工作压力

序号	给水配件名称	额定流量 /（L/s）	当量	连接管公称直径/mm	最低工作压力/MPa
1	洗涤盆、拖布盆、盥洗槽				
	单阀水嘴	0.15 ~ 0.20	0.75 ~ 1.00	15	0.050
	单阀水嘴	0.30 ~ 0.40	1.50 ~ 2.00	20	
	混合水嘴	0.15 ~ 0.20（0.14）	0.75 ~ 1.00（0.70）	15	
2	洗脸盆				
	单阀水嘴	0.15	0.75	15	0.050
	混合水嘴	0.15（0.10）	0.75（0.50）	15	
3	洗手盆				
	感应水嘴	0.10	0.50	15	0.050
	混合水嘴	0.15（0.10）	0.75（0.50）	15	
4	浴盆				
	单阀水嘴	0.20	1.00	15	0.050
	混合水嘴（含带淋浴转换器）	0.24（0.20）	1.20（1.00）	15	0.050 ~ 0.070
5	淋浴器				
	混合阀	0.15（0.10）	0.75（0.50）	15	0.050 ~ 0.100

（续）

序号	给水配件名称	额定流量/（L/s）	当量	连接管公称直径/mm	最低工作压力/MPa
6	大便器 冲洗水箱浮球阀 延时自闭式冲洗阀	 0.10 1.20	 0.50 6.00	 15 25	 0.020 0.100~0.150
7	小便器 手动或自动自闭式冲洗阀 自动冲洗水箱进水阀	 0.10 0.10	 0.50 0.50	 15 15	 0.050 0.020
8	小便槽穿孔冲洗管（每 m 长）	0.05	0.25	15~20	0.015
9	净身盆冲洗水嘴	0.10（0.07）	0.50（0.35）	15	0.050
10	医院倒便器	0.20	1.00	15	0.050
11	实验室化验水嘴（鹅颈） 单联 双联 三联	 0.07 0.15 0.20	 0.35 0.75 1.00	 15 15 15	 0.020 0.020 0.020
12	饮水器喷嘴	0.05	0.25	15	0.050
13	洒水栓	0.40 0.70	2.00 3.50	20 25	0.050~0.100 0.050~0.100
14	室内地面冲洗水嘴	0.20	1.00	15	0.050
15	家用洗衣机水嘴	0.20	1.00	15	0.050

2. 建筑给水系统用水量

（1）小区给水设计用水量　小区给水设计用水量应按最大时用水量计算，应包括以下多项用水量：

1）居民生活用水量。居住小区的居民生活用水量，应按小区人口和表 1-2 规定的住宅最高日生活用水定额经计算确定。计算公式见式（1-1）、式（1-2）。

$$Q_h = \frac{Q_d}{T} K_h \tag{1-1}$$

$$Q_d = q_d m \tag{1-2}$$

式中　Q_h——最大时用水量（L/h）；

Q_d——最高日用水量（L/d），等于最高日生活用水定额乘以用水单位数；

T——建筑物用水时间（h）；

K_h——小时变化系数；

m——用水单位数（人）；

q_d——最高日生活用水定额［L/（A · d）］。

2）居住小区内的公共建筑用水量，应按其使用性质、规模采用表 1-3 中的用水定额经计算确定。

3）绿化浇灌用水定额应根据气候条件、植物种类、土壤理化性状、浇灌方式和管理制度等因素综合确定。当无相关资料时，小区绿化浇灌用水定额可按浇灌面积以 1.0 ~ 3.0L/m^2 · d 计算，干旱地区可酌情增加。公共游泳池、水上游乐池和水景用水量可按《建筑给水排水设计规范》中提供的资料确定。

4）小区道路、广场的浇洒用水定额可按浇洒面积以 2.0 ~ 3.0L/m^2 · d 计算确定。

5）小区消防用水量和水压及火灾延续时间，应按现行国家标准《建筑设计防火规范》GB 50016—2006 及《高层民用建筑设计防火规范》GB 50045—1995 确定。

6）小区管网漏失水量和未预见水量之和可按最高日用水量的 10% ~ 15% 计。

7）居住小区内的公用设施用水量，应由该设施的管理部门提供用水量计算参数，当无重大公用设施时，不另计用水量。

8）住宅的最高日生活用水定额及小时变化系数，可根据住宅类别、建筑标准、卫生器具设置标准按表 1-2 确定。

（2）宿舍、旅馆等公共建筑设计用水量　宿舍、旅馆等公共建筑的生活用水定额及小时变化系数，根据卫生器具完善程度和区域条件，可按表 1-3 确定。

（3）设计秒流量　按用水定额可计算出最高日最大时的用水量。但是建筑物内的用水量是随时变化的，要计算管道的管径与水压，就需求出设计秒流量。

管道的设计流量是确定各管段管径、计算管道水头损失，确定给水系统所需压力的主要依据。建筑物室内的生活用水量在一天内各个小时都不均匀，为保证最不利时刻的最大用水量，给水管道设计流量应为建筑内最大瞬时用水量，这个水量就是设计秒流量。

1.7.2 建筑给水管网所需压力

室内给水所需的水压、水量是选择给水方式及给水系统中增压和水量贮存调节设备的基本数据。

1. 室内给水所需的水压

室内给水应保证各配水点在任何时间内需要的水量。各配水龙头和用水设备为获得需要所规定的出水量即额定流量，所需的最小压力即为流出水头。室内给水系统的压力必须保证能将需要的水量输送到建筑物内最不利配水点（通常是离引入管起端最高、最远点）的配水龙头或用水设备处，并保证有足够的流出水头。其计算式为

$$H = H_1 + H_2 + H_3 + H_4 \tag{1-3}$$

式中　H——室内给水管网所需要的水压（mH_2O）；

H_1——相当于引入管起点至最不利配水点垂直高度的压力（mH_2O）；

H_2——引入管起点至最不利配水点的给水管路水头损失，即计算管路的沿程与局部水头损失之和（mH_2O）；

H_3——水流经水表时的水头损失（mH_2O）；

H_4——最不利配水点的龙头或用水设备所需的流出水头（mH_2O）。

为了在初步设计阶段能估算出室内给水管网所需的压力，对于民用建筑生活用水管网，可按建筑层数估算自地面算起的最小保证压力（参见表 1-6）。

2. 管道水头损失的计算

给水管网的水头损失包括沿程水头损失和局部水头损失。

表 1-6 按建筑物的层数确定所需最小压力值

建筑物的层数	1	2	3	4	5	6	7	8	9	10
最小压力值（自地面算起）/kPa	100	120	160	200	240	280	320	360	400	440

（1）沿程水头损失

$$h_i = iL \tag{1-4}$$

式中 h_i——沿程水头损失（kPa）；

i——单位管长的沿程水头损失（kPa/m）；

L——管段长度（m）。

（2）局部水头损失　在实际计算室内给水管道局部水头损失时，由于管件数量很多，不作逐个计算，而是按给水系统的沿程水头损失的百分数采用，其值如下：

1）生活给水管网为25%～30%。

2）生产给水管网，生活、消防共用给水管网，生活、生产、消防共用给水管网为20%。

3）消火栓系统、消防给水管网为10%。

4）生产、消防共用给水管网为15%。

计算水头损失的目的是在所选定的管径下，计算建筑给水管道所需的压力。若原初定的给水方式为直接给水方式，则与室外给水管道所能提供的水压进行比较，校核初定的给水方式是否适合，是否需要适当调整局部管段的管径；若原给水方式为水泵给水方式，则可以确定所需水泵的扬程；若原给水方式为屋顶水箱给水方式，则可确定水箱所需的高度。

求得水头损失后，即可根据式（1-3）确定室内给水系统所需压力。

1.7.3 建筑给水管网的计算

1. 计算方法和步骤

室内给水管网的计算是在绘出给水管道平面布置图和轴测图后进行的，包括确定各管段管径和给水系统所需压力。可按下列步骤进行：

1）根据建筑平面图和初步确定的给水方式，绘制给水管道系统平面布置图及轴测图。

2）选择最不利配水点，确定计算管路，在计算管路上进行节点编号。

3）从最不利配水点开始，以流量变化处为节点，由小到大顺序编号，将计算管路划分成计算管段，并确定各管段长度。

4）根据建筑物性质选用设计秒流量公式，按给水器具的当量及同时给水百分数计算各段的设计秒流量。

5）根据管段的设计秒流量，选用控制流速，计算出管径和单位长度的水头损失。

6）计算管路的沿程水头损失和局部水头损失，注意若管路中设置水表还应算出水表的水头损失。

7）计算室内给水系统所需压力 H；校核初定给水方式。

8）确定非计算管路各管段的管径，方法同2）～5）。

设置升压、贮水设备的给水系统，还应对以上设备进行选择计算。

2. 设计秒流量计算

（1）住宅建筑的生活给水管道的设计秒流量　住宅建筑的生活给水管道的设计秒流量，应按下列步骤和方法计算：

1）根据住宅配置的卫生器具给水当量、使用人数、用水定额、使用时数及小时变化系数，可按式（1-5）计算出最大用水时卫生器具给水当量平均出流概率

$$U_o = \frac{100 q_1 m K_h}{0.2 N_g T 3600} (\%) \tag{1-5}$$

式中　U_o——生活给水管道的最大用水时卫生器具给水当量平均出流概率；

q_1——最高用水日的用水定额，按表 1-2 取用；

m——每户用水人数；

K_h——小时变化系数，按表 1-2 取用；

N_g——每户设置的卫生器具给水当量数；

T——用水时数（h）；

0.2——一个卫生器具给水当量的额定流量（L/s）。

2）根据计算管段上卫生器具给水当量总数，可按式（1-6）计算得出该管段卫生器具给水当量的同时出流概率

$$U = 100 \frac{1 + \alpha_c (N_g - 1)^{0.49}}{\sqrt{N_g}} (\%) \tag{1-6}$$

式中　U——计算管段卫生器具给水当量平均出流概率；

α_c——对应于不同 U_o 的系数，按《建筑给水排水规范》（GB 50015—2003）附表 C 中表 C 取用；

N_g——计算管段卫生器具给水当量总数。

3）根据计算管段上卫生器具给水当量同时出流概率，按式（1-7）计算该管段的设计秒流量

$$q_g = 0.2 U N_g \tag{1-7}$$

式中　q_g——计算管段的设计秒流量。

4）给水干管有两条或两条以上具有不同最大用水时卫生器具给水当量平均出流概率的给水支管时，该管段的最大用水时卫生器具给水当量平均出流概率按式（1-8）计算

$$\overline{U_o} = \frac{\sum U_{oi} N_{gi}}{\sum N_{gi}} \tag{1-8}$$

式中　$\overline{U_o}$——给水干管的卫生器具给水当量平均出流概率；

U_{oi}——支管的最大用水时卫生器具给水当量平均出流概率；

N_{gi}——相应支管的卫生器具给水当量总数。

（2）文体、餐饮娱乐、商铺及市场等设施设计秒流量计算

1）宿舍（Ⅰ、Ⅱ类）、旅馆、宾馆、酒店式公寓、医院、疗养院、幼儿园、养老院、办公楼、商场、图书馆、书店、客运站、航站楼、会展中心、中小学教学楼、公共厕所等建筑的生活给水设计秒流量计算

$$q_g = 0.2 \alpha \sqrt{N_g} \tag{1-9}$$

式中　q_g——计算管段的给水设计秒流量（L/s）；

N_g——计算管段的卫生器具给水当量总数，见表1-5；

α——根据建筑物用途而定的系数，按表1-7采用。

注：1. 如计算值小于该管段上一个最大卫生器具给水额定流量时，应采用一个最大的卫生器具给水额定流量作为设计秒流量。

2. 如计算值大于该管段上按卫生器具给水额定流量累加所得流量值时，应按卫生器具给水额定流量累加所得流量值采用。

3. 有大便器延时自闭冲洗阀的给水管段，大便器延时自闭冲洗阀的给水当量均以0.5计，计算得到的q_g附加1.20L/s的流量后，为该管段的给水设计秒流量。

4. 综合楼建筑的q_g值应按加权平均法计算。

表1-7 根据建筑物用途而定的系数值（α值）

建筑物名称	α值
幼儿园、托儿所、养老院	1.2
门诊部、诊疗所	1.4
办公楼、商场	1.5
图书馆	1.6
书店	1.7
学校	1.8
医院、疗养院、休养所	2.0
酒店式公寓	2.2
宿舍（Ⅰ、Ⅱ类）、旅馆、招待所、宾馆	2.5
客运站、航站楼、会展中心、公共厕所	3.0

2）宿舍（Ⅲ、Ⅳ类）、工业企业的生活间、公共浴室、职工食堂或营业餐馆的厨房、体育场馆、剧院、普通理化实验室等建筑的生活给水管道的设计秒流量，应按下式计算

$$q_g = \sum q_0 N_0 b \tag{1-10}$$

式中 q_g——计算管段的给水设计秒流量（L/s）；

q_0——同类型的一个卫生器具给水额定流量（L/s）；

N_0——同类型卫生器具数；

b——同类型卫生器具的同时给水百分率，按表1-8、表1-9、表1-10采用。

注：1. 如计算值小于该管段上一个最大卫生器具给水额定流量时，应采用一个最大的卫生器具给水额定流量作为设计秒流量；

2. 大便器自闭式冲洗阀应单列计算，当单列计算值小于1.2L/s时，以1.2L/s计；大于1.2L/s时，以计算值计。

表1-8 宿舍（Ⅲ、Ⅳ类）、工业企业生活间、公共浴室、影剧院、体育场馆等卫生器具同时给水百分率

卫生器具名称	同时给水百分率b（%）				
	宿舍（Ⅲ、Ⅳ类）	工业企业生活间	公共浴室	影剧院	体育场馆
洗涤盆（池）	—	33	15	15	15

（续）

卫生器具名称	同时给水百分率 b（%）				
	宿舍（Ⅲ、Ⅳ类）	工业企业生活间	公共浴室	影剧院	体育场馆
洗手盆	—	50	50	50	(70)（50）
洗脸盆、盥洗槽水嘴	5~100	60~100	60~100	50	80
浴盆	—	—	50	—	—
无间隔淋浴器	20~100	100	100	—	100
有间隔淋浴器	5~80	80	60~80	(60~80)	60~100
大便器冲洗水箱	5~70	30	20	50（20）	(70)（20）
大便器槽自动冲洗水箱	100	100	—	100	100
大便器自闭式冲洗阀	1~2	2	2	10（2）	5（2）
小便器自闭式冲洗阀	2~10	10	10	50（10）	70（10）
小便器（槽）自动冲洗水箱	—	100	100	100	100
净身盆	—	33	—	—	—
饮水器	—	30~60	30	30	30
小卖部洗涤盆	—	—	50	50	50

注：1. 表中括号内的数值为电影院、剧院的化妆间，体育场馆的运动员休息室使用。
2. 健身中心的卫生间可采用本表体育场馆运动员休息室的同时给水百分率。

表 1-9　职工食堂、营业餐厅厨房设备同时给水百分率（%）

厨房设备名称	同时给水百分率 b（%）	厨房设备名称	同时给水百分率 b（%）
洗涤盆（池）	70	开水器	50
煮锅	60	蒸汽发生器	100
生产性洗涤机	40	灶台水嘴	30
器皿洗涤机	90		

表 1-10　实验室化验水嘴同时给水百分率

化验水嘴名称	同时给水百分率 b（%）	
	科研教学实验室	生产实验室
单联化验水嘴	20	30
双联或三联化验水嘴	30	50

【例 1-2】　某旅馆共有客房 40 套，其中 20 套客房设有卫生间，每套客房的卫生间内均设浴盆、洗脸盆、坐便器各 1 个，且有集中热水供应。旅馆另设的公共浴室及卫生间内有淋浴器 20 个、浴盆 10 个、洗脸盆 15 个、大便器（冲洗水箱浮球阀）10 个、小便器（手动式冲洗阀）6 个、污水池 2 个，试求其各自总进户管中的设计秒流量。

解：依题意

1）旅馆设卫生间客房 20 套总进户管中设计秒流量按式（1-9）计算，其中 α 按表 1-7 选用，$\alpha=2.5$，N_g 值按表 1-5 选用，则

$$q_g = 0.2\alpha\sqrt{N_g} = 0.2\times2.5\sqrt{N_g} = 0.5\times\sqrt{(1.5+1.0+0.5)\times20} = 3.87\text{L/s}$$

2）公共浴室总进户管中设计秒流量按式（1-10）计算，其中 q_0 及 b 值分别按表 1-5 及表 1-8 选用，则

$$q_g = \sum q_0 N_0 b = 20 \times 0.15 \times 100\% + 10 \times 0.2 \times 50\% + 15 \times 0.15 \times 80\% + 10 \times 0.10 \times 20\% + 6 \times 0.10 \times 10\% + 2 \times 0.20 \times 15\% = 5.96\mathrm{L/s}$$

3. 管径的确定

当求出管段的设计秒流量后，根据流量公式即可求定管径

$$d = \sqrt{\frac{4q}{\pi V}} \tag{1-11}$$

式中 q——计算管段的设计秒流量（m^3/s）；

d——计算管段的管径（mm）；

V——管段中介质的流速（m/s）。

管段流量一定的情况下，流速的大小将影响到管道系统技术、经济的合理性。流速过大将引起水锤，产生噪声，损坏管道、附件，还会增加管道的水头损失，提高建筑给水系统所需的压力；流速过小又会造成管材的浪费。所以室内给水系统的流速应控制在一定的范围内。生活或生产给水管道不宜大于 2.0m/s；消火栓消防给水管道不宜大于 2.5m/s；自动喷水灭火系统给水管道不宜大于 5.0m/s。当有防噪声要求且管径≤25mm 时，生活给水管道内的流速可采用 0.8～1.0m/s 。

当室外供给的水压高于室内给水管网所需水压较多时，对于简单的室内给水管网，也可根据计算管段卫生器具当量总数，采用简略的估算方法，按表 1-11 确定管径。

表 1-11 管径估算表

给水计算管段卫生器具当量总数	管径 DN/mm	
	$L<50$m	$L=50\sim100$m
2	15	20
4	20	25
8	25	32
14	32	40
25	40	50
40	50	70
75	70	80
100	80	100

4. 管道水头损失计算及管网压力的校核

给水管网的水头损失包括沿程水头损失和局部水头损失。其中沿程水头损失按式（1-4）计算，i 可以从给水管水力计算表中查得。沿程损失为各计算管段沿程水头损失之和。局部水头损失按给水系统的沿程水头损失的百分率计算。

求得水头损失后，即可根据式（1-3）确定室内给水系统所需压力。

水压的校核：

若初定给水方式为直接给水方式，当室外给水管水压 $H_0 \geq H$ 时，满足要求；若 H 略大于 H_0，可适当放大部分管段的管径，以减小 H_0 使外网水压满足要求；若 H 大于 H_0 很多，

则应修正原方案，在给水系统中设增压设备。

若初定给水方式中设置高位水箱，则应按下式校核水箱的安装高度

$$h > H_2 + H_4 \tag{1-12}$$

式中　h——相当于水箱出水口至最不利配水点高度的压力（kPa）；

H_2——计算管路的水头损失（kPa）；

H_4——最不利配水点的龙头或用水设备所需的流出水头（kPa）。

若不能满足式（1-12）的要求，可采取提高水箱设置高度、放大管径或选用其他给水方式来解决。

思　考　题

1. 简述建筑给水系统的基本组成。
2. 建筑给水工程中常用的管材有哪些？
3. 简述建筑生活给水系统的给水方式。
4. 常用的控制附件有哪些？作用是什么？在什么场合设置？
5. 简述建筑给水施工图识图步骤及方法。
6. 简述给水管水力计算的步骤和方法。
7. 建筑消防给水系统的分类有哪些？

第2章　建筑排水系统

2.1　排水系统的分类和组成

2.1.1　建筑排水系统分类

建筑排水系统的任务是将室内的卫生器具或生产设备收集的污、废水和屋面的雨雪水，迅速排至室外管道或污水处理构筑物，经处理后排入市政管道。

按污、废水来源和受污染情况可分为：生活排水系统，包括生活废水系统和生活污水系统；工业污水系统；屋面雨水排水系统。

按通气方式分类，分为器具通气排水方式；伸顶通气排水方式；专用通气排水方式；环形通气排水方式；有特制配件伸顶通气排水方式。

按水力状态分类，分为重力流排水系统（利用重力势能作为排水动力，管道排水按一定充满度设计，管内水压基本与大气压力相等的排水系统）；压力流排水系统（即利用重力势能或水泵等其他机械动力满管排水设计，管系内整体水压大于大气压力的排水系统）。

2.1.2　建筑排水系统的组成

1. 卫生器具或生产设备受水器

卫生器具或生产设备受水器是建筑内部排水系统的起点，用来满足日常生活和生产过程中各种卫生要求，收集和排除污、废水的设备。包括：便溺器具、盥洗和沐浴器具、洗涤器具、地漏。

2. 排水管道

排水管道包括器具排水管（由排水横管接到后续管道排水横管之间的管道，包括连接卫生器具和横支管之间的短管、存水弯）、排水横支管、立管、干管、总干管和出户管。

3. 通气系统

建筑内部排水管道是水气两相流，为防止因气压波动造成的水封破坏，使有毒有害气体进入室内，需设置通气系统。通气系统的作用有：排除管道中的有毒有害气体；防止管内的气压波动，避免抽吸喷溅，防止卫生器具水封破坏；使管内有新鲜空气流动，减少废气对管道的锈蚀。

通气系统可分为以下几种类型：

1）伸顶通气管。从立管最高处的检查口开始，向上的排水管道部分，净高2m以上。

2）器具通气管。多设在一些对卫生标准与控制噪声要求较高的排水系统，如高级旅游宾馆等。

3）环形通气管。若一根横支管接纳6个以上大便器，或者横支管接纳4个以上卫生器具，且管长大于12m，或者设有器具通气管时，需设置环形通气管。

4）专用通气管。当生活污水立管所承担的卫生器具排出的设计流量，超过无专用通气立管的最大排水能力时，需设置专用通气管。

5）结合通气管。专用通气立管每隔两层，主通气立管应在自顶层以下每隔 8 ~10 层处，设结合通气管。

4. 清通设备

清通设备的任务是疏通建筑内部排水管道，保障排水通畅。常用的清通设备有清扫口、检查口和检查井等。

5. 抽升设备

民用建筑中的地下室、人防工程、高层建筑的地下技术层、某些工业企业车间地下室或半地下室、地铁等地下建筑物内的污水、废水不能自流排至室外时，必须设置污水抽升设备，它由集水池和水泵房组成。

6. 室外排水管道

室外排水管道是指自排水管接出的第一检查井后至城市下水道或工业企业排水主干管间的排水管段，其任务是将建筑物内部的污水、废水排送到市政或工厂的排水管道中。

7. 污水局部处理设备

污水局部处理设备是指当建筑内部污水未经处理不允许直接排入城市下水道或天然水体时，必须予以局部处理。局部处理设备有：化粪池、沉淀池、隔油池、中和池、污水处理装置等。

2.2 排水系统的布置与管道敷设

2.2.1 排水系统的确定

2.2.1.1 污水排放的条件和一般规定

1）污水排放的一般规定。生活粪便污水不与室内雨水管道合流；冷却系统的废水可排入室内雨水管道；被有机质污染的生产污水，可与生活粪便污水合流；含有大量固体杂质的污水，浓度较大的酸性、碱性污水，以及含有有毒物质或油脂的污水，应考虑设置独立的排水系统，并且要经局部处理达到国家规定的污水排放标准后，才允许排放到市政管道或水体中；医院的生活污水和涉外建筑的生活污水，要经污水处理达到国家规定的污水排放标准后，方可排入排水管。

2）污水排放的条件。水温不高于 40℃；污水应基本上呈中性，pH 值在 6 ~9 之间；污水中不应含有大量固体杂质，以免沉积阻塞管道；污水中不允许含有大量汽油或油脂等易燃物质；污水中不能含有有毒物，以免伤害管道养护人和影响污水的利用、处理和排放；对伤寒、痢疾、炭疽、肝炎等病原体，必须严格消毒灭活；对含有放射性物质的污水，应严格按照有关规定执行；工业废水排入城市排水管道，除满足上述规定外，还应符合 GBZ 1—2010《工业企业设计卫生标准》等有关规定。

2.2.1.2 排水系统的确定

1. 排水体制

建筑物内部的排水管道按其所接纳排除的污、废水性质。可分为三类：

1）生活排水管。用以排除人们日常生活中的盥洗、洗涤的生活废水和生活污水。生活污水大多排入化粪池，而生活废水则直接排入室外管道中。

2）工业废水管道。工业废水管道用以排除生产过程中的污、废水。其水质与水量随生产工艺的不同而较为复杂，可按其污染程度分为污染较轻的生产废水和污染较重的生产污水两种，其中生产污水一般需要经过工厂内污水处理后才能够排入市政管道或水体。

3）雨水管道。雨水管道用以接纳、排除屋面的雨雪水。

上述三大类污水管道排出建筑物后，根据污水性质、污染情况，结合室外排水系统的设置、综合利用及水处理要求等，有的将生活污水和废水用一套管系排出，称为合流制系统；有的将生活污水和废水、雨水分别设置管系排出系统，称为分流制系统。

2. 排水系统的选择

排水体制对排水管道的布置有非常重要的影响，它确定了排水系统。如何确定建筑排水的分流或合流体制，必须综合考虑建筑物排放污水、废水的性质，市政排水体制和污水处理设施的完善程度，污水是否回用，以及室内排水点和排出建筑的位置、经济技术情况等。具体系统选择中需注意以下几点：

1）小区排水系统应采用生活排水与雨水分流制排水。室外有化粪池时，生活污水一般与生活废水分流排出，生活污水经化粪池处理。雨水应单独排出。

2）建筑物在下列情况下宜采用生活污水与生活废水分流的排水系统：

① 建筑物使用性质对卫生标准要求较高时。

② 生活废水量较大，且环卫部门要求生活污水需经化粪池处理后才能排入城镇排水管道时。

③ 生活废水需回收利用时。即当建筑物采用中水系统时，生活废水与生活污水宜分流排出。

3）下列建筑排水应单独排水至水处理或回收构筑物：

① 职工食堂、营业餐厅的厨房含有大量油脂的洗涤废水，其废水在除油前应与生活污水分流排出。

② 机械自动洗车台冲洗水。

③ 含有大量致病菌，放射性元素超过排放标准的医院污水。

④ 水温超过40℃的锅炉、水加热器等加热设备排水。

⑤ 用作回用水水源的生活排水。

⑥ 实验室有害有毒废水。

3）建筑物雨水管道应单独设置，雨水回收利用可按 GB 50400—2006《建筑与小区雨水利用工程技术规范》执行。

生产废水如不含有机物而带有大量泥沙、矿物质时，经局部处理后可排入室内雨水管道。

4）在层数较多的建筑物内，为防止底层卫生器具污水外溢现象，底层的生活污水管道应考虑采取单独排出方式；厨房间和卫生间的排水立管应分别设置。

2.2.3 排水管道的敷设、安装要求

管道布置有四点要求：使排水畅通，水利条件好；施工安装、维护管理方便；室内卫生条件好，安全且不影响建筑的使用；保护管道不易受到损坏。排水管道的敷设安装要求如

下：

1. 在标准较高的建筑内所有的排水管道均暗装

排水管的管径相对于给水管管径较大，常需要清通修理，所以在室内美观要求不高的建筑中排水管道应以明装为主。在工业车间内部甚至采用排水明渠排水（所排污水、废水不应散发有害气体或大量蒸汽）。明装方式的优点是造价较低，缺点是不美观、积灰、结露不卫生。

在标准较高的建筑内，所有的排水管道均暗装。明装的排水管道应尽量沿墙、梁、柱作平行设置，保持室内的美观；当建筑物对美观要求较高时，管道可暗装，尽量利用建筑物装修使管道隐蔽。

排水管道宜在地下或楼板填层中埋设或在地面上、楼板下明设。当建筑有要求时，可在管槽、管道井、管窿、管沟或吊顶、架空层内暗设，但应便于安装和检修。在气温较高、全年不结冻的地区，可沿建筑物外墙敷设。

2. 小区排水布置与敷设

1）小区排水管的布置应根据小区规划、地形标高、排水流向，按管线短、埋深小、尽可能自流排出的原则确定。当排水管道不能以重力自流排入市政排水管道时，应设置排水泵房。在特殊情况下，如经济、技术比较合理时，可采用真空排水系统。

2）小区排水管道最小覆土深度应根据道路的行车等级、管材受压强度、地基承载力等因素经计算确定，并应符合下列要求：小区干道和小区组团道路下的管道，其覆土深度不宜小于 0.70m；生活污水接户管道埋设深度不得高于土壤冰冻线以上 0.15m，且覆土深度不宜小于 0.30m。（注：当采用埋地塑料管道时，排出管埋设深度可不高于土壤冰冻线以上 0.50m。）

3. 建筑物内排水管道布置要求

1）卫生器具至排出管的距离应最短，管道转弯应最少。

2）排水立管宜靠近排水量最大的排水点。

3）排水管道不得敷设在对生产工艺或卫生有特殊要求的生产厂房内，以及食品和贵重商品仓库、通风小室、电气机房和电梯机房内。

4）排水管道不得穿过沉降缝、伸缩缝、变形缝、烟道和风道；当排水管道必须穿过沉降缝、伸缩缝和变形缝时，应采取相应技术措施。

5）排水埋地管道，不得布置在可能受重物压坏处或穿越生产设备基础。

6）排水管道不得穿越住宅客厅、餐厅，并不宜靠近与卧室相邻的内墙。

7）排水管道不宜穿越橱窗、壁柜。

4. 塑料排水管设置要求

1）塑料排水立管应避免布置在易受机械撞击处；当不能避免时，应采取保护措施。

2）塑料排水管应避免布置在热源附近；当不能避免，并导致管道表面受热温度高于 60℃时，应采取隔热措施；塑料排水立管与家用灶具边净距不得小于 0.4m。

5. 排水管不得敷设的地方

1）排水管道不得穿越卧室。

2）排水管道不得穿越生活饮用水池部位的上方。

3）室内排水管道不得布置在遇水会引起燃烧和爆炸的原料、产品和设备的上面。

4）排水横管不得布置在食堂、饮食业厨房的主副食操作、烹调和备餐的上方。当受条件限制不能避免时，应采取防护措施。

6. 室内管道的连接规定

1）卫生器具排水管与排水横支管垂直连接，宜采用90°斜三通。

2）排水管道的横管与立管连接，宜采用45°斜三通或45°斜四通和顺水三通或顺水四通。

3）排水立管与排出管端部的连接，宜采用两个45°弯头、弯曲半径不小于4倍管径的90°弯头或90°变径弯头。

4）排水立管应避免在轴线偏置；当受条件限制时，宜用乙字管或两个45°弯头连接。

5）当排水支管、排水立管接入横干管时，应在横干管管顶或其两侧45°范围内采用45°斜三通接入。

7. 排水管固定措施

排水管必须采取可靠的固定措施。立管必须在每层设置支撑支架，用管卡固定，其间距最大不得超过3m，在承插管接头处也必须设置管卡。横管一般用吊箍吊设在楼板下，间距视具体情况而定，应不得大于1.0m。排水管道在穿越楼层设套管且立管底部架空时，应在立管底部设支墩或其他固定措施。地下室立管与排水横管转弯处也应设置支墩或其他固定措施。

8. 室外排水管的要求

1）连接要求。排水管与排水管之间的连接，应设检查井连接；室外排水管，除有水流跌落差以外，宜管顶平接；排出管管顶标高不得低于室外接户管管顶标高；连接处的水流偏转角不得大于90°；当排水管管径小于或等于300mm且跌落差大于0.3m时，可不受角度的限制。

2）室内排水沟与室外排水管道连接处，应设水封装置。

3）为防止埋设在地下的排水管道受到机械损坏，排水管道的最小埋设深度，可参照表2-1确定。

表2-1　排水管道的最小埋设深度

管材	地面至管顶的距离/m	
	素土夯实、缸砖、木砖地面	水泥、混凝土、沥青混凝土、菱苦土地面
排水铸铁管	0.70	0.40
混凝土管	0.70	0.50
带釉陶土管	1.00	0.60
硬聚氯乙烯管	1.00	0.60

4）排水管与给水引入管管外壁的水平距离不得小于1.0m。当排水管与给水引入管布置在同一处进出建筑物时，为方便维修和避免或减轻因排水管渗漏造成土壤潮湿腐蚀和污染给水管道的现象，其水平距离不得小于1.0m。

9. 特殊情况下采取的措施或装置

1）排水管穿过地下室外墙或地下构筑物的墙壁处，应采取防水措施。

2）排水管外表面可能结露，应根据建筑物的性质和使用要求，采取防结露措施。

3）排水管道尽量不要穿越沉降缝、伸缩缝，以防止管道受到影响而漏水。在不得不穿越时应采取有效措施，如采用柔性接口等。

4）当建筑塑料排水管穿越楼层、防火墙、管道井井壁时，应根据建筑物性质、管径和设置条件，以及穿越部位防火等级等要求设置阻火装置。

5）室内排水沟与室外排水管道连接处，应设水封装置。

6）当建筑物沉降可能导致排出管倒坡时，应采取防倒坡措施。

7）排水管穿过承重墙或建筑物基础处，应预留洞口，如图2-1所示；且管顶上部净空不得小于建筑物的沉降量，一般不小于0.15m。

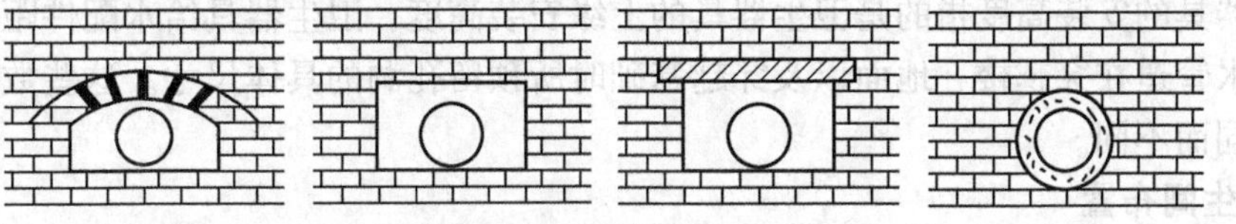

图2-1 排水管穿越带形基础的敷设方式

穿越基础时，必须在垂直通过基础的管道部分外套较其直径大200mm的金属套管，或设置在钢筋混凝土过梁的壁孔内，管顶与过梁之间应留有足够的沉降间距，以保护管道不因建筑物的沉降而受到破坏。排水管穿过基础预留洞口尺寸见表2-2。

表2-2 排水管穿过基础预留洞口尺寸 （单位：mm）

管径	50～75	>100
预留洞口尺寸（高×宽）	300×300	(d+300)×(d+200)

10. 管道布置应有足够的空间安装检修

不论是立管或横支管，不论是明装或暗装，其安装位置应留有足够的空间，以利于拆换管件和清通维护工作的进行。排水管为承插管道，无需留设安装或检修时的操作工具位置，所以排水立管的管壁与墙壁、柱等的表面净距为25～35mm即可。排水管与其他管道共同埋设时的最小距离：水平净距为1.0～3.0m，竖直向净距为0.15～0.20m，且给水管道布置在排水管道上面。

11. 间接排水的要求

1）下列构筑物和设备的排水管不得与污、废水管道系统直接连接，应采取间接排水的方式：①生活饮用水贮水箱（池）的泄水管和溢流管；②开水器、热水器的排水；③医疗灭菌消毒设备的排水；④蒸发式冷却器、空调设备冷凝水的排水；⑤贮存食品或饮料的冷藏库房的地面排水和冷风机溶霜水盘的排水。

2）设备间接排水宜排入邻近的洗涤盆、地漏。无法满足时，可设置排水明沟、排水漏斗或容器。间接排水的漏斗或容器不得产生溅水、溢流，并应布置在容易检查、清洁的位置。

3）间接排水口最小空气间隙应满足GB 50015—2003《建筑给水排水规范（2009年版）》的要求。

2.2.4 排水设备与卫生间布置

1. 排水设备的布置与安装

卫生器具排水设备是用来满足日常生活中各种卫生要求，收集和排除生活及生产中产生的污、废水的设备。各种卫生器具的结构、形式以及材料，应根据卫生器具的用途、装设地点、维修安装等要求而定。卫生器具表面应光滑易于清洗、不透水、耐腐蚀、耐冷热和有一定的强度。常用的卫生器具为三件组合，即浴盆、大便器和洗脸盆，高级卫生间中增设妇女专用卫生盆。

卫生器具（大便器除外）均应在排水口处设置十字栅栏以防止粗大污物进入排水管道，引起管道阻塞。为防止排水系统中的有害气体窜入室内，每一个卫生器具下面必须装设存水弯。存水弯起水封的作用。水封设在卫生器具排水口下。水封的作用是利用一定高度的静水压力来抵抗排水管内气压的变化，防止管内气体进入室内。

卫生器具的安装高度指的是卫生器具的上缘安装高度，卫生器具给水配件距楼、地面的高度，排水管道在穿越楼、地面以及穿越基础时所预留孔洞的具体尺寸。这些数值依据卫生器具的不同而不同。

2. 卫生间布置

卫生间应根据所选用的卫生器具类型、数量来合理布置，同时应考虑给水排水立管的位置。布置时应注意以下几点：

1）粪便污水立管应靠近大便器，大便器排入支管应尽可能径直接入。

2）如污、废水分流排除，废水立管应尽量靠近浴盆。

3）如污、废水分流排除，且污、废水立管共用一根专用通气立管时，则通气立管应布置在两者之间；若管道均位于管道井内且双排布置时，在满足管道安装间距的前提下，共用的通气立管尽量布置在污、废水立管的对侧。

4）高级房间的排水管道在满足安装高度的前提下布置在吊顶内。

5）给水排水管道和空调管道共用管道井时，一般靠近检修门的一侧为给水排水管道，且给水管道位于外侧。

6）在考虑以上要素的同时，卫生间大便器与洗脸盆的布置有如下尺寸要求：大便器的中心至洗脸盆的边缘不小于350mm，距旁边墙面不小于380mm，大便器至对面墙壁的最小净距不小于460mm；洗脸盆设在大便器对面时两者净距不小于760mm，洗脸盆中心至旁边墙壁净距不小于450mm。

2.2.5 地漏、检查口、清扫口的设置

2.2.5.1 地漏的设置

地漏应设在地面最低、易于溅水的卫生器具附近。地漏不宜设在排水支管顶端，以防止卫生器具排放的固体杂物在卫生器具和地漏之间横支管内沉积。一般对地漏的设置有如下规定：

1）厕所、盥洗室等需经常从地面排水的房间，应设置地漏。

2）每个男女卫生间均应设置一个50mm规格的地漏。地漏应设置在易溅水的卫生器具（如洗脸盆、小便器（槽））附近地面的最低处。

3）淋浴室内地漏的排水负荷，可按以下要求确定：淋浴器数量为1～2个，需设地漏的管径为50mm；淋浴器数量为3个，需设地漏的管径为75mm；淋浴器数量为4～5个，需设地漏的管径为100mm。当用排水沟排水时，8个淋浴器可设置一个直径为100mm的地漏。

4）住宅套内应按洗衣机位置设置洗衣机排水专用地漏或洗衣机排水存水弯，排水管道不得接入室内雨水管道。

5）地漏一般设置在地面最低处，地面做成 0.005 ~0.01 的坡度坡向地漏，地漏箅子顶面应比地面低 5 ~10mm，应向建筑专业人员提示地漏的设置位置，带水封的地漏水封深度不得小于 50mm。

2.2.5.2　污水检查口、清扫口的设置

1. 检查口

检查口一般设在排水立管以及较长的水平管段上，距地面 1.0m，它是管道上的一个孔口，平时用压盖和螺栓盖紧，发生管道堵塞时可以打开，进行检查或清理，是可以双向清通的管道维修口。

铸铁排水立管上检查口之间的距离不宜大于 10m，塑料排水立管宜每六层设置一个检查口。但在建筑物最低层和设有卫生器具的二层以上建筑物的最高层，应设置检查口。当立管水平拐弯或有乙字管时，在该层立管拐弯处和乙字管的上部应设检查口；底层、最高层应设置检查口。

在排水管上设置检查口应符合下列规定：

1）立管上设置检查口，应离地（楼）面以上 1.00m，并应高于该层卫生器具上边缘 0.15m。

2）埋地横管上设置检查口时，检查口应设在砖砌的井内。（注：可采用密闭塑料排水检查井替代检查口。）

3）地下室立管上设置检查口时，应设置在立管底部之上。

4）立管上检查口检查盖应面向便于检查清扫的方位；横干管上的检查口应垂直向上。

2. 清扫口

污水横管上有两个以上的大便器或 3 个以上的卫生器具时，应在横管的起端按一定距离设置清扫口，用于清通管道。设置清扫口，应符合下列规定：

1）在连接 2 个及 2 个以上的大便器或 3 个及 3 个以上卫生器具的铸铁排水横管上，宜设置清扫口；在连接 4 个及 4 个以上的大便器的塑料排水横管上宜设置清扫口。

2）在水流偏转角大于 45°的排水横管上，应设检查口或清扫口（可采用带清扫口的转角配件替代）。

3）当排水立管底部或排出管上的清扫口至室外检查井中心的最大长度大于规范要求的数值时，应在排出管上设清扫口。

4）在排水横管上设清扫口，宜将清扫口设置在楼板或地坪上，且与地面相平；排水横管起点的清扫口与其端部相垂直的墙面的距离不得小于 0.2m（当排水横管悬吊在转换层或地下室顶板下设置清扫口有困难时，可用检查口替代清扫口）。

5）排水管起点设置堵头代替清扫口时，堵头与墙面应有不小于 0.4m 的距离。（可利用带清扫口弯头配件代替清扫口）。

6）在管径小于 100mm 的排水管道上设置清扫口，其尺寸应与管道同径；管径等于或大于 100mm 的排水管道上设置清扫口，应采用 100mm 直径清扫口。

7）铸铁排水管道设置的清扫口，其材质应为铜质；硬聚氯乙烯管道上设置的清扫口应与管道相同材质。

8）排水横管连接清扫口的连接管及管件应与清扫口同径，并采用45°斜三通和45°弯头或由两个45°弯头组合的管件。

排水横管的直线管段上检查口或清扫口之间的最大距离见表2-3。

表2-3 排水横管的直线管段上检查口或清扫口之间的最大距离

管径/mm	清扫设备种类	距离/m	
		生活废水	生产污水
50～75	检查口	15	12
	清扫口	10	8
100～150	检查口	20	15
	清扫口	15	10
200	检查口	25	20

2.2.6 横支管的设置

1）排水横支管不宜太长，尽量少转弯，一根支管连接的卫生器具不宜太多。

2）横支管不得穿过沉降缝、烟道、风道。

3）横支管不得穿过有特殊卫生要求的生产厂房、食品及贵重商品的仓库、通风小室和变电室。

4）排水横管不得布置在食堂、饮食业厨房的主副食操作、烹调和备餐的上方。当受条件限制不能避免时，应采取防护措施。

5）横支管不得布置在遇水易引起燃烧、爆炸或损坏的原料、产品和设备上面，也不得布置在食堂、饮食业的主副食操作、烹调的上方。

6）横支管与楼板和墙应有一定的距离，便于安装和维修。

7）当横支管悬吊在楼板下，接有2个及2个以上大便器或3个及3个以上卫生器具时，横支管顶端应升至上层地面设清扫口。

8）排水支管连接在排出管或排水横干管上时，连接点距立管底部水平距离不宜小于3m。

9）靠近排水立管底部的排水支管连接，应符合下列要求：

① 排水立管最低排水横支管与立管连接处距排水立管管底垂直距离不得小于表2-4的规定。

表2-4 最低横支管与立管连接处距立管管底的最小垂直距离

立管连接卫生器具的层数		≤4	5～6	7～12	13～19	≥20
垂直距离/m	仅设伸顶通气	0.45	0.75	1.20	3.00	3.00
	设通气立管	按配件最小安装尺寸决定			0.75	1.20

注：单根排水立管的排出管宜与排水立管相同管径。

② 排水支管连接在排出管或排水横干管上时，连接点距立管底部下游水平距离不得小于1.5m。

③ 横支管接入横干管竖直转向管段时，连接点距转向处以下不得小于0.6m。

2.2.7　污水立管的设置

1）立管应靠近排水量大、水中杂质多、最脏的排水点处。

2）立管不得穿过卧室、病房，立管的位置应避免靠近与卧室相邻的内墙。

3）立管宜靠近外墙，以减少埋地管长度，便于清通和维修。

4）立管应设检查口，其间距一般不大于10m，但底层和最高层必须设置检查口。平顶建筑物可用通气管顶口代替最高层的检查口。检查口中心至地面距离为1.0m，并应高于该层溢流水位最低的卫生器具上边缘0.15m。

5）立管穿楼板时应预留孔洞。孔洞尺寸一般比通过的管径大50～100mm。

2.2.8　通气管道布置

（1）伸顶通气管　伸顶通气管从立管最高处的检查口开始向上的排水管道部分，净高应为2m以上。其高度应高出屋面0.3m，且大于积雪厚。管径的选择，在北方伸顶通气管比立管大一号，在南方比立管小一号。生活排水管道的立管顶端，应设置伸顶通气管。

（2）专用通气立管　当立管设计流量大于临界流量时设置，且每隔两层与立管相通，管径比最底层立管管径小一级。当生活污水立管所承担的卫生器具排出的设计流量，超过无专用通气立管的最大排水能力时设置。下列情况下应设置通气立管或单立排水系统：①生活排水立管所承担的卫生器具排水设计流量，超过GB 50015—2003《建筑给水排水规范(2009年版)》中仅设伸顶通气管的排水立管最大设计排水能力时；②建筑标准要求较高的多层住宅、公共建筑、10层及10层以上高层建筑卫生间的生活污水立管应设置通气立管。

（3）结合通气管　10层以上的建筑，每隔6～8层设置结合通气管，连接排水立管及通气管。其管径不小于所连接的较小一根立管的管径。专用通气立管每隔两层、主通气立管应在自顶层以下每隔8～10层处设结合通气管。

（4）环形通气管　下列排水管段应设置环形通气管：

1）连接4个及4个以上卫生器具且横支管的长度大于12m的排水横支管。

2）连接6个及6个以上大便器的污水横支管。

建筑物内各层的排水管道上设有环形通气管时，应设置连接各层环形通气管的主通气立管或副通气立管。

（5）安全通气管　横支管连接卫生器具较多且管线较长时设置。

（6）卫生器具通气管　对卫生、安静要求较高的建筑物内，生活排水管道宜设置器具通气管。多设在对一些卫生标准与控制噪声要求较高的排水系统，如高级旅游宾馆等。

2.2.9　污水局部处理的设置

污水局部处理是指少量污水在产生地就近设置处理设施进行的必要处理。为了满足排至市政下水道、其他下水道或水体的水质要求。分有化粪池、隔油池、沉沙池、降温池等。

1）化粪池，即利用沉淀和厌氧发酵原理去除生活污水中悬浮性有机物的初级处理构筑物，污水在其上部停留一段时间后排走，池底粪便、污泥定期掏挖。常见的有圆形和矩形两种形式。

2）隔油池，即利用油与水的密度差异，分离去除污水中颗粒较大的悬浮油的一种处理构筑物。用以减少过水断面发生堵塞，或发生爆炸引起火灾。

3）沉沙池是沉淀污水中的颗粒物，以减少发生堵塞，减少冲刷并破坏管壁的情况。

4）降温池，即对建筑物附属的发热设备和加热设备及工业废水的排放水温超过 CJ 343—2010《污水排入城镇下水道水质标准》的规定时，进行降温处理的构筑物。降温池降温的方法有二次蒸发、水面散热和加冷水降温三种。

污水局部处理设施的设置位置一般在背街面、庭院内。距建筑物大于 5m，距水源地大于 30m。化粪池的设置还有一些具体的规定：

1）设于建筑物背阴面人不经常停留的地方。

2）距离建筑物外墙不宜小于 5m，距离地下取水构筑物不得小于 30m，池壁、池底应有防漏措施。

2.3 排水管材、附件及卫生器具

2.3.1 排水管材及连接方式

2.3.1.1 排水管材选择要求

排水管材的选择应符合下列要求：

1）小区室外排水管道，应优先采用埋地排水塑料管。

2）建筑内部排水管道应采用建筑排水塑料管及管件，或柔性接口机制排水铸铁管及相应管件。

3）当连续排水温度大于40℃时，应采用金属排水管或耐热塑料排水管。

4）压力排水管道可采用耐压塑料管、金属管或钢塑复合管。

2.3.1.2 常见的排水管材

1. 铸铁管

铸铁管按材质不同可分为片墨铸铁管、球墨铸铁管、高硅铸铁管等。排水铸铁管单根长为 1.5 ~ 3m，公称直径为 50 ~ 300mm，管子壁厚为 3.5 ~ 7mm，可作为污水和雨水排出管。

排水用片墨铸铁管和球墨铸铁管采用承插式连接，其接口以麻丝填充，用水泥或石棉水泥打口，用于高层建筑时也可用青铅打口。排水用柔性接口铸铁管采用橡胶圈法兰压盖连接。

节套式排水铸铁管采用密封橡胶套筒、不锈钢节套紧固连接。

柔性抗震接口排水铸铁直管采用橡胶圈密封、螺栓紧固，在内水压下具有良好的挠曲性、伸缩性，能适应较大的轴向位移和横向曲挠变形，适合用作高层建筑室内排水管，对地震区尤为适用。

柔性接口排水铸铁管适用范围：$T<0$℃场所；连续排水温度 >40℃或瞬间排水温度 > 80℃的排水管道，高度 >100m 建筑。

排水铸铁管通常采用砂轮切割机切断；采用手工断管时，可在断口处垫上木块，然后用手锤轻轻敲打锋利的镰刀进行切断。

2. 硬聚氯乙烯排水管

室外埋地排水硬聚氯乙烯管（排水塑料管 UPVC），粘结剂粘接。适用于排放温度

<40℃、瞬时温度<80℃的室外埋地生活及雨水排水系统。

建筑排水硬聚氯乙烯管采用承插连接；室外埋地排水硬聚氯乙烯管可采用承插熔接连接，当管子的公称外径≥20mm 时，宜采用承口橡胶圈连接；硬聚氯乙烯雨水管敷设于室内时采用承插熔接连接，敷设于室外时不宜采用嵌橡胶圈连接。

排水用硬聚氯乙烯管埋地管道的管顶最小埋设深度应符合如下规定：埋设在绿化带内时，管顶最小覆土>300mm；埋设在小区内支路下时，覆土厚度>450mm；埋设在小区内主道路车行道下时，覆土厚度>600～700mm。

3. 无缝钢管

在排水系统中采用无缝钢管是为了解决高层或超高层建筑内排水管道的承压问题。无缝钢管连接时通常采用焊接连接方式。

4. 焊接钢管

低压流体输送用镀锌焊接钢管采用螺纹连接。与排水铸铁管连接时，钢管插入铸铁管的承口端要稍作翻边，然后按排水铸铁管承插连接方式连接。

2.3.2　排水管道的附件及卫生器具

2.3.2.1　接头管件

管道的接长、转弯、分支、变径等是用管件来实现的。接头管件也称为管子配件、连接件、接头零件等。各种管道系统中管子用不同的接头管件连接起来，组成了管网。接头管件如图 2-2 所示。

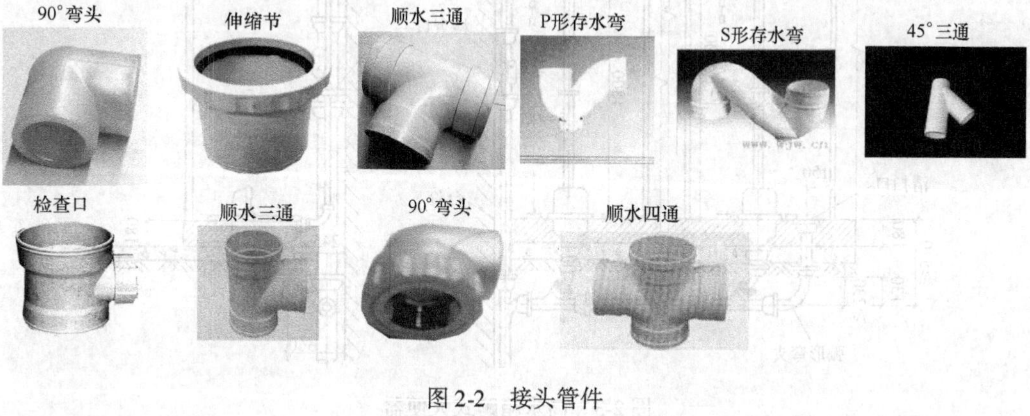

图 2-2　接头管件

1. 弯头

铸铁弯头是用灰铸铁制成，多为承插式的，有一承一插式和两头承式两种，多用于排水管道上，规格同承插铸铁排水管。

2. 三通、四通

铸铁三通有法兰式和承插式两种，材质、制造方法、规格范围和用途均同铸铁弯头。三通中包括 45°斜三通，45°斜三通又称为 Y 形支管，用于管道交会与分岔处，其局部阻力较小。斜三通使用时还应增加一个 45°弯头才能形成 90°分支，使此时分支管进入排水主管的污物不致堵塞管道。四通用于管通垂直交叉连接处。四通承插形式有两承两插、一承三插或三承一插三种，按需要选用。

3. 法兰

法兰连接常用于管道与阀门、管道与管道、管道与设备的连接。

法兰连接包括上下法兰、垫片、螺栓螺母三部分。上下法兰中间加以垫片依靠螺栓螺母的拉紧将两片法兰紧固在一起。

2.3.2.2　卫生器具

1. 卫生器具的分类

卫生器具是用来满足日常生活中洗涤等卫生要求以及收集、排除生活与生产污、废水的设备（如洗脸盆、浴盆、坐便器等用水器具）。常用的卫生器具按用途可分为三类：

1）便溺卫生器具。包括大便器、大便槽、小便器、小便槽等。

2）盥洗、沐浴用卫生器具。包括洗脸盆、盥洗槽、浴盆、淋浴器、妇女卫生盆等。

3）洗涤用卫生器具。包括洗涤盆、污水盆、化验盆等。

2. 卫生器具的安装

卫生器具的安装可按《全国通用给水排水标准图集》执行。现介绍几种常用卫生器具。

（1）大便器　大便器有蹲式、坐式和大便槽三种。坐式大便器有冲洗式和虹吸式。

1）蹲式大便器（图2-3）。蹲式大便器常设在公共卫生间。冲洗方式现在多用延时自闭式冲洗阀。

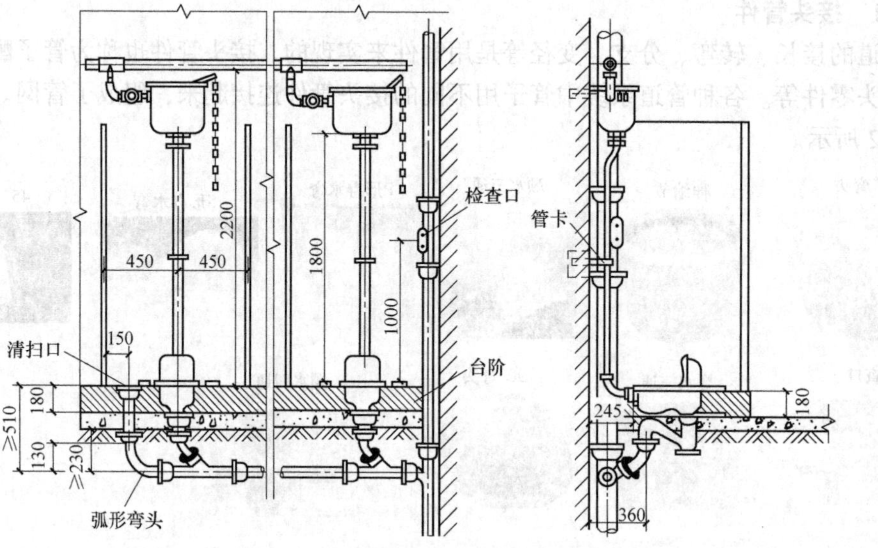

图2-3　高水箱蹲式大便器

2）坐式大便器。坐式大便器多设在家庭、宾馆、医院等卫生间内。这类大便器多采用低位水箱冲洗。低位水箱坐式大便器如图2-4所示。

（2）小便器（图2-5）　小便器有挂式、立式和小便槽三种。小便器设在公共男厕所中，多采用延时自闭式冲洗阀冲洗。有挂式和立式两种，每只小便器均设存水弯。挂式小便器悬挂在墙上。立式小便器靠墙竖立安装在地板上，常成组设置。

（3）洗脸盆（图2-6）　洗脸盆有长方形、椭圆形、三角形等形状，常装在卫生间、盥洗室和浴室中，大多采用带釉陶瓷制成，安装方式有架墙式、柱脚式和台式三种。住宅常采用台式洗脸盆。

（4）浴盆（图2-7）　浴盆设在卫生间和浴室中，供人们洗澡用。外形呈长方形，一般均设有冷、热水龙头或混合龙头。

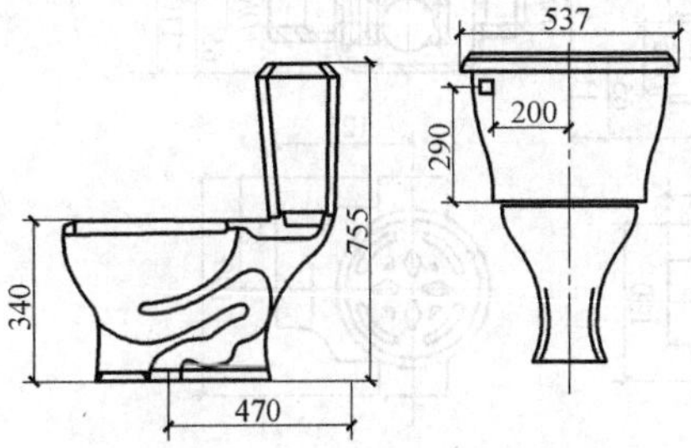

图 2-4　低水箱坐式大便器

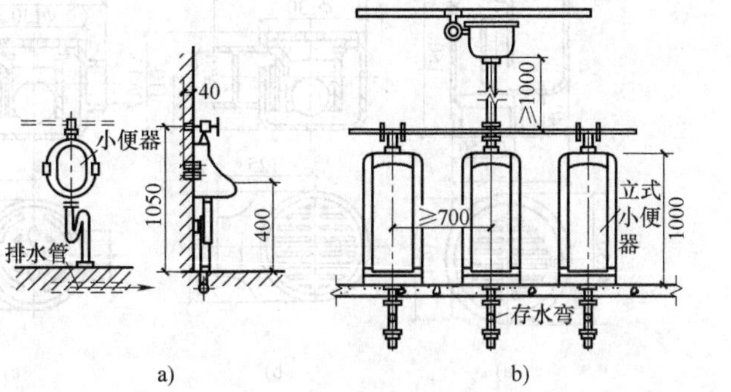

图 2-5　小便器

a）挂式　b）立式

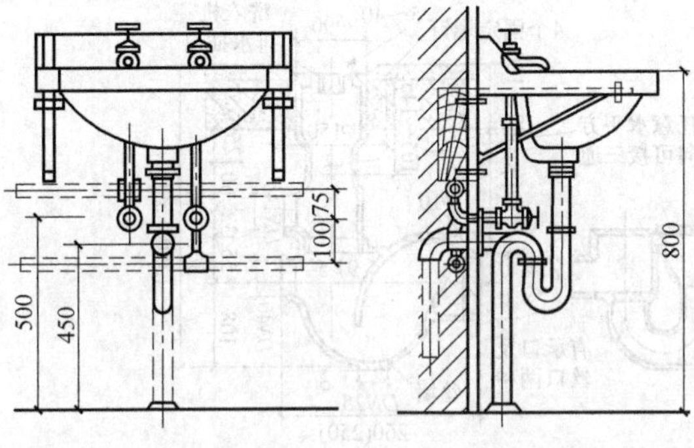

图 2-6　洗脸盆

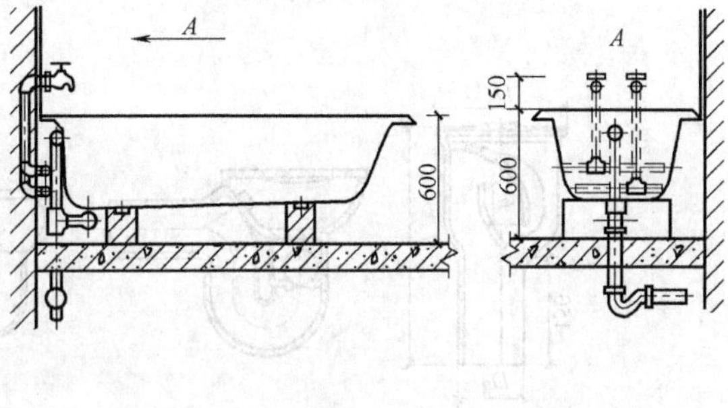

图 2-7　浴盆

（5）淋浴器（图 2-8）　淋浴器与浴盆相比具有占地面积小、造价低和卫生等优点，因此淋浴器广泛应用于工厂生活间、机关及学校的浴室中。公共浴室宜采用单管脚踏式开关。

（6）污水池　污水池一般设在公共建筑的卫生间、盥洗室内供洗涤拖布及倒污水用，如图 2-9 所示。

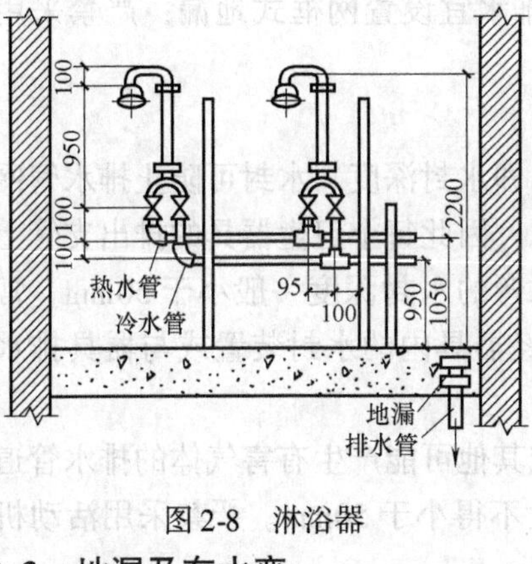

图 2-8　淋浴器

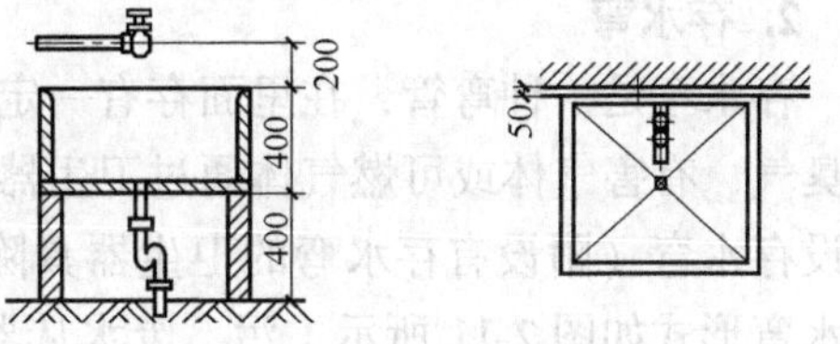

图 2-9　污水池

2.3.2.3　地漏及存水弯

1. 地漏

在卫生间、浴室、洗衣房及工厂车间内，为了排除地面上的积水须装置地漏。地漏一般用铸铁等材料制成，本身都包含有存水弯，如图 2-10 所示。

地漏的选用应根据使用场所的特点和所承担的排水面积等因素确定。应符合下列要求：

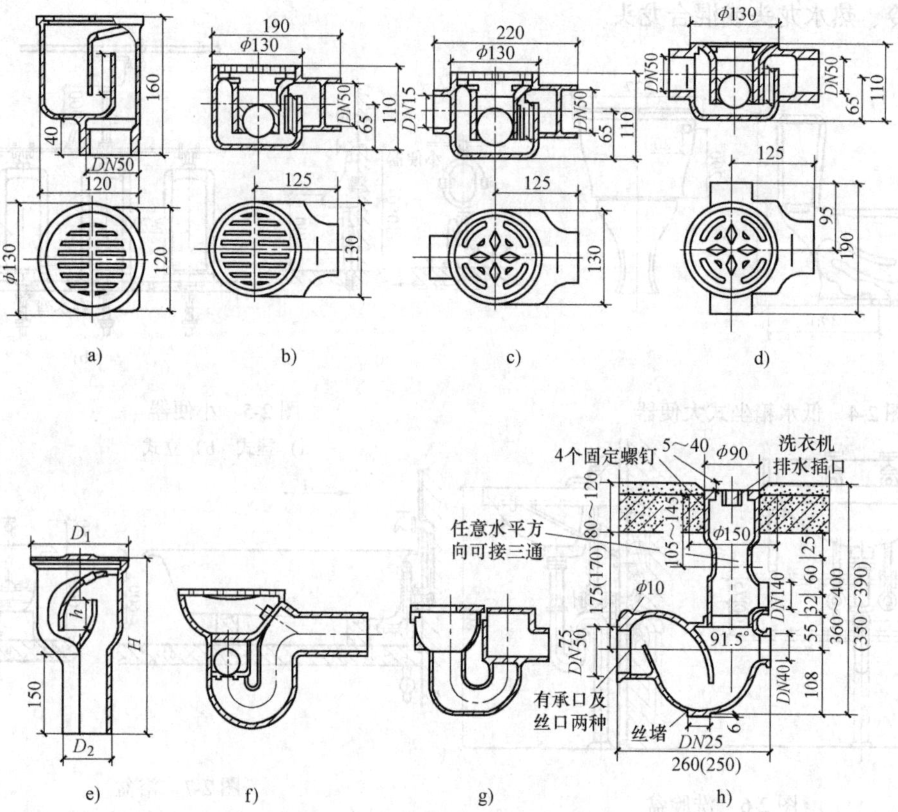

图 2-10 几种构造不同的地漏

a）垂直单向出口地漏 b）单通道地漏 c）二通道地漏 d）三通道地漏

e）高水封地漏 f）防倒流地漏 g）可清通地漏 h）多功能地漏

应优先采用具有防涸功能的地漏；在无安静要求和无须设置环形通气管、器具通气管的场所，可采用多通道地漏；食堂、厨房和公共浴室等排水宜设置网框式地漏；严禁采用钟罩（扣碗）式地漏。

2. 存水弯

存水弯是一种弯管，在里面存有一定深度的水，即水封深度。水封可防止排水管网产生的臭气、有害气体或可燃气体通过卫生器具进入室内。因此每个卫生器具的排出支管上均需装设存水弯（附设有存水弯的卫生器具除外）。存水弯的水封深度一般小于50mm。常用的存水弯形式如图2-11所示。污、废水从器具排水栓经器具内的水封装置或与器具排水管连接的存水弯流入横支管。

当构造内无存水弯的卫生器具与生活污水管道或其他可能产生有害气体的排水管道连接时，必须在排水口以下设存水弯。存水弯的水封深度不得小于50mm。严禁采用活动机械密封替代水封。

医疗卫生机构内门诊、病房、化验室、试验室等处不在同一房间内的卫生器具不得共用存水弯。卫生器具排水管段上不得重复设置水封。室内排水沟与室外排水管道连接处，应设水封装置。

3. 清扫口、检查口

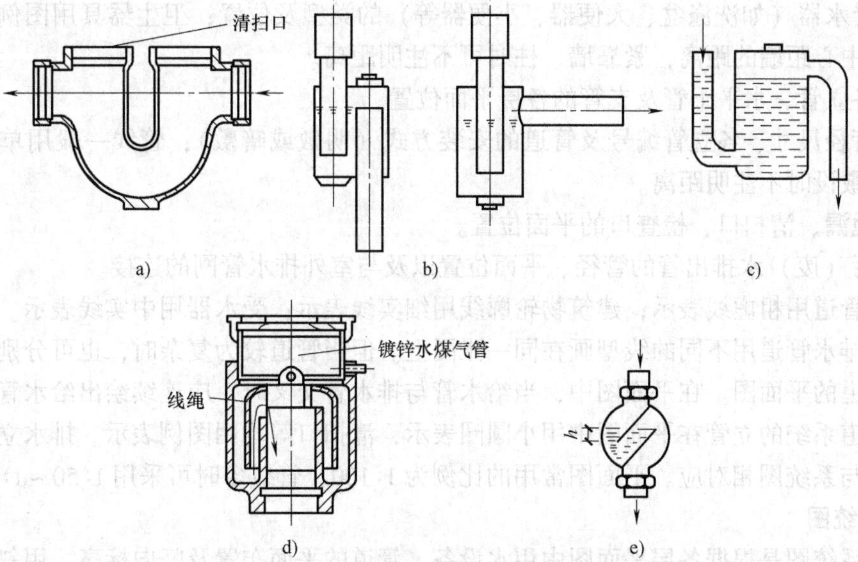

图 2-11　常用的存水弯形式

a) U 型　b) 瓶式　c) 筒式　d) 钟罩式　e) 间壁式

清扫口、检查口是供清通工具疏通管道用的。清扫口如图 2-12 所示。

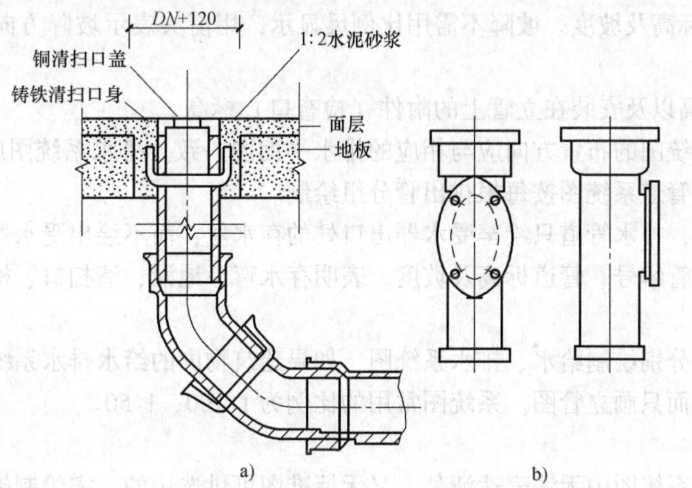

图 2-12　清扫口

a) 清扫口　b) 检查口

2.4　建筑排水施工图识读

2.4.1　建筑排水施工图

建筑排水工程施工图中，平面图、系统图包括如下内容：

1. 平面图

建筑排水平面图主要表明建筑物内排水管道及设备的各层平面布置。一般包括：

1）受水器（如洗涤盆、大便器、小便器等）的类型及位置；卫生器具用图例表示，通常注明其中心距墙的距离，紧靠墙、柱时可不注明距离。

2）各立管、水平干管及支管的各层平面位置。

3）管径尺寸、各立管编号及管道的安装方式（明敷或暗敷）；管线一般用单线图例表示，沿墙敷设时不注明距离。

4）地漏、清扫口、检查口的平面位置。

5）污（废）水排出管的管径、平面位置以及与室外排水管网的连接。

排水管道用粗虚线表示；建筑物轮廓线用细实线表示；受水器用中实线表示。一般都把室内给水排水管道用不同的线型画在同一张图上。但当管道较为复杂时，也可分别画出给水和排水管道的平面图。在平面图中，当给水管与排水管交叉时，应连续绘出给水管，断开排水管。管道系统的立管在平面图中用小圆圈表示，清扫口等均用图例表示。排水立管按顺序编号，并与系统图相对应。平面图常用的比例为1:100，管线多时可采用1:50～1:20。

2. 系统图

排水系统图是根据各层平面图中用水设备、管道的平面布置及竖向标高，用斜轴测投影法绘制而成，分别表示排水系统上下层之间、左右前后之间的空间关系。系统图中应包括以下内容：

1）各管道的管径、立管编号。

2）横管的标高及坡度。坡降不需用比例尺显示，用箭头表示坡降方向和注明管道坡度即可。

3）楼层标高以及安装在立管上的附件（检查口）标高。

建筑排水系统图的布置方向应与相应的排水平面图一致。排水系统图应按45°正面斜轴测法绘制。排水管道系统图按每根排出管分组绘制。

在系统图中，排水管道只绘至受水器出口处的存水弯，而不绘出受水器。系统图上注有各管径尺寸、立管编号、管道标高及坡度。表明存水弯、地漏、清扫口、检查口等管道附件的位置。

系统图中应分别绘制给水、排水系统图，如果建筑物内的给水排水系统较为简单时，可以不画系统图，而只画立管图。系统图常用的比例为1:100、1:50。

3. 详图

在平面图和系统图中无法表达清楚，又无标准图可供选用的，需绘制施工安装详图。详图是以平面图及剖视图表示设备或管道节点的详细构造以及安装要求。

4. 预留洞图

注明各种排水管道在穿越楼地面时的位置以及预留孔洞大小的图样。它应与设计所选用的各种卫生洁具型号相对应，主要是为了建筑施工的方便。当平面图中的注解较为详细时，预留洞图可以省略。

施工图上还应附有图例及施工说明。施工说明包括所用的尺寸单位，施工时的要求，采用材料、设备的品种、规格，某些统一的做法及设计图中采用标准图样的名称等内容。

2.4.2　排水施工图识读步骤及方法

按图样种类，先读平面图，然后对照平面图读系统图，最后读详图。读平面图时，先读底层平面图，再读各楼层平面图；读底层平面图时，先读排水排出管，然后读干管和立管。读排水系统图时，先找平面图和系统图相同编号的排水排出管，然后找相同编号的立管，最后分系统对照平面图识读。按污水流动方向，分别识读平面图和系统图。

识读排水图时读图顺序为：受水器、地漏及其他泄水口→ 连接短管 → 横支管→ 立管 →干管 → 排出管 → 检查井。

另外，还应结合图样说明来识读平面图、系统图，以了解设备管道材料、安装要求及所需的详图或标准图。

通过图样识读，应掌握以下主要内容：排水排出管的平面布置、走向、管径、定位尺寸、系统编号，以及与室外排水管网的连接方式；排水干管、立管、横管、支管的管径以及它们的平面位置和编号；受水器的平面位置、型号规格；该图样所需的标准图等。

2.4.3　排水施工图识读

【例 2-1】　图 1-39 ~ 图 1-44 分别是一幢二层别墅的给水排水管道平面图（一层和二层)、系统图、卫生间大样图（卫生间 A 给水排水平面图及系统大样图，卫生间 B 给水排水平面图及系统大样图）厨房平面图和系统图。试对这套图进行排水施工图的识读。

解：

1. 建筑整体情况分析

排水方式为：清污分流，生活污水经化粪池处理后排入小区污水管道；雨水排入建筑四周的排水沟内。

建筑物的其他情况见第一章 1.6.5。

2. 排水施工图识读案例

（1）排水平面图　从图 1-40 一层给水排水管道平面图可看出：

1）卫生间 A 的室内墙角有一排水立管 PL-1，在标高为 -0.300m 处穿外墙排出室外到检查井 1，再通过长为 10.5m 的 *DN*150 的管道（坡度 i 为 0.02）到检查井 2，转折通过长为 11.84m 的 *DN*150 的管道（坡度 i 为 0.01）到检查井 4。

2）厨房旁边的管道井中有一排水立管 PL-2，在标高为 -0.500m 穿外墙排出室外到检查井 3，再通过长为 7m 的 *DN*150 的管道（坡度 i 为 0.02）到检查井 4 与另一排出管汇合后进入 1#化粪池，进行初步处理后排入小区排水管道。

3）一层厨房的洗涤盆与地漏的排水直接排入检查井 3。

（2）排水系统图　从图 1-41c 给水排水系统图可看出：排水系统为带伸顶通气帽的管道系统。有排水立管 PL-1、PL-2，管径都为 100mm，顶上带有伸顶通气帽。其中排水立管 PL-1 排除一、二层卫生间 A 的污水，在标高 -0.30m 处排出室外；排水立管 PL-2 排除一层厨房、二层卫生间 B 的污、废水，在标高 -0.50m 处排出室外。

（3）卫生间大样图（图 1-43）　在图 1-42 卫生间 A 给水排水平面图及系统图上可看出：排水立管 PL-1 在每层地板下 0.45m 的地方接入排水横支管。横支管的布置如下：地漏和浴盆排水管先汇合，接入坐便器，再与洗脸盆排水管汇合后排入排水立管 PL-1。自地漏、浴盆至大便器的排水横管管径为 50mm，大便器至汇入点的管段管径为 100mm，坡度为 0.035。洗脸盆至汇入点的排水横管的管径为 50mm。交汇点至排水立管的管径为 100mm，坡度为 0.035。

（4）卫生间大样图（图 1-44） 在图 1-43 卫生间 B 给水排水平面图及系统图上可看出：排水立管 PL-2 在地板下 0.45m 的地方接入排水横支管。横支管的布置如下：洗脸盆排水管与坐便器排水管汇合，垂直交叉接一排水横管，交叉处设一清扫口，此排水横管再与地漏、浴盆下水汇合后排入排水立管 PL-2。洗脸盆至大便器的排水横管管径为 50mm，坡度为 0.035。大便器至立管管径为 100mm，坡度为 0.02。

（5）厨房大样图 在图 1-44 厨房给水排水平面图及系统图上可看出：厨房的洗涤盆与地漏的排水在地板下 0.50m 的地方直接排入室外。

2.5 建筑排水管道水力计算及举例

2.5.1 排水管系中水气流动的物理现象

建筑排水具有间断排水、水量变化大、气压不稳定的特点，在用水时排水管中水流速度会剧烈变化。水封是利用一定高度的静水压力来抵抗排水管内气压变化，防止管内气体进入室内的措施。水封设置在卫生器具排水口下，通常用存水弯来实施。水封及存水弯如图 2-13 所示。

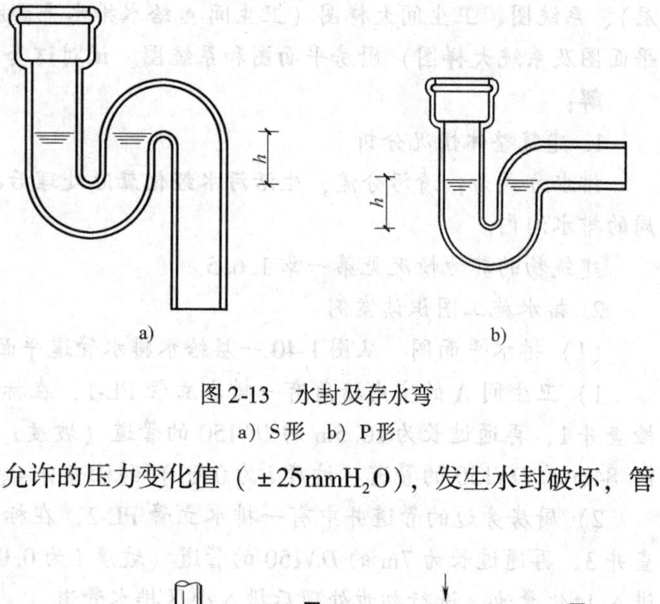

图 2-13 水封及存水弯

a）S形 b）P形

存水弯内水封抵抗管道系统压力变化的能力称为水封强度。在有自虹吸损失、诱导虹吸损失、静态损失的情况下，会发生水封破坏，即因静态和动态的原因造成存水弯内水封高度减小，不足以抵抗管道内允许的压力变化值（$\pm 25mmH_2O$），发生水封破坏，管

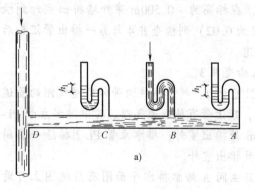

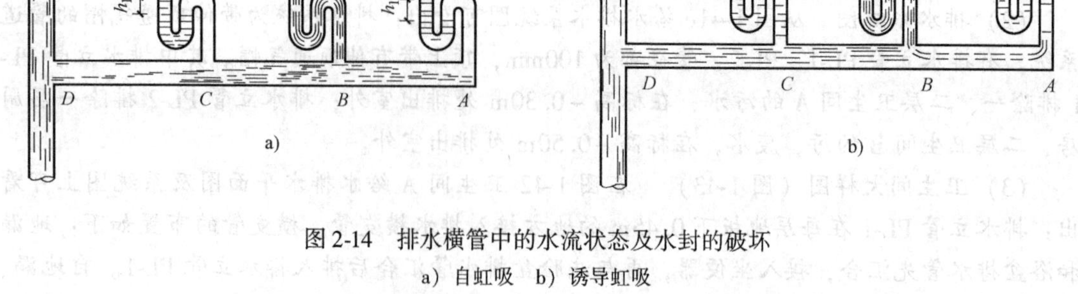

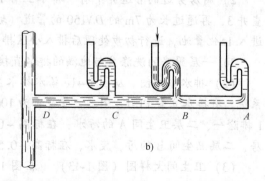

图 2-14 排水横管中的水流状态及水封的破坏

a）自虹吸 b）诱导虹吸

内气体进入室内，如图2-14所示。

排水管道中的水流状态：

1）排水横管中的水流状态。形成冲激流，具有历时短、流速大、来势猛等水流特点。

2）排水立管水流状态。立管中水流运动状态有三种：

①　附壁螺旋状态流。即水流附着管壁作螺旋运动，空气可以自由流通，气压稳定为大气压。

②　水膜流。在管道有1/3～1/4充水率时会形成隔膜流，造成短时间的水塞。水膜运动由变速运动到匀速运动，即水膜形成后作加速运动，膜的厚度与下降变速运动的速度成反比。在足够长的管段上，当重力与摩擦力相等时，此时的流速为极限流速。

③　水塞运动。当流量达到充水率的1/3以上时隔膜流形成频繁，形成不易破坏的水塞，水塞引起立管气体压力激烈波动，形成有压冲击流。

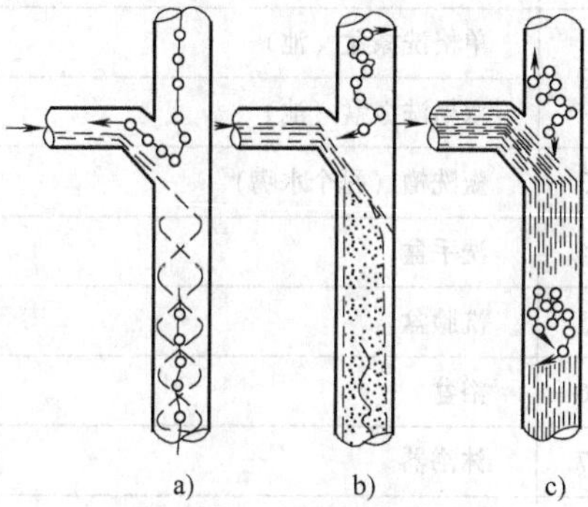

图2-15　排水立管水流状态
a）附壁螺旋状态流　b）水膜流
c）水塞运动

在这三种水流运动状态下，立管水流会有断续的非均匀流、水气两相及压力变化等特点。排水立管水流状态如图2-15所示。

2.5.2　排水管道设计水量计算

室内排水管道的计算是在绘出排水管道平面布置图和轴测图后进行的。配管计算主要是在已知管中排水流量的条件下，经济合理地确定各排水管段的管径、横管管径、坡度和通气系统的形式。

2.5.2.1　排水设计水量概念

1. 排水量标准

每人每日排出的生活污水量和用水量一样，是与气候、建筑物卫生设备完善程度以及生活习惯等因素有关。生活排水量标准和时变化系数，一般采用生活用水量标准和时变化系数。生产污（废）水排水量标准和时变化系数应按工艺要求确定。

2. 设计秒流量

室内生活用水经使用后，通过排水管道排放。和生活用水量相似，排水量在每日和每小时内也是不均匀的，因此排水管道的设计流量应取建筑物的最大瞬时排水量即排水设计秒流量。

3. 排水当量

任一排水管段的设计秒流量和其所接纳的卫生器具的类型、排水量、数量和同时使用情况有关，为简化计算，和室内给水相同，也引入排水当量，即以污水盆的排水量0.33L/s作为一个排水当量，其他卫生器具的排水量与0.33L/s的比值即为该卫生器具的当量数。污水盆的排水当量取其给水当量0.2L/s的1.65倍，这是考虑到污水中含有一定悬浮固体和瞬时排水迅猛的缘故。各种卫生器具的排水量、当量、排水管管径见表2-5。

2.5.2.2　排水设计流量计算

排水管道的设计流量应取建筑物的最大瞬时排水量即排水设计秒流量。不同性质建筑的生活污水设计秒流量可按以下公式计算：

表 2-5 各种卫生器具的排水量、当量、排水管管径

序号	卫生器具名称	排水流量/（L/s）	当量	排水管的管径/mm
1	洗涤盆，污水盆（池），餐厅、厨房洗菜盆（池）	0.33	1.00	50
2	单格洗涤盆（池）	0.67	2.00	50
	双格洗涤盆（池）	1.00	3.00	50
3	盥洗槽（每个水嘴）	0.33	1.00	50~75
4	洗手盆	0.10	0.30	32~50
5	洗脸盆	0.25	0.75	32~50
6	浴盆	1.00	3.00	50
7	沐浴器	0.15	0.45	50
8	大便器			
	冲洗水箱	1.50	4.50	100
	自闭式冲洗阀	1.20	3.60	100
9	医用倒便器	1.50	4.50	100
10	小便器			
	自闭式冲洗阀	0.10	0.30	40~50
	感应式冲洗阀	0.10	0.30	40~50
11	大便槽			
	≤4 个蹲位	2.50	7.50	100
	>4 个蹲位	3.00	9.00	150
12	小便槽（每米长）			
	自动冲洗水箱	0.17	0.50	—
13	化验盆（无塞）	0.20	0.60	40~50
14	净身器	0.10	0.30	40~50
15	饮水器	0.05	0.15	25~50
16	家用洗衣机	0.50	1.50	50

注：家用洗衣机排水软管的直径为 30mm，上排水软管内径为 19mm。

1）住宅、宿舍（Ⅰ、Ⅱ类）、旅馆、宾馆、酒店式公寓、医院、疗养院、幼儿园、养老院、办公楼、商场、图书馆、书店、客运中心、航站楼、会展中心、中小学教学楼、食堂或营业餐厅等建筑生活排水管道设计秒流量，应按下式计算

$$q_P = 0.12\alpha\sqrt{N_p} + q_{max} \tag{2-1}$$

式中 q_P——计算管段排水设计秒流量（L/s）；

N_p——计算管段的卫生器具排水当量总数；

α——根据建筑物用途而定的系数，宜按表 2-6 确定；

q_{max}——计算管段上排水量最大的一个卫生器具的排水流量（L/s）。

表 2-6　根据建筑物用途而定的系数 α 值

建筑物名称	宿舍（Ⅰ、Ⅱ类）、住宅、旅馆、宾馆、酒店式公寓、医院、疗养院、幼儿园、养老院的卫生间	旅馆和其他公共建筑的盥洗池和厕所间
α	1.5	2.0~2.5

注：当计算所得流量值大于该管段上按卫生器具排水流量累加值时，应按卫生器具排水流量累加值计。

2）宿舍（Ⅲ、Ⅳ类）、工业企业生活间、公共浴室、洗衣房、职工食堂或营业餐厅的厨房、实验室、影剧院、体育场馆等建筑的生活管道排水设计秒流量，应按下式计算

$$q_P = \sum q_o n_o b \tag{2-2}$$

式中　q_P——计算管段排水设计秒流量（L/s）；

q_o——计算管段上同类型的一个卫生器具排水量（L/s）；

n_o——计算管段上同类型卫生器具数；

b——卫生器具同时排水百分数，应按 GB 50015—2003《建筑给水排水规范（2009 年版）》第 3.6.6 条采用，与同时给水百分数相同，见表 1-8、表 1-9、表 1-10。冲洗水箱大便器的同时排水百分数应按 12% 计算。

当计算排水流量小于一个大便器的排水流量时，应按一个大便器的排水流量计算。

工业废水的设计秒流量应按工艺要求计算确定。

2.5.3　排水管管径和横管坡度的确定

2.5.3.1　按经验确定某些排水管的最小管径

为避免排水管道经常淤积、堵塞和便于清通，根据工程实践经验，对排水管道管径的最小限值作了规定，称为排水管的最小管径。即室内排水管的管径和管道坡度在一般情况下是根据卫生器具的类型和数量按经验资料选定。具体方法如下：

1）为防止管道淤塞，室内排水管的管径不小于 50mm。

2）对于单个洗脸盆、浴盆、妇女卫生盆等排泄较洁净的卫生器具，最小管径可采用 40mm 钢管。

3）对于单个饮水器的排水管排泄的清水，可采用 25mm 钢管。

4）公共食堂厨房排泄含大量油脂和泥沙等杂物的排水管管径不宜过小，干管管径不得小于 100mm，支管管径不得小于 75mm。

5）医院住院部的卫生间或杂物间内，由于使用卫生器具人员繁杂，而且常有棉花球、纱布碎块、竹签、玻璃瓶等杂物投入各种卫生器具内，因此洗涤盆或污水盆的排水管径不得小于 75 mm。

6）小便槽或连接 3 个及 3 个以上手动冲洗小便器的排水管，应考虑冲洗不及时而结尿垢的影响，管径不得小于 75mm。

7）凡连接有大便器的管段，即使仅有一只大便器，也应考虑其排放时水量大而猛的特点，管径应为 100mm。

8）对于大便槽的排水管，同上道理，管径至少应为 150mm。

9）连接一根立管的排水管，自立管底部至室外排水检查井中心的距离不大于 15m 时，管径为 DN 100 或 DN 150；当距离小于 10m 时，管径宜与立管相同。

2.5.3.2 按最大排水能力确定立管管径

这种方法是按排水立管的最大排水能力，确定立管管径，排水管道通过设计流量时，其压力波动不应超过规定控制值 ±25mmH_2O，以防水封破坏。使排水管道压力波动保持在允许范围内的最大排水量，即排水管的最大排水能力。采用不同通气方式的生活排水立管最大设计排水能力见表 2-7。

表 2-7 生活排水立管最大设计排水能力

排水立管系统类型			最大设计排水能力（L/s） 排水立管管径/mm 50	75	100 (110)	125	150 (160)
伸顶通气	立管与横支管连接配件	90°顺水三通	0.8	1.3	3.2	4.0	5.7
伸顶通气	立管与横支管连接配件	45°斜三通	1.0	1.7	4.0	5.2	7.4
专用通气	专用通气管 75mm	结合通气管每层连接	—	—	5.5	—	—
专用通气	专用通气管 75mm	结合通气管隔层连接	—	3.0	4.4	—	—
专用通气	专用通气管 100mm	结合通气管每层连接	—	—	8.8	—	—
专用通气	专用通气管 100mm	结合通气管隔层连接	—	—	4.8	—	—
主、副通气立管+环形通气管			—	—	11.5	—	—
自循环通气	专用通气形式		—	—	4.4	—	—
自循环通气	环形通气形式		—	—	5.9	—	—
特殊单立管	混合器		—	—	4.5	—	—
特殊单立管	内螺旋管+旋流器	普通型	—	1.7	3.5	—	8.0
特殊单立管	内螺旋管+旋流器	加强型	—	—	6.3	—	—

由生活排水立管的设计秒流量查表 2-7 即可确定其管径。

【例 2-2】 已知某医院管道采用塑料排水立管，在排水立管上设伸顶通气管，用 45°斜三通。其底部以上共接纳坐便器（冲洗水箱）25 个，洗手盆 10 个，污水池 5 个，试确定其管径。

解： 查表 2-5 知坐便器（冲洗水箱）排水流量为 1.5L/s，当量为 4.5；洗手盆排水流量为 0.1L/s，当量为 0.3；污水池排水流量为 0.33L/s，当量为 1.0；代入式（2-1）算得：

$$q_P = 0.12\alpha\sqrt{N_p} + q_{max} = 0.12 \times 1.5\sqrt{N_p} + q_{max}$$

$$= 0.12 \times 1.5 \times \sqrt{4.5 \times 25 + 0.3 \times 10 + 1.0 \times 5}\text{L/s} + 1.5\text{L/s} = 3.47\text{L/s}$$

然后查表 2-7，该建筑排水立管应选用 *DN*100 的管道。

2.5.3.3 通过水力计算确定管径

排水管道水力计算的目的是确定排水管的管径和敷设坡度。当排水横管接入的卫生器具较多，排水负荷较大时，应通过水力计算确定管径、坡度。水力计算的目的在于合理、经济地确定管径、管道坡度，以及是否需要设置通气管系，从而使排水顺畅，管系工作状况良好。

1. 水力计算中的规定

为确保排水系统在最佳的水力条件下运作，确定管径时必须对直接影响管道中水流状况的主要因素（充满度、流速、坡度）进行控制。

（1）管道最大充满度规定　管道充满度即排水横管内水深 h 与管径 D 的比值。污水、废水是在非满流的状态下靠重力流排出的。重力流排水管上部需保持一定的空间，其目的是：①使污、废水中的有害气体能通过通气管自由排出；②调节排水系统的压力波动，从而防止水封被破坏；③容纳未预见的高峰流量。所以排水管道的充满度不能超过表 2-8、表 2-9、表 2-10 所示最大设计充满度的规定。

表 2-8　小区室外生活排水管道最小管径、最小设计坡度和最大设计充满度

管别	管材	最小直径/mm	最小设计坡度	最大设计充满度
接户管	埋地塑料管	160	0.005	0.5
支管	埋地塑料管	160	0.005	0.5
干管	埋地塑料管	200	0.004	0.5

注：1. 接户管管径不得小于建筑物排出管管径。

2. 化粪池与其连接的第一个检查井的污水管最小设计坡度取值：管径 150mm 宜为 0.010～0.012；管径 200mm 宜为 0.010。

表 2-9　建筑物内生活排水铸铁管道最小坡度和最大设计充满度

管径	通用坡度	最小坡度	最大设计充满度
50	0.035	0.025	0.5
75	0.025	0.015	
100	0.020	0.012	
125	0.015	0.010	
150	0.010	0.007	0.6
200	0.008	0.005	

表 2-10　建筑排水塑料管排水横管的最小坡度、通用坡度和最大设计充满度

管径	通用坡度	最小坡度	最大设计充满度
50	0.025	0.012	0.5
75	0.015	0.007	
110	0.012	0.004	
125	0.010	0.035	
160	0.007	0.003	0.6
200	0.005	0.003	
250	0.005	0.003	
315	0.005	0.003	

注：1. 排水沟最大计算充满度为计算断面深度的 0.8 倍。

2. 建筑排水塑料管粘接、熔接连接的排水横支管的标准坡度应为 0.026。胶圈密封连接排水横管的坡度可按表 2-10 调整。

（2）管道流速限制

1）最小流速限制。为使悬浮在污水中的杂质不致沉淀在管底，必须使管中的污水保证一个最小流速，该流速称为污水的自清流速。自清流速应根据污、废水的成分和所含机械杂质的性质而定。表 2-11 为各种排水管道在设计充满度下的自清流速。

2）最大流速限制。为防止管壁受到污水中坚硬杂质长期高速流动的摩擦而损坏，以及防止过大的水流冲击，各种管材的排水管道均有最大允许流速的规定。管道内最大允许流速值见表 2-12。

表 2-11 各种排水管道的自清流速

渠道类别	生活污水管道			明渠	雨水道及合流制排水管道
	$d<150$mm	$d=150$mm	$d>150$mm		
自清流速/（m/s）	0.6	0.65	0.7	0.4	0.75

表 2-12 管道内最大允许流速值

管道材料	生活污水	含有杂质的工业废水、雨水
金属管	7.0	10.0
陶土及陶瓷管	5.0	7.0
混凝土及石棉水泥管	4.0	7.0

（3）管道坡度的规定 为满足管道充满度和流速的要求，排水管应有一定的坡度。工业废水管道和生活排水管道的通用坡度和最小坡度，应按表 2-8、表 2-9、表 2-10 确定。生活排水管道宜采用通用坡度。排水管道的最大坡度不得大于 0.15，但长度小于 1.5m 的管段可不受此限制。

没有柔性接口的排出管的坡度，应以计算出建筑物沉降对其影响后，仍不小于最小坡度来确定。

2. 用水力计算表格进行管径确定

排水管道和明渠的水力计算，一般可使用预先制成的水力计算表。对于室外经常采用的陶土管（带釉）、铸铁管及混凝土管道，其粗糙系数（N）一采用 0.0013。为计算方便，$N=0.0013$ 的管道水力计算时，可直接查阅相关手册求出管径。

2.5.3.4 排水管道允许负荷卫生器具当量估算

根据建筑物的性质和设置通气管道的情况，将计算管段上的卫生器具排水当量数求和，查表 2-13 即可得到管径。

表 2-13 排水管道允许负荷卫生器具当量数

建筑物性质	排水管道名称	允许负荷当量总数			
		50mm	75mm	100mm	150mm
宿舍（Ⅰ、Ⅱ类）、住宅、旅馆、宾馆、酒店式公寓、医院、疗养院、幼儿园、养老院的卫生间	横支管，无环行通气管	4.5	12	36	—
	有环行通气管	—	—	120	—
	底层单独排出	4	8	36	—
	横干管	—	18	120	2000
	立管（仅有伸顶通气管）	5	70	100	2500
	有通气立管	—	—	1500	—
宿舍（Ⅲ、Ⅳ类），工业、企业生活间，公共浴室，洗衣房，职工食堂或营业餐厅的厨房，实验室，影剧院，体育场馆	横支管，无环行通气管	2	6	27	—
	有环行通气管			100	—
	底层单独排出	2	4	27	—
	横干管	—	12	80	1000
	立管（仅有伸顶通气管）	3	35	60	800

2.6　建筑给水排水系统与建筑的配合

2.6.1　建筑给水系统与建筑的配合

当需设置屋顶水箱时，往往会发生水箱安装高度与建筑的美观发生冲突的现象，且往往水箱高度要服从建筑立面处理的要求。此时，水箱的安装高度将满足不了最不利点的水压要求，必须采取其他增压、稳压的措施加以解决。同样，加压水泵房、贮水池或气压给水设备以及水加热器的设置位置也涉及与建筑的配合问题。因此，从建筑设计的方案设计阶段开始，给水系统设计时就应与建筑师密切配合，这样才能设计出功能合理、符合使用要求的建筑。同样，给水系统安装时也涉及与土建施工的配合，土建施工时安装人员就应配合预埋，安装过程中还应注意成品保护，并及时解决各类矛盾，使给水系统符合设计和规范要求。

2.6.2　建筑排水系统与建筑的配合

建筑排水管道的布置需考虑到与建筑的配合。

1）排水管不得敷设在对生产工艺或卫生有特殊要求的生产厂房内，以及食品和贵重商品仓库、通风小室、电气机房和电梯机房内。

2）排水管道（包括雨水管）不得穿越住宅客厅、餐厅，并不宜靠近与卧室相邻的内墙；排水管道不得穿越卧室的任何部位，包括卧室内壁柜。

3）排水管道不得穿过沉降缝、伸缩缝、变形缝、烟道和风道；当排水管道必须穿过沉降缝、伸缩缝和变形缝时，应采取相应的技术措施。随着橡胶密封排水管材、管件的开发及应用，将这些配件优化组合可适应建筑变形、沉降，但变形沉降后的排水管道不得平坡或倒坡。

4）排水管道不得穿越生活饮用水池部位的上方。穿越水池上方的一般是悬吊在水池上方的排水横管。

5）排水横管不得布置在食堂、饮食业厨房的主副食操作、烹调和备餐的上方。当受条件限制不能避免时，应采取防护措施。由于排水横管可能渗漏和受厨房湿热空气的影响，管外表易结露滴水，造成污染食品的安全卫生事故，因此在设计方案阶段就应该避免卫生间布置在厨房间的主副食操作、烹调和备餐的上方；当建筑设计不能避免时，将排水横支管设计成同层排水。改建的建筑设计，应在排水支管下方设防水隔离板或排水槽。

6）地漏在同层排水中较难处理。为了排除地面积水，地漏应设置在易溅水的卫生器具附近，既要满足水封深度的要求，又要有良好的水力自清流速。同层排水中地漏的设置对建筑、结构设计提出了要求，只有在楼层全降板或局部降板以及立管外墙敷设的情况下才能做到。

7）排水通畅是同层排水的核心，因此排水管管径、坡度、设计充满度均应符合 GB 50015—2003《建筑给水排水规范（2009 年版）》有关条文规定。刻意地为少降板而放小坡度，甚至平坡，将会对日后管道埋下堵塞隐患。卫生器具排水性能与其排水口至排水横支管之间的落差有关，过小的落差会造成卫生器具排水滞留。如洗衣机排水排入地漏，地漏排水落差过小，则会产生泛溢，浴盆、淋浴盆排水落差过小，排水滞留积水。所以同层排水时需要根据排水的通畅性要求设计降板高度。

8）同层排水设计对建筑、结构专业提出了要求。当排水横支管设置在沟槽内时，回填材料、面层应能承载器具、设备的荷载；卫生间地坪应采取可靠的防渗漏措施。卫生间同层排水的地坪曾发生由于未考虑楼面负荷而塌陷的事故，故楼面应考虑卫生器具静荷载（盛水浴盆）、洗衣机（尤其滚桶式）动荷载。楼面防水处理至关重要，特别对于局部降板和全降板，如处理不当，降板的填（架空）层将会变成蓄污层，造成污染。另外，同层排水设计中，给水排水管道连接方式也需考虑，埋设于填层中的管道接口应严密，不得有渗漏且能经受时间考验，所以此情况下管道连接方式最好采用粘接和熔接。

9）建筑塑料排水管穿越楼层设置阻火装置的目的是为防止火灾蔓延，其设置也与建筑防火墙设置有关。一般情况下，穿越楼层塑料排水管同时具备下列条件时才设阻火装置：①高层建筑；②管道外径大于或等于 110mm 时；③立管明设或立管虽暗设但管道井内不是每层防火封隔。但横管穿越防火墙时，不论高层建筑还是多层建筑，不论管径大小，不论明设还是暗设（一般暗设不具备防火功能），必须设置阻火装置。阻火装置设置位置：立管的穿越楼板处的下方；管道井内是隔层防火封隔时，支管接入立管穿越管道井壁处；横管穿越防火墙的两侧。建筑阻火圈的耐火极限应与贯穿部位的建筑构件的耐火极限相同。

10）排水管道在穿越楼层设套管且立管底部架空时，应在立管底部设支墩或其他固定措施。地下室立管与排水横管转弯处也应设置支墩或其他固定措施。第一种情况下，由于立管穿越楼板设套管，属非固定支撑，层间支撑也属活动支撑，管道有相当质量作用于立管底部，故必须坚固支撑。第二种情况虽每层固定支撑，但在地下室立管与排水横管 90°转弯，属悬臂管道，立管中污水下落时，在底部水流方向改变，产生冲击和横向分力，造成抖动，故需支撑固定。立管与排水横干管三通连接或立管靠外墙内侧敷设，排出管悬臂段很短时，则不必支撑。当建筑物沉降可能导致排出管倒坡时，应采取防倒坡措施。

排水系统从建筑设计的方案设计阶段开始，系统设计时就应与建筑师密切配合，这样才能设计出功能合理、符合使用要求的建筑。

思考题和实训作业

1. 简述建筑内部排水系统的组成。
2. 简述通气管的类型、作用和设置条件。
3. 常用的卫生器具的类型有哪些？
4. 简述地漏及清扫口的作用，其设置有什么规定？
5. 简述常用的排水管材及接口形式。
6. 简述建筑排水施工图识图步骤及方法。
7. 简述排水设计流量计算和排水管管径的确定方法。
8. 识读下列给水排水工程图（图 2-16）：注意管线的管径，管线的标高；各种配水附件（铜截止阀、水龙头、自动冲洗阀、角阀）的位置；各种卫生器具的位置和器具排水管的位置与管径；并根据该给水排水图中的尺寸标注，统计出各种管径的管长及各种卫生器具、配水附件的个数。

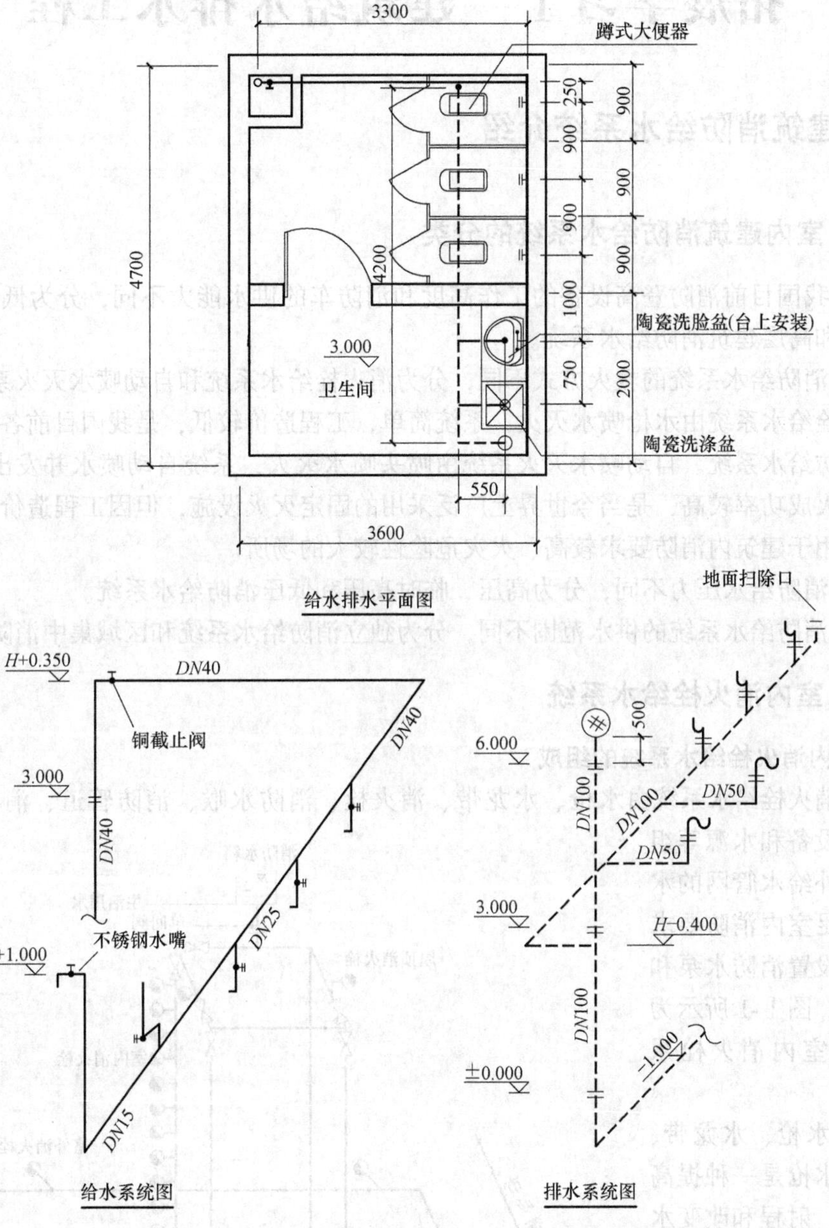

图 2-16　给水排水工程图

拓展学习Ⅰ　建筑给水排水工程

Ⅰ.1　建筑消防给水系统介绍

Ⅰ.1.1　室内建筑消防给水系统的分类

1）按我国目前消防登高设备的工作高度和消防车的供水能力不同，分为低层建筑消防给水系统和高层建筑消防给水系统。

2）按消防给水系统的救火方式不同，分为消火栓给水系统和自动喷水灭火系统等。

消火栓给水系统由水枪喷水灭火，系统简单，工程造价较低，是我国目前各类建筑普遍采用的消防给水系统。自动喷水灭火系统由喷头喷水灭火，系统自动喷水并发出报警信号，灭火、控火成功率较高，是当今世界上广泛采用的固定灭火设施，但因工程造价较高，目前我国主要用于建筑内消防要求较高、火灾危险性较大的场所。

3）按消防给水压力不同，分为高压、临时高压和低压消防给水系统。

4）按消防给水系统的供水范围不同，分为独立消防给水系统和区域集中消防给水系统。

Ⅰ.1.2　室内消火栓给水系统

1. 室内消火栓给水系统的组成

室内消火栓给水系统由水枪、水龙带、消火栓、消防水喉、消防管道、消防水池、水箱、增压设备和水源等组成。当室外给水管网的水压不能满足室内消防要求时，应当设置消防水泵和消防水箱。图Ⅰ-1所示为高层建筑室内消火栓系统。

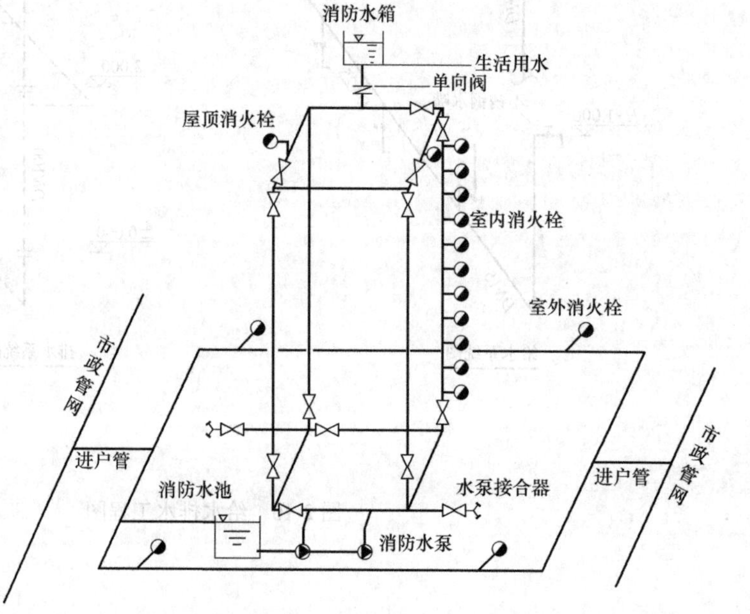

图Ⅰ-1　高层建筑室内消火栓给水系统组成

（1）水枪、水龙带、消火栓　水枪是一种提高水流速度、射程和改变水流形状进行射水的灭火工具。室内一般采用直流式水枪。水枪的喷嘴直径分为13mm、16mm、19mm。水龙带接口口径有50mm和65mm两种。

水龙带是连接消火栓

与水枪的输水管线，材料有棉织、麻织和化纤等。水龙带长度有 15m、20m、25m 和 30m 四种。其长度要根据水力计算后选定。

消火栓是具有内扣式接口的环形阀式龙头，有单出口和双出口之分。单出口消火栓直径有 50mm 和 65mm 两种，双出口消火栓直径为 65mm。当水枪射流量小于 5L/s 时，采用 50mm 口径消火栓，配用喷嘴直径为 13mm 或 16mm 的水枪；当水枪射流量大于或等于 5L/s 时，应采用 65mm 口径消火栓，配用喷嘴直径为 19mm 的水枪。消火栓、水龙带、水枪均设在消火栓箱内，如图 I -2 所示。设置消防水泵的系统，其消火栓箱应设起动水泵的消防按钮，并应有保护按钮设施。消火栓箱有双开门和单开门之分，又有明装、半明装和暗装三种形式。在同一建筑内，应采用同一规格的消火栓、水龙带和水枪，以便于维修、保养。

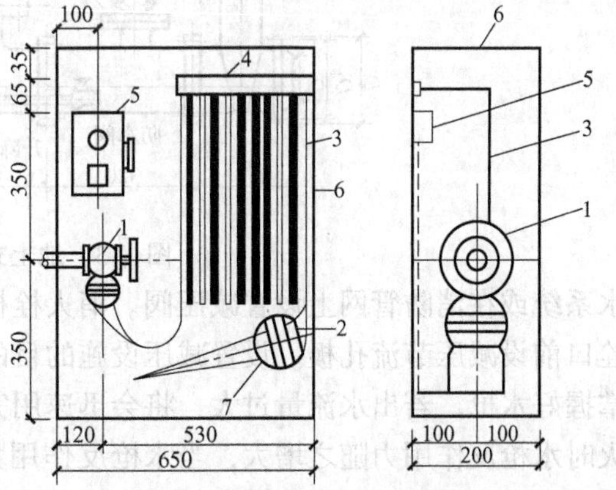

图 I -2　室内消火栓箱

1—消火栓　2—水带接口　3—水带　4—挂架　5—消防水泵按钮　6—消火栓箱　7—水枪

(2) 消防水喉　消防水喉是一种重要的辅助灭火设备。按其设置条件不同，有自救式小口径消火栓和消防软管卷盘两类。消防水喉可与普通消火栓设在同一消防箱内，也可单独设置。该设备操作方便，便于非专职消防人员使用，对及时控制初起火灾有特殊作用。自救式小口径消火栓适用于有空调系统的旅馆和办公楼。消防软管卷盘适用于大型剧院（超过 1500 座位）、会堂闷顶内装设，因用水量较少，且消防人员不使用该设备，故其用水量可不计入消防用水总量。

(3) 屋顶消火栓　为了检查消火栓给水系统是否能正常运行，并使本建筑物免受邻近建筑火灾的波及，在室内设有消火栓给水系统的建筑屋顶应设一个消火栓。可能冻结的地区，屋顶消火栓应设在水箱间或采取防冻措施。

(4) 水泵接合器　水泵接合器一端由室内消火栓给水管网底层引至室外，另一端进口可供消防车或移动水泵加压向室内管网供水。当室内消防泵发生故障或发生大火而室内消防水量不足时，室外消防车可通过水泵接合器向室内消防管网供水，所以消火栓给水系统和自动喷水灭火系统均应设水泵接合器。消防给水系统竖向分区供水时，在消防车供水压力范围内的各区，应分别设水泵接合器；只有采用串联给水方式时，可在下区设水泵接合器，供全楼使用。

水泵接合器有地上式、地下式和墙壁式三种。图 I -3 所示为地上式消防水泵接合器，可根据当地气温等条件选用。设置数量应根据每个水泵接合器的出水量 10 ~ 15L/s 和全部室内消防用水量由水泵接合器供给的原则计算确定。水泵接合器的接口为双接口，每个接口直径为 65mm 及 80mm 两种，它与室内管网的连接管直径不应小于 100mm，并应设有阀门、单向阀和溢流阀。

水泵接合器周围 15 ~ 40m 内应设室外消火栓、消防水池或有可靠的天然水源，并应设在室外消防车通行和使用的地方。

(5) 减压设施　室内消火栓处的静水压力不应超过 $80mH_2O$，如超过时宜采用分区给

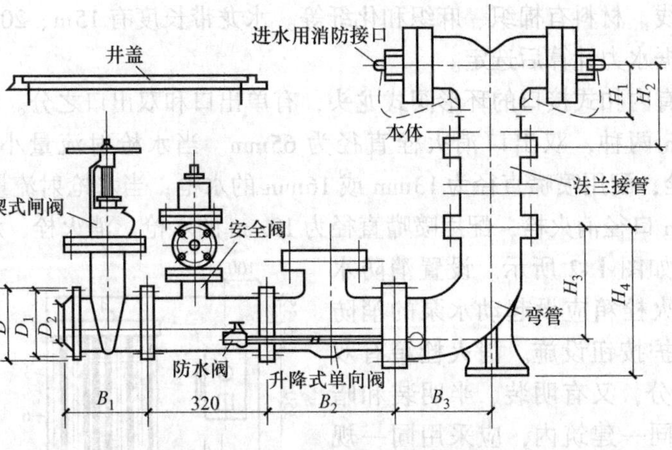

图Ⅰ-3 地上式消防水泵接合器

水系统或在消防管网上设置减压阀。消火栓栓口处的出水压力超过 $50mH_2O$ 时，应在消火栓栓口前设减压节流孔板。设置减压设施的目的在于保证消防贮水的正常使用和便于消防队员掌握好水枪。若出水流量过大，将会迅速用完消防贮水；若系统下部消火栓口压力增大，灭火时水枪反作用力随之增大，当水枪反作用力超过 15kg 作用力时，消防队员就难以掌握水枪对准着火点，影响灭火效果。

（6）消防水箱 消防水箱的设置对扑救初期火灾起着重要作用。水箱应设置在建筑物的一定高度位置，采用重力流向管网供水，经常保持消防给水管网中有一定的压力。重要的建筑和高度超过 50m 的高层建筑物，宜设置两个并联水箱，以备检修或清洗时仍能保证火灾初期的消防用水。消防水箱宜与生活或生产用水高位水箱分开设置。当二者合用时，应保持消防水箱的贮水经常流动，防止水质变坏，同时必须采取保证消防贮水量不被动用的技术措施。

发生火灾后，由消防水泵供应的水不得进入消防水箱。低层建筑的消防水箱，应贮存 10min 的室内消防用水量。当室内消防用水量小于 25L/s 时，消防贮水量最大为 $12m^3$；当室内消防用水量超过 25L/s 时，消防贮水量最大为 $18m^3$。高层建筑消防水箱的消防贮水量，一类建筑（住宅除外）不应小于 $18m^3$，二类建筑（住宅除外）不应小于 $12m^3$；二类建筑的住宅不应小于 $6m^3$。

消防水箱设置在建筑物的最高部位。建筑高度不超过 100m 的高层建筑，水箱高度应保证建筑物最不利消火栓静水压力不小于 0.07MPa；建筑高度超过 100m 的高层建筑，水箱高度应保证建筑物最不利消火栓静水压力不小于 0.15MPa。当高位水箱不能满足上述静水压力时，应设增压设施。

（7）消防水泵 消防水泵宜与其他用途的水泵一起布置在同一水泵房内。水泵房一般设置在建筑底层。水泵房应有直通安全出口或直通室外的通道，与消防控制室应有直接的通信联络设备。水泵房出水管应有两条或两条以上与室内管网相连接。每台消防水泵应设有独立的吸水管。分区供水的室内消防给水系统，每区的进水管也不应少于两条。在水泵的出水管上应装设试验与检查用的出水阀门。水泵安装应采用灌入式。消防水泵房应设有和主要泵性能相同的备用泵，且应有两个独立的电源。若不能保证两个独立的电源，应备有发电设备。

为了在起火后很快提供所需的水量和水压，必须设置按钮、水流指示器等远距离起动消防水泵的设备。在每个消火栓处应设远距离起动消防水泵的按钮，以便在使用消火栓灭火的同时，起动消防水泵。水流指示器可安装在水箱底下的消防出水管上，当动用室内消火栓或自动消防系统的喷头喷水时，由于水的流动，水流指示器发出火警信号并自动起动消防水泵。建筑物内的消防控制中心，均应设置远距离起动或停止消防水泵运转的设备。

（8）消防水池　当生产和生活用水量达到最大，市政给水管道、进水管或天然水源不能满足室内外消防用水量时，应设消防水池；市政给水管网为枝状或只有一条进水管，且室内外消防用水量之和大于25L/s时，应设消防水池。消防水池的容量应满足在火灾延续时间内室内外消防用水总量的要求。

Ⅰ.1.3　室内消火栓给水系统的给水方式

根据建筑物的高度，室外给水管网的水压和流量，以及室内消防管道对水压和水量的要求，室内消火栓灭火系统一般有下述几种给水方式：

1. 由室外给水管网直接供水的给水系统

当室外给水管网的压力和流量能满足室内最不利点消火栓的设计水压和水量时，可优选此种方式，如图Ⅰ-4所示。

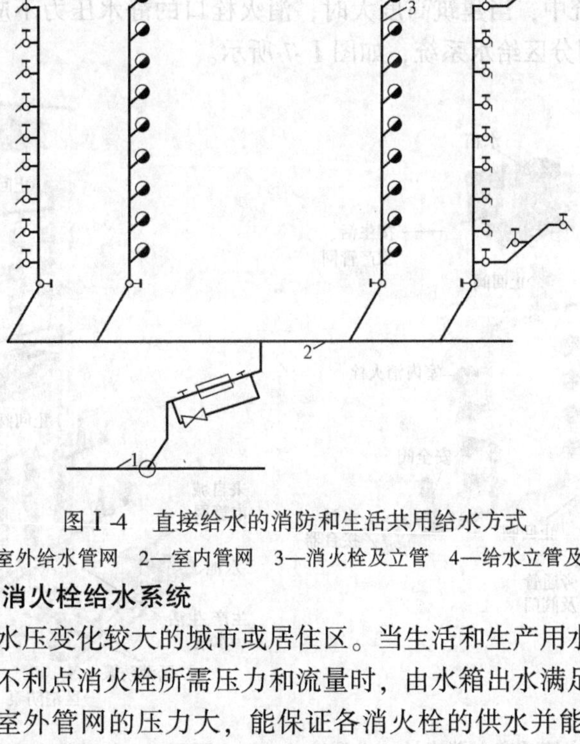

图Ⅰ-4　直接给水的消防和生活共用给水方式

1—室外给水管网　2—室内管网　3—消火栓及立管　4—给水立管及支管

2. 设水箱的室内消火栓给水系统

这种方式适用于水压变化较大的城市或居住区。当生活和生产用水量达到最大，而室外管网不能满足室内最不利点消火栓所需压力和流量时，由水箱出水满足消防要求；当生活和生产用水量较小时，室外管网的压力大，能保证各消火栓的供水并能向高位水箱补水。因此，水箱的设置可起到调节生活、生产用水量的作用。水箱中应储存10min的消防用水量。设水箱的室内消火栓给水系统如图Ⅰ-5所示。

3. 设消防水泵、水箱的消火栓给水系统

当室外管网压力经常不能满足室内消火栓给水系统的水量和水压要求时，宜设水泵和水箱。消防用水与生活、生产用水合并的室内消火栓给水系统，其消防水泵应保证供应生活、

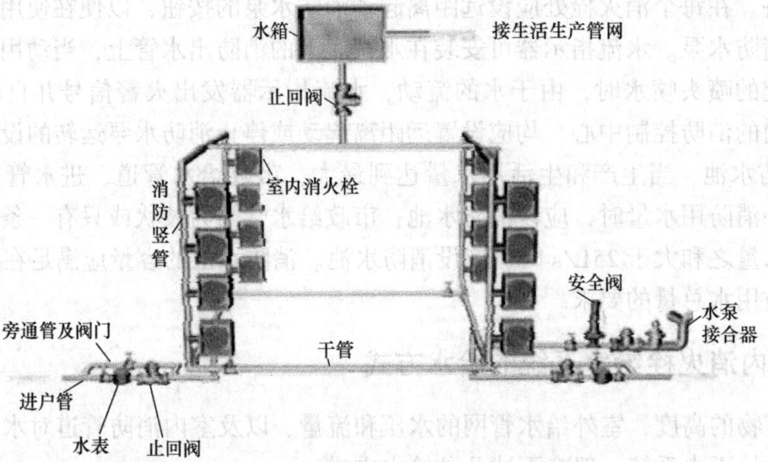

图Ⅰ-5 设水箱的室内消火栓给水系统

生产、消防用水的最大秒流量，并应满足室内管网最不利点消火栓的水压要求。水箱应储存10min的消防用水量。设消防水泵和水箱的室内消火栓给水系统如图Ⅰ-6所示。

4. 高层建筑分区给水的室内消火栓给水系统

在消火栓给水系统中，当建筑高度大时，消火栓口的静水压力不应大于0.8MPa；当大于0.8MPa时，应采用分区给水系统，如图Ⅰ-7所示。

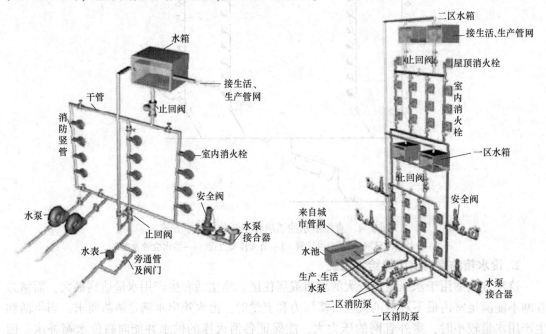

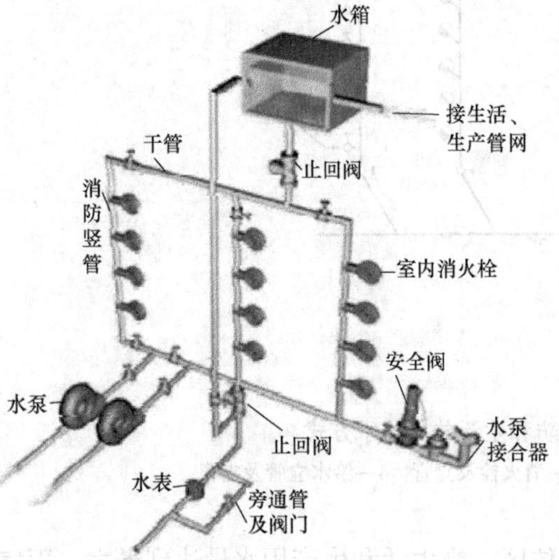

图Ⅰ-6 设消防水泵和水箱的室内消火栓给水系统

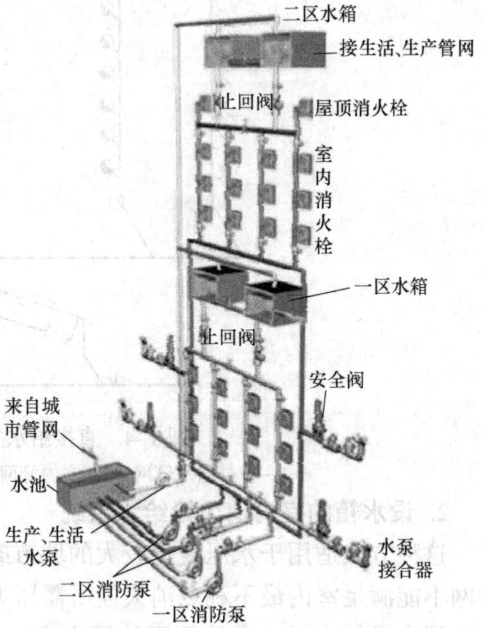

图Ⅰ-7 分区给水室内消火栓给水系统

5. 室内消火栓给水系统的布置

（1）室内消火栓布置 设置消火栓给水系统的建筑各层均设消火栓，并保证有两支水枪的充实水柱同时到达室内任何部位。只有建筑高度小于或等于24m，且体积小于或等于5000m^{3}的库房，可采用一支水枪的充实水柱到达任何部位即可。

充实水柱是指从消防水枪射出的消防射流中最有效的一段射流长度，它占全部消防射流量的75%～90%，在直径为26～38mm的圆断面内通过，并保持紧密状态，具有扑灭火灾的能力。

消火栓的保护半径为

$$R = 0.9L + H_m\cos45° \tag{Ⅰ-1}$$

式中 L——水龙带长度（m），0.9是考虑到水龙带弯曲的折减系数；

H_m——充实水柱长度（m）。

消火栓布置间距有如图Ⅰ-8所示的几种方式。

布置间距的计算公式分别为

单排消火栓一股水柱到达室内任何部位的间距（图Ⅰ-8a）

$$S_1 = 2\sqrt{R^2 - b^2} \tag{Ⅰ-2}$$

式中 S_1——单排消火栓一股水柱到达时的间距（m）；

R——消火栓保护半径（m）；

b——消火栓最大宽度（m）。

单排消火栓两股水柱到达室内任何部位的间距（图Ⅰ-8b）

$$S_2 = \sqrt{R^2 - b^2} \tag{Ⅰ-3}$$

式中 S_2——单排消火栓两股水柱到达时的间距（m）。

多排消火栓一股水柱到达室内任何部位时的间距（图Ⅰ-8c）。

$$S_n = \sqrt{2}R = 1.4R \tag{Ⅰ-4}$$

式中 S_n——多排消火栓一股水柱到达时的间距（m）。

多排消火栓两股水柱到达室内任何部位时，消火栓间距可按图Ⅰ-8d布置。

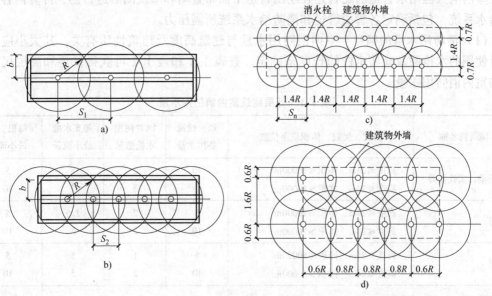

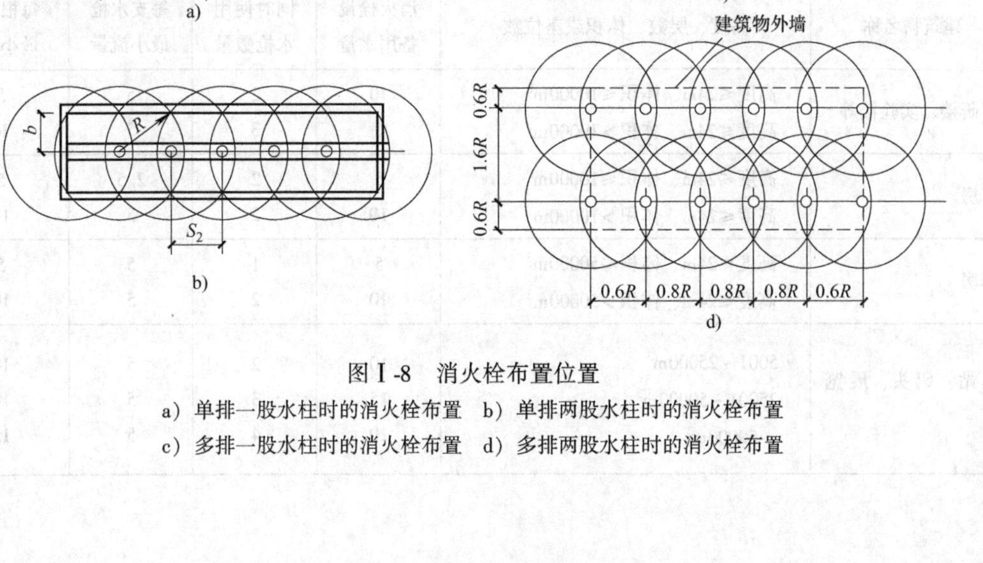

图Ⅰ-8　消火栓布置位置

a）单排一股水柱时的消火栓布置　b）单排两股水柱时的消火栓布置

c）多排一股水柱时的消火栓布置　d）多排两股水柱时的消火栓布置

消火栓应设在明显易取用的地点，如耐火的楼梯间、走廊、大厅和车间出入口等。消防电梯前室应设消火栓，用于消防电梯前室灭火、打开消防通道，便于向消防人员身上淋水降温以减少辐射热对消防人员的影响。同一建筑内采用统一规格的消火栓、水枪和水带，每根水带的长度不应超过25m。消火栓口离安装处地面高度为1.1m，其出口宜向下或与设置消火栓的墙面成90°。

(2) 室内消防管道布置 高层建筑消火栓给水系统应独立设置，其管网要求布置成环状，使每个消火栓得到双向供水。引入管不应少于两条。一般建筑室内消火栓数量超过10个，室外消防用水量大于17L/s时，引入管也不应少于两条，并应将室内管道连成环状或将引入管与室外管道连成环状。但7层至9层的单元式住宅和不超过9层的通廊式住宅，设置环管有一定困难，允许消防给水管枝状布置和采用一条引入管。

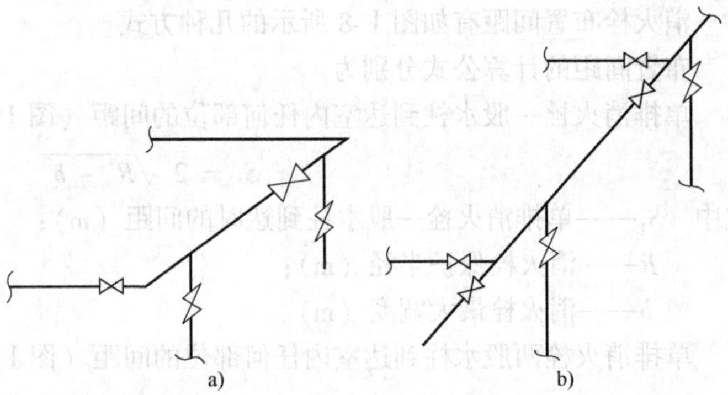

图Ⅰ-9 消防管网节点阀门布置
a) 三通节点 b) 四通节点

室内消防给水管网应用阀门分隔成若干独立的管段，当某管段损坏或检修时，停止使用的消火栓在同一层中不超过5个，关闭的竖管不超过一条；当竖管为4条及4条以上时，可关闭不相邻的两条竖管。一般按管网节点的管段数 $n-1$ 的原则来设置阀门，如图Ⅰ-9所示。

6. 室内消火栓系统给水管网的水力计算

室内消火栓给水管道的配管是在绘出管道平面布置图和系统图后进行的，计算内容同室内给水系统，包括确定各管段管径和消防给水系统所需压力。

(1) 消防用水量的确定 室内消防用水量与建筑高度及建筑性质有关，其大小应根据同时使用的水枪数及充实水柱的长度来确定。查表Ⅰ-1和表Ⅰ-2可获得低层和高层民用建筑的室内消防用水量。

表Ⅰ-1 低层建筑室内消防用水量

建筑物名称	高度、层数、体积或座位数	消火栓设备用水量	同时使用水枪数量	每支水枪最小流量	每根立管最小流量
科研楼、实验楼等	高度≤24m、体积≤10000m^3	10	2	5	5
	高度≤24m、体积>10000m^3	5	3	5	10
厂房	高度≤24m、体积≤10000m^3	5	2	2.5	5
	高度≤24m、体积>10000m^3	10	2	5	10
库房	高度≤24m、体积≤50000m^3	5	1	5	5
	高度≤24m、体积>50000m^3	10	2	5	10
车站、码头、展览馆	5001~25000m^3	10	2	5	10
	25001~50000m^3	15	3	5	10
	>50000m^3	20	4	5	15

（续）

建筑物名称	高度、层数、体积或座位数	消火栓设备用水量	同时使用水枪数量	每支水枪最小流量	每根立管最小流量
商店、病房楼、教学楼等	5001～10000m³	5	2	2.5	5
	10001～25000m³	10	2	5	10
	＞25000m³	15	3	5	10
剧院、电影院、俱乐部、礼堂、体育馆等	801～1200个	10	2	5	10
	1201～5000个	15	3	5	10
	5001～10000个	20	4	5	15
	＞10000个	30	6	5	15
住宅	7～9层	5	2	2.5	5
其他建筑	≥6层或体积≥10000m³	15	3	5	10
国家级文物保护单位的重点砖木及木结构的古建筑	体积≤10000m³	20	4	5	10
	体积＞10000m³	25	5	5	15

表Ⅰ-2　高层民用建筑室内消火栓给水系统用水量

高层建筑类别	建筑高度/m	消火栓用水量/(L/s) 室外	消火栓用水量/(L/s) 室内	每根竖管最小流量/(L/s)	每支水枪最小流量/(L/s)
普通住宅	≤50	15	10	10	5
	＞50	15	20	10	5
1. 高级住宅 2. 医院 3. 二类建筑的商业楼、展览楼、综合楼、财贸金融楼、电信楼、商住楼、图书馆、书库 4. 省级以下的邮政楼、防灾指挥调度楼、广播电视楼、电力调度楼 5. 建筑高度不超过50m的教学楼和普通的旅馆、办公楼、科研楼、档案楼等	≤50	20	20	10	5
	＞50	20	30	15	5
6. 高级旅馆 7. 建筑高度超过50m或每层建筑面积超过1000m²的商业楼、展览楼、综合楼、财贸金融楼、电信楼 8. 建筑高度超过50m或每层建筑面积超过1500m²的商住楼 9. 中央和省级（含计划单列市）广播电视楼 10. 网局级和省级（含计划单列市）电力调度楼 11. 省级（含计划单列市）邮政楼、防灾指挥调度楼 12. 藏书超过100万册的图书馆、书库 13. 重要的办公楼、科研楼、档案楼 14. 建筑高度超过50m的教学楼和普通的旅馆、办公楼、科研楼、档案楼等	≤50	30	30	15	5
	＞50	30	40	15	5

注：建筑高度不超过50m，室内消火栓用水量超过20L/s，且设有自动喷水灭火系统的建筑物，其室内、外消防用水量可按本表减少5L/s。

（2）水枪的设计射流量　水枪的设计流量 q_{xh} 是确定各管段管径和计算水头损失，进而确定水枪给水系统所需压力的主要依据。消防给水系统最不利水枪的设计射流量，应由每支水枪的最小流量 q_{min} 和水枪的设计射流量 q_{xh}（即在保证建筑物所需充实水柱长度的压力作用下水枪的出水量）进行比较后确定。水枪设计射流量可按下式计算

$$q_{xh} = \sqrt{BH_q} \tag{Ⅰ-5}$$

式中　B——水流特性系数，见表Ⅰ-3；

H_q——水枪喷口处的压力。

计算最不利水枪射流量时，为保证该建筑充实水柱长度所需的压力（mH_2O），q_{xh} 也可根据充实水柱长度和水枪喷嘴口径由表Ⅰ-4 确定。若计算可行，$q_{xh} > q_{min}$ 则取设计射流量，若 $q_{xh} = q_{min}$，为确保火灾现场所需水量，应取设计射流量 $q_{xh} = q_{min}$。

表Ⅰ-3　水流特性系数 *B* 值

喷嘴直径/mm	9	13	16	19	22	25
B	0.079	0.346	0.793	1.577	2.834	4.727

表Ⅰ-4　直流水枪技术数据充实水柱

充实水柱 H_m/m	水枪不同喷嘴口径（$d_{出}$）的压力（H_q）和实际消防射流量（q_{xh}）					
	d_{13}/mm		d_{16}/mm		d_{19}/mm	
	H_2/mH_2O	$q_{xh}/(L \cdot s^{-1})$	H_2/mH_2O	$q_{xh}/(L \cdot s^{-1})$	H_2/mH_2O	$q_{xh}/(L \cdot s^{-1})$
6	8.1	1.7	7.8	2.5	7.7	3.5
8	11.2	2.0	10.7	2.9	10.4	4.1
10	14.9	2.3	14.1	3.3	13.6	4.6
12	19.1	2.6	17.7	3.8	16.9	5.2
14	23.9	2.9	21.8	4.2	20.6	5.7
16	29.7	3.2	26.5	4.6	24.7	6.2

（3）消火栓给水管网水力计算　在保证最不利消火栓所需的消防流量和水枪所需的充实水柱的基础上，确定管网管径及计算管路水头损失，消火栓给水管道中的流速一般以 1.4～1.8m/s 为宜，不宜大于 2.5m/s。

1）管径的确定。根据给水管道中设计流量，按式（Ⅰ-6）和式（Ⅰ-7）确定管径

$$Q = \frac{\pi D^2}{4} v \tag{Ⅰ-6}$$

$$D = \sqrt{\frac{4Q}{\pi v}} \tag{Ⅰ-7}$$

式中　Q——管道设计流量（m^3/s）；

D——管道的管径（mm）；

v——管道中的流速（m/s）。

已知管段的流量后，只要确定了流速，即可求得管径。

2）计算水头损失及确定消防给水系统的压力。消火栓给水管网的水头损失包括沿程水头损失和局部水头损失，消火栓给水管网所需压力可按式（Ⅰ-8）、式（Ⅰ-9）和式（Ⅰ-10）计算

$$H = H_1 + H_2 + H_{xh} \tag{Ⅰ-8}$$

$$H_{xh} = H_q + H_d \tag{Ⅰ-9}$$

$$H_d = A_z L_d q_{xh}^2 \tag{Ⅰ-10}$$

式中　H——消火栓给水系统所需的压力（m）；

H_1——管网与外网直接连接时，引入管起点至最不利消火栓高度的压力；管网与外网间接连接时，水池最低水位至最不利消火栓高度的压力（mH_2O）；

H_2——计算管路沿程与局部水头损失之和（mH_2O）；

H_{xh}——消火栓口处所需压力（mH_2O）；

H_d——水龙带的水头损失（mH_2O）；

H_q——水枪喷嘴造成设计所需充实水柱长度时所需的水压（mH_2O）；

A_z——水龙带的阻力系数，见表Ⅰ-5；

q_{xh}——水枪的设计射流量（L/s）；

L_d——水龙带的长度（m）。

表Ⅰ-5　水龙带的阻力系数 A_z 值

水龙带口径/mm	A_z	
	帆布的、麻织的水龙带	衬胶的水龙带
50	0.1501	0.00677
65	0.0430	0.00172

7. 自动喷水灭火系统

自动喷水灭火系统是一种在发生火灾时，能自动喷水灭火并同时发出火警信号的灭火系统。这种灭火系统具有很高的灵敏度和灭火成功率，是扑灭建筑初期火灾非常有效的一种灭火设备。在经济发达国家的消防规范中，几乎要求所有应该设置灭火设备的建筑都采用自动喷水灭火系统，以保证生命财产安全。

自动喷水灭火系统按喷头开闭形式，分为闭式喷水系统和开式喷水系统。闭式喷水系统可分为湿式自动喷水灭火系统、干式自动喷水灭火系统、干湿式自动喷水灭火系统、预作用自动喷水灭火系统、重复启闭预作用灭火系统、闭式自动喷水-泡沫联用系统等；开式自动喷水灭火系统可分为雨淋灭火系统、水幕系统、水喷雾系统等。

（1）闭式自动喷水灭火系统

1）闭式自动喷水灭火系统的4种主要类型。

①　湿式自动喷水灭火系统。湿式自动喷水灭火系统是世界上使用最早、应用最广泛、灭火速度快、控火率较高、系统比较简单的一种自动喷水灭火系统，系统管网始终充满水。该系统适用于室内温度为4～70℃的建（构）筑物。

湿式自动喷水灭火系统是由闭式喷头、管道系统、湿式报警阀、报警装置和供水设施等组成的，如图Ⅰ-10所示。由于该系统在报警阀的前后管道内始终充满着压力水，故称湿式喷水灭火系统或湿管系统。

火灾发生时，高温火焰或高温气流使闭式喷头10的热敏感元件炸裂或熔化脱落，喷水灭火。此时，管网中的水由静止变为流动，于是水流指示器9就被感应送出信号。报警控制器指示某一区域已在喷水，持续喷水造成湿式报警阀3的上部分水压低于下部分水压，原来

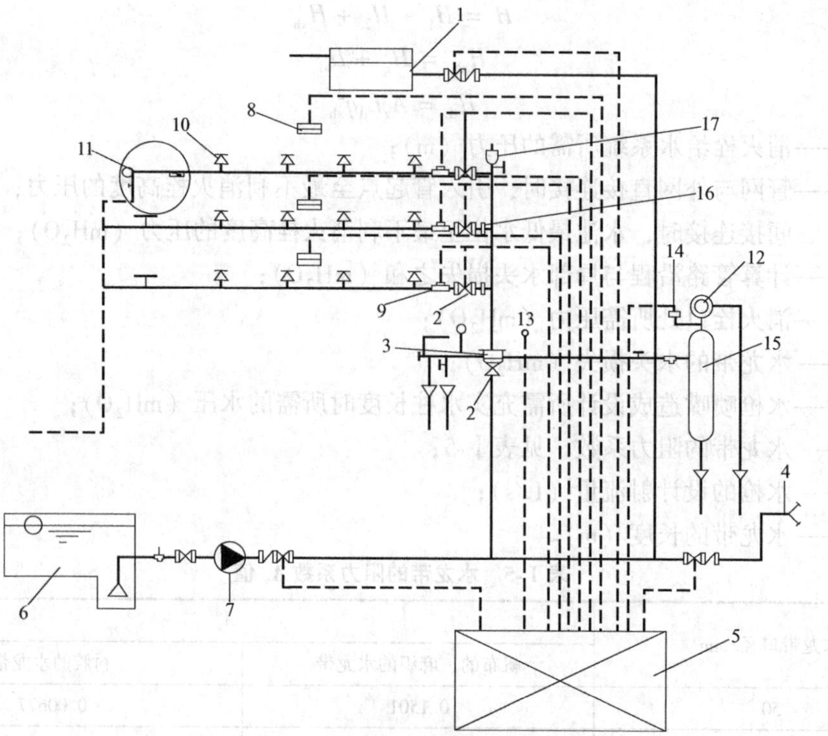

图 Ⅰ-10 湿式自动喷水灭火系统

1—高位水箱 2—消防安全信号阀 3—湿式报警阀 4—水泵接合器 5—控制箱 6—储水池 7—消防水泵 8—感烟探测器 9—水流指示器 10—闭式喷头 11—末端试水装置 12—水力警铃 13—压力表 14—压力开关 15—延迟器 16—节流孔板 17—自动排气阀

处于关闭状态的阀片自动开启。此时，压力水通过湿式报警阀，流向干管和配水管，同时水进入延迟器15，继而压力开关动作、水力警铃12发出火警信号。此外，压力开关14直接连锁自动起动消防水泵或根据水流指示器9和压力开关的信号，控制器自动起动消防水泵向管网加压供水，达到持续自动喷水灭火的目的。

② 干式喷水灭火系统。该系统平时喷水管网充满有压的气体，只是在报警阀前的管道中经常充满有压的水。干式喷水灭火系统如图Ⅰ-11所示，适用于环境温度在4℃以下或70℃以上而不宜采用湿式喷水灭火系统的地方，其喷头应向上安装（干式悬吊型喷头除外）。

干式报警装置最大工作压力不超过1.20MPa。干式喷水管网容积不宜超过1500L，当设有排气装置时，不宜超过3000L。

③ 干湿式自动喷水灭火系统。干湿式自动喷水灭火系统，一般由闭式喷头、管道系统、充气双重作用阀、报警装置、供水设备、探测器和控制系统等组成，这种系统具有湿式和干式喷水灭火系统的性能，安装在冬季采暖期不长的建筑物内，寒冷季节为干式系统，温暖季节为湿式系统，系统形式基本与干式系统相同，主要区别是报警阀采用的是干湿式报警阀。

④ 预作用自动喷水灭火系统。预作用自动喷水灭火系统，喷水网中平时不充水，而充以有压或无压的气体，发生火灾时，由火灾探测器接到信号后，自动起动预作用阀门而向配

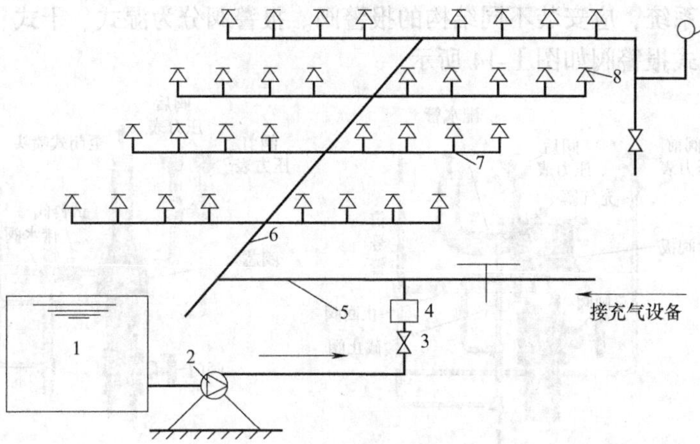

图Ⅰ-11　干式喷水灭火系统

1—水池　2—水泵　3—总控制阀　4—干式报警阀　5—配水干管　6—配水管
7—配水支管　8—闭式喷头　9—末端试水装置

水管网充水。当起火房间内温度继续升高，闭式喷头的闭锁装置脱落，喷头即自动喷水灭火。预作用系统一般适用于平时不允许有水渍损失的高级、重要的建筑物内或干式自动喷水灭火系统适用的场所。

2）系统主要设备和控制配件。

① 闭式喷头。闭式喷头是闭式自动喷水灭火系统的关键设备，它通过热敏感释放机构的动作而喷水，喷头由喷水口、温感释放器和溅水盘组成，其形状和式样较多，图Ⅰ-12 所示为玻璃球闭式喷头，图Ⅰ-13 所示为易熔合金闭式喷头。

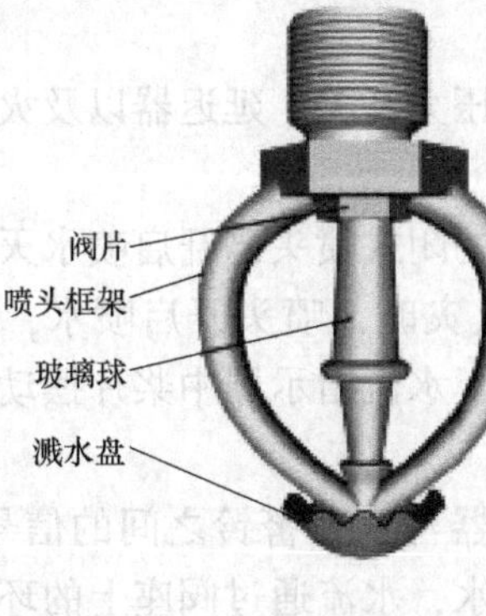

图Ⅰ-12　玻璃球闭式喷头

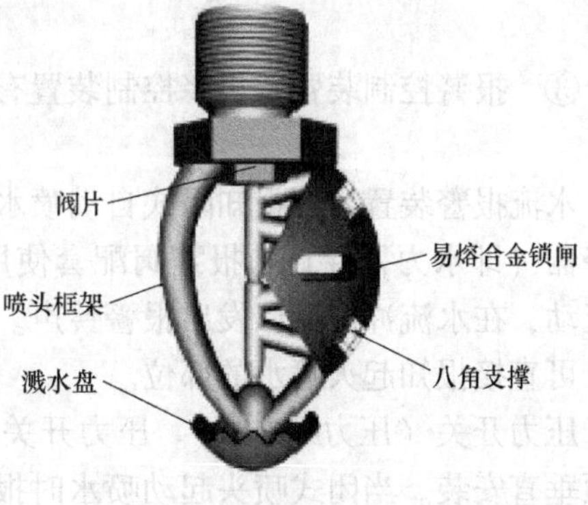

图Ⅰ-13　易熔合金闭式喷头

玻璃球闭式喷头是由喷水口、玻璃球、喷头框架、溅水盘、阀片等组成的。这种喷头释放机构中的热敏感元件是一个内装一定量彩色膨胀液体的玻璃球，球内有一个小的气泡，用它顶住喷水口的密封垫。当室内发生火灾时，球内的液体因受热而膨胀，瓶内压力升高，当达到规定温度时，液体就完全充满了瓶内全部空间，当压力达到规定值时，玻璃球便炸裂，使喷水口的密封垫失去支撑，压力水便喷出灭火。

易熔合金闭式喷头的热敏感元件为易熔金属或其他易熔材料制成的元件。当室内起火温度达到易熔元件本身的设计温度时，易熔元件便熔化，释放机构脱落，压力水便喷出灭火。

② 报警阀。报警阀的主要功能是开启后能够接通管中水流同时起动报警装置。不同类

型的自动喷水灭火系统，应安装不同结构的报警阀。报警阀分为湿式、干式、干湿式、预作用4种。干式、湿式报警阀如图Ⅰ-14所示。

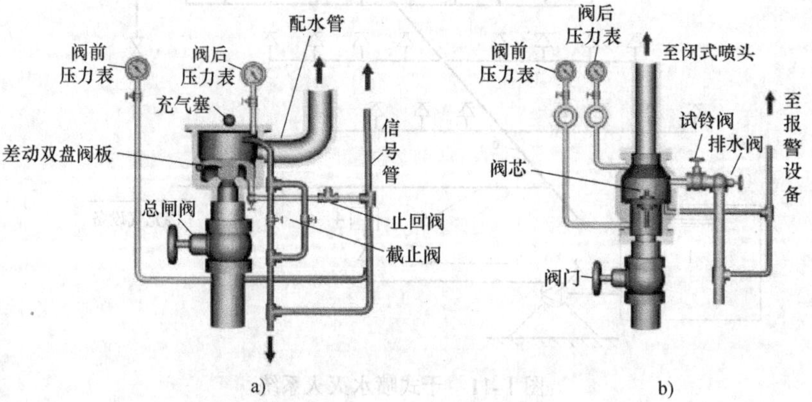

图Ⅰ-14 干式、湿式报警阀
a) 干式报警阀 b) 湿式报警阀

以下以湿式报警阀为例说明报警阀的工作原理。湿式报警阀平时阀芯前后水压相等（水通过导向管中的水压平衡小孔保持阀板前后水压平衡），由于阀芯的自重和阀芯前后所受水的总压力不同，阀芯处于关闭状态（阀芯上面的总压力大于阀芯下面的总压力）。发生火灾时，闭式喷头喷水，由于水压平衡小孔来不及补水，报警阀上面的水压下降，此时阀下水压大于阀上水压，于是阀板开启，向洒水管网及洒水喷头供水，同时水沿着报警阀的环形槽进入延迟器，这股水首先充满延迟器后才能流向压力继电器及水力警铃等设施，发出火警信号并起动消防水泵等设施。若水流较小，不足以补充从节流孔板排出的水，就不会引起误报。

③ 报警控制装置。报警控制装置有水流报警装置、压力开关、延迟器以及火灾探测器等。

水流报警装置。可报知闭式自动喷水灭火系统中哪里的闭式喷头已开启喷水灭火。水力报警器（即水力警铃）与报警阀配套使用。当某处发生火灾时，喷头开启喷水，管道中的水流动，在水流冲击下，发出报警铃声。水流通过管道时，水流指示器中桨片摆动接通电信号，可直接报知起火喷水的部位。

压力开关（压力继电器）。压力开关一般安装在延迟器与水力警铃之间的信号管道上，必须垂直安装。当闭式喷头起动喷水时报警阀也即起动通水，水流通过阀座上的环形槽流入信号管和延迟器，延迟器充满水后，水流经信号管进入压力继电器，压力继电器接到水压信号，即接通电路报警，并可起动消防泵。电动报警在系统中可作为辅助报警装置，不能代替水力报警装置。

延迟器。延迟器安装在报警阀与水力警铃之间的信号管道上，用以防止水源发生水锤时引起水力警铃的误动作。当湿式报警阀因压力波动瞬时开放时，水首先进入延迟器，这时由于进入延迟器的水量很少，水会很快经延迟器底部的节流孔排出，就不会进入水力警铃或作用到压力开关，从而起到防止误报的作用。只有当湿式报警阀保持其开启状态，经过报警通道的水不断地进入延迟器，经过一段延迟时间后，水流将延迟器注满并由其顶部的出口流向水力警铃和压力开关才发出警报。

火灾探测器。用感烟、感温、感光火灾探测器可报知在哪里发生了火灾。火灾探测器是分别将物体燃烧产生的烟、温度、光的敏感反应转化为电信号，传递给报警设备或起动消防设备的装置，属于早期报警设备。火灾探测器是预作用灭火系统中不可缺少的重要组成部分，也可与自控装置组成独立的火灾探测系统。

此外，干式和预作用喷水灭火系统中应设充气压力及水泵工作等情况的监测装置，以消除隐患，提高灭火成功率。

3）管网的布置和敷设。供水干管应布置成环状，进水管不少于两条。环状管网供水干管应设分隔阀门。当某一管段损坏或检修时，分隔阀所关闭的报警装置不得多于3个。分隔阀门应设在便于管理、维修和容易接近的地方。在报警阀前的供水管上，应设置阀门，其后面的配水管上不得设置阀门和连接其他用水设备。自动喷水灭火系统报警阀以后的管道，应采用镀锌钢管或无缝钢管。湿式系统的管道可用丝扣连接或焊接。对于干式、干湿式或预作用系统管道，宜用焊接方法连接。不同管径管道的连接，避免采用补心，而应采用异径管。在弯头上不得采用补心，在三通上至多用一个补心，四通上至多用两个补心。

管道上吊架和支架的位置，以不妨碍喷头喷水效果为原则。一般吊架距喷头的距离应大于0.3m，距末端喷头的间距应小于0.75m，对圆钢制的吊架，其间距可小于0.75m。管道支架或吊架的最大间距见表Ⅰ-6。一般在喷头之间的每段配水支管上至少安装一个吊架，但其间距小于1.8m时，允许每隔一段配置一个吊架，吊架的间距应不大于3.6m。

表Ⅰ-6 管道支架或吊架的最大间距

公称管径/mm	15	20	25	32	40	50	70	80	100	125	150
间距/m	2.5	3.0	3.5	4.0	4.5	5.0	5.5	6.0	7.0	7.5	8.0

每根配水支管或配水管的直径，均应不小于25mm。每根配水支管设置的喷头数，对轻危险级或普通危险级的建筑物不应超过6个；对严重危险级的建筑物不应超过8个。闭式自动喷水灭火系统的每个报警阀控制的喷头数，应按所选的规格及供水压力计算确定，见表Ⅰ-7。

表Ⅰ-7 一个报警阀控制的最多喷头数

系统类型		危险级别		
		轻危险级	普通危险级	严重危险级
		喷头数量		
充水式喷水灭火系统		500	800	1000
充气式喷水灭火系统	有排气装置	250	500	500
	无排气装置	125	250	—

（2）开式自动喷水灭火系统 开式自动喷水灭火系统按其喷水形式的不同而分为雨淋灭火系统和水幕灭火系统，通常布设在火势猛烈、蔓延迅速的严重危险级建筑物和场所。雨淋灭火系统用于扑灭大面积的火灾，如火柴厂的氯酸钾压碾厂房；建筑面积超过60m^2或储存量超过2t的硝化棉、喷漆棉、赛璐珞胶片、硝化纤维的库房；超过1500个座位的剧院和超过2000个座位的会堂舞台的葡萄架下部；建筑面积超过400m^2的演播室，建筑面积超过500m^2的电影摄影棚等。

雨淋灭火系统一般由火灾探测传动控制系统、雨淋阀自动起动及报警系统、装有开式喷头的自动喷水灭火系统三部分组成。主要设备和部件有：开式喷头、雨淋阀、控制阀、供水设备、管网、探测报警设施等。

该系统的工作原理如下：被保护的区域内一旦发生火灾，急速上升的热气流使感温探测器探测到火灾区内有燃烧的粒子，立即向电控箱发出报警信号，经电控箱分析确认后发出声、光报警信号，同时起动雨淋阀的电磁阀，使高压腔的压力水快速排出。由于经单向阀补充流入高压腔的水流缓慢，因而高压腔水压快速下降，雨淋阀的阀瓣被供水压力迅速打开，水流立即充满整个雨淋管网，使雨淋阀控制的管道上所有开式喷头同时喷水，可以在瞬间像下暴雨般喷出大量的水覆盖火区，达到灭火目的；雨淋阀打开后，水同时流向报警管网，使水力警铃报警，在水压作用下，接通压力开关，并通过电控箱切换，给值班室发出电信号或直接起动水泵，在消防水泵起动前，火灾初期所需的消防水位由高位水箱或气压罐供给。雨淋喷水灭火系统如图Ⅰ-15所示。

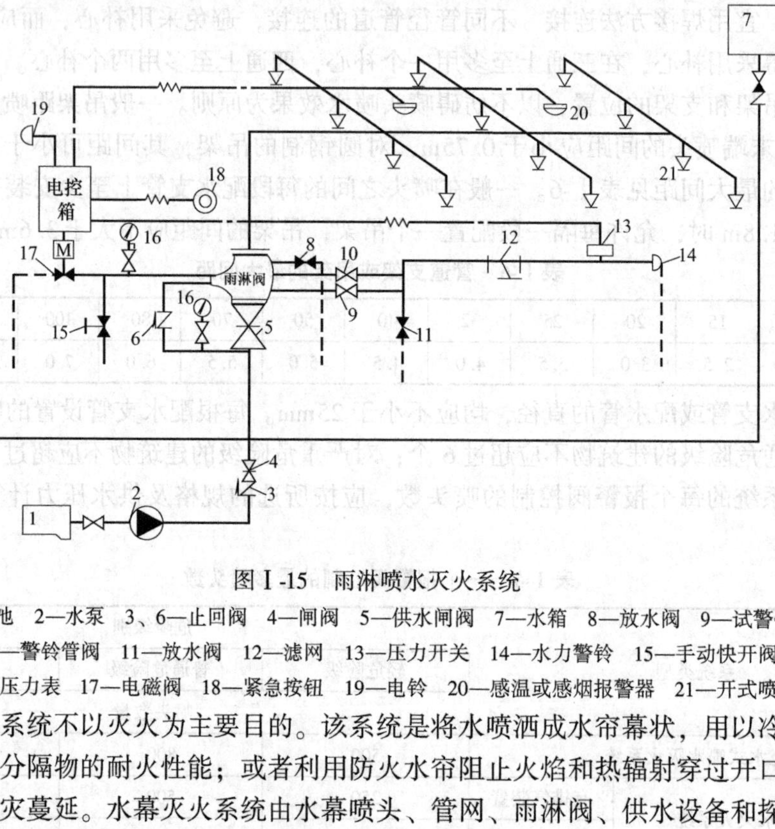

图Ⅰ-15　雨淋喷水灭火系统

1—水池　2—水泵　3、6—止回阀　4—闸阀　5—供水闸阀　7—水箱　8—放水阀　9—试警铃阀　10—警铃管阀　11—放水阀　12—滤网　13—压力开关　14—水力警铃　15—手动快开阀　16—压力表　17—电磁阀　18—紧急按钮　19—电铃　20—感温或感烟报警器　21—开式喷头

水幕灭火系统不以灭火为主要目的。该系统是将水喷洒成水帘幕状，用以冷却防火分隔物，提高防火分隔物的耐火性能；或者利用防火水帘阻止火焰和热辐射穿过开口部位，防止火势扩大和火灾蔓延。水幕灭火系统由水幕喷头、管网、雨淋阀、供水设备和探测报警装置等组成。水幕灭火系统应设在防火墙等隔断物无法设置的开口部分，如大型剧院、会堂、礼堂的舞台口，防火卷帘或防火幕的上部。

水喷雾灭火系统在系统组成上与雨淋系统基本相似，所不同的是该系统使用的是一种喷雾喷头。这种喷头有螺旋状叶片，当有一定压力的水通过喷头时，叶片旋转，在离心力作用下，同时产生机械撞击作用和机械强化作用，使水形成雾状喷向被保护部位。

(3) 自动喷水灭火系统给水管网的水力计算

1) 喷头出水量。喷头的出水量是确定各管段设计流量的基本数据，可按式（Ⅰ-11）计算

$$q = K\sqrt{\frac{P}{9.8 \times 10^4}} \qquad (Ⅰ\text{-}11)$$

式中　q——喷头出水量（L/min）；

P——喷头的工作压力（Pa）；

K——喷头流量特性系数，当 $P = 9.8 \times 10^4$Pa，喷头公称直径为 15mm 时，$K = 80$。

2）计算各管段的设计流量并确定管径。自动喷水灭火系统的计算，是以作用面积（表Ⅰ-8）内的喷头全部动作，且满足所需喷头强度要求为出发点，因为喷水强度是衡量控火、灭火效果的主要依据。由于火灾时一般火源呈辐射状向四周扩散，因此喷头的作用面积宜选用正方形或长方形。当采用长方形布置时，其长边应平行于配水支管，边长宜为作用面积平方根的 1.2 倍。

表Ⅰ-8　自动喷水灭火系统的基本设计数据

建筑物的危险等级＼项目		设计喷水强度/(L/min·m²)	作用面积/m²	喷头工作压力/Pa	设计流量 Q_L	设计流量 $Q_s = (1.15 \sim 1.30)Q_L$	相当于喷头开放数/个
严重危险级	生产建筑物	10.0	300	9.8×10^4	50	57.50～65.0	43～49
	储存建筑物	15.0	300	9.8×10^4	75	86.25～97.5	65～73
中危险级		6.0	200	9.8×10^4	20	23.0～20.0	17～20
轻危险级		3.0	180	9.8×10^4	9	10.35～11.7	8～9

注：1. Q_s 为系统设计秒流量（L/s）。
2. Q_L 为喷水强度与作用面积的乘积（L/s）。

对严重危险系统，为确保安全，在作用面积内每个喷头的出水量应按喷头处的水压计算确定。对中危险级和轻危险级系统，为简化计算，可假定作用面积内每只喷头的出水量均等于最不利点喷头的出水量，但需保证作用面积内的平均喷水强度不小于表Ⅰ-8 的规定，且任意 4 个喷头组成的保护面积内的平均喷水强度不小于表中规定的 20%。各管段设计流量即为该管段所有作用喷头的出水量之和。管径按流量、流速计算确定，管道内的水流速度不宜超过 5m/s，个别情况下配水支管内的水流速度可控制在不大于 10m/s 的范围内。在初步设计时，也可按喷头数计算管径，见表Ⅰ-9。

表Ⅰ-9　管径估算表

建（构）筑物的危险等级	允许安装喷头数/个 φ25	φ32	φ40	φ50	φ70	φ80	φ100	φ150
轻危险级	2	3	5	10	18	48	按水力计算	按水力计算
中危险级	1	3	4	10	16	32	60	按水利计算
严重危险级	1	3	4	8	12	20	40	>40

3）计算水头损失及确定系统所需压力。自动喷水灭火系统管网的水头损失包括沿程水头损失和局部水头损失。沿程水头损失的计算式为

$$h = ALQ^2 \qquad (Ⅰ\text{-}12)$$

式中　A——管道阻力系数，查表Ⅰ-10；

Q——计算管道流量（L/s）。

表 I -10 管道阻力系数 A_q （单位：L/s）

管径/mm	管材	
	钢管	铸铁管
20	1.643	
25	0.4367	
32	0.09386	
40	0.004453	
50	0.001108	
70	0.002893	
80	0.001168	
100	0.0002674	0.0003653
150	0.00003395	0.00004148
200	0.00009273	0.000092029

局部水头损失可按沿程水头损失的20%计算。自动喷水灭火系统所需压力，可按式（Ⅰ-13）计算

$$H = H_p + H_{pj} + \sum h + H_{pk} \tag{Ⅰ-13}$$

式中 H_p——计算管路中最不利喷头的工作压力（kPa）；

H_{pj}——管网与外网直接连接时，引入管起点至最不利喷头高度的压力；管网与外网间接连接时，水池最低水位至最不利消火栓高度的压力（kPa）；

$\sum h$——计算管路沿程与局部水头损失之和（kPa）；

H_{pk}——报警阀的局部水头损失，可按产品提供值使用。

Ⅰ.2 建筑热水系统介绍

1. 热水供应系统的分类

热水供应系统按供应范围可分为局部热水供应系统、集中热水供应系统和区域性热水供应系统。

局部热水供应是在用水点采用小型电加热器、小型燃气加热器、太阳能热水器或小型汽加热热水器加热热水的方式。一般只适用于如饮食店、理发店、门诊所、办公楼等热水用水量小且分散的建筑。

集中热水供应系统是供一幢或几幢建筑物需要的热水，采用热水集中加热，然后用管道输送到各供水点。适用于旅馆、医院、住宅、公共浴室等热水用水量大，用水点多且较集中的建筑。

区域性热水供应系统是集中加热冷水，通过室内热水管网供各热水点使用，供水范围比集中热水供应系统还要大得多。一般适用于要求热水供应的建筑多且较集中的城镇住宅区和大型工业企业。

2. 热水供应系统的组成

热水加热及供应过程为锅炉生产的蒸汽经热媒管送入加热器把冷水加热的过程。蒸汽凝

结水由凝结水管排入凝水箱，锅炉用水由凝水箱旁的凝结水泵压入。水加热器中所需的冷水由给水箱供给，加热器中热水由配水管送到各个用水点。为了保证热水温度，循环管和配水管中循环流动着一定数量的循环热水，用来补偿配水管路在不配水时的散热损失。通常，我们将水的加热这一循环过程称为集中热水供应的第一循环系统，将水的输送这一循环过程称为第二循环系统，如图Ⅰ-16 所示。

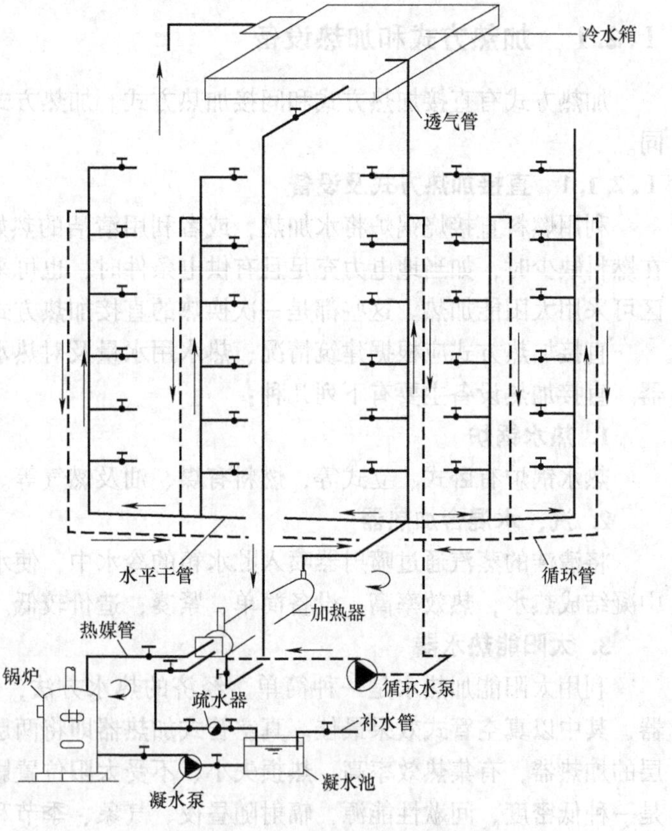

图Ⅰ-16　集中热水供应系统

3. 热水管网的敷设

热水管网的敷设，根据建筑的使用要求，可采用明装和暗装两种形式。明装尽可能敷设在卫生间、厨房，沿墙、梁、柱敷设。暗装管道可敷设在管道竖井或预留沟槽内。

热水立管与横管连接处，为避免管道伸缩应力破坏管网，立管与横管应采用乙字弯管连接，如图Ⅰ-17 所示。

热水管道在穿楼板、基础和墙壁处应设套管，让其自由伸缩。穿楼板的套管高度应视其地面是否集水而定，若地面有集水可能时，套管应高出地面 50～100mm，以防止水沿套管缝隙向下流。

4. 保温

常用的保温材料有泡沫混凝土、膨胀珍珠岩、硅藻土等。

5. 防结垢

钙、镁盐类含量较大的水称为硬水。硬水受热容易在加热器或管道内结垢，降低传热效率，而且腐蚀损坏加热设备，危害很大。为减少积垢，常在加热器的进水口上装设适当的除垢器，如磁水器、电子除垢器等，另外还可投除垢剂，也可避免结垢，且不影响热水的水质。

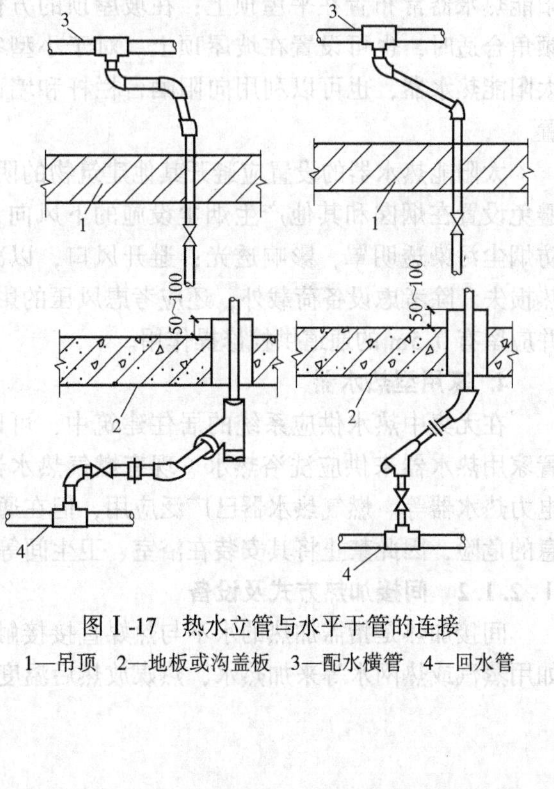

图Ⅰ-17　热水立管与水平干管的连接

1—吊顶　2—地板或沟盖板　3—配水横管　4—回水管

Ⅰ.2.1 加热方式和加热设备

加热方式有直接加热方式和间接加热方式。加热方式的不同决定所采用的加热设备也不同。

Ⅰ.2.1.1 直接加热方式及设备

利用燃料直接烧锅炉将水加热，或者利用清洁的热媒如蒸汽与被加热水混合来加热水。在燃料缺少时，如当地电力充足且有供电条件时，也可采用电力加热。在太阳能源丰富的地区可采用太阳能加热。这些都是一次换热的直接加热方式。

直接加热方式应根据建筑情况、热水用水量及对热水的要求等，选用适当的锅炉或热水器。直接加热设备主要有下列几种：

1. 热水锅炉

热水锅炉有卧式、立式等，燃料有煤、油及燃气等。

2. 汽、水混合加热器

将清洁的蒸汽通过喷射器喷入贮水箱的冷水中，使水、汽充分混合而加热水，蒸汽在水中凝结成热水，热效率高，设备简单、紧凑，造价较低。但喷射器有噪声，需设法隔除。

3. 太阳能热水器

利用太阳能加热水是一种简单、经济的热水方法，常用的有管板式、真空管式等加热器，其中以真空管式效果最佳。真空管式加热器即将两层玻璃抽成真空，管内涂选择性吸热层的加热器，有集热效率高、热损失小、不受太阳位置影响、集热时间长等优点。但太阳能是一种低密度、间歇性能源，辐射随昼夜、气象、季节和地区而变，因此在寒冷季节，还需备有其他热水设备，以保证全年均有热水供应。

电子管太阳能热水器的组成如图Ⅰ-18 所示。太阳能热水器常布置在平屋顶上；在坡屋顶的方位和倾角合适时，也可设置在坡屋顶上。对于小型家用太阳能热水器，也可以利用向阳晒台栏杆和墙面设置。

太阳能热水器的设置应避开其他建筑物的阴影；避免设置在烟囱和其他产生烟尘设施的下风向，以防烟尘污染透明罩，影响透光；避开风口，以减少热损失。除考虑设备荷载外，还应考虑风压的影响，并应留有 0.5m 的通道供检修操作用。

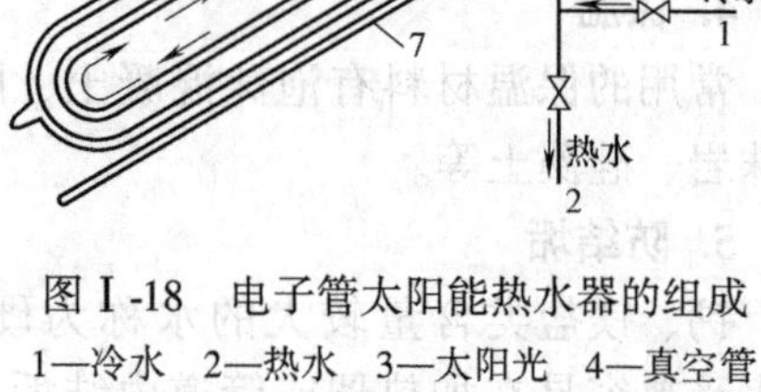

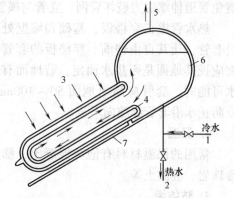

图Ⅰ-18 电子管太阳能热水器的组成
1—冷水 2—热水 3—太阳光 4—真空管
5—排气管 6—贮水箱 7—漫反射板

4. 家用型热水器

在无集中热水供应系统的居住建筑中，可以设置家用热水器来供应洗浴热水。现有燃气热水器及电力热水器等。燃气热水器已广泛应用，但在通气不足的情况下，容易发生使用者中毒或窒息的危险，因此禁止将其安装在浴室、卫生间等处，必须设置在通风良好处。

Ⅰ.2.1.2 间接加热方式及设备

间接加热是指需加热的水不与热媒直接接触，而是通过加热器中的传热作用来加热水。如用蒸汽或热网水等来加热水，热媒放热后温度降低，仍可回流到原锅炉循环使用，因此热媒不需要大量补充水，既可节省用水，又可保护锅炉不生水垢，提高热效率。

间接加热法所用的热源，一般为蒸汽或过热水，如当地有废热或地热水时，应先考虑作为热源的可能性。间接加热法适用于要求供水稳定、安全，对噪声要求低的旅馆、住宅、医院、办公楼等建筑。间接加热设备主要有以下几种：

1. 容积式水加热器

容积式水加热器内部设有换热管束并具有一定贮热容积，既可加热冷水，又能贮备热水。图Ⅰ-19为卧式容积式水加热器构造示意图。

2. 快速式水加热器

快速式水加热器中，热媒与冷水通过较高流速流动，进行湍流加热，提高热媒对管壁、管壁对被加热水的传热系数，以改善传热效果。

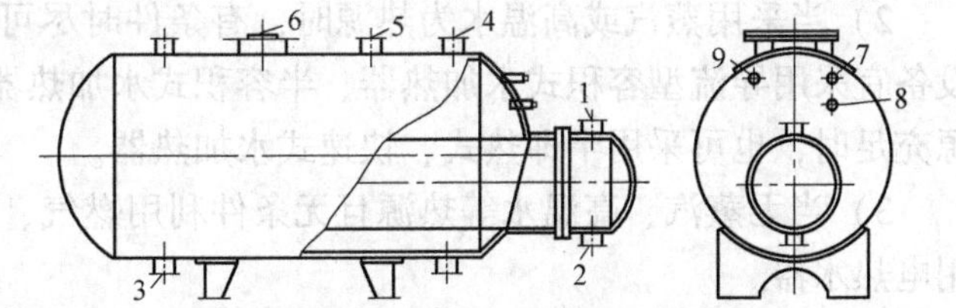

图Ⅰ-19　容积式水加热器构造示意图

1—热水入口　2—冷凝水（回水）出口　3—进水管　4—出水管　5—溢流阀接口　6—入口孔　7—接压力计管箍　8—温度调节器接管　9—接温度计管箍

3. 半即热式水加热器

半即热式水加热器是带有超前控制，具有少量贮存容积的快速式水加热器，其构造示意如图Ⅰ-20所示。热媒经蒸汽控制阀从底部入口经立管进入各并联盘管，冷凝水由立管从底部排出，冷水从底部经孔板流入，同时有少量冷水经分流管至感温管。冷水经转向器均匀进入并向上流过换热盘管得到加热，热水由上部出口流出，同时部分热水进入感温管。感温元件读出感温管内冷、热水的瞬间平均温度，即向蒸汽控制阀发送信号，按需要调节蒸汽控制阀，以保持所需热水的温度。当配水点只有热水

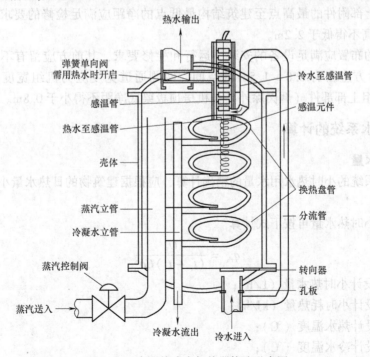

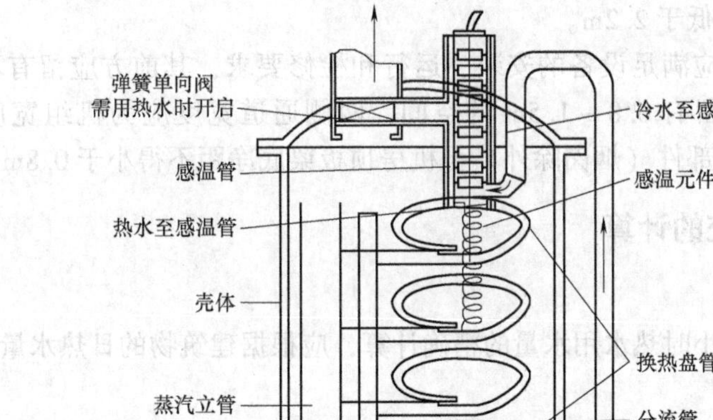

图Ⅰ-20　半即热式水加热器构造示意图

需求，热水出口水温仍未下降，感温元件就能发出信号开启蒸汽控制阀，即具有了预测性。

Ⅰ.2.1.3 加热设备的选择和布置

加热设备应根据以下原则来进行选择：

1）当采用自备热源时，宜采用直接加热、直接供应热水的燃油、燃气热水机组，并可采用间接加热、间接供应热水的自带换热器的机组或外配容积式、半容积式水加热器的热水机组。间接水加热设备的选型应结合用水均匀性、贮热容积、给水水质硬度、热源供应能力及系统对冷、热水压力平衡稳定的要求，经综合技术、经济比较后确定。

2）当采用蒸汽或高温水为热源时，有条件时尽可能利用工业余热、废热、地热。加热设备宜采用导流型容积式水加热器、半容积式水加热器；当有可靠灵敏的温控调节装置且热源充足时，也可采用半即热式、快速式水加热器。

3）当无蒸汽、高温水等热源且无条件利用燃气、燃油等燃料时，电力充沛的地区可采用电热水器。

设备的布置定位必须满足相关规范、产品样本等有关规定。尤其是高压锅炉不宜设在居住建筑和公共建筑内，宜设置在单独建筑内，否则应征得消防、锅炉监察和环保部门的同意。燃油、燃气锅炉也应符合相关规范的有关规定。水加热设备和贮热设备可设在锅炉房或单独房间内，房间尺寸应保证设备进出检修方便，设备之间的净距与人行通道的净宽应符合通风、照明、采光、防水、排水等要求。热媒管道的布置，凝结水管道和凝结水箱、凝结水泵的位置，标高应满足第一循环系统的要求，热水贮水箱、膨胀管和冷水箱的位置标高，水质处理装置的位置、标高，热水出水口的位置、标高，方向应与热水配水管网配合。

容积式、导流型容积式、半容积式水加热器的一侧应有净宽不小于0.7m的通道，前端应留有抽出加热盘管的位置。

水加热器上部附件的最高点至建筑结构最低点的净距应满足检修的要求，但不得小于0.2m，房间净高不得低于2.2m。

热水机组的布置应满足设备的安装、运行和检修要求，其前方应留有不少于机组长度2/3的空间，后方应留有0.8～1.5m的空间，两侧通道宽度应为机组宽度，且不应小于1.0m。热水机组上部部件（烟囱除外）至机房顶板梁底净距不得小于0.8m。

Ⅰ.2.2 热水系统的计算

Ⅰ.2.2.1 热水量

热水供应系统的小时热水用水量的精确计算，应根据建筑物的日热水量小时变化曲线确定。

（1）设计小时热水量可按下式计算

$$q_{rh} = \frac{Q_h}{(t_r - t_1)C\rho_r} \tag{Ⅰ-14}$$

式中 q_{rh}——设计小时热水量（L/h）；

Q_h——设计小时耗热量（kJ/h）；

t_r——设计热水温度（℃）；

t_1——设计冷水温度（℃）；

C——水的比热容，$C=4.187$kJ/（kg·℃）；

ρ_r——热水密度（kg/L）。

（2）根据使用热水的卫生器具及用水定额来确定

$$Q'_r = \sum \frac{nq_n b}{100} \tag{Ⅰ-15}$$

式中　Q'_r——设计小时热水量（L/h）；

n——同类型卫生器具数；

q_n——卫生器具热水的小时用水定额（L/h），按表Ⅰ-11确定；

b——卫生器具同时使用百分数（公共浴室和工业企业生活间、学校、剧院及体育馆（场）等的浴室内淋浴器和洗脸盆均按100%计算；旅馆客房卫生间内浴盆按30%～50%计，其他器具不计；医院、疗养院的病房内卫生间的浴盆按25%～50%计，其他器具不计）。

表Ⅰ-11　卫生器具的一次和小时热水用水定额及水温

序号	卫生器具名称	一次用水量/L	小时用水量/L	使用水温/℃
1	住宅、旅馆、别墅、宾馆、酒店式公寓			
	带有淋浴器的浴盆	150	300	40
	无淋浴器的浴盆	125	250	40
	淋浴器	70～100	140～200	37～40
	洗脸盆、盥洗槽水嘴	3	30	30
	洗涤盆（池）	—	180	50
2	宿舍、招待所、培训中心			
	淋浴器：有淋浴小间	70～100	210～300	37～40
	无淋浴小间	—	450	37～40
	盥洗槽水嘴	3～5	50～80	30
3	餐饮业			
	洗涤盆（池）	—	250	50
	洗脸盆工作人员用	3	60	30
	顾客用	—	120	30
	淋浴器	40	400	37～40
4	幼儿园、托儿所			
	浴盆：幼儿园	100	400	35
	托儿所	30	120	35
	淋浴器：幼儿园	30	180	35
	托儿所	15	90	35
	盥洗槽水嘴	15	25	30
	洗涤盆（池）	—	180	50
5	医院、疗养院、休养所			
	洗手盆	—	15～25	35
	洗涤盆（池）	—	300	50
	淋浴器	—	200～300	37～40
	浴盆	125～150	250～300	40

（续）

序号	卫生器具名称	一次用水量/L	小时用水量/L	使用水温/℃
6	公共浴室 浴盆 淋浴器：有淋浴小间 无淋浴小间 洗脸盆	 125 100～150 — 5	 250 200～300 450～540 50～80	 40 37～40 37～40 35
7	办公楼　洗手盆	—	50～100	35
8	理发室　美容院　洗脸盆	—	35	35
9	实验室 洗脸盆 洗手盆	 — —	 60 15～25	 50 30
10	剧场 淋浴器 演员用洗脸盆	 60 5	 200～400 80	 37～40 35
11	体育场馆　淋浴器	30	300	35
12	工业企业生活间 淋浴器：一般车间 脏车间 洗脸盆或盥洗槽水嘴：一般车间 脏车间	 40 60 3 5	 360～540 180～480 90～120 100～150	 37～40 40 30 35
13	净身器	10～15	120～180	30

注：一般卫生车间指 GBZ 1—2010《工业企业设计卫生标准》规定的3、4级卫生特征的车间；脏车间指该标准规定的1、2级卫生特征的车间。

式Ⅰ-14、式Ⅰ-15仅适用于全日集中热水供应系统热水量的计算，不适用于定时热水供应系统热水量的计算。对于定时热水供应系统，由于使用时间集中、用水频繁，一般热水用水量会比全日供水量有所增加。国内设计规范对其设计参数没有作出明确规定，可参照当地同类型建筑用水变化情况确定。两式计算结果并不一致，使用时需分析对比后合理使用。

Ⅰ.2.2.2　耗热量计算

设计小时耗热量的计算应符合下列要求：

1）设有集中热水供应系统的居住小区的设计小时耗热量应按下列规定计算：

①　当居住小区内配套公共设施的最大用水时段与住宅的最大用水时段一致时，应按两者的设计小时耗热量叠加计算。

②　当居住小区内配套公共设施的最大用水时段与住宅的最大用水时段不一致时，应按住宅的设计小时耗热量加配套公共设施的平均小时耗热量叠加计算。

2）全日供应热水的宿舍（Ⅰ、Ⅱ类）、住宅、别墅、酒店式公寓、招待所、培训中心、旅馆、宾馆的客房（不含员工宿舍）、医院住院部、养老院、幼儿园、托儿所（有住宿）、办公楼等建筑的集中热水供应系统的设计小时耗热量应按下式计算

$$Q_h = K_h \frac{mq_r C(t_r - t_l)\rho_r}{T} \tag{Ⅰ-16a}$$

式中　Q_h——设计小时耗热量（kJ/h）；

m——用水计算单位数（人数或床位数）；

q_r——热水用水定额［L/（人·d）或 L/（床·d）］，按表Ⅰ-11、表Ⅰ-12 采用；

C——水的比热容，$C=4.187$［kJ/（kg·℃）］；

t_r——热水温度，$t_r=60℃$；

t_l——冷水温度，按表Ⅰ-13 选用；

ρ_r——热水密度（kg/L）；

T——每日使用时间（h），按表Ⅰ-12 采用；

K_h——小时变化系数，可按表Ⅰ-14 采用。

表Ⅰ-12　热水用水定额

序号	建筑物名称	单位	最高日用水定额/L	使用时间/h
1	住宅			
	有自备热水供应和沐浴设备	每人每日	40~80	24
	有集中热水供应和沐浴设备	每人每日	60~100	24
2	别墅	每人每日	70~110	24
3	酒店式公寓	每人每日	80~100	24
4	宿舍			24 或定时供应
	Ⅰ类、Ⅱ类	每人每日	70~100	
	Ⅲ类、Ⅳ类	每人每日	40~80	
5	招待所、培训中心、普通旅馆			24 或定时供应
	设公用盥洗室	每人每日	25~40	
	设公用盥洗室、淋浴室	每人每日	40~60	
	设公用盥洗室、淋浴室、洗衣室	每人每日	50~80	
	设单独卫生间、公用洗衣室	每人每日	60~100	
6	宾馆、客房			24
	旅客	每床位每日	120~160	
	员工	每人每日	40~50	
7	医院住院部			24
	设公用盥洗室	每床位每日	60~100	
	设公用盥洗室、淋浴室	每床位每日	70~130	
	设单独卫生间	每床位每日	110~200	
	医务人员	每人每班	70~130	
	门诊部、诊疗所	每病人每次	7~13	8
	疗养院、休养所住房部	每床位每日	100~160	24
8	养老院	每床位每日	50~70	24
9	幼儿园、托儿所			
	有住宿	每儿童每日	20~40	24
	无住宿	每儿童每日	10~15	10

（续）

序号	建筑物名称	单位	最高日用水定额/L	使用时间/h
10	公共浴室 淋浴 淋浴、浴盆 桑拿浴（淋浴、按摩池）	 每顾客每次 每顾客每次 每顾客每次	 40～60 60～80 70～100	12
11	理发室、美容院	每顾客每次	10～15	12
12	洗衣房	每公斤干衣	15～30	8
13	餐饮业 营业餐厅 快餐店、职工及学生食堂 酒吧、咖啡厅、茶座、卡拉OK房	 每顾客每次 每顾客每次 每顾客每次	 15～20 7～10 3～8	 10～12 12～16 8～18
14	办公楼	每人每班	5～10	8
15	健身中心	每人每次	15～25	12
16	体育场（馆） 运动员淋浴	 每人每次	 17～26	4
17	会议厅	每座位每次	2～3	4

表 I-13 冷水计算温度

区域	省、市、自治区、行政区		地面水	地下水	区域	省、市、自治区、行政区		地面水	地下水
东北	黑龙江		4	6～10	西北	宁夏	偏东	4	6～10
	吉林		4	6～10			南部	4	10～15
	辽宁	大部	4	6～10		新疆	北疆	5	10～11
		南部	4	10～15			南疆	—	12
华北	北京		4	10～15			乌鲁木齐	8	12
	天津		4	10～15	东南	山东		4	10～15
	河北	北部	4	6～10		上海		5	15～20
		大部	4	10～15		浙江		5	15～20
	山西	北部	4	6～10		江苏	偏北	4	10～15
		大部	4	10～15			大部	5	15～20
	内蒙古		4	6～10		江西大部		5	15～20
西北	陕西	偏北	4	6～10		安徽大部		5	15～20
		大部	4	10～15		福建	北部	5	15～20
		秦岭以南	7	15～20			南部	10～15	20
	甘肃	南部	4	10～15		台湾		10～15	20
		秦岭以南	7	15～20	中南	河南	北部	4	10～15
	青海	偏东	4	10～15			南部	5	15～20

（续）

区域	省、市、自治区、行政区		地面水	地下水	区域	省、市、自治区、行政区		地面水	地下水
中南	湖北	东部	5	15～20	西南	贵州		7	15～20
		西部	7	15～20		四川大部		7	15～20
	湖南	东部	5	15～20		云南	大部	7	15～20
		西部	7	15～20			南部	10～15	20
	广东、港澳		10～15	20		广西	大部	10～15	20
	海南		15～20	17～22			偏北	7	15～20
西南	重庆		7	15～20		西藏		—	5

表Ⅰ-14 热水小时变化系数 K_h 值

类别	住宅	别墅	酒店式公寓	宿舍（Ⅰ、Ⅱ类）	招待所培训中心、普通旅馆	宾馆	医院、疗养院	幼儿园托儿所	养老院
热水用水定额/[L/人(床)·d]	60～100	70～110	80～100	70～100	25～50 40～60 50～80 60～100	120～160	60～100 70～130 110～200 100～160	20～40	50～70
使用人(床)数	≤100～≥6000	≤100～≥6000	≤150～≥1200	≤150～≥1200	≤150～≥1200	≤150～≥1200	≤50～≥1000	≤50～≥1000	≤50～≥1000
K_h	4.8～2.75	4.21～2.47	4.00～2.58	4.80～3.20	3.84～3.00	3.33～2.60	3.63～2.56	4.80～3.20	3.20～2.74

注：1. K_h 应根据热水用水定额高低、使用人（床）数多少取值，当热水用水定额高、使用人（床）数多时取低值，反之取高值，使用人（床）数小于或等于下限值及大于或等于上限值的，K_h 就取下限值及上限值，中间值可用内插法求得；

2. 设有全日集中热水供应系统的办公楼、公共浴室等表中未列入的其他类建筑的 K_h 值可按 GB 50015—2003《建筑给水排水设计规范（2009 年版）》表 3.1.10 中给水的小时变化系数选值。

3）定时供应热水的住宅、旅馆、医院及工业企业生活间、公共浴室、宿舍（Ⅲ、Ⅳ类）、剧院化妆间、体育馆（场）运动员休息室等建筑的集中热水供应系统的设计小时耗热量应按下式计算

$$Q_h = \sum q_h(t_r - t_l)\rho_r n_o bC \qquad (Ⅰ\text{-16b})$$

式中 Q_h——设计小时耗热量（kJ/h）；

q_h——卫生器具热水的小时用水定额（L/h），按表Ⅰ-11 采用；

C——水的比热容，C=4.187kJ/（kg·℃）；

t_r——热水温度（℃），按表Ⅰ-11 采用；

t_l——冷水温度（℃），按表Ⅰ-13 采用；

ρ_r——热水密度（kg/L）；

n_o——同类型卫生器具数；

b——卫生器具的同时使用百分数（住宅、旅馆，医院、疗养院病房，卫生间内浴盆或淋浴器可按 70%～100% 计，其他器具不计，但定时连续供水时间应大于等于 2h；工业企业生活间、公共浴室、学校、剧院、体育馆（场）等的浴室

内的淋浴器和洗脸盆均按100%计；住宅一户设有多个卫生间时，可按一个卫生间计算）。

4）具有多个不同使用热水部门的单一建筑或具有多种使用功能的综合性建筑，当其热水由同一热水供应系统供应时，设计小时耗热量可按同一时间内出现用水高峰的主要用水部门的设计小时耗热量加其他用水部门的平均小时耗热量计算。

Ⅰ.2.2.3 热媒耗量计算

根据热水被加热方式的不同，其热媒耗量应按下列公式计算：

1. 蒸汽直接加热

$$G_m = (1.1 \sim 1.2)\frac{Q}{H_m - H_r} \qquad (Ⅰ\text{-}17)$$

式中 G_m——蒸汽耗量（kg/h）；

Q——设计小时耗热量（kJ/h）；

H_m——蒸汽焓（kJ/kg）；

H_r——蒸汽与冷水混合后热水的焓（kJ/kg）；

1.1～1.2——热损失系数。

2. 蒸汽间接加热时蒸汽耗量计算

$$G_m = (1.1 \sim 1.2)\frac{Q}{r_h} \qquad (Ⅰ\text{-}18)$$

式中 r_h——蒸汽的汽化潜热（kJ/kg）；

3. 高温水间接加热时高温水耗量计算

$$G_{ms} = (1.1 \sim 1.2)\frac{Q}{C_b(T_{mc} - T_{mz})} \qquad (Ⅰ\text{-}19)$$

式中 G_{ms}——高温水耗量（kg/h）；

T_{mc}——高温水供水温度（℃）；

T_{mz}——高温水回水温度（℃）。

Ⅰ.2.2.4 贮存设备容积计算

贮水容积按下式计算确定

$$V = \frac{TQ}{(T_r - T_l)C_b \times 60} \qquad (Ⅰ\text{-}20)$$

式中 V——贮水器的贮水容积（L）；

T——计算时间，查表Ⅰ-15（min）。

表Ⅰ-15 贮水器贮热量

加热设备	工业企业淋浴室	其他建筑物
容积式水加热器或加热水箱	>30min 设计小时耗热量	>45min 设计小时耗热量
有导流装置的容积式水加热器	>20min 设计小时耗热量	>30min 设计小时耗热量
半容积式水加热器	>15min 设计小时耗热量	>15min 设计小时耗热量
半即热式水加热器	—	—
快速式水加热器	—	—

注：1. 当热媒按设计秒流量供应且有完善可靠的温度自动调节装置时，可不考虑贮水器容积。

2. 半即热式和快速式水加热器用于洗衣房或热源供应不充足时，也应设贮水器，贮水器的贮热量同新型容积式水加热器。

此外，容积式水加热器或加热水箱当冷水从下部进入，热水从上部送出时，其计算容积应附加20% ~25%。

I.2.3 热水管网的计算

热水管道系统分为无循环管和有循环管两种形式。前者构造简单，但使用前需放出管道内积存的冷却水；后者在开启水龙头后即可得到热水，使用方便且节省用水，因此在要求较高的热水供应建筑内，一般均设有循环管道。

1. 无循环管的热水管网计算

这种热水管网只有热水的配水管网，其计算方法与给水管网计算相同。但由于热水的重度比冷水小、热水管较易结水垢，管道的管径及水头损失计算应使用热水管道水力计算表；局部水头损失可按沿程损失的20% ~30%计算，管内水流速度不宜大于1.2m/s，流速过高易引起噪声。

2. 有循环管的热水管的计算

这种热水管网有配水管也有循环管（或称为回水管），形成环式管网，一般用于较大型的建筑，如宾馆、饭店、医院、高级住宅等集中热水供应的系统中。但其供水系统复杂，供水管线较长，使计算复杂。

I.3 高层建筑给水系统介绍

高层建筑是指10层及10层以上的住宅或建筑高度超过24m的公共建筑和综合性建筑。高层建筑如果采用同一给水系统，势必使低层管道中静水压力过大，而产生如下不利现象：

1）需要采用耐高压管材配件及器件而增加工程造价。

2）开启阀门或水龙头时，管网中易产生水锤。

3）低层水龙头开启后，由于配水龙头处压力过高，使出流量增加，造成水流喷溅，影响使用，并可能使顶层龙头产生负压抽吸现象，形成回流污染。

在高层建筑中，为了充分利用室外管网水压，同时为了防止下层管道中静水压力过大，其给水系统必须进行竖向分区。其分区形式主要有串联式、并联式、减压式和无水箱式。

I.3.1 分区串联给水方式

如图I-21所示，各区设置水箱和水泵，各区水泵均设在技术层内，自下区水箱抽水供上区用水。

这种给水方式的优点是设备与管道较简单，各分区水泵扬程可按本区需要设计，水泵效率高。缺点是水泵设于技术层，对防振、防噪声和防漏水等施工技术要求高；水泵分散设置，占用设备层面积大，管理维修不便；供水可靠性不高，若下区发生事故，其上部各区供水都会受到影响。

Ⅰ.3.2 分区并联给水方式

如图Ⅰ-22 所示，每一分区分别设置一套独立的水泵和高位水箱，向各区供水。其水泵一般集中设置在建筑的地下室或底层水泵房内。

这种给水方式的优点是：各区自成一体，互不影响；水泵集中，管理维护方便；运行动力费用较低。缺点是：水泵型号较多，管材耗用较多，设备费用偏高；分区水箱占用建筑使用面积。

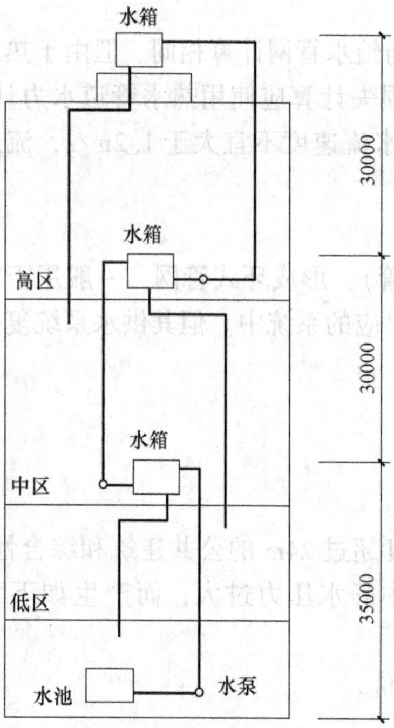

图Ⅰ-21 串联给水方式

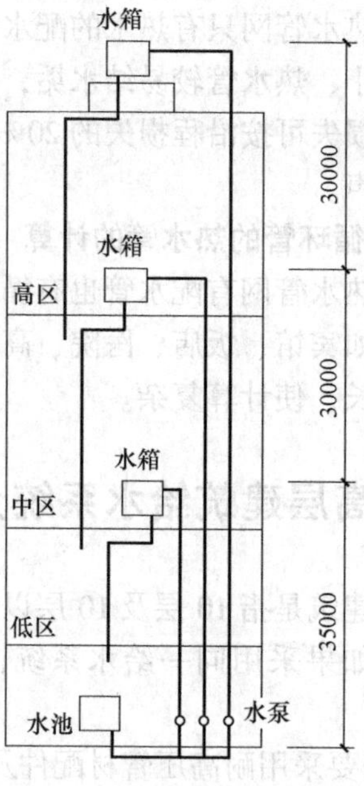

图Ⅰ-22 并联给水方式

Ⅰ.3.3 分区减压给水方式

图Ⅰ-23 所示为减压水箱减压给水方式，是由设置在底层（或地下室）的水泵将整幢建筑的用水量提升至屋顶水箱，然后再分送至各分区减压水箱减压后供下区使用。

这种给水方式的优点是：水泵数量少，设备布置集中，管理维护简单，各分区减压水箱只起释放静水压力的作用，因此，容积较小。其缺点是：屋顶水箱容积大，不利于结构抗振；建筑物高度大、分区较多时，下区减压水箱中浮球阀承压过大，易造成关闭不严的现象；上部某些管道部位发生故障时，将影响下部的供水。

Ⅰ.3.4 减压阀减压给水方式

图Ⅰ-24 所示为减压阀减压给水方式，是由设置在底层（或地下室）的水泵将整幢建筑的用水量提升至屋顶水箱，然后再经各分区减压阀减压后供各区用水。

这种给水方式的优点是：水泵数量少，设备布置集中，管理维护简单，各分区减压水箱被减压阀代替，不占建筑使用面积，安装方便投资省。其缺点是：屋顶水箱容积大，不利于结构抗振；上部某些管道部位发生故障时，将影响下部的供水。

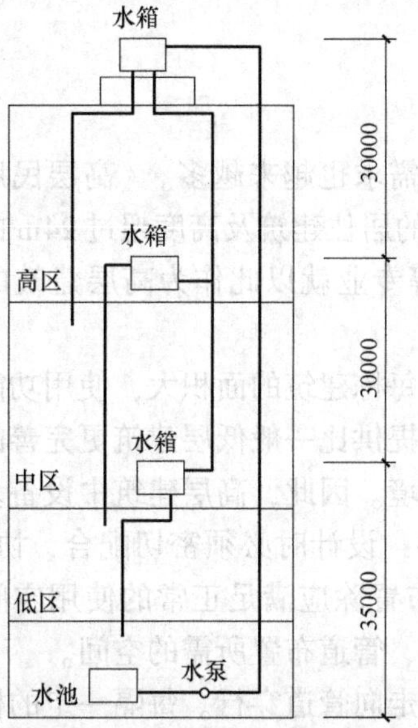

图Ⅰ-23 减压水箱减压给水方式

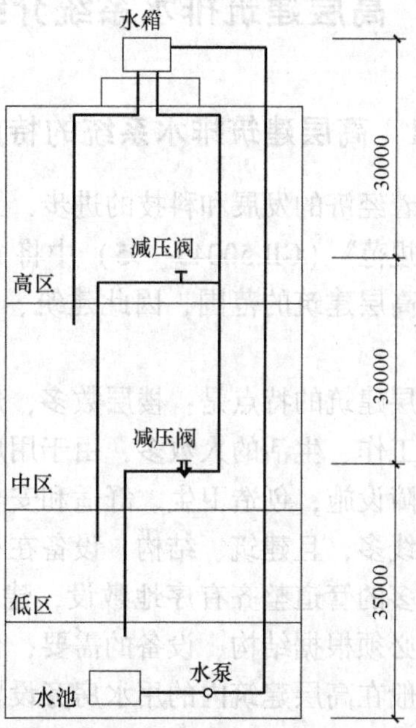

图Ⅰ-24 减压阀减压给水方式

Ⅰ.3.5 分区无水箱给水方式

图Ⅰ-25 所示为分区无水箱给水方式，各分区设置单独的变速水泵供水，未设置水箱，水泵集中设置在建筑物底层的水泵房内，分别向各区管网供水。

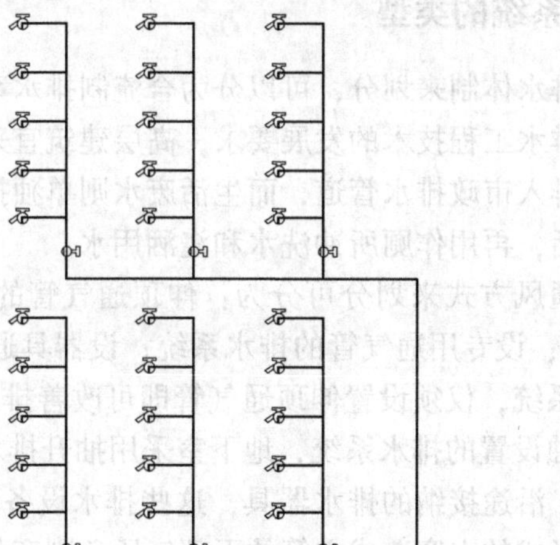

图Ⅰ-25 无水箱给水方式

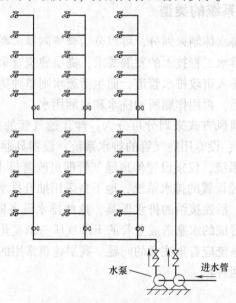

这种给水方式省去了水箱，因而节省了建筑物的使用面积；设备集中布置，便于维护管理；能源消耗较少。其缺点是水泵型号及数量较多，投资较大，维修较复杂。

Ⅰ.4 高层建筑排水系统介绍

Ⅰ.4.1 高层建筑排水系统的特点

随着经济的发展和科技的进步，人们对高层建筑的需求也越来越多。《高层民用建筑设计防火规范》（GB 50045—95）中将10层与10层以上的居住建筑及高度超过24m的公共建筑列入高层建筑的范围，因此建筑、结构、建筑设备等专业就以此作为高层建筑的起始高度。

高层建筑的特点是：楼层数多，建筑物总高度大，每栋建筑的面积大，使用功能多，在建筑内工作、生活的人数多，由于用房远离地面，要求提供比一般低层建筑更完善的工作和生活保障设施，创造卫生、舒适和安全的工作、生活环境。因此，高层建筑中设备多、标准高、管线多，且建筑、结构、设备在布置中的矛盾也多，设计时必须密切配合，协调工作。为使众多的管道整齐有序地敷设，建筑结构的设计和布置除应满足正常的使用空间要求之外，还必须根据结构、设备的需要，合理安排建筑设备、管道布置所需的空间。

一般在高层建筑内的用水房旁设置管道井，供垂直走向管道穿行。每隔一定的楼层设置设备层，可在设备层中布置设备和水平方向的管道。当然，也可以不在管道井中敷设排水管道。对不在管道井中穿行的管道，在装饰要求较高的建筑中，可以在管道外加包装。

高层建筑排水设施的特点是服务人数多、使用频繁、负荷大，特别是排水管道，每一条立管负担的排水量大，流速高。因此要求排水设施必须可靠、安全，并尽可能地少占空间。如采用强度高、耐久性好的金属管道或塑料管道，与其相配的弯头等配件等。

Ⅰ.4.2 高层建筑排水系统的类型

高层建筑排水系统从排水体制来划分，可以分为合流制排水系统与分流制排水系统。根据我国环保事业的发展和排水工程技术的发展要求，高层建筑宜采用分流制排水系统。即生活污水经化粪池处理后再排入市政排水管道，而生活废水则单独排放。缺水区也可将生活废水收集后经中水系统处理后，再用作厕所冲洗水和浇洒用水。

高层建筑排水系统从通风方式来划分可分为：伸顶通气管的排水系统（这种通风方式在高层建筑中一般不采用）；设专用通气管的排水系统；设器具通气管的排水系统；特殊单立管排水系统（这种排水系统，仅须设置伸顶通气管即可改善排水能力）；不透气的生活排水系统（高层建筑低层单独设置的排水系统，地下室采用抽升排水系统）。

高层建筑的排水立管，沿途接纳的排水器具，这些排水设备同时排水的概率大。这样，立管中的水流量大，容器形成的水塞造成立管的下部气压急剧变化，从而破坏卫生器具的水封，这是高层建筑中排水系统应着重注意的问题。高层建筑常用的排水管通气系统是特殊的管道系统，主要包括以下两种：

1. 苏维托立管系统

苏维托立管系统有两种特殊管件：一是混合器；二是跑气器。混合器设在楼层排水横支管与立管相连接的地方，跑气器设在立管的底部，如图Ⅰ-26所示。混合器内的特殊构造有：上部是一个乙字弯，中部对着横支管接入口处有一有缝隙的隔板，下部为混合区。乙字弯的作用是降低上游立管来水的水流速度。隔板的作用是使立管水流与横支管水流在各自的隔间内流动，避免两种水流的冲击和干扰，同时隔板上部的空隙可流通空气，起着平衡管内压力，防止压力变化太大而破坏卫生器具水封的作用。最后水流经混合区排向下游立管。跑气器的分离室有一个凸块。当立管中水流由上向下流时，水流在凸块处撞击后，水中的气在分离室被分离。分离出来的气体从跑气口跑出，被导入排出管排走。苏维托系统改善了排水立管中的水流状态，减少了管内空气气压的波动，保护了用水器具的水封不被破坏。这种系统适用于一般高层住宅，具有节省材料和投资的优点。

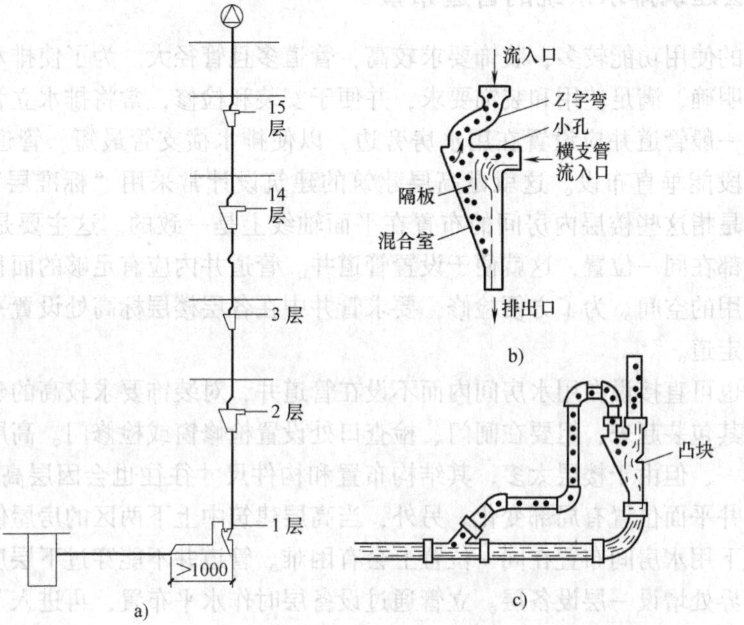

图Ⅰ-26 苏维托立管系统

a）苏维托立管排水系统 b）混合器 c）跑气器

2. 旋流单立管排水系统

旋流单立管排水系统也是由两种管件起作用：一是安装于横支管与立管相接处的旋流

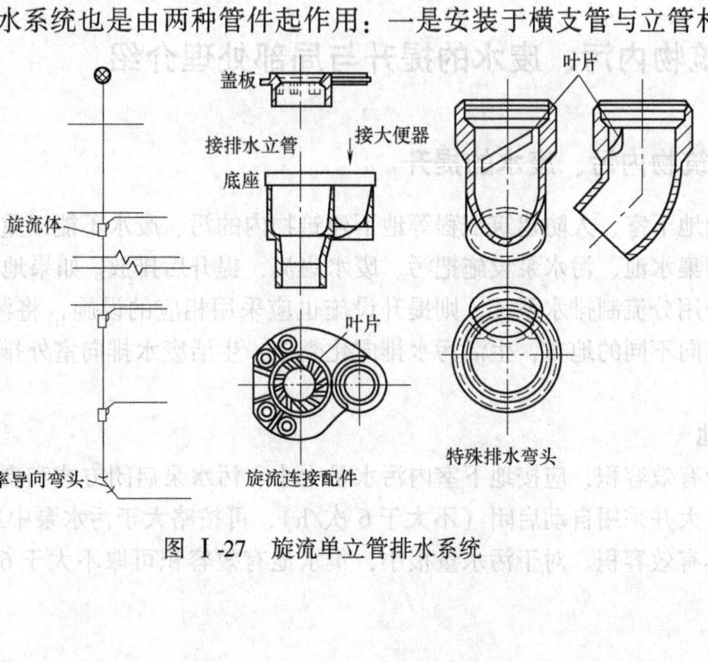

图Ⅰ-27 旋流单立管排水系统

器，二是立管底部与排出管相接处的大曲率导向弯头，如图Ⅰ-27所示。旋流器由主室和侧室组成。主、侧室之间有一侧壁，用以消除立管流水下落时对横支管的负压吸引。立管下端装有满流叶片，能将水流整理成沿立管纵轴旋流状态向下流动，这有利于保持立管内的空气芯，维持立管中的气压稳定，能有效地控制排水噪声。大曲率导向弯头是在弯头凸岸设有一导向叶片，叶片迫使水流贴向凹岸一边流动，减缓了水流对弯头的撞击，消除部分水流能量，避免了立管底部气压的太大变化，理顺了水流。

Ⅰ.4.3 高层建筑排水系统的管道布置

高层建筑的使用功能较多，装饰要求较高，管道多且管径大。为了使排水管道的布置简洁，管道走向明确，满足使用和装饰要求，并便于安装和检修，常将排水立管和给水管道设在管道井中。一般管道井应设置在用水房旁边，以使排水横支管最短。管道井垂直贯穿各层，以使立管段能垂直布设。这就是高层建筑的建筑设计常采用“标准层”的主要原因。所谓标准层，是指这些楼层内房间的布置在平面轴线上是一致的。这主要是指卫生间和厨房，上下楼层都在同一位置，这就便于设置管道井。管道井内应有足够的面积，保证管道安装间距和检修用的空间。为了方便检修，要求管井中在各层楼层标高处设置平台，并且每层有门通向公共走道。

有的立管也可直接设在用水房间内而不设在管道井，对装饰要求较高的建筑，可采用外包装的方式将其包装起来，但要在闸门、检查口处设置检修窗或检修门。高层建筑中，即使其使用要求单一，但由于楼层太多，其结构布置和构件尺寸往往也会因层高不同而有变化，这就会使管道井平面位置有局部变化。另外，当高层建筑中上下两区的房屋使用功能不一样时，若要求上下用水房间布置在同一位置上会有困难。管道井不能穿过下层房间。最好的办法是在两区交界处增设一层设备层。立管通过设备层时作水平布置，再进入下面区域的管道井。设备层不仅有排水管道布设，还有给水管道和相关设备布设等。由于排水管道内水流是重力流，宜优先考虑排水管设置位置，并协调其他设备位置布设。设备层的层高可稍微低些，但要具备通风、排水和照明功能。

Ⅰ.5 建筑物内污、废水的提升与局部处理介绍

Ⅰ.5.1 建筑物内污、废水的提升

建筑物的地下室、人防建筑工程等地下建筑物内的污、废水不能以重力流排入室外检查井时，应利用集水池、污水泵设施把污、废水集流，提升后排放。如果地下室很大，使用功能多，且已采用分流制排水系统，则提升设施也应采用相应的设施，将污、废水分别集流，分别提升后排向不同的地方，生活污水排向化粪池，生活废水排向室外排水系统检查井或回收利用。

1. 集水池

集水池的有效容积，应按地下室内污水量大小、污水泵启闭方式和现场场地条件等因素确定。污水量大并采用自动启闭（不大于6次/h），可按略大于污水泵中最大一台水泵5min出水量作为其有效容积。对于污水量很小，集水池有效容积可取不大于6h的平均小时污水

量，但应考虑所取小时数内污水不发生腐化。集水池总容积应为有效容积、附加容积、保护高度容积之和。附加容积为集水池内设置格栅、水泵设置以及水位控制器等安装、检修所需容积。保护高度（h_b）容积为有效容积最高水位以上 0.3～0.5m 高度范围内的容积，如图Ⅰ-28 所示，图中 h_y 为集水池的有效水深。

2. 污水泵及污水泵房

污水泵优先选用潜水泵或液下污水泵，水泵应尽量设计成自灌式。

污水泵选型采用的出水量，按污水设计秒流量值确定；当有排水量调节时，可按生活排水最大小时流量选定。污水泵扬程为污水提升高度、水泵管路水头损失、流出水头（一般选 2～3m）之和。

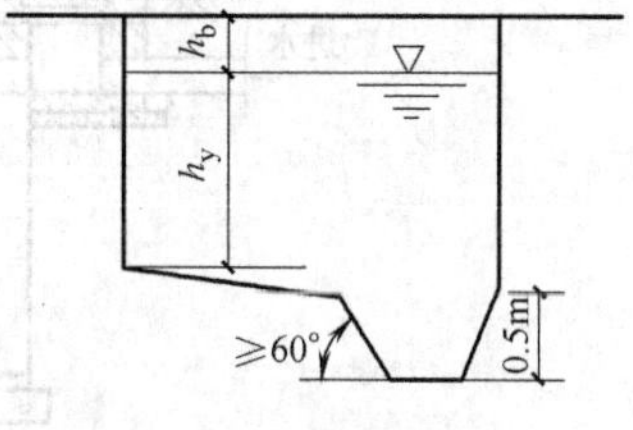

图Ⅰ-28　集水池的有效深度

污水泵、阀门、管道等应选择耐腐蚀、大流量、不易堵塞的设备器材。

公共建筑内应以生活污水集中水池为单元设置一台备用泵。地下室、设备机房、车库等清洗地面的排水，如有两台以上排水泵时，则可不设置备用泵。多台水泵应可并联运行，优先采用自动控制装置。当集水池不能设事故排出管时，水泵应设有备用动力供应。如能关闭污水进水管时，可不设置备用动力供应。

建筑物地下室泵房不应布置在需要安静的房间之下或其相邻间。水泵和泵房应有隔振防噪声设施。

Ⅰ.5.2　建筑污、废水的局部处理

有些污水、废水达不到城市排水管网的排放标准，应在这些污、废水排放前作一些处理。对于很多没有污水处理厂的城镇，建筑污水处理对改善城镇卫生状况就更为重要。现就常用的污水处理构筑物介绍如下：

1. 化粪池

国内化粪池的应用较为普遍。这是由于我国目前大多数城市或工矿企业区的排水系统多为合流制，且生活污水处理厂较少的缘故。当城市污水处理设施不健全，生活粪便污水不允许直接排入城市污水管网时，需要在建筑物附近设置化粪池。经化粪池处理后才能排入合流制下水道或水体中去。

化粪池是较简单的污水沉淀和污泥消化处理构筑物。化粪池的作用主要是使生活粪便污水沉淀，使污水与杂物分离后进入排水管道。

生活污水中一般含有粪便、纸屑、病原体等杂质，经化粪池数小时的沉淀能去除 60% 左右，沉淀下来的污泥在缺氧及厌氧菌的作用下进行分解，使污泥中有机物无机化，不溶于水的有机物转化为溶解物，部分汽化为 CH_4、NH_3、CO_2 和 H_2S 等气体，使污泥浓缩，同时还能消灭细菌、病毒的 25%～75%。污泥经 3 个月以上的时间发酵、脱水、熟化后，沉淀下来的污泥在化粪池中停留一段时间，发酵腐化，杀死粪便中的寄生虫卵后清淘，可作为肥料使用，也可作为污水处理厂活性污泥法的原料（底料）。

化粪池可采用砖、石砌筑或钢筋混凝土浇筑。通常池底采用混凝土，四周和隔墙用砖砌，池顶用钢筋混凝土板铺盖，盖上设有人孔。

化粪池的形式有圆形和矩形两种。矩形化粪池由两格或三格污水池和污泥池组成，如图

Ⅰ-29 所示。格与格之间设有通气孔洞。池的进水管口应设导流装置，使进水均匀分配。出水管口以及格与格之间应有拦截污泥浮渣的措施。化粪池的池壁和池底应有防止地下水、地表水进入池内和防止渗漏的措施。

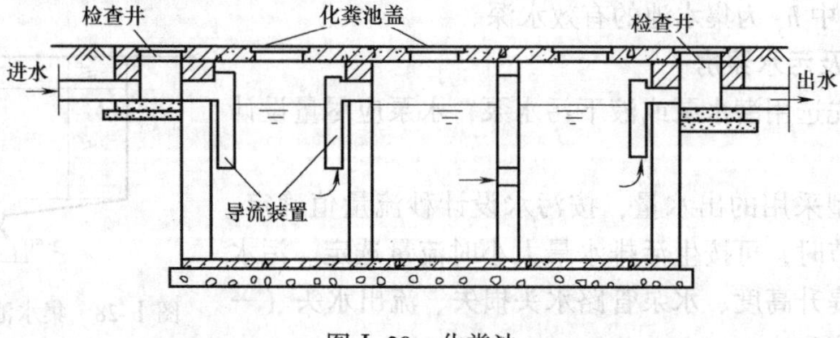

图Ⅰ-29　化粪池

化粪池容量的大小与建筑物的性质、使用人数、污水在化粪池中停留的时间等因素有关，通常应经过计算确定。实际工程中可采用估算法估算所需化粪池的容积，如可参照表Ⅰ-16 所列数据选取。

表Ⅰ-16　化粪池的最大使用人数

型号	有效容积/m^3	建筑物性质及最大使用人数			
		医院、疗养院、幼儿园（有住宿）	住宅、集体宿舍、旅馆	办公楼、教学楼、工业企业生活间	公共食堂、影剧院、体育馆
1	3.75	25	45	120	470
2	6.25	45	80	200	780
3	12.50	90	155	400	1600
4	20.00	140	250	650	2500
5	30.00	210	370	950	3700
6	40.00	280	500	1300	5000
7	50.00	350	650	1600	6500

2. 隔油池

职工食堂、营业餐厅、肉类或食品加工车间排出的水中含有油脂（主要为动物油、植物油等），一般称植物油和大部分矿物油为“油”，而将动物油称为“脂”或“脂肪”。各种油和脂比水轻，密度为 0.9 ~ 0.92。除汽油和煤油等矿物油外，不同油脂的固化温度各不相同，在 15 ~ 38℃之间。这些油脂易凝固在排水管壁上，堵塞管道，沉积于排水沟里，污染环境。有些污水，如汽车洗车水、维修车间排出水，含有汽油、煤油、柴油、机油等，在排水管道中挥发后遇火会引起火灾。因此，这些含油的水在排入城市管网前应先除油。油脂的密度都比水小，应使用隔油池除去水中的油脂。

污水流量按设计秒流量计算，含食用油污水在池内流速不得大于 0.005m/s。

使用保养要求，应按设计清沉渣周期（一般为 6 ~ 7d）定期清理。如果使用期间清沉渣时间超过定期清理时间，则会产生堵塞现象。维护管理重点是应定期清除。

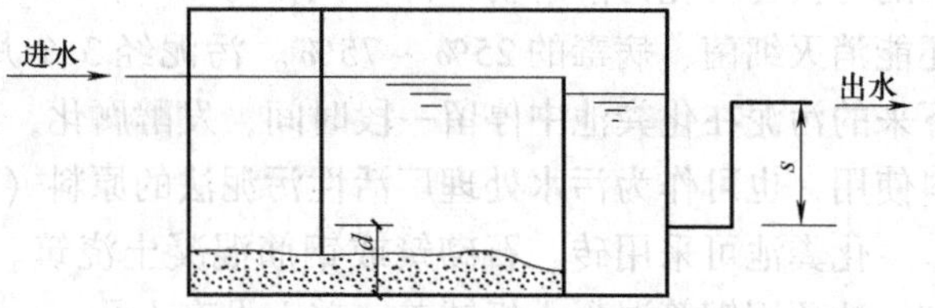

图Ⅰ-30　沉砂池

3. 沉砂池

汽车库内冲洗汽车或施工中的排水等的污水含有大量的泥沙，在排入城市排水管道之前应设沉砂池，以除去污水中粗大颗粒杂质。小型沉砂池的构造如图Ⅰ-30所示。

4. 降温池

排水温度高于40℃的污水或废水，在排入室外排水管网之前，应采取降温措施。一般设降温池。

降温池通常设于室外。若设在室内，水池应密闭，并在池上设人孔和通往室外的排气管。图Ⅰ-31为常见的一种隔板降温池。

5. 毛发聚集器

理发室、公共浴室等会产生大量含有人体毛发的污水。为防止毛发堵塞管道排水系统，应在卫生器具排水管上设置毛发聚集器。游泳池循环水泵的吸水端口，为防止毛发堵塞循环水泵，也应设置毛发聚集器。毛发聚集器应设置在便于清掏的位置。

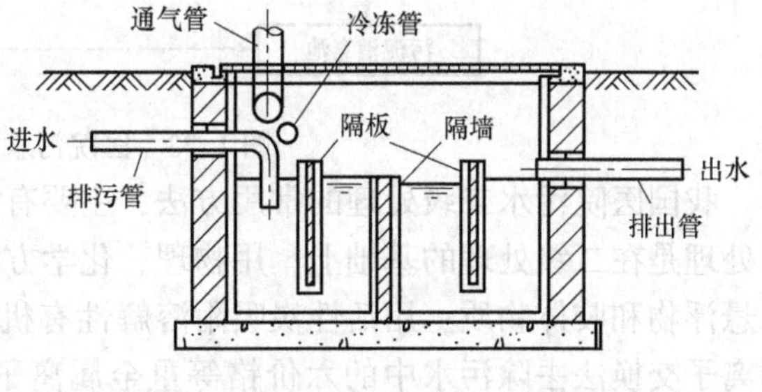

图Ⅰ-31 隔板降温池

6. 医院污水净化消毒

医院污水是指综合医院、传染病医院、结核病医院、专科性（如肿瘤）医院和医疗卫生机构的手术室、化验室、病房，以及畜牧兽医、生物制品等单位室内卫生洁具所排出的污水。该类污水中含有大量的病原体，如病毒、细菌、螺旋体、原虫等。这些含病原体的污水如不妥善处理，排入水体后会污染水源，最终将危害人体健康和生命。目前，较为普遍采用的处理方法，是将医院污水进行预处理后，再加消毒剂消毒。

医院污水消毒前预处理的目的在于降低污水中所含悬浮物、有机物和无机物等杂质，以减少消毒剂耗量，提高消毒效果。

预处理的方法有一级处理和二级处理，对出水水质要求高的场合，还需进行三级处理。经处理后的污水，不得排入城镇和工矿企业生活区饮用水集中取水的水源点上游10m及下游10m范围内的地面水域。一级处理即机械处理，是用物理方法去除污水中的悬浮物质。处理构筑物有化粪池、调节池、沉淀池和格栅等。一级处理能去除污水中悬浮物的50%~60%，生化需氧量减少20%左右。在一般医院污水排入城市下水道的情况下，仅要求消灭污水中的病原体而无需改善水质时，多采用此种工艺流程来处理医院污水，如图Ⅰ-32所示。

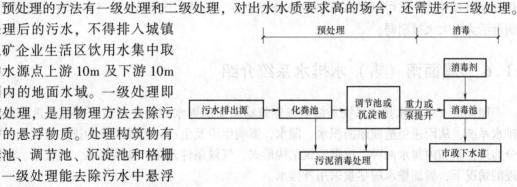

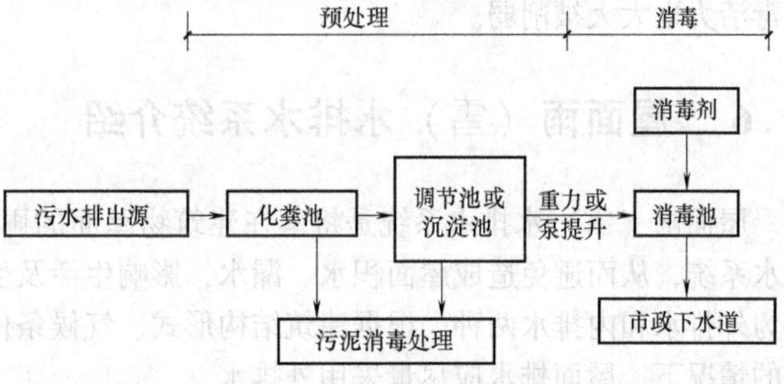

图Ⅰ-32 医院污水一级处理流程

医院污水在一级处理后达不到排放水质要求时，需进行二级处理。二级处理是用生物化学法去除污水中剩余的有机物质。经过生化处理后，污水中的氨氮、还原物质等污染物的含量和生化需氧量，均能去除70%~90%以上；由于氧化和生物絮凝的作用，污水中的病原菌及病毒的去除可达90%以上。污水经二级处理对全面改善水质和节约消毒剂有利，污水的需氧量为经一级处理后的40%左右。但二级处理构筑物占地面积大，基建投资一般要比一级处理大一倍以上，其工艺流程如图Ⅰ-33所示。

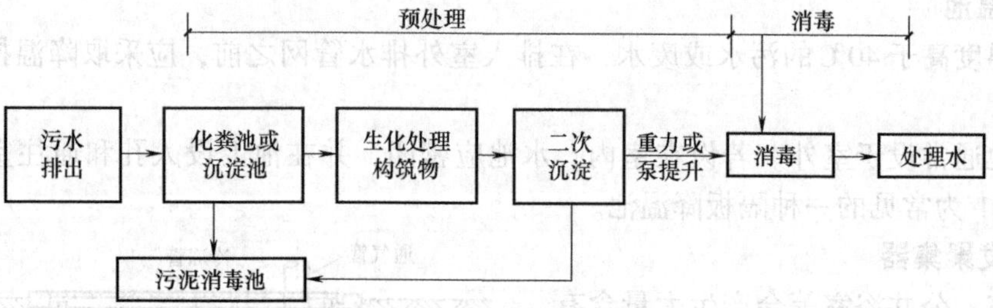

图Ⅰ-33 医院污水二级处理流程

我国医院污水二级处理的常用方法，主要有生物转盘、接触氧化、塔式生物滤池等。三级处理是在二级处理的基础上，用物理、化学方法除去污水中的氮和磷；用过滤法进一步去除悬浮物和胶体物质；用活性炭吸附溶解性有机物质，并去除污水中的色、臭、味和油等；用离子交换法去除污水中的六价铬等重金属离子；最后，用强氧化剂（如氯、臭氧等）氧化污水中的有机物质，杀死病毒和病菌。医院污水三级处理是较彻底的处理，但初次投资和运行管理费用均较高。

医院污水的消毒方法较多，如高温或高压蒸煮法、紫外线照射法、苛性钠法、臭氧消毒法及加氯法等。其中，加氯法是国内目前广泛采用的方法。因为它具有货源充足、价格低廉、使用方便，以及灭菌力强等特点，尤其是能保持一定余氯起到抑制和杀灭残留病菌的作用。

医院污水在处理过程中，有大量污泥沉淀，这些污泥中含有70%~80%的病菌与病毒，90%的蠕虫卵。这些污泥若不处理，会造成二次污染，危害甚大。由于医院污泥量较小，一般采用自然干化法脱水。至于污泥的消毒，根据不同的条件有高温堆肥、蒸汽消毒、厌氧消化和加氯等方法，其中以采用堆肥发酵处理较好，病菌在厌氧条件下仅2~3个月即死亡，病毒活力也大大被削弱。

Ⅰ.6 屋面雨（雪）水排水系统介绍

屋面雨（雪）水排水系统是将落在建筑物屋面的雨水或融化的雪水妥善地迅速排除的排水系统，从而避免造成屋面积水、漏水，影响生活及生产。屋面雨水的排除方式，一般可分为外排水和内排水两种。根据建筑结构形式、气候条件及生产使用要求，在技术、经济合理的情况下，屋面排水应尽量采用外排水。

Ⅰ.6.1 外排水系统

1. 檐沟外排水（水落管外排水）

对一般居住建筑、屋面面积较小的公共建筑及单跨的工业建筑，雨水由屋面檐沟汇集，然后通过设在墙外的水落管排入建筑物外的明沟，再通过雨水管引至室外检查井。檐沟外排水系统如图Ⅰ-34所示，室外检查井如图Ⅰ-35所示。水落管管径一般为100mm或150mm，多用镀锌薄钢板制成，截面为矩形或圆形。也有用石棉水泥管的，但其下端极易碰撞而破裂，故使用时其下部距地面1m高应考虑保护措施（多用水泥砂浆抹面）。工业建筑的水落管是用铸铁管。目前，UPVC水落管正被广泛采用。水落管的间距对于民用建筑为12～16m，对于工业建筑为18～24m。

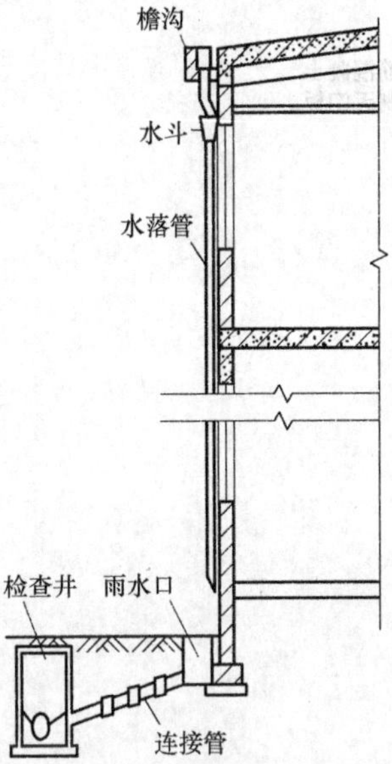

图Ⅰ-34 檐沟外排水的组成

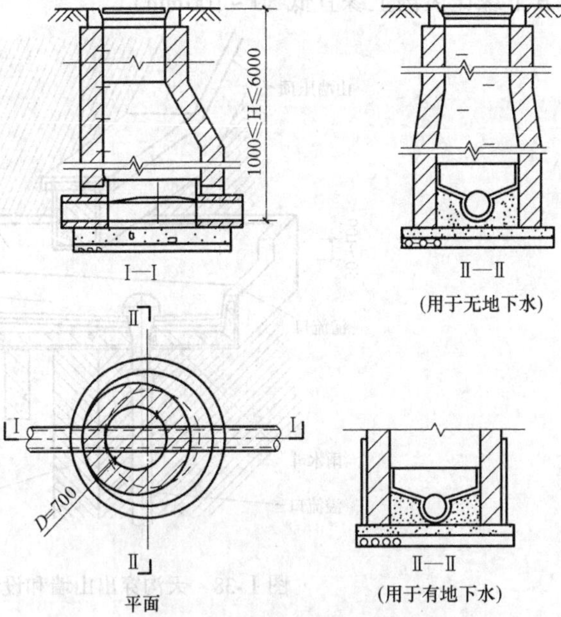

图Ⅰ-35 室外排水检查井

2. 长天沟外排水

多跨工业厂房采用长天沟外排水方式。这种排水方式的优点是可以消除厂房内部检查井冒水的问题，而且节约投资、节省金属、施工方便、安全可靠，以及能够为厂区雨水系统提供明沟排水或减少管道埋深等。但若设计不善或施工质量不佳，将会发生天沟渗漏的问题。图Ⅰ-36是长天沟布置示意图。天沟以伸缩缝为分水线坡向两端，其坡度不小于5%，天沟伸出山墙0.4m。雨水斗及雨水立管的构造如图Ⅰ-37所示。

图Ⅰ-36 长天沟布置示意图

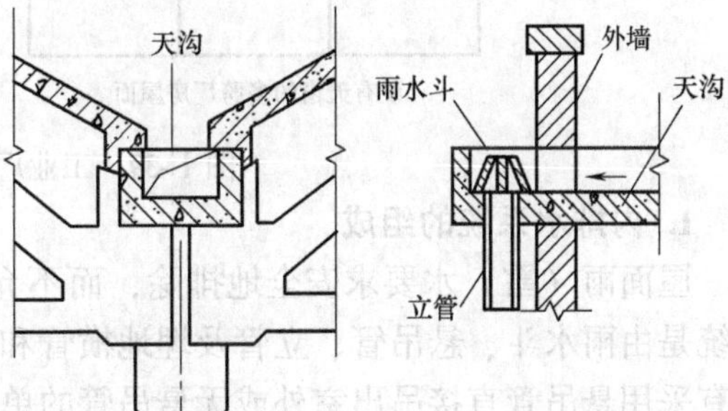

图Ⅰ-37 雨水斗及雨水立管的构造

天沟流水长度应根据暴雨强度、建筑物跨度（即汇水面积）、屋面结构形式（涉及天沟断面大小）等进行水力计算而定，一般以40～50m为宜，天沟底的坡度不得小于0.3%，天沟的水面宽度常用0.5～1.0m（大型屋面板可加宽），水深常按0.1～0.3m来设计（天沟全深需再加不小于0.02m的保护高度），天沟始端的深度应不小于0.08m，天沟的终端宜穿出山墙，其出口如图Ⅰ-38所示，雨水沿墙外的立管而下（为防止阻塞，其管径不小于100mm）。在寒冷的地区，为避免冰冻阻塞，可将雨水立管设于外墙内壁一侧，如图Ⅰ-38所示（其下缘比天沟上缘宜低50～100mm）。

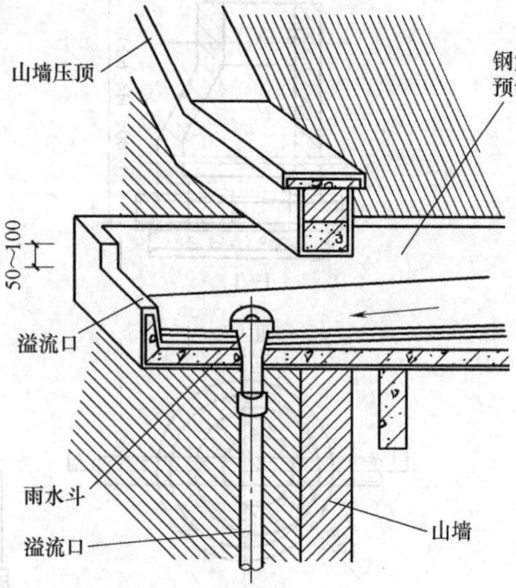

图Ⅰ-38 天沟穿出山墙和设置溢流口

Ⅰ.6.2 内排水系统

大屋面面积（跨度甚大）的工业建筑和民用建筑，尤其是屋面天窗、多跨度、锯齿形屋面或壳性屋面等工业厂房（图Ⅰ-39），其屋面面积大或曲折，内跨屋面雨水用水落管排除有较大困难时，可采用内排水系统。此外，高层大面积平屋顶民用建筑，特别是处于寒冷地带的此类建筑物，均应采用内排水系统。

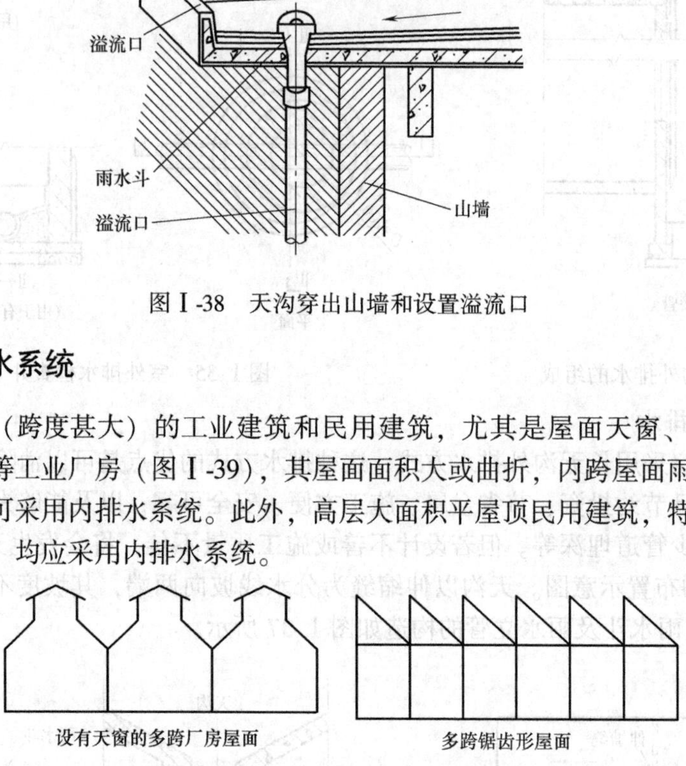

图Ⅰ-39 工业厂房屋面形式示例

1. 内排水系统的组成

屋面雨（雪）水要求安全地排除，而不允许有溢、漏、冒水等现象发生。内排水管道系统是由雨水斗、悬吊管、立管及埋地横管和清通设备等组成，但视具体情况和不同要求，也有采用悬吊管直接吊出室外或无悬吊管的单斗系统，如图Ⅰ-40所示。

2. 系统的布置和安装

（1）雨水斗 雨水斗的作用为汇集屋面雨水，使流过的水流平稳、畅通和截留杂物，防止管道阻塞。为此，要求选用导水畅通、排水量大、斗前水位低和泄水时渗水量小的雨水斗。常用的雨水斗为65型、79型和87型三种。65型为铸铁浇铸，79型为钢板焊制，87型为铸铁浇制，短管有铸铁和钢制两种。目前多采用87型。图Ⅰ-41为雨水斗及雨水斗安装图。

雨水斗布置的位置要考虑集水面积比较均匀和便于与悬吊管及雨水斗立管的连接以确保雨水能畅通流入。布置雨水斗时，应以伸缩缝或沉降缝作为屋面排水分水线，否则应在该缝的两侧各设一个雨水斗。在防火墙处设置雨水斗时，应在该墙的两侧各设一个雨水斗。雨水斗的间距，一般应根据建筑结构的特点（如柱子的布置等）决定，一般间距采用12～24m。雨水斗与天沟连接处，应做好防水，不使雨水由该处漏入房间内。

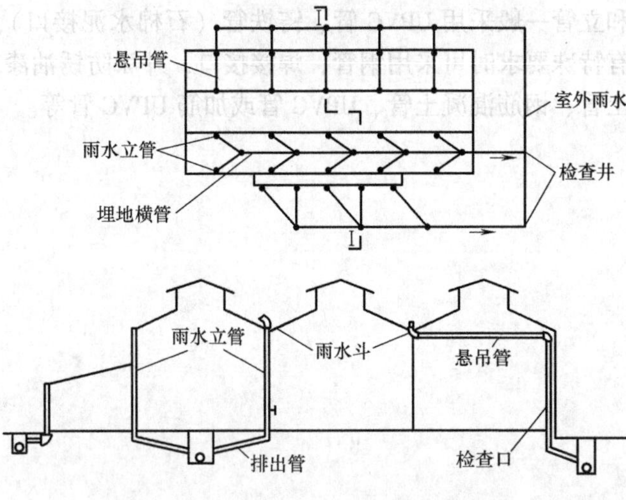

图Ⅰ-40 内排水雨水管系统

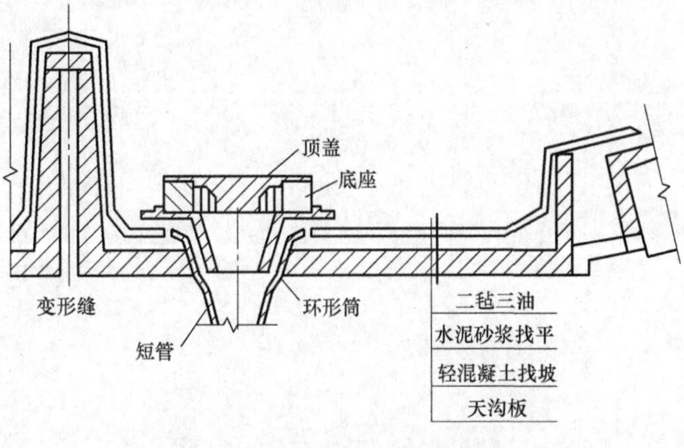

图Ⅰ-41 雨水斗及其安装示意图

（2）连接管 为承接雨水斗流来的雨水，连接管的管径不得小于雨水斗短管的管径。连接管应牢固地固定在建筑物的承重结构（如柱、墙、梁）上。

（3）悬吊管 悬吊管承接连接管流来的雨水并将它引入立管。悬吊管按其连接雨水斗的数量可分为单斗悬吊管和多斗悬吊管。连接2个及以上雨水斗的为多斗悬吊管。悬吊管一般沿柱或梁敷设，并牢固地固定在其上。悬吊管需有不小于0.3%的管坡坡向立管。

（4）立管 立管的作用是接纳悬吊管或雨水斗流来的水流。立管宜沿墙、柱安装，一般为明装。若建筑或工艺要求暗装时，可敷设于墙槽或管井内，但必须考虑安装和检修的方便，立管上应装设检查口，检查口中心距地面1.0m。立管的管径不得小于与其连接的悬吊管的管径。

（5）排出管 排出管是将立管雨水引入检查井的一段埋地管。排出管管径不得小于立管的管径，当穿越地下室墙壁时应有防水措施。排出管穿越基础墙处应预留孔洞，洞口尺寸应保证建筑物沉陷时不压坏管道，在一般情况下，管顶宜有不小于150mm的净空。

（6）埋地管 埋地管是敷设于室内地下的横管，接纳各立管流来的雨水，并将雨水引至室外的雨水管道。其最小管径不得小于200mm，最大管径不宜大于600mm。埋地管不得穿越设备基础及其他可能受水发生危害的构筑物。埋地管坡度应不小于0.3%。

连接管、悬吊管和立管一般采用UPVC管、铸铁管（石棉水泥接口），如管道有可能受到振动和生产工艺等有特殊要求时可采用钢管，焊接接口，外涂防锈油漆。埋地管一般采用非金属管道，如混凝土管、钢筋混凝土管、UPVC管或加筋UPVC管等。

第Ⅱ篇　暖通空调工程

第 3 章　供暖与燃气供应

3.1　供暖系统的形式与特点

3.1.1　供暖系统的形式

在冬季，当室外温度低于室内温度时，室内的热量通过围护结构（墙、窗、门、地面、屋顶等）就会不断传向室外。为保持室内所需温度，就必须向室内提供相应的热量。这种不断向室内提供热量的工程设备，就是供暖设备，这样的系统称为供暖系统。

（1）按热源布置分类　根据热源布置可分为局部供暖、集中供暖和区域供热（暖）。

1）局部供暖。局部供暖热源和散热设备都在同一房间，它包括传统的火炉、火墙等，以及目前所使用的电热取暖、家用燃气壁挂锅炉、空调机组供暖等。

2）集中供暖。利用一个热源供给多个建筑或建筑群所需的热量，由远离采暖房间的热源、输热管道和房间内的散热设备三个主要部分组成的工程设施，称为集中供暖系统，如图 3-1 所示，这种方式是目前应用最广泛的一种供暖方式，也是本章重点介绍的内容。局部供暖系统可以作为集中供暖系统的补充形式。

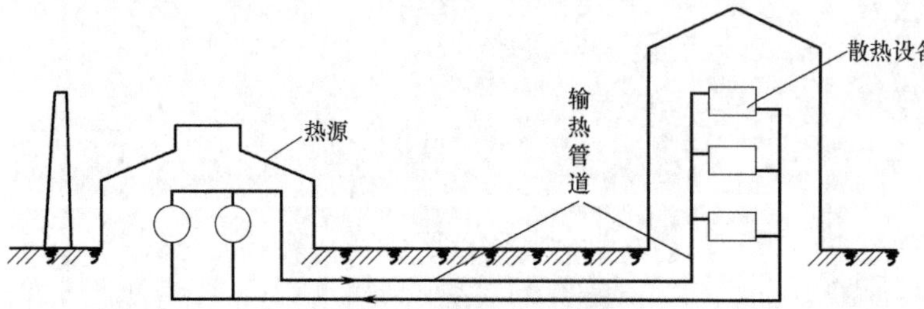

图 3-1　集中供暖系统示意图

3）区域供热（暖）。区域供热（暖）热源（如集中供热锅炉房、热电厂等）的供热能力更大、供热范围更广，由于是以单一介质和参数向不同要求的用户提供热能，故一般在用户接口处应设置热交换站，由热源到热交换站之间的管网称为一次管网，而热交换站至用热设备间的管网称为二次管网。相对于城市供热系统而言，热交换站就是它的用户，而对于一个建筑或建筑群而言，热交换站就是它的热源。

（2）按热媒分类　在集中供热系统中，把热量从热源输入到散热设备的介质称为“热媒”。按所用的热媒不同，集中供暖系统可分为三类：热水供暖系统、蒸汽供暖系统和热风供暖系统。由于综合考虑了节能和卫生条件等因素，目前单纯供暖多采用热水供暖系统。只有在有蒸汽源的工厂才采用蒸汽供暖系统；既需要通风又需供暖的场所才采用热风供暖系统。

3.1.2　供暖系统的组成

任何供暖系统都由三个基本部分组成：热源、供热管道和散热设备。除了以上三个基本组成部分外，因系统的不同，还有膨胀水箱、集气罐、除污器、循环水泵、疏水器、控制附件等设备及附件。

1）热源。热源一般为锅炉，燃料在其中燃烧产生热能，加热热媒。

2）输送管道。输送管道是将被锅炉加热的热媒输送到散热器，并将散热后的热媒送回热源的管路。

3）散热器。散热器的作用是将热媒的热量有效地散发到采暖房间。

4）膨胀水箱或膨胀罐。膨胀水箱或膨胀罐无论在自然循环热水供暖系统中还是在机械循环热水供暖系统中，一般都应设置在系统的最高点，起着容纳膨胀水容量，定压（机械循环）、排气（自然循环）的作用。

5）集气罐。集气罐的作用是收集并排除系统中的空气，保证系统正常运行。

6）除污器。除污器是热水供暖系统中用来清除和过滤热网中污物的设备。其作用是防止污物堵塞水泵叶轮、调压板孔口及管路，以保证系统管路畅通。

7）循环水泵。为了保证热媒能顺利地在由热源、供热管道和散热设备组成的封闭回路中循环流动，有时就需要依靠循环水泵提供动力。

8）疏水器。疏水器是蒸汽供暖系统中的重要设备，其作用是自动阻止蒸汽溢漏，迅速排出系统中的凝水、空气和其他不凝性气体。

9）控制附件。控制附件主要指各种阀门，如减压阀、截止阀等。减压阀的作用在于对蒸汽进行节流从而达到减压的目的，并将阀后压力维持在一定范围内。截止阀的作用在于调节流量的大小，可以关闭、禁止介质的流入和流出，可以微启也可以全启。

3.1.3　热水供暖系统

该系统利用热水为热媒，是将热量从热源经管道送至供暖房间的散热设备，放出部分热量后又经管道送回热源加热的系统。它是目前使用最广泛的一种供暖系统，不仅用于居住和公用建筑，而且也用在工业建筑中。

1. 热水供暖系统的分类

（1）按热媒温度分类　按热媒温度分类，一般分为低温系统（≤100℃）、高温系统（>100℃）。目前常用的是低温供暖系统，供水温度 t_g = 95℃，回水温度 t_n = 70℃。

（2）按系统循环动力分类　按系统循环动力分类，一般分为自然循环系统和机械循环系统。

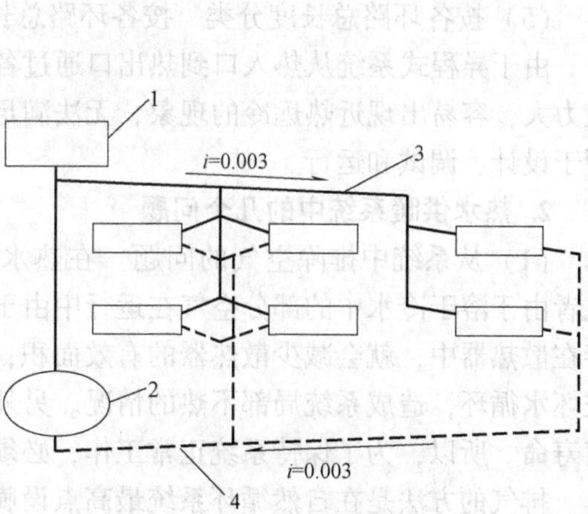

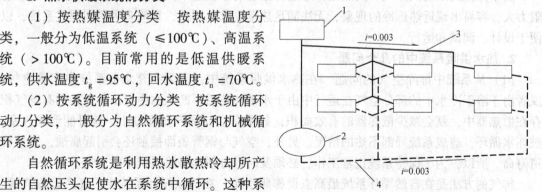

图 3-2　自然循环热水供暖系统

1—膨胀水箱　2—热水锅炉　3—供水管道　4—回水管道

自然循环系统是利用热水散热冷却所产生的自然压头促使水在系统中循环。这种系统的特点是不设循环水泵，仅靠供、回水的温度差而形成的密度差所产生的压力使水在系统中进行循环。这种系统由于自然压头小，作用半径不大，因而只适用于较小的系统。自然循环热水供暖系统如图 3-2 所示。

机械循环系统是利用水泵进行强制循环，因而作用半径大，管径小，但是需要消耗电能。常见的集中供暖系统多采用机械循环系统，如图 3-3 所示。

(3) 按系统的每组立管数分类　按系统的每组立管数分类，一般分为单管系统和双管系统。

单管系统节省立管，安装方便，不会出现垂直失调的现象。但是由于热媒是顺序经过各散热器，到后面时热媒温度较低，使得下层散热器片数较多，同时也无法调节个别散热器的散热量。单管系统适用于学校、办公楼和宿舍等公共建筑。

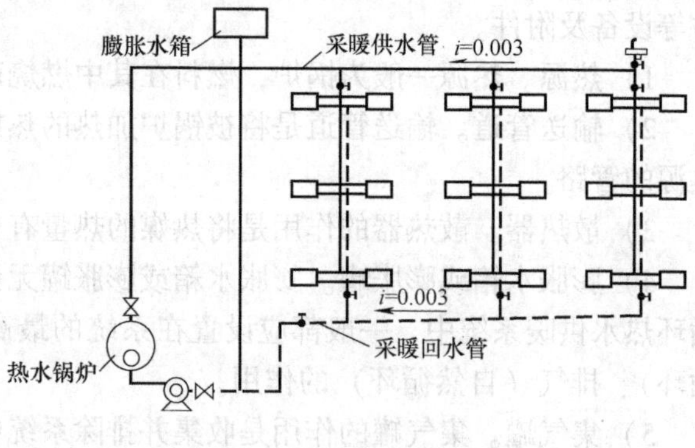

图 3-3　机械循环双管上供下回式热水供暖系统

双管系统中热水平行分配到各个散热器，回水直接流至回水管，因此各层散热器的布置条件是相同的。但是由于环路的自然压头作用，会产生上层过热，下层过冷的现象，这种现象称为垂直失调，因此不宜在四层以上的建筑中采用。其优点是可以调节个别散热器的散热量，检修方便。

(4) 按系统的管道连接方式分类　按系统的管道连接方式不同分为垂直式系统和水平式系统。

垂直式系统又包括上供下回、下供上回、下供下回、上供上回、中供式等多种供回水干管布置方式。一般建筑的供暖系统多采用上供下回式系统。

水平式系统的特点是沿一层布置，这样可以少穿楼板。室内无立管，布置显得比较美观，但是因为过门较多而难以处理。

目前新建集中供暖居住建筑采用的分户热量计量、分室温度调节系统，其各户支管布置一般为水平式，总立管为双管式系统。

(5) 按各环路总长度分类　按各环路总长度分为同程式系统和异程式系统。

由于异程式系统从热入口到热出口通过各立管的总长度不同，这样就使得距离远的立管阻力大，容易出现近热远冷的现象，无法满足热量要求。因此，目前多采用同程式系统，以便于设计、调试和运行。

2. 热水供暖系统中的几个问题

(1) 从系统中排除空气的问题　在热水供暖系统中，因为在充水前系统中充满空气，或者由于溶于冷水中的部分空气在运行中由于水被加热后不断从水中析出，而如果有空气积存在散热器中，就会减少散热器的有效面积；如果有空气聚积在管道中，就可能形成气塞，破坏水循环，造成系统局部不热的情况。另外，空气与钢管表面接触还会引起腐蚀，缩短管道寿命。所以，为了保持系统正常工作，必须及时、方便地排除系统中的空气。

排气的方法是在自然循环系统最高点设膨胀水箱，在机械循环系统中最高点设集气罐、放气阀。供、回水干管和支管要有一定的坡度。

(2) 系统中水受热膨胀的问题　热水供暖系统在起动和运行中，系统中的水加热后，水的体积就要膨胀。解决膨胀的方法是在系统中装设膨胀水箱来容纳水所膨胀的体积。

（3）管道的热胀冷缩问题　供暖系统中的金属管道因受热而伸长。当管道两端固定时，管道伸长就会引起弯曲，使管件破裂等，因此要妥善解决管道伸缩问题。

解决管道变形的最简单方法是合理利用管道本身的弯头。在两个固定点之间必须有一个弯曲部分以作补偿。室内管道一般弯头较多，可不设专门的补偿装置；若伸缩量过大，则应设补偿器来补偿。

3. 自然循环热水供暖系统

自然循环热水供暖系统是最早采用的一种热水供暖方式，一般由热源、输送管道、散热器及膨胀水箱等设备组成。图 3-4 所示为该系统的工作原理图。为了简化问题，图中假设整个系统只有一个加热中心（锅炉）和一个冷却中心（散热器），用供、回水管道把锅炉和散热器连接起来。在系统的最高处连接一个膨胀水箱。系统起动之前，先由冷水管向系统内充满水，然后锅炉开始加热。当水温升高后，其密度变小，同时受着从散热器流回来密度较大的回水的驱动，使得热水沿着供水干管上升流向散热器。在散热器中散热后温度降低，沿回水管流回锅炉再次被加热，如此循环往复，形成图 3-4 中箭头所示方向的循环流动。在水的循环流动过程中，由于锅炉中的热水与散热器内的冷水存在着温度差，形成一定的密度差值，该密度差便是促使水在系统中循环的动力，所以该系统称为自然循环热水供暖系统或重力循环热水供暖系统。

在自然循环热水供暖系统中的水流速度较慢，一般水平干管流速小于 0.2m/s，而干管中空气气泡的浮升速度为 0.1～0.2m/s，在立管中约为 0.25m/s，所以水中的空气能够逆着水流方向向最高处聚集。在上供下回式自然循环热水采暖系统充水与运行时，空气通过干管上升到最高处，再通过膨胀水箱排往大气。为了能顺利排出系统内的空气，系统内的供水干管必须有向膨胀水箱方向上升的坡度，其坡度为 0.5%～1%，散热器支管的坡度一般为 0.01；而为使系统顺利排除空气和在系统停止运行或检修时能通过回水干管顺利地排水，回水干管应有向锅炉方向的向下的坡度，坡度为 0.5%～1%。

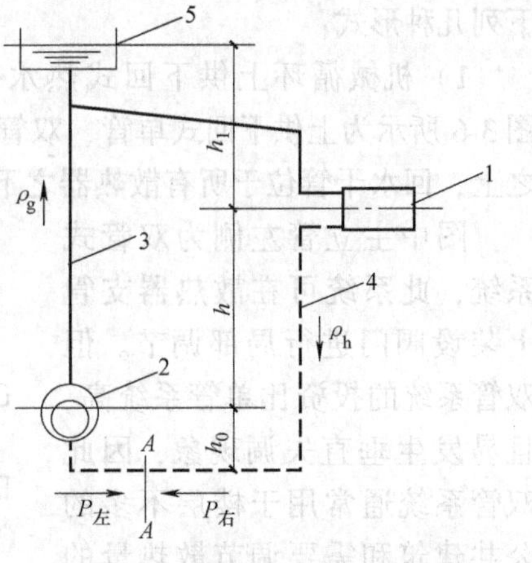

图 3-4　自然循环供暖工作原理

1—散热器　2—热水锅炉　3—供水管道　4—回水管道　5—膨胀水箱

在自然循环双管系统（图 3-5）中，由于各层散热器与锅炉间形成独立的循环，因而随着从上层到下层，散热器中心与锅炉中心的高差逐渐减小，各层循环压力也出现由大到小的现象，上层作用压力大，因此流过上层散热器的热水流量大于实际需求量，流过下层散热器的热水流量小于实际需求量，这样会造成上层温度偏高，下层温度偏低。楼层越多，失调现象越严重。由于自然压头的数值很小，所以能克服的管路阻力也很小，为了保证输送所需的流量，又避免系统的管径过大，则要求作用半径（总立管至最远立管的水平距离）不宜超过 50m，一般要求锅炉中心与最下层散热器中心的垂直距离不小于 2.5～3.0m。因此只有在建筑物占地面积小，且有可能在地下室、半地下室或就近较低处设置锅炉时，才可采用自然循环热水供暖系统。单管系统与双管系统相比，除了作用压力不同外，各层散热器的平均进出口水温也不相同。在双管系统中，各层散热器的平均进出口水温是相同的；而在单管系统中，各层散热器的进出口水温是不相等的。越在下层进水温度越低，因而各层散热器的传热系数 K 值也不相等。因此，单管系统立管的散热器总面积一般比双管系统的稍大些。

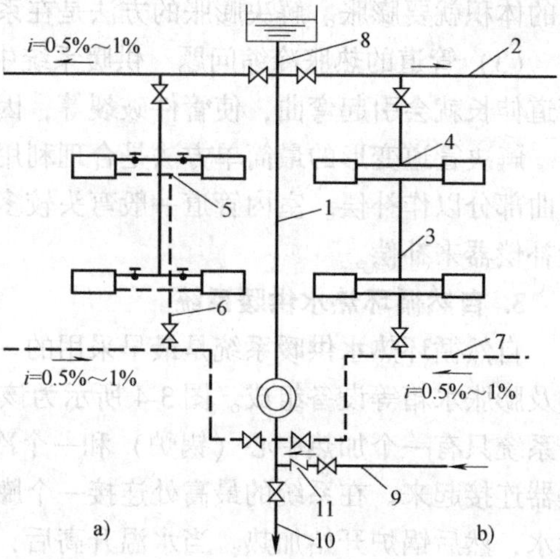

图 3-5　自然循环供暖系统

a）双管上供下回式系统　b）单管顺流系统

1—总干管　2—供水干管　3—供水立管　4—散热器供水支管　5—散热器回水支管　6—回水立管　7—回水干管　8—膨胀水箱连接管　9—充水管　10—泄水管　11—止回阀

4. 机械循环热水供暖系统

机械循环热水供暖系统利用水泵的机械能，使水在系统中强制循环。采用了循环水泵为水循环提供动力，所以其循环作用压力大，系统的作用半径相对自然循环明显提高，水的流速较大，管径较小，起动容易，供暖方式多，是应用最广泛的供暖系统。

机械循环热水供暖系统主要有垂直式和水平式。

（1）机械循环垂直式热水供暖系统　按供、回水干管布置位置的不同，垂直式系统有下列几种形式：

1）机械循环上供下回式热水供暖系统。图 3-6 所示为上供下回式单管、双管、单管跨越式热水供暖系统。供水干管位于所有散热器之上，回水干管位于所有散热器之下，因其管道布置合理，故为应用最广的一种布置形式。

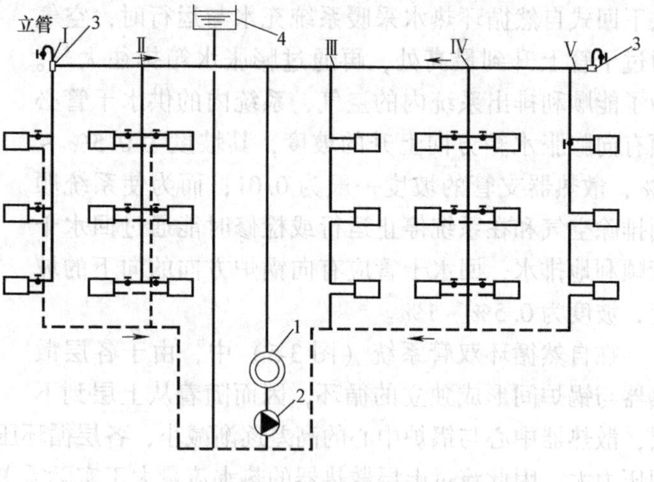

图 3-6　机械循环上供下回式热水供暖系统

1—热水锅炉　2—循环水泵　3—集气装置　4—膨胀水箱

图中主立管左侧为双管式系统，此系统可在散热器支管上装设阀门进行局部调节。但双管系统的投资比单管系统高，且易发生垂直失调现象，因此双管系统通常用于楼层不多的公共建筑和需要调节散热量的房间。

在机械循环系统中，水流速度往往超过自水分离出来的空气泡的浮升速度。为了使气泡不致被带入立管，供水干管应按水流方向设置上升坡度，使气泡随水流方向流动汇集到系统的最高点，通过在最高点设置排气装置，将空气排出系统外。供水及回水干管的坡度，宜采用 0.3%，不得小于 0.2%，回水干管的坡向应使系统水能顺利排出。而散热器的支管的坡度一般取 1%，坡向为沿水流方向降低。

Ⅲ立管为单管顺流式系统，顺流式系统形式简单、施工方便、造价较低，是目前国内一般建筑广泛采用的一种形式。它最严重的缺点是散热器上不允许安装阀门，不能进行局部调节。

Ⅳ立管为单管跨越式系统，立管中的水一部分流入散热器，另一部分直接通过跨越管与散热器的出水混合后再次分流，一部分进入下一个散热器，另一部分通过跨越管与散热器的出水混合，如此直至流回回水干管。该系统可以在散热器支管或跨越管上安装阀门以调节流入散热器的水量。这种方式常用在温度准确度要求比较高的房间。

Ⅴ立管，在高层建筑（通常超过六层）中，可采用跨越式与顺流式相结合的系统形式——上部几层采用跨越式，下部采用顺流式。

2）机械循环下供下回式热水供暖系统。机械循环下供下回式热水供暖系统一般采用双管式，如图 3-7 所示。其供回水干管都辐射在底层的散热器之下。一般应用在平屋顶建筑的顶棚下不允许设置供水干管的情形，常采用下供下回式系统。如建筑物设有地下室，供回水干管可设于地下室中，若没有地下室，供回水干管可设于底层地沟中。

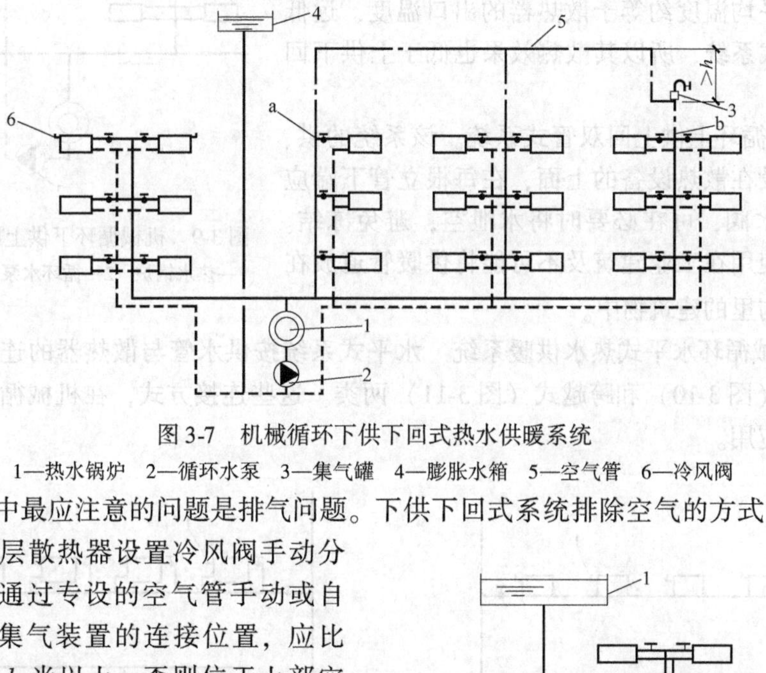

图 3-7　机械循环下供下回式热水供暖系统

1—热水锅炉　2—循环水泵　3—集气罐　4—膨胀水箱　5—空气管　6—冷风阀

在此系统中最应注意的问题是排气问题。下供下回式系统排除空气的方式主要有两种：一是通过在顶层散热器设置冷风阀手动分散排气，二是通过专设的空气管手动或自动集中排气。集气装置的连接位置，应比水平空气管低 h 米以上，否则位于上部空气管内的空气不能起到隔断作用，立管水会通过空气管流入其他立管。一般不小于 300mm。

3）机械循环中供式热水供暖系统（图 3-8）。水平干管设置在系统的中部。该系统的上部可采用下供下回双管式，也可采用上供下回式；下部系统可采用上供下回式。当顶层的梁下和窗户之间的距离较小，若将供水干管设于梁下，将妨碍窗的开启或影响建筑的美观时可采用该系统。该系统

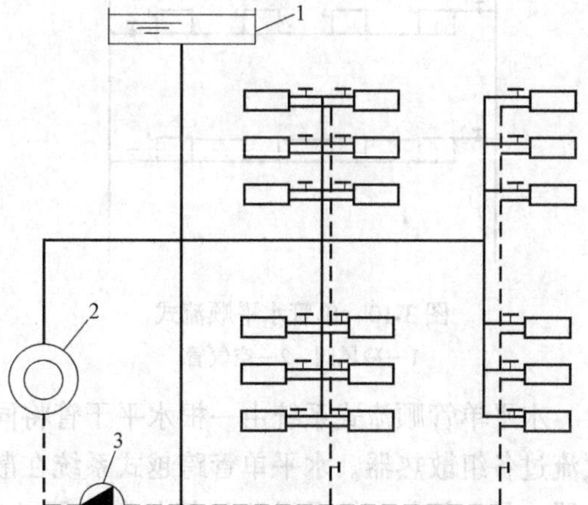

图 3-8　机械循环中供式热水供暖系统

1—膨胀水箱　2—热水锅炉　3—循环水泵

减轻了上供下回式楼层过多，易出现垂直失调的现象。中供式系统可用于加建楼层的原有建筑物或上部建筑面积少于下部建筑面积的场合。

4）机械循环下供上回式热水供暖系统。图 3-9 所示为下供上回式系统。其供水干管设于所有散热器之下，回水干管设于散热器之上，回水经回水干管流入膨胀水箱再经循环水泵加压流入锅炉。立管布置主要采用顺流式。因干管中水由下向上流动，故也称为倒流式。

这种供暖方式与以上几种供暖方式相比，优点主要表现在：因为水的流动方向与空气的流动方向一致，都是自下向上流动，故而可以不设集气罐，仅使用膨胀水箱排气；温度低的回水干管位于系统上部，温度高的供水干管位于系统下部，系统中的水不易汽化，利用膨胀水箱定压时，可以降低水箱的安装高度，使高架水箱的施工简化。缺点主要表现在：散热器内热媒的平均温度约等于散热器的出口温度，远低于上供下回式系统，所以其散热效果也低于上供下回式。

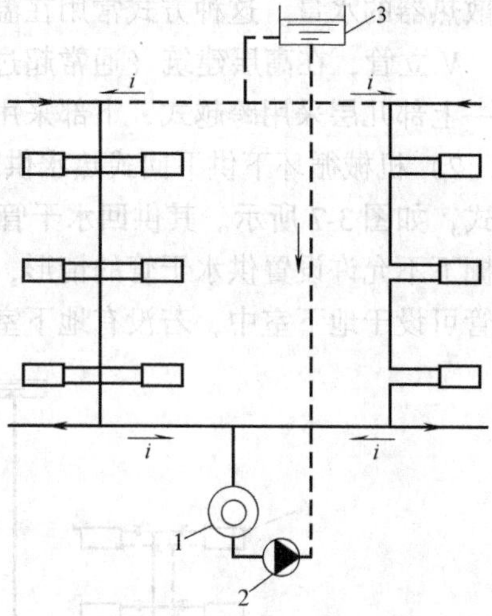

图 3-9　机械循环下供上回式供暖系统
1—热水锅炉　2—循环水泵　3—膨胀水箱

5）机械循环上供上回双管式系统。该系统的供、回水干管敷设在散热设备的上面，在每根立管下端应装设一个泄水阀，可在必要时将水泄空，避免冻结。该系统通常使用在工业建筑及不可能将供暖管道放在地板上或地沟里的建筑物中。

（2）机械循环水平式热水供暖系统　水平式系统按供水管与散热器的连接方式分，可分为顺流式（图 3-10）和跨越式（图 3-11）两类。这些连接方式，在机械循环和自然循环系统中都可应用。

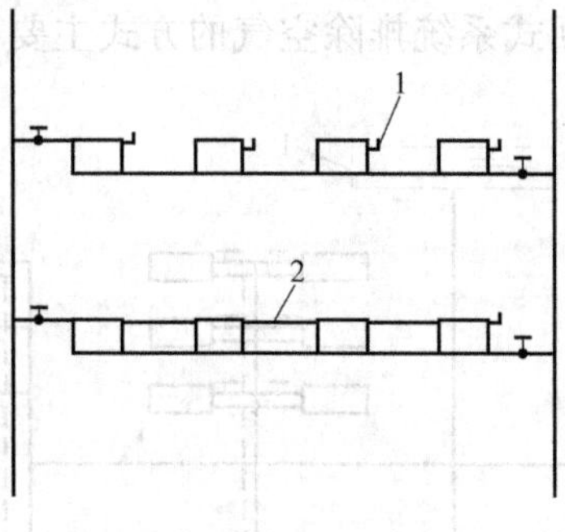

图 3-10　单管水平顺流式
1—冷风阀　2—空气管

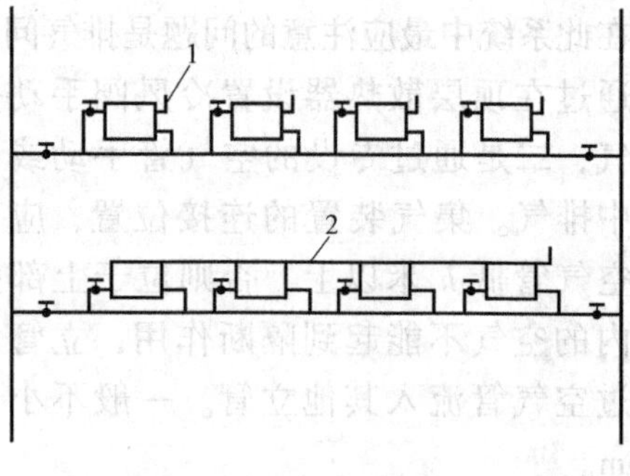

图 3-11　单管水平跨越式
1—冷风阀　2—空气管

水平单管顺流式系统由一根水平干管将同一楼层的各组散热器串联起来，热水水平地依次流过各组散热器。水平单管跨越式系统在散热器支管之间连接跨越管，热水一部分流入散热器，另一部分直接通过跨越管与散热器的出水混合后再次分流，一部分进入下一个散热器，另一部分通过跨越管与散热器的出水混合，如此直至流回回水干管。

水平式的优点是安装简单，穿楼板的立管少，并可随着房屋的建筑进度逐层安装供暖系统；顶层不需专设膨胀水箱间，可利用楼梯间、厕所等位置架设膨胀水箱，造价比垂直式低。水平式应特别注意排气问题，一般必须在每组散热器上装放气阀，也可以在同一楼层散热器上部串联水平空气管，通过空气管末端的放气阀排气。水平式也是目前居住建筑、公共建筑中应用比较广泛的供暖形式。

（3）同程式与异程式系统　在以上介绍的各个系统中，通过各立管所构成的循环环路的管道总长度是不相等的，因此都可称为“异程系统”，靠近总立管的分立管，其循环环路较短，而远离总立管的分立管，其循环环路较长。因此造成各个环路水头损失不相等，最远环路与最近环路之间的压力损失相差也很大，压力平衡很困难，最终导致热水流量分配失调，靠近总立管的供水量过剩，系统末端供水不足。图 3-12 所示为同程式机械循环热水采暖系统，即增加回水管长度，使每个循环环路的总长度近似相等，因此每个环路水头损失也近似相等，这样环路间的压力损失易于平衡，热量分配也易达到设计要求。因此在较大建筑物中，当采用异程式系统压力难以达到平衡时，可采用同程式系统，只是同程式系统对管材的需求量较大，因此初期投资较大。

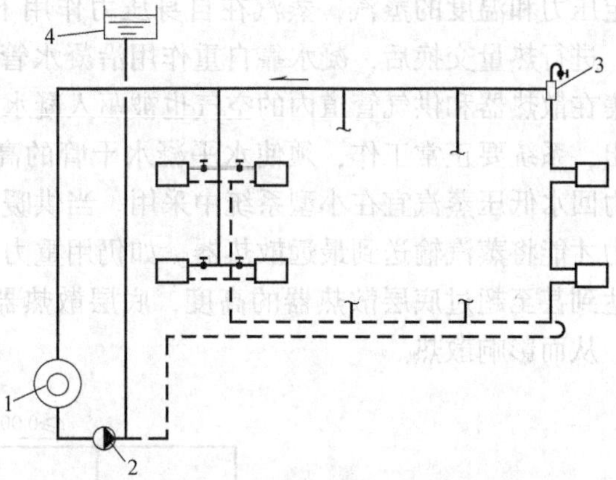

图 3-12　同程式机械循环热水采暖系统

1—热水锅炉　2—循环水泵　3—集气罐　4—膨胀水箱

3.1.4　蒸汽供暖系统

蒸汽供暖系统中的热媒是蒸汽。蒸汽进入散热器后放出汽化潜热，凝结为同温度的凝结水后回到热源。由于蒸汽的汽化潜热比同样质量热水的温降放热量要大得多，因此在热负荷相同的情况下，蒸汽量比热水流量小很多。同时由于蒸汽系统散热器平均温度比热水系统高，因而可以减少散热器面积。

（1）蒸汽供暖系统的分类

1）按蒸汽压力分类。当供汽的表压力高于 0.07MPa 时，称为高压蒸汽供暖系统；当供汽的表压力等于或低于 0.07MPa 时，称为低压蒸汽供暖系统；当系统中的压力低于大气压力时，称为真空蒸汽供暖系统。

高压蒸汽供暖系统的压力和温度都较高（随着压力的升高，汽化潜热也增大），因此在热负荷相同的情况下，管径和散热器片数都较小。但是，高压蒸汽供暖卫生条件差，表面温度高而易伤人，容易产生二次汽化。因此，这种系统一般只用在有高压蒸汽热源的工业厂房和辅助建筑中，同时还需要考虑管道和设备的耐压能力。

低压蒸汽供暖系统运行较可靠，卫生条件也较好，因此可以用于民用建筑。

真空蒸汽供暖系统目前国内很少使用。国外设计的一种真空蒸汽供暖系统中，蒸汽压力可随室外气温的变化而调节。

2）蒸汽采暖系统按干管布置方式的不同，可分为上供式、中供式和下供式蒸汽采暖系统。

3）按立管布置特点的不同，可分为单管式和双管式蒸汽采暖系统。

4）按回水动力的不同，可分为重力回水和机械回水蒸汽采暖系统两种形式。

（2）低压蒸汽供暖系统　低压蒸汽供暖系统的凝水回流锅炉有以下两种形式：

1）重力回水低压蒸汽供暖系统（图 3-13）。在系统运行前锅炉中充水，被加热后产生一定压力和温度的蒸汽，蒸汽在自身压力作用下克服流动阻力，沿供气管道输送到散热器内，进行热量交换后，凝水靠自重作用沿凝水管路返回锅炉中，重新加热变成蒸汽。同时，聚集在散热器和供气管道内的空气也被驱入凝水管，最后经连接在凝水管末端点的排气装置排出，系统要正常工作，须使水平凝水干管的高度比湿式凝水管中水位高出 200～500mm。重力回水低压蒸汽宜在小型系统中采用。当供暖系统作用半径较大时，就要采用较高的蒸汽压力才能将蒸汽输送到最远散热器。如仍用重力回水方式，凝水管里水面Ⅱ－Ⅱ的高度就可能达到甚至超过底层散热器的高度，底层散热器就会充满凝水并积聚空气，蒸汽就无法进入，从而影响散热。

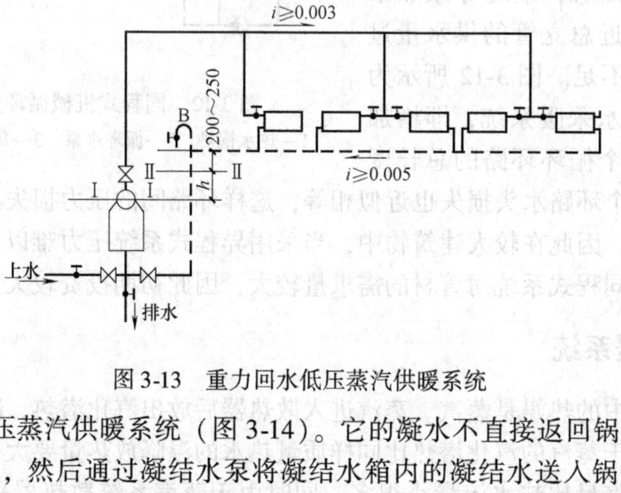

图 3-13　重力回水低压蒸汽供暖系统

2）机械回水低压蒸汽供暖系统（图 3-14）。它的凝水不直接返回锅炉，而是先靠重力流入专用的凝结水箱，然后通过凝结水泵将凝结水箱内的凝结水送入锅炉重新加热产生蒸汽。在低压蒸汽采暖系统里，凝结水箱的位置应低于所有的散热器及凝水管，并且进入凝结水箱的凝结水管应随凝结水的流向作向下的坡度。机械回水系统的最主要优点是扩大了供热

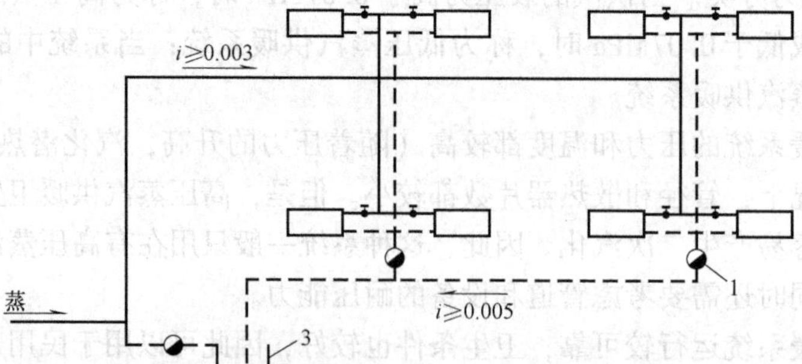

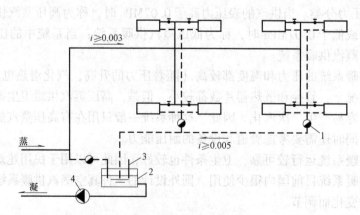

图 3-14　机械回水低压蒸汽供暖系统

1—低压恒温式疏水器　2—凝水箱　3—膨胀水箱　4—凝水泵

范围，因而应用较为普遍。在凝结水管道上应装置疏水器。疏水器的作用是保证凝结水及时排放，同时又阻止蒸汽漏失。

（3）高压蒸汽供暖系统　由于高压蒸汽供暖系统供气压力大，与低压蒸汽系统相比，它的作用面积较大，蒸汽流速也大，管径小，因此在相同的热负荷情况下，高压蒸汽采暖系统在管道初期投资方面则较省，有较好的经济性。也正由于这种系统的压力高，因此散热器表面温度非常高，使得房间卫生条件极差，并容易烫伤人，所以这种系统一般只在工业厂房中使用。

高压蒸汽供暖系统的热媒为相对压力大于 70kPa 的蒸汽。高压蒸汽供暖系统由蒸汽锅炉、蒸汽管道、减压装置、散热器、凝结水管道、凝结水泵等组成，如图 3-15 所示。由于凝结水温度较高，在凝结水通过疏水器减压后，部分凝结水可能会汽化，产生二次蒸汽。因此，为了降低凝结水的温度和减少凝结水管的含汽率，可以设置二次蒸发器，二次蒸发器中产生的低压蒸汽可以应用于附近的低压蒸汽供暖系统或热水供暖系统。高压蒸汽供暖系统在启停过程中，管道温度的变化比热水供暖系统和低压蒸汽供暖系统大，故应考虑采用自然补偿、设置补偿器来解决管道热胀冷缩的问题。

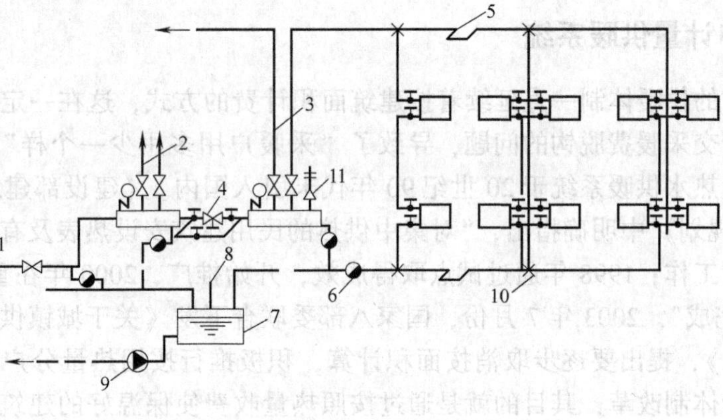

图 3-15　高压蒸汽供暖系统

1—室外蒸汽管　2—室内高压蒸汽供热道　3—室内高压蒸汽供暖管　4—减压装置
5—补偿器　6—疏水器　7—开式凝结水箱　8—空气管
9—凝结水泵　10—固定支点　11—安全阀

（4）蒸汽供暖与热水供暖的比较

1）蒸汽温度比热水高，携带热量多，传热系数大。所以蒸汽供暖系统所用的散热器要少，管径也小，初期投资要小。

2）由于蒸汽供暖多为间歇供暖，管道内时为蒸汽，时为空气，管道内壁氧化腐蚀较快。因此，蒸汽供暖系统使用年限要短。

3）一般蒸汽系统不能调节蒸汽温度。

4）蒸汽系统热惰性小，加热和冷却过程较快，因而适用于人员骤多骤少或不常有人而有人时又需要迅速加热的建筑，如剧院、会议厅等。

5）热水供暖散热器表面温度低，卫生条件好，宜用于住宅、学校、医院、幼儿园等对卫生要求较高的建筑。蒸汽供暖时有机灰尘多、干燥、噪声大、卫生条件差。

6）由于蒸汽温度高于热水，因而锅炉耗能大，沿程热损失大。从节能角度出发，应尽量采用热水供暖。

3.1.5 热风供暖系统

热风供暖系统以空气作为热媒，先将空气加热至高于室温，再直接送入室内，热空气在室内降低温度，放出热量而达到供暖的目的，主要用于既需通风又需供暖的建筑物。

空气加热主要是利用蒸汽或热水通过空气加热器来完成的。热风供暖系统向室内供暖主要是利用了暖风机。暖风机由通风机、电动机、空气加热器组成，有些则利用通风系统完成。

热风供暖系统与蒸汽或热水供暖系统相比，有下列特点：

1）热风供暖系统热惰性小，适用于体育馆、剧院等场所。

2）热风供暖系统可同时兼有通风作用。

3）热风供暖系统噪声较大。

4）设置热风供暖系统的同时，还需设置少量散热器，以维持5℃的值班温度。所以常与热水或蒸汽系统同时使用。

3.1.6 分户计量供暖系统

我国北方的供暖体制一直延续着按建筑面积计费的方式，这在一定程度上造成了用户使用热量与所交采暖费脱钩的问题，导致了“采暖户用多用少一个样”，根本没有节能意识。分户计量热水供暖系统于20世纪90年代末引入国内。《建设部建筑节能“九五”计划和2010年规划》中明确指出，“对集中供热的民用建筑安设热表及有关调节设备并开展按表计量收费工作；1998年通过试点取得成效，开始推广，2000年在重点城市成片推行，2010年基本完成”。2003年7月份，国家八部委联合下发《关于城镇供热体制改革试点工作的指导意见》，提出要逐步取消按面积计算，积极推行按用热量分户计量收费办法。集中供热及收费体制改革，其目的就是通过按照热量收费使保温好的建筑通过减少耗热量节约能源。

（1）分户计量供暖系统的要求　现实中若要分户计量，小区入住率必须达到70%以上。然而对于我国绝大多数的居民居住的公寓式住宅，屋顶和端部的采暖耗热量往往为中间部位某些单元的2~3倍；同时，由于户间墙传热问题，也造成不采暖房间影响了相邻的采暖单元，使相邻的采暖单元的热耗大幅度增加。这些都成为“分户计量，按热量收费”的技术困难。因此，对分户计量系统的具体要求如下：

1）分户计量热水供暖系统必须具有下列两个功能：可以分别计量系统中每一个用户实际所消耗的热量；系统中的每一个用户对室温可以进行调控。

2）居民住宅供热计量方式选择及室内采暖系统的改造要求。在《严寒和寒冷地区居住建筑节能设计标准》（JGJ 26—2010）5.3.3条中规定，“集中采暖（集中空调）系统，必须设置住户分室（户）温度调节、控制装置及分户热计量（分户热分摊）的装置或设施”。根据我国目前现状及长远发展考虑，应从实际出发选用以下室内采暖系统和供热计量方式：单管跨越式系统（旧房改造）；双管系统（新建房屋）；采暖系统引入口安装计量装置，内部采用分摊的方法；引入口安装热量计，用户散热器入口安装水表；引入口安装热量计，用户按面积分摊热费。

3）鼓励、支持、发展供热计量仪表等产品的开发和生产。

4）通过试点探索合理造价，逐步将供热计量设施与水、电、气设施一样纳入建房造价之中。

（2）适合于分户计量的供暖系统形式　适合于分户计量的供暖系统与一般的供暖系统相比，除了可计量单户耗热量之外，还应具有可控（开、关）、可调（保证供热质量）、便于维护管理、稳定性好等性能。目前分户计量供暖系统的形式比较多，对新建建筑一般多采用水平双管和水平单管系统，另有以下几种系统也可供选用：

1）可用于跃层式住宅的两层间管路串联系统。此系统增大了水平支线的流量，可提高系统的水力稳定性，减轻竖向失调，减少计量、调节和控制部件用量。

2）可用于串片散热器的双层散热器水平式系统。当采用某些串片散热器（异侧进出水的串片、踢脚板式）时，可用此系统，将一个房间的散热器分为上下两层，与采用一层散热器的系统相比，此系统可减少散热器的安装长度，增加对房间散热量的调节手段。

3）可用于高层建筑的竖向分区、区间串联的水平式系统。该系统将高层建筑沿高度方向分为若干区，区内采用一般的水平式系统，区间采用串联式。此系统可减轻高层建筑供暖系统的竖向失调，增加系统的水力稳定性，个别用户关闭时不影响其他用户的供热。当采用压力调节器时，可增加阀孔的开度，减少堵塞的可能性，但不能解决底部散热器超压的问题。竖向分区时，各区层数应较多。这种形式的系统可以分户热计量，改善了系统的性能，但只适用于同区内关闭个别用户对其他用户流量影响不至于过大的场合。

4）可用于多层建筑的户组间串联的水平式系统。该系统将一梯两户并联的系统改为户组间串联的系统，可减轻多层建筑供暖系统的竖向失调，增加系统的水力稳定性，而且个别用户关闭时不影响其他用户的供热。

5）水平式混联系统。水平式混联系统可使通过每一散热器的温降减小、流量增加，因此可改善水平双管系统的性能，使并联管路的不平衡率减小。当采用压力调节器时，可增加阀孔的开度，防止堵塞。

此外，为了降低造价、改善性能，在布置各种系统时还可根据实际情况尽可能使散热器采用上进下出的连接方式，以便增大散热器的传热系数，减小散热器的面积，尽量使相邻两组散热器共用供水支管等。

3.2　供暖热负荷

3.2.1　热负荷

在冬季，为达到要求的室内温度，供热系统在单位时间内向建筑物供给的热量，称为热负荷。在不考虑建筑物得热量的情况下，热负荷等于建筑物的耗热量；如考虑建筑物的得热量，则热负荷就是建筑物耗热量与得热量的差值。

采暖房间要维持一定的温度，就需要采暖系统的散热设备放出一定的热量维持房间得热量和失热量的平衡。对于一般民用建筑和产生热量很少的车间，可以认为房间的得热量为零，不考虑得热量而仅计算建筑物的耗热量。

建筑物的耗热量由两部分组成：一部分是通过围护结构由室内传到室外的热量；另一部

分是加热进入到室内的冷空气所需要的热量。

3.2.2 供暖热负荷的估算

在集中供热系统进行规划或扩大初步设计时，个别的供暖系统还未进行设计计算，此时可采用概算指标法来确定供暖系统的热负荷。

供暖热负荷是城市集中供热系统主要的热负荷，可采用单位面积供暖（热）指标法、单位体积供暖（热）指标法等方法进行计算。热指标法是在调查了同一类型建筑物的采暖热负荷后所得出的该种类型建筑物每平方米建筑面积或在室内外温差为1℃时每立方米建筑物体积的平均供暖热负荷。

（1）单位面积供暖热指标法　用单位面积供暖热指标估算建筑物的热负荷时，供暖热负荷可按下述公式进行估算

$$Q = q_1 F \tag{3-1}$$

式中 Q——建筑物的供暖设计热负荷（W）；

q_1——建筑物单位面积供暖热指标（W/m^2）；

F——建筑物的建筑面积（m^2）。

单位面积热指标法简单方便，在国内外城市住宅建筑集中供热系统规划设计中被大量采用。有关数据见表3-1。

表 3-1　部分民用建筑单位面积供暖热指标表

序号	建筑物名称	热指标/（W/m^2）	序号	建筑物名称	热指标/（W/m^2）
1	住宅	47～70	6	商店	64～87
2	办公楼、学校	58～80	7	单层住宅	80～105
3	医院、幼儿园	64～80	8	食堂、餐厅	116～140
4	旅馆	58～70	9	影剧院	93～116
5	图书馆	47～76	10	大礼堂	116～163

注：1. 总建筑面积大、外围护结构热工性能好、窗户面积较小的建筑物，采用较小的指标，反之采用较大的指标。

2. 此表适用于气温接近北京地区的地方，其余地区可按当地供暖热指标进行估算。

由于每个房间的位置、朝向、所在层数等不同，相同面积房间的热负荷会相差很大，所以用单位面积供暖热指标法估算建筑物的供暖热负荷，只宜用于初步设计和规划设计，不能用于施工设计。

（2）单位体积供暖（热）指标法　用单位体积供暖（热）指标估算建筑物的热负荷时，供暖热负荷用下式计算

$$Q = q_v V(t_n - t_w) \tag{3-2}$$

式中 Q——建筑物的供暖热负荷（W）；

q_v——建筑物的单位体积供暖热指标［$W/(m^3 \cdot ℃)$］；

V——建筑物的外围体积（m^3）；

t_n——供暖室内计算温度（℃）；

t_w——供暖室外计算温度（℃）。

单位体积供暖热指标 q_v 的大小主要与建筑物的围护结构及外形有关，可见有关设计手册或当地设计单位历年积累的资料数据。当建筑物围护结构的传热系数愈大、采光率愈大、外部体积愈小，或者建筑物的长宽比愈大时，单位体积的热损失愈大，即 q_v 值愈大。

3.3 供暖系统管网的布置

3.3.1 供暖系统管路布置的总体要求

室内热水供暖系统管路布置合理与否，直接影响到系统造价和使用效果。应根据建筑物的具体条件（如建筑平面的外形、结构尺寸等），与外网连接的形式以及运行情况等因素来选择合理的供暖系统类型和形式，力求系统管道走向布置合理，节省管材，而且要求各并联环路的阻力损失易于平衡。布置供暖管网时，管路沿墙、梁、柱平行敷设，力求布置合理，安装、维护方便，有利于排气，水力条件良好，不影响室内美观。

同时，供暖系统管路布置与敷设应符合相关规范的要求。

3.3.2 供暖系统管路布置

（1）热力入口　供暖系统引入口可以设置在建筑物热负荷对称分配的位置，一般宜在建筑物的中部，这样可以缩短系统的作用半径。在民用建筑和生产厂房辅助性建筑中，系统总立管在房间中的布置不应影响人们的生活和工作。

（2）干管　在布置供、回水干管时，首先应确定供、回路，而且尽量使各支路的阻力损失易于平衡。

对于上供式供热系统，供水干管暗装时应布置在建筑物顶部的设备层中或吊顶内；明装时可沿墙敷设在窗过梁和顶棚之间的位置。如建筑对美观要求较高或过梁底面标高过低妨碍供水干管敷设时，可在顶棚上敷设。供水干管应有合理的坡度、坡向，顶棚的过梁梁底标高距窗户顶部之间的距离应满足干管的坡度要求以及集气罐的安装高度要求。有闷顶的建筑物，供热干管、膨胀水箱和集气罐都应设在闷顶层内，回水或凝水干管一般敷设在地面上。地面不允许敷设时（如过门）或净空高度不够时，回水干管可设置在半通行地沟或不通行地沟内。地沟每隔一定距离要设置活动盖板，以方便检修。回水干管也可设置在地下室顶板之下。

对于下供式供暖系统，供热干管和回水或凝水干管均应敷设在建筑物地下室顶板之下或底层地下室之下的采暖地沟内，也可以沿墙明装在底层地面上。当干管穿越门洞时，可局部暗装在沟槽内。无论是明装还是暗装，回水干管均应保证设计坡度的要求。地沟断面的尺寸应由沟内敷设的管道数量、管径、坡度及安装、检修的要求确定，其净尺寸不应小于800mm×1000mm×1200mm。沟底应有0.3%的坡向供暖系统引入口的坡度用以排水。地沟应设活动盖板或检修人孔。

在蒸汽供暖系统中，当供汽干管较长，地沟的高度不能够满足干管所需坡度的要求时，可以每隔30～40mm设抬高管道及泄水装置，在供汽和回水干管之间设连接管，并设疏水器将供汽干管的沿途凝水排至回水干管中。

（3）立管　室内热水供暖系统的立管应尽可能地布置在房间的角落，如布置在房间的窗间墙处或墙身转角处。对于有两面外墙的房间，立管宜设置在外墙转角处。因为外墙与外墙的交接处温度较低，容易结露或结霜。楼梯间除可以与辅助房间（如厕所、厨房）合用一根立管外，一般应尽量单独设置，以防结冻后影响其他立管的正常供暖。

要求暗装时，立管可敷设在墙体内预留的沟槽中，也可以敷设在管道竖井内。管井每层应用隔板隔断，以减少井中空气对流而形成的立管传热损失。此外，每层还应设检修门供维修之用。

立管应垂直地面安装，穿越楼板时应设套管加以保护，以保证管道自由伸缩且不损坏建筑结构。但套管内应用柔性材料堵塞。在每根立管的上端和下端都要安装阀门，以便个别散热器损坏时可以只放掉一根立管中的热水，进行检修，不至影响其他更多用户的供暖。

(4) 支管　支管的布置与散热器的位置、进水和出水口的位置有关。支管与散热器的连接方式有三种：上进下出式、下进下出式和下进上出式，散热器支管进水、出水口可以布置在同侧，也可以在异侧。设计时应尽量采用上进下出、同侧连接方式，这种连接方式具有传热系数大、管路最短、外形美观的优点。下进下出的连接方式散热效果较差，但在水平串联系统中可以使用，因为安装简单，对分层控制散热量有利。下进上出的连接方式散热效果最差，但这种连接有利于排气。在蒸汽供暖系统中，双管系统均采用上进下出的连接方式，以便于凝结水的排放，并应尽量采用同侧连接。

连接散热器的支管应有坡度以利于排气，当支管全长小于 500mm 时，坡度值为 5%；大于 500mm 时，坡度值为 10%，进水、回水支管均沿流向顺坡。

3.4 供暖系统的设备及附件

3.4.1 散热器

在供暖系统中，具有一定温度的热媒所携带的热量是通过散热器不断地传给室内空气和物体的，热量通过散热器壁面以对流、辐射的方式传递给室内，补偿房间的热损耗，达到供暖的目的。

(1) 对散热器的要求　在热工性能方面，要求散热器的传热系数要高。在经济方面，要求放出单位有效热量的散热器价格和金属消耗要低，而且制造散热器的材料来源要广，散热器的使用寿命要长。为了比较不同散热器的热工和经济性能，通常利用金属热强度作为比较的指标。金属热强度 q 等于散热器的传热系数 K（$W/m^2 \cdot ℃$）和每千克金属制成的散热面积 f（m^2/kg）的乘积。q 值越大，散热器在热工和经济方面的效果越好。在安装使用和制造工艺方面，要求便于组装成所需要的散热面积，具有一定的机械强度，可承受一定的压力，不漏水、不漏气、耐腐蚀，使用寿命长，制造工艺简单，构造和形式适于大量生产。在卫生和美观方面，要求外表光滑，使得灰尘沉积少并容易清扫。在民用建筑中，散热器的形式、色泽应易于和房间内部装修与美观相配合。

(2) 散热器的选择　选用散热器类型时，应注意在热工、经济、卫生和美观等方面对散热器的基本要求。但是并非每种散热器都能满足所有的要求。所以选择散热器时要根据房间的用途、供暖系统中散热器应承受的工作压力、散热器的安装条件等具体情况，有所侧重。设计、选择散热器时，应符合下列原则性的规定：

1）散热器的工作压力。当以热水为热媒时，不得超过制造厂规定的压力值。对高层建筑使用热水供暖时，首先要求保证散热器的承压能力。当采用蒸汽供暖时，因在系统起动和停止运行时，散热器的温度变化剧烈，易使接口等处渗漏，因此铸铁柱形和长翼形散热器的工作压力不应高于 0.2MPa，铸铁圆翼形散热器的工作压力不应高于 0.4MPa。

2）在民用建筑中，宜采用外形美观、易于清扫的散热器。在比较拥挤的房间中，散热器的宽度应小一些，以减少占地面积。

3）在产生粉尘或防尘要求较高的生产厂房，应采用表面光滑、不易积灰、易于清扫的散热器。

4）在具有腐蚀性气体的生产厂房或相对湿度较大的房间，宜采用耐腐蚀能力比较强的铸铁散热器。

5）热水系统采用钢制散热器时，应采取必要的防腐措施（如表面喷涂，补给水除氧等措施），蒸汽采暖系统不得采用钢制柱形、板形和扁管等散热器。

6）散热器通常设置在窗口下面，所以散热器的高度必须低于窗口下缘。

（3）散热器的类型　散热器的类型繁多，根据材质的不同，主要分为铸铁、钢制两大类。

1）铸铁散热器。铸铁散热器因其具有耐腐蚀、使用寿命长、热稳定性好以及结构比较简单的特点而被广泛应用。工程中常用的铸铁散热器有翼形和柱形两种。翼形散热器分圆翼形和长翼形两种。翼形散热器承压能力较低，外表面有许多肋片，易积灰，难清扫，外形不美观，不易组成所需的散热面积，不节能。铸铁散热器适用于散发腐蚀性气体的厂房和湿度较大的房间，以及工厂中面积大而又少尘的车间。

① 圆翼形散热器。由生铁铸成，其形状为外面有圆形翼片的圆管，如图 3-16 所示。管子内径为 75mm，每根管长 750mm 或 1000mm，管子两端配置法兰，当需要的散热面积较大时，可把若干根连起来成为一组。

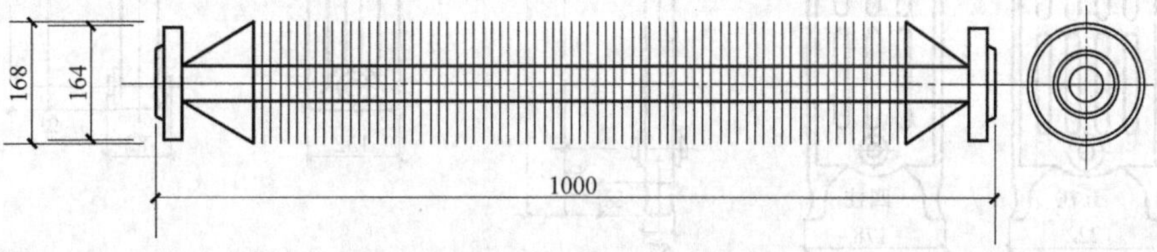

图 3-16　圆翼形铸铁散热器

这种散热器的散热面积要比同样直径和长度的光管大 6 ~ 7 倍，占地较小，制造工艺也较简单。圆翼形散热器的传热系数比光管散热器的传热系数小。这是因为圆翼形散热器的翼片间相互吸收辐射热量，而且翼片的温度从根部向端部逐渐降低，所以表面平均温度较低所致。该种散热器由于在管子外面加了许多翼片，所以积在翼片之间的灰尘不易清除，外形也不美观，因而多用于少尘工业车间。此外，这种散热器每根的散热面积较大，不易恰好组成所需要的散热面积。

② 长翼型散热器。长翼型散热器也是由生铁铸成的，它的外面有许多竖向翼片，外壳内部为一个扁盒状的空间，如图 3-17 所示。每个散热器所带翼片的数目分 10 片（长 200mm）和 14 片（长 280mm）两种，因它们的高度均为 60cm，所以分别称为小 60 和大

60。它们可以单个悬挂，也可以将若干个拼装成组使用。

长翼形散热器和圆翼形散热器的优缺点基本相同，但长翼形的承压能力较差。这种散热器常用于工业企业的辅助建筑物。

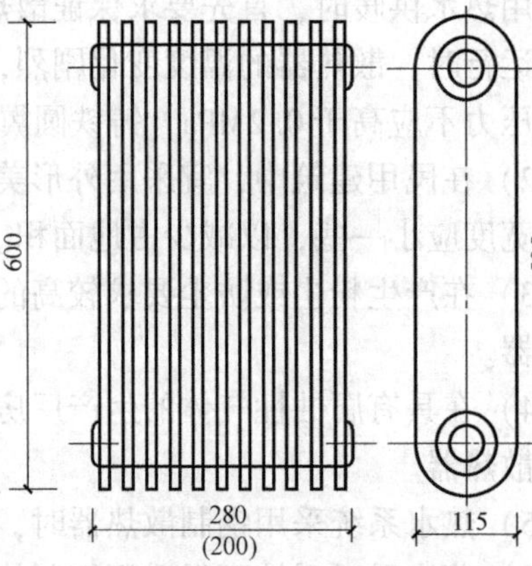

图 3-17 长翼形铸铁散热器

③ 柱形散热器。柱形散热器主要有二柱 M-132、四柱、五柱三种类型，如图 3-18 所示。柱形散热器是呈柱状的单片散热器，每片各有几个中空的立柱，各立柱的上、下端相互连通。每片的顶部和底部各有一对孔口供热媒进出，孔口带有内螺纹，根据散热面积的需要，用具有正反螺纹的对丝把各个单片对在一起，形成一组散热器。但每组片数不宜过多，片数多，则相互遮挡，散热效果降低，一般二柱不超过 20 片，四柱不超过 25 片。

我国目前常用的柱形散热器有带脚和不带脚两种片形，便于落地或挂墙安装。

柱形散热器和翼形散热器相比，它的传热系数高，外形也较美观，占地较少。每片散热面积小，易组成所需的散热面积，无肋片，表面光滑易清扫。因此，被广泛用于住宅和公共建筑中。柱形散热器主要缺点在于制造工艺比较复杂。

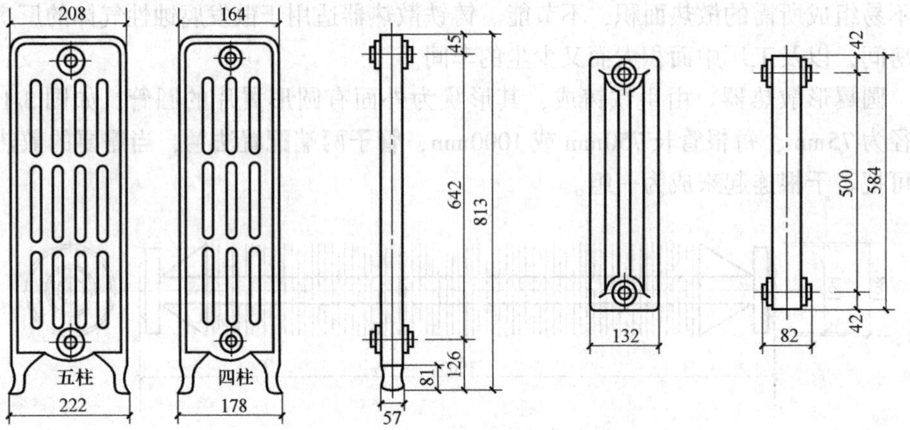

图 3-18 柱形散热器

a) 五柱、四柱形散热器 b) 二柱 M-132 型散热器

2) 钢制散热器。目前我国生产的钢制散热器主要有闭式钢串片散热器、板形散热器、钢制柱形散热器，以及扁管形散热器四大类。闭式钢串片散热器由钢管、钢片、联箱及管接头组成；板形散热器由面板、背板、进出水口接头、放水门固定套及上下支架组成；钢制柱形散热器的构造与铸铁柱形散热器相似；扁管形散热器用 52mm × 11mm × 1.5mm（宽 × 高 × 厚）的水通路扁管焊接而成。

钢制散热器与铸铁散热器相比，优点在于：金属耗量少，耐压强度高，外形美观整洁，占地少、便于布置；缺点在于：除了钢制柱形散热器外，钢制散热器的水容量少，热稳定性差，容易被腐蚀。常见钢制散热器如图 3-19、图 3-20、图 3-21、图 3-22 所示。

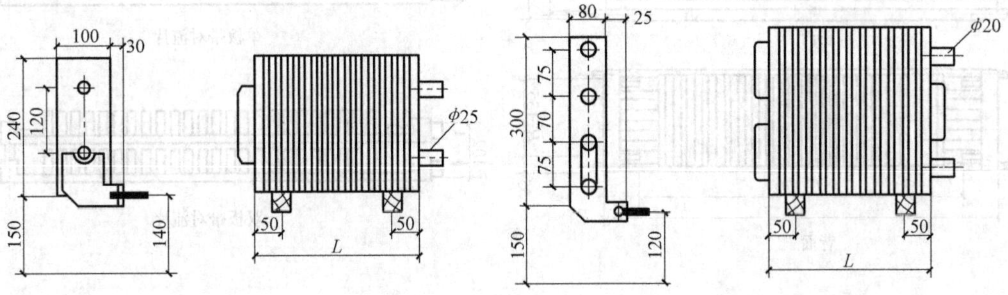

图 3-19　闭式钢串片散热器

a）240mm × 100mm 型　b）300mm × 80mm 型

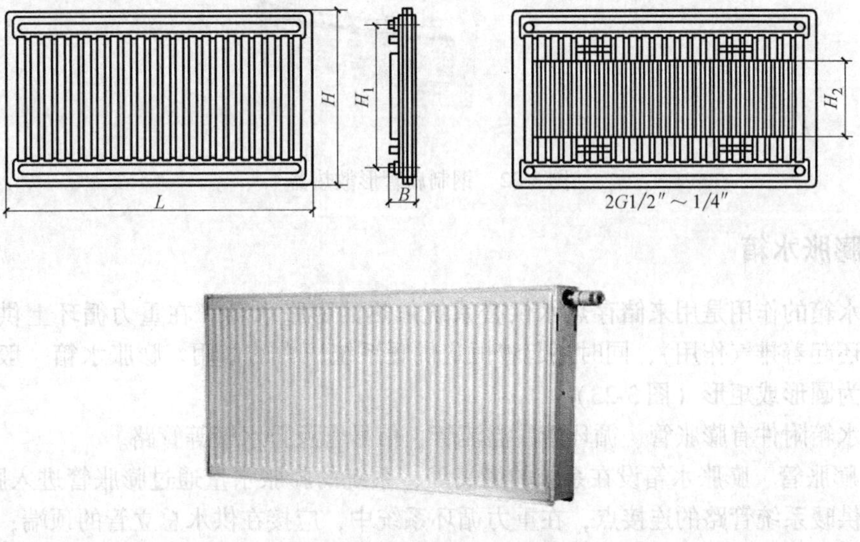

图 3-20　钢制板形散热器

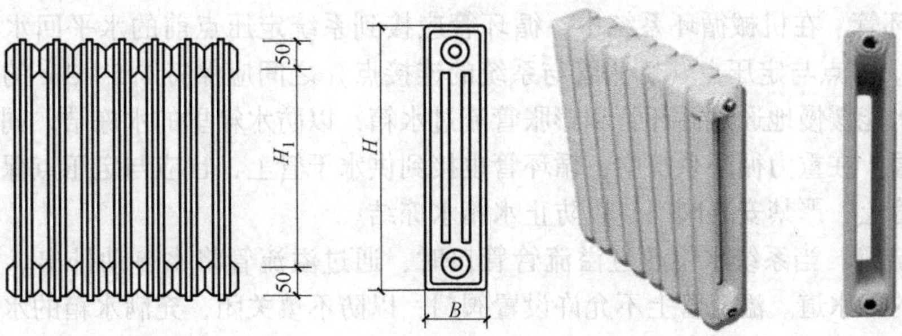

图 3-21　钢制柱形散热器

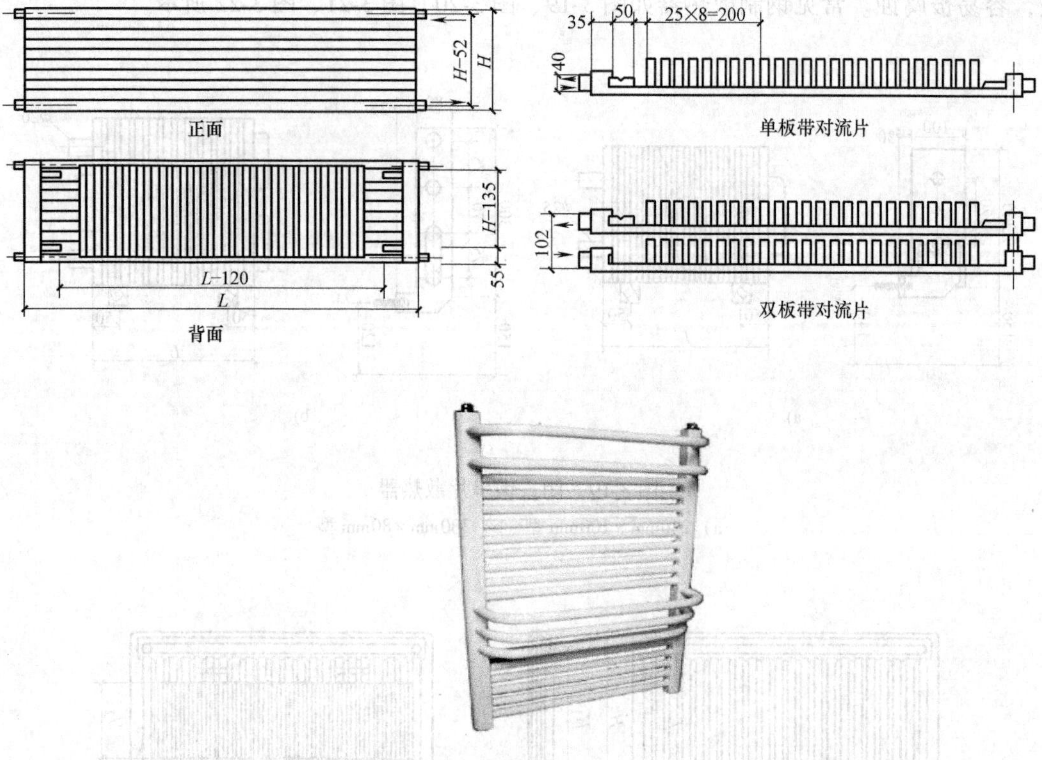

图 3-22 钢制扁管形散热器

3.4.2 膨胀水箱

膨胀水箱的作用是用来储存热水供暖系统加热的膨胀水量（在重力循环上供下回式系统中，它还起着排气作用），同时还起着恒定供暖系统压力的作用。膨胀水箱一般用钢板制成，通常为圆形或矩形（图 3-23）。

膨胀水箱附件有膨胀管、循环管、溢流管、信号管及排水管等管路。

（1）膨胀管　膨胀水箱设在系统的最高处，系统的膨胀水量通过膨胀管进入膨胀水箱。膨胀管与供暖系统管路的连接点，在重力循环系统中，应接在供水总立管的顶端；在机械循环系统中，一般接至循环水泵的吸入口前。膨胀管上不允许设置阀门，以防关断时系统压力增加而发生事故。

（2）循环管　在机械循环系统中，循环管应接到系统定压点前的水平回水干管上，如图 3-24 所示。该点与定压点（膨胀管与系统的连接点）之间应保持 1.5 ~ 3m 的距离，这样可使少量热水能缓慢地通过循环管和膨胀管流过水箱，以防水箱里的水冻结。同时，膨胀水箱应考虑保温。在重力循环系统中，循环管也接到供水干管上，也应与定压点保持一定的距离。在循环管上，严禁安装阀门，以防止水箱水冻结。

（3）溢流管　当系统水位超过溢流管管口时，通过溢流管将水自动排出。溢流管一般可接到附近的下水道。溢流管上不允许设置阀门，以防不慎关闭，充满水箱的水流出膨胀水箱，浸湿顶棚。

（4）信号管　信号管用来检查膨胀水箱是否存水，一般应引至管理人员容易观察的地方，如锅炉房的洗涤盆上。

（5）排水管　排水管用来清洗水箱时放空存水和污垢，可与溢流管一起接至附近的下水道。

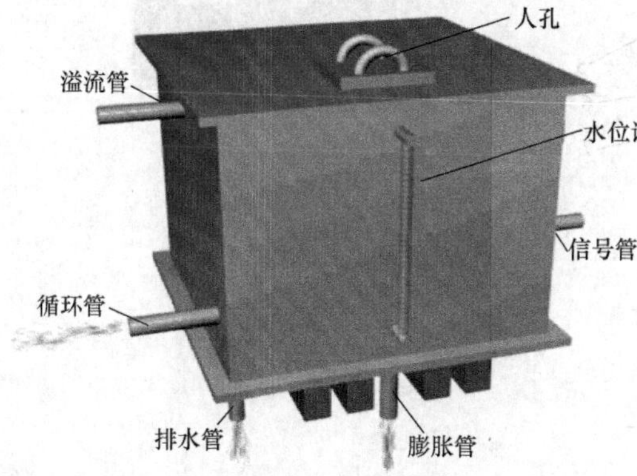

图 3-23　矩形膨胀水箱循环系统的连接

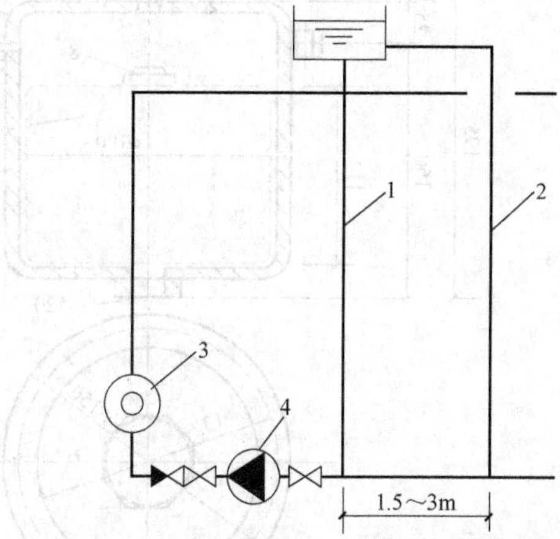

图 3-24　膨胀水箱与机械循环系统的连接

1—膨胀管　2—循环管　3—热水锅炉　4—循环水泵

3.4.3　排气设备

系统的水被加热时，会分离出空气。在大气压力下，1kg 水在 5℃时，水中的含气量超过 30mg；而加热到 95℃时，水中的含气量约只有 3mg。此外，在系统停止运行时，通过不严密处也会渗入空气，充水后，也会有些空气残留在系统内。系统中如积存空气，就会形成气塞，影响水的正常循环。热水供暖系统排除空气的装置，可以是手动的，也可以是自动的。目前国内常见的排气装置，主要有集气罐、自动排气阀和冷风阀等几种。

（1）集气罐　集气罐由直径为 100～250mm 的钢管制成，它有立式和卧式两种，如图 3-25所示。顶部连接直径为 15mm 的排气管，排气管应引至附近的排水设施处，排气管另一端装有阀门，阀门应设置在方便操作处。在机械循环上供下回式系统中，集气罐应设在系统各分环路的供水干管末端的最高处。在系统运行时，应定期手动打开阀门排除热水中分离出来并聚集在集气罐内的空气。

（2）自动排气阀　目前国内生产的自动排气阀形式较多。自动排气阀靠自身的自动机构使系统中的空气排出系统外，如图 3-26 所示。自动排气阀外形美观，体积较小，管理方便，节约能源。自动排气阀应设在系统的最高处，对热水供暖系统最好设在末端最高处。自动排

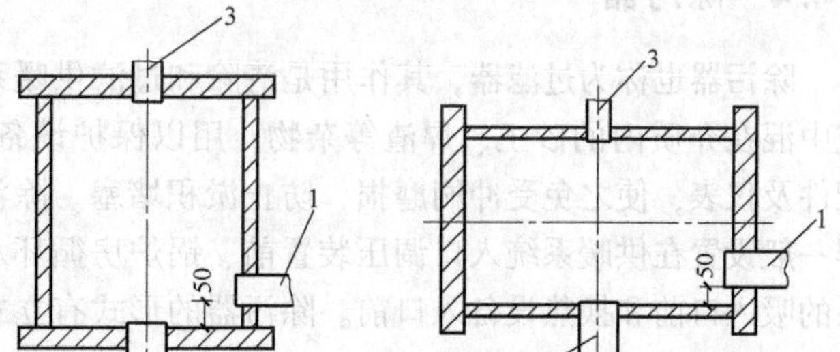

图 3-25　集气罐

a）立式　b）卧式

1—进水口　2—出水口　3—排气管

气阀常会因水中污物堵塞而失灵，需要拆下清洗或更换，因此排气阀前应安装一个阀门。此阀门应常年开启，只在排气阀失灵而需要检修时，方临时关闭。

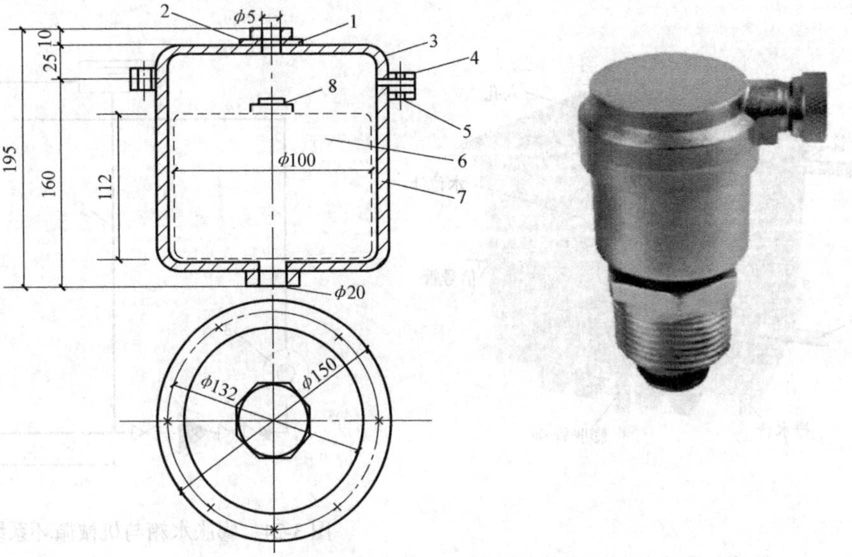

图 3-26　自动排气阀

1—排气口　2、5—橡胶石棉垫　3—罐盖　4—螺栓　6—浮漂　7—罐体　8—耐热橡皮

(3) 手动排气阀　手动排气阀又称为冷风阀，多用在水平式或下供下回式系统中，用于散热器或分集水器排除积存空气，适用于工作压力不大于 0.6MPa，温度不超过 130℃ 的热水及蒸汽供暖散热器或管道上。手动排气阀多为铜制，用于热水系统时，应装在散热器上部螺塞的顶端；用于低压蒸汽系统时，则应装在散热器下部 1/3 的位置处。

手动排气阀在供暖系统中使用广泛，但也不是所有的散热器均要安装，它的分布与安装情况应视系统形式确定。采暖系统中的手动排气阀，不仅用于排除系统或散热器中的空气，在检修立管时，关闭立管阀门后，可利用它向立管内补充空气，泄掉立管中的水，以方便检修。

3.4.4　除污器

除污器也称为过滤器，其作用是清除和过滤供暖系统中混在介质内的砂土、焊渣等杂物，用以保护设备、配件及仪表，使之免受冲刷磨损，防止淤积堵塞。除污器一般设置在供暖系统入口调压装置前、锅炉房循环水泵的吸入口前和换热设备入口前。除污器的形式有立式直通、卧式直通和卧式角通三种。

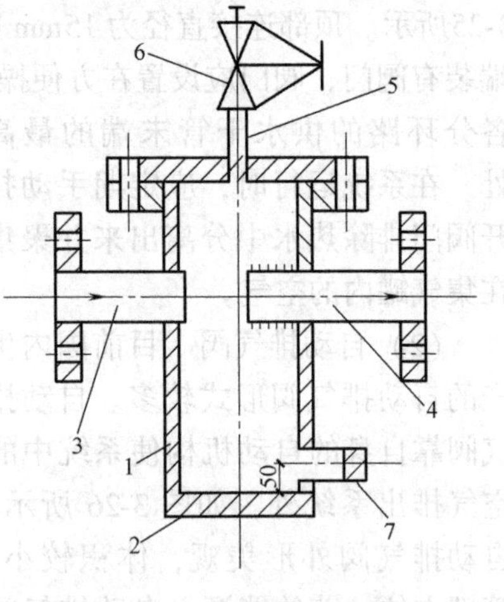

图 3-27　立式直通除污器

1—筒体　2—底板　3—进水管　4—出水管　5—放气管　6—截止阀　7—排污螺塞

图 3-27 所示为供暖系统常用的立式直通除污器。除污器工作时，水从管 3 进入除污器，因流速突然降低使水中的污物沉淀到筒底，较洁净的水经过设有过滤小孔的出水管 4 流出。除污器前后应装设阀门，并设有旁通

管以供定期排污和检修。除污器不允许反装。

3.4.5　疏水器

疏水器是蒸汽供暖系统中不可缺少的重要设备，通常设置在散热器回水支管或系统的凝水管上。它的作用是自动阻止蒸汽逸漏，而且迅速地排出用热设备及管道中的凝水，同时能排除系统中积留的空气和其他不凝性气体。疏水器是蒸汽供热系统中重要的设备，它的工作状况对系统运行的可靠性和经济性影响极大。

图 3-28　疏水器

a）机械型　b）热力型　c）恒温型

疏水器有各种不同的类型和规格。简单的有水封、多级水封和节流孔板；能自动启闭调节的有机械型、热力型和恒温型等（图 3-28）。机械型疏水器是依靠蒸汽和凝结水的密度差，利用凝结水的液位进行工作，主要有浮筒式、钟形浮子式、倒吊桶式等。热力型疏水器是利用蒸汽和凝结水的热动力特性来工作的，主要有脉冲式、热动力式、孔板式等。恒温型疏水器是利用蒸汽和凝结水的温度差引起恒温元件变形而工作的，主要有双金属片式、波纹管式和液体膨胀式等。图 3-29 所示为浮筒式疏水器。

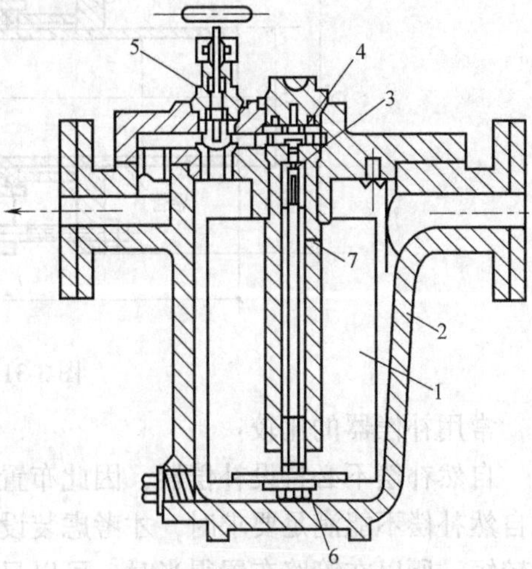

图 3-29　浮筒式疏水器

1—浮筒　2—外壳　3—顶针　4—阀孔　5—放气阀　6—可换重块　7—水封套筒上的排气孔

3.4.6　补偿器

供热管道随着所输送热媒温度的升高将出现热伸长现象。如果热伸长不能得到补偿，将会使管子承受巨大的应力，引起管道变形，甚至破裂。为了使管道不会由于温度变化所引起的应力而破坏，必须在管道上设置各种补偿器，以补偿管道的热伸长及减弱或消除因热膨胀而产生的应力。

供热管道中常用的补偿器种类很多，其中最常用的有自然补偿器、方形补偿器及套筒补偿器等。此外，还有许多其他形式的补偿器，如波形补偿器、波纹管补偿器、球形补偿器等，但这些形式的补偿器目前还未在我国的供热管道上普遍使用。管道的自然补偿器、方形补偿器及波纹管补偿器是利用补偿器材料的变形来减弱热变形的影响；套筒补偿器、球形补偿器是利用管道的位移来吸收热伸长。

自然补偿器是利用供热管道线路的自然弯曲（如L形或Z形，图3-30a、b）来补偿管段的热伸长。方形补偿器是将管道弯曲成u形（图3-30c），用它来补偿管段的热伸长。在供热管道上也有采用S形补偿器的，它宛如由两个方形补偿器制成，都是同一类型的补偿器。这类将管道自身弯成一定形状的补偿器，也总称为弯管补偿器。单向套管补偿器（图3-31）的导管直径是和与其相连接的供热管道的直径相同的，导管伸入到补偿器壳体内，在导管与补偿器壳体之间装置着填料圈（通常用的填料为石棉夹铜丝盘根），填料圈被紧压在压盖与端环之间，以保证封口紧密。补偿器直接焊接在供热管道上。

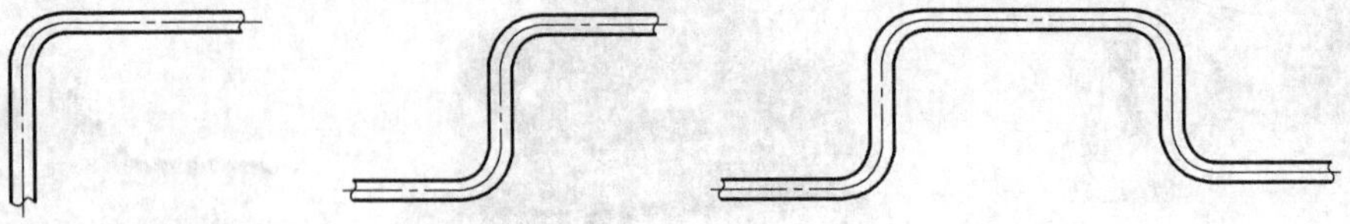

图3-30 自然补偿器、方形补偿器

a）L形补偿器 b）Z形补偿器 c）方形补偿器

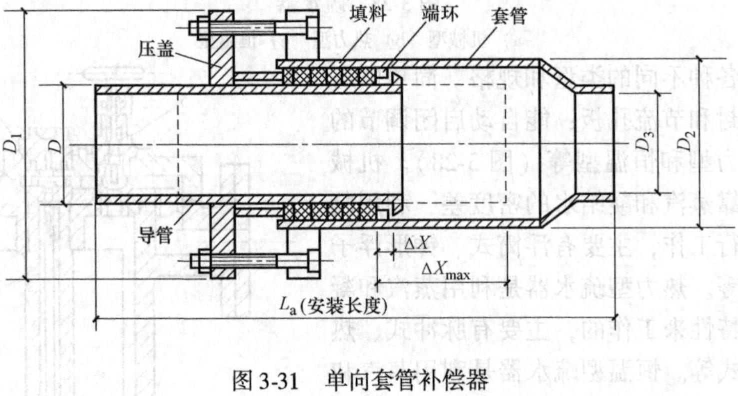

图3-31 单向套管补偿器

常用补偿器的比较：

自然补偿不必特设补偿器，因此布置供热管道时，应尽量利用其自然弯曲的补偿能力。当自然补偿不能满足要求时，才考虑装设特制的补偿器。对于室内供热管路，由于直管段长度较短，所以在管路布置得当时，可以只靠自然补偿而不特设其他形式的补偿器。自然补偿的缺点是管道变形时会产生横向的位移，而且补偿的管段不能很长。

方形补偿器的优点是：制造方便；与套管补偿器相比，作用在固定支架上的轴向推力较小；补偿能力大；不需要经常维修，因而不需要为它设置检查井。由于它具有上述优点，方形补偿器在供热管道上应用得最为普遍。其缺点是：外形尺寸较大，占地面积较多；热媒流动阻力较大。

套管补偿器的补偿能力大，一般可达250~400mm；尺寸紧凑，因而占地较小，对热媒流动的阻力比弯管式补偿器小。套管补偿器的缺点是：轴向推力较大，需要经常检修和更换填料，否则容易漏水、漏气，如管道变形有横向位移时，易造成填料圈卡住。这种补偿器主要用在安装方形补偿器空间不够的场合。

3.4.7　减压阀

减压阀靠启闭阀孔对蒸汽进行节流达到减压的目的。减压阀应能自动地将阀后压力维持在一定的范围内，工作时无振动，完全关闭后不漏气。由于供汽压力的波动和用热设备工作情况的改变，减压阀前后的压力可能经常变化。使用节流孔板和普通阀门也能减压，但当蒸汽压力波动时需要专人管理来维持阀后需要的压力不变，显然这很不方便。因此，除非在特殊情况下，例如供暖系统的热负荷较小、散热设备的耐压程度高，或者外网供汽压力不高于用热设备的承压能力时，可考虑采用截止阀或孔板来减压，而一般情况下应采用减压阀。目前国产减压阀有活塞式、波纹管式及薄膜式等。

波纹管式减压阀如图 3-32 所示。它的主阀启闭靠通至波纹箱 1 的阀后蒸汽压力和阀杆下的调节弹簧 2 的弹力相互平衡来调节。

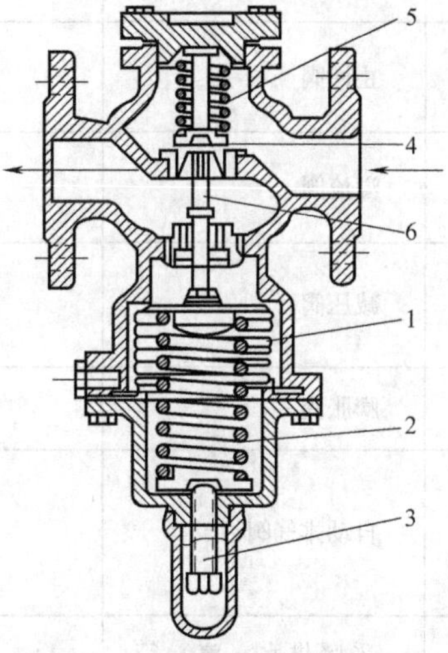

图 3-32　波纹管式减压阀

1—波纹箱　2—调节弹簧　3—调整螺钉　4—阀瓣　5—辅助弹簧　6—阀杆

3.5　供暖施工图识读

3.5.1　常用图例

供暖系统常用图例见表 3-2。

表 3-2　供暖系统常用图例

序号	名称	图例	说明
1	管道	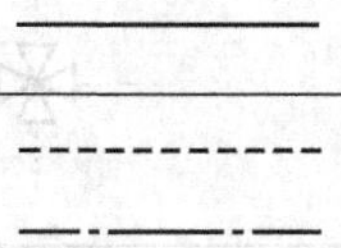	用于一张图内只有一种管道 用图例表示管道类别
2	螺塞		
3	滑动支架	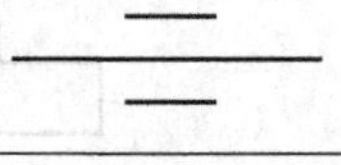	
4	固定支架		左图：单管 右图：多管
5	截止阀	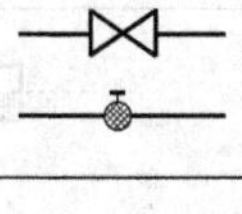	

（续）

序号	名称	图例	说明
6	闸阀		
7	止回阀	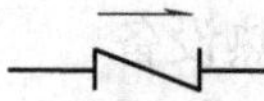	
8	溢流阀		
9	减压阀	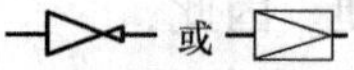	左侧：低压端 右侧：高压端
10	膨胀阀		
11	自动排气阀		
12	采暖供水（汽）管、回（凝结）水管		
13	方形伸缩器		
14	球阀		
15	角阀	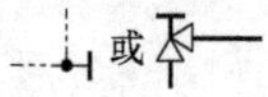	
16	管道泵		
17	三通阀	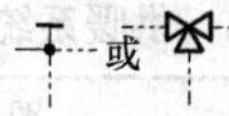	
18	四通阀		
19	散热器	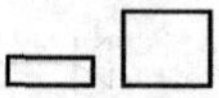	左图：平面 右图：立面
20	集气罐	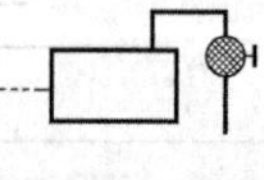	
21	除污器（过滤器）		左为立式除污器；中为卧式除污器；右为Y形过滤器
22	疏水阀		

3.5.2　制图的基本规定

1）图纸幅面规格符合有关尺寸的要求。

2）供暖工程专业图常用图例可参照表 3-2，也可自行补充，但应避免混淆。

3）管道标高一律标注在管中心，单位为 m。标高标注在管段的始、末端，翻身及交叉处，要能反映出管道的起伏及坡度变化。

4）管径规格的标注：焊接钢管一律标注公称直径，并在数字前加“*DN*”；无缝钢管应标注外径 × 壁厚，并在数字前加 *D*，例如 *D*89 ×4 系指外径为 89mm，壁厚为 4mm 的无缝钢管。

5）散热器的种类尽量采用一种，可以在说明中注明种类、型号，平面及立管系统图中只标注散热器的片数或长度。种类在两种或两种以上时，可用图例加以区别，并分别标注。标注方法见表 3-2。

6）供暖立管的编号，可以用 8 ~ 10mm 中线单圈，内注阿拉伯数字，立管编号同时标于首层、标准层及系统图（透视图）所对应的同一立管旁。系统简单时可不进行编号。系统图中的重叠、密集处，可断开引出绘制，相应的断开处宜用相同的小写拉丁字母注明。

3.5.3　供暖施工图的组成

供暖系统施工图包括设计和施工说明、供暖平面图、系统图、详图及设备材料明细表。

(1) 设计和施工说明　用线条、图形无法或难以表达的有关内容；建筑物的建筑面积(采暖面积)、总耗热量、热媒参数、系统的阻力等概况性问题；系统采用的形式及主要设计意图；散热器的种类、形式及安装要求；管道的敷设方式；防腐、保温、水压试验的要求等；施工中需要参照的有关规范、标准图号；其他需要说明的情况。

(2) 供暖平面图　供暖平面图是用正投影原理，采用水平全剖的方法，连同房屋平面图一起画出的。平面图是施工图绘制的重要依据，又是绘制系统图的依据，包括底层平面图、标准层平面图、顶层平面图等。图中涉及内容如下：

1）应绘出墙、柱、门窗、踏步、楼梯、轴线号，注明开间尺寸、总尺寸、室内外地面标高、房间名称，首层右上角绘指北针。

2）绘出散热器位置并注明片数或长度、立管位置及编号、管道及阀门、放风及泄水、固定卡、伸缩器、入口装置、疏水器、管沟及人孔，管道要注明管径、安装尺寸及起终点标高。

3）采暖入口有两处以上时，应在平面图上分别注明各入口的热量与系统阻力。

(3) 系统图　供暖系统中，系统图用单线绘制，与平面图比例相同。系统图又称为流程图，也称为系统轴测图，是表示供暖系统空间布置情况和散热器连接形式的立体透视图，反映系统的空间形式。系统图标注各管段管径的大小，水平管的标高、坡度，散热器及支管的连接情况，对照平面图可反映供暖系统的全貌。

供暖工程系统图应以轴测投影法绘制，并宜采用正等轴测或正面斜轴测投影法。当采用正面斜轴测投影法时，y 轴与水平线的夹角可选用 45°或 30°。系统图的布置方向一般应与平面图一致。系统图包括水平方向和垂直方向的布置情况。散热器、管道及其附件均应在图上表示出来。此外，还需标注各立管编号、各段管径和坡度、散热器片数、干管的标高。

(4) 详图　供暖平面图和系统图难以表达清楚而又无法用文字加以说明的问题，可用详图表示。详图是局部放大比例的施工图，因此也叫大样图。它能表示供暖系统节点与设备的详细构造及安装尺寸要求。例如，一般供暖系统入口处管道的交叉连接复杂，因此需要另画一张比例比较大的详图。它包括节点详图和标准图。

1) 节点详图。能清楚地表示某一部分采暖管道的详细结构和尺寸，但管道仍然用单线条表示，只是将比例放大，使人能看清楚。

2) 标准图。它是具有通用性质的详图，一般由国家或有关部委出版标准图案，作为国家标准或部委标准的一部分颁发。标准图是室内供暖施工图的重要组成部分，供热管、回水管与散热器之间的具体连接形式、详细尺寸和安装要求，一般都要用标准图反映出来。标准图也反映了供暖系统设备和附件的制作及安装，表达其详细构造、尺寸及和系统的接管详细情况等。

(5) 设备材料明细表　为了便于施工备料，保证安装质量和避免浪费，使施工单位能按设计要求选用设备和材料，一般的施工图均应附有设备材料明细表，简单项目的设备材料明细表可列在主要的图纸内。设备材料明细表的主要内容有编号、名称、型号、规格、单位、数量、质量、附注等。

3.5.4 供暖施工图的识读要点

(1) 供暖平面图的识读要点

1) 从供暖平面图上可看出建筑物内散热器的平面位置、种类、片数，以及散热器的安装方式（即散热器是明装还是暗装）。

2) 了解供、回水水平干管及凝结水干管的布置、敷设、管径及阀门、支架、补偿器等的平面位置和型号。

3) 通过立管编号查清系统立管的数量和布置位置。

4) 在热水供暖平面图上还标有膨胀水箱、集气罐等设备的位置、型号，以及设备上连接管道的平面布置和管道直径。

5) 在蒸汽供暖平面图上还表示有疏水器的平面位置及其规格尺寸。识读时要注意疏水器的规格及疏水装置的组成。一般在平面图上仅注出控制阀门和疏水器所在，安装时还要参考有关的详图。

6) 查明热媒入口及入口地沟情况。热媒入口无节点图时，平面图上一般将入口组成的设备，如减压阀、分水器、分汽缸、除污器等和控制阀门表示清楚，并注有规格，同时还应注出管径、热媒来源、流向、参数等。如果热媒入口主要配件、构件与国家标准图相同时，则注明规格和标准图号即可，识读时可按给定的标准图号查阅标准图。当有热媒入口节点详图时，平面图上注有节点详图的编号，识读时可按给定的编号查找热媒入口节点详图进行识读。

(2) 系统图的识读要点

1) 查明管道系统的连接，各管段管径大小、坡度、坡向、水平管道和设备的标高，以及立管编号等。有了供暖系统图可以对管道的布置形式一目了然，它清楚地表明干管与立管之间及立管、支管与散热器之间的连接方式、阀门的安装位置和数量。散热器支管有一定的坡度，其中，供水支管坡向散热器，回水支管坡向回水立管。

2）了解散热器类型、规格及片数。当散热器为翼形散热器或柱形散热器时，要查明规格与片数及带脚散热器的片数；当采用其他供暖设备时，应弄清设备的构造和底部或顶部的标高。

3）注意查清其他附件与设备在系统中的位置，凡注明规格尺寸的，都要与供暖平面图和设备材料明细表等进行核对。

4）查明热媒入口处各种设备、附件、仪表、阀门之间的关系，同时搞清热媒来源、流向、坡向、标高、管径等，如有节点详图时要查明详图编号，以便查找。

（3）详图的识读　室内供暖施工图的详图包括标准图和节点详图。标准图是室内供暖管道施工图的一个重要组成部分，供热管、回水管与散热器之间的具体连接形式、详细尺寸和安装要求，一般都用标准图反映出来。作为室内供暖管道施工图，设计人员通常只画出供暖平面图、系统图和通用标准图中没有的局部节点详图。供暖系统的设备和附件的制作与安装方面的具体构造和尺寸，以及接管的详细情况，都要参阅标准图。

供暖标准图主要包括：

1）膨胀水箱和凝结水箱的制作、配管与安装。

2）分汽缸、分水器、集水器的构造及制作与安装。

3）疏水器、减压阀、调压板的安装与组成形式。

4）散热器的连接与安装。

5）供暖系统立、支管的连接。

6）管道支、吊架的制作与安装。

7）集气罐的制作与安装。

8）水泵基础及安装等。

3.5.5　识图步骤

供暖施工图所表示的设备和管道一般采用统一的图例，在识读图样前应查阅和掌握有关的图例。按照图样种类，先读供暖平面图，然后对照供暖平面图读系统图，最后读详图。读供暖平面图时，先读底层平面图，再读各楼层平面图。读底层平面图时，按照热水或蒸汽的流向，从锅炉或热媒入口开始，经供水干管、立管、回水立管、回水干管、水泵，回到锅炉的顺序进行识读。读系统图时，先找系统图与供暖平面图相同编号的立管，然后对照平面图进行识读。另外，还应结合图样说明来识读平面图和系统图，以了解设备管道材料、安装要求及所需的标准图和详图。

3.5.6　识图实例

下面以图 3-33 ~ 图 3-36 所示的某办公楼供暖施工图为例，介绍供暖施工图的识读。

首先，浏览各图样，了解该工程的图样数量，供暖系统的形式。如本例为上供下回异程式供暖系统，弄清热媒的入口，供回水干管、立管的位置，散热器的布置位置等。然后，按照识图步骤中介绍的顺序先读供暖平面图、系统图，然后将供暖平面图、系统图、详图结合起来，沿着热水流向对照细读，弄清各部分的布置尺寸、构造尺寸及相互关系。

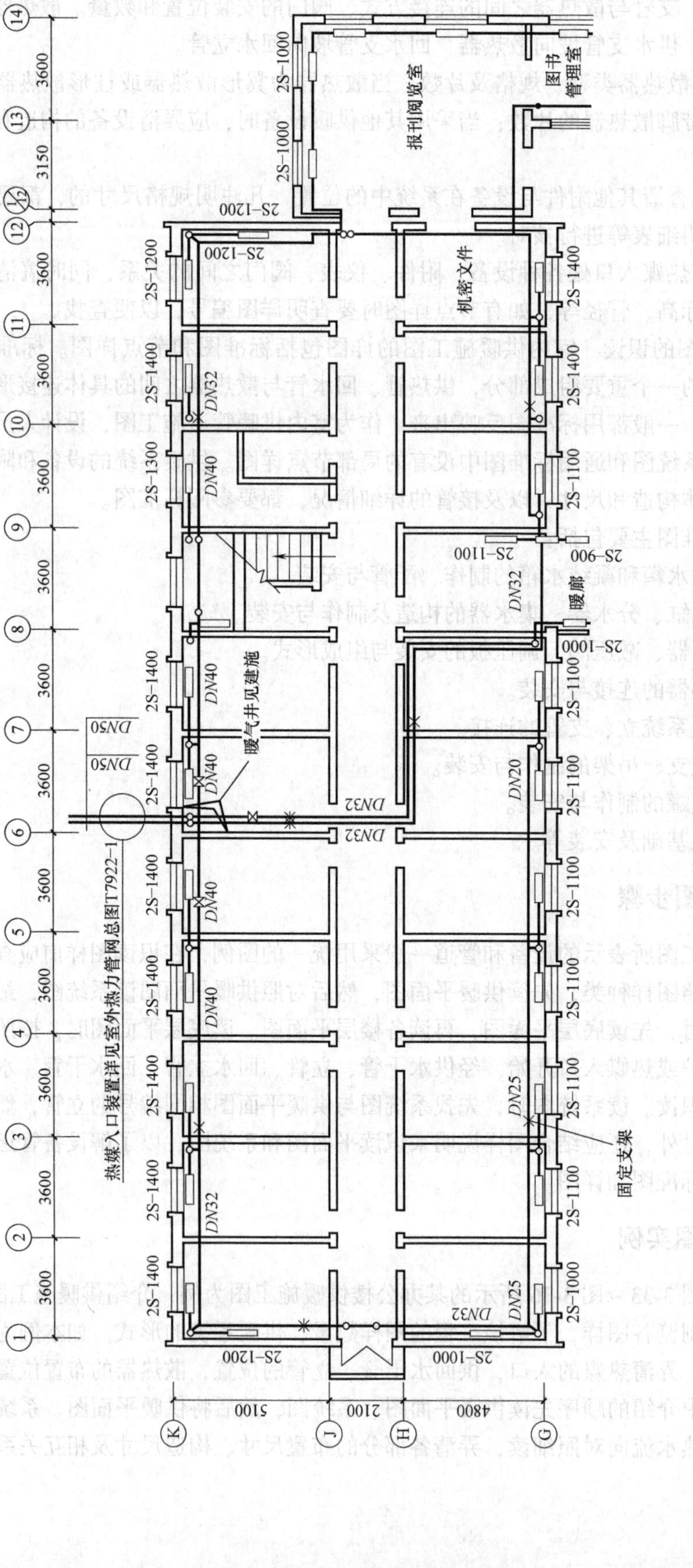

图 3-33 某办公楼供暖一层平面图

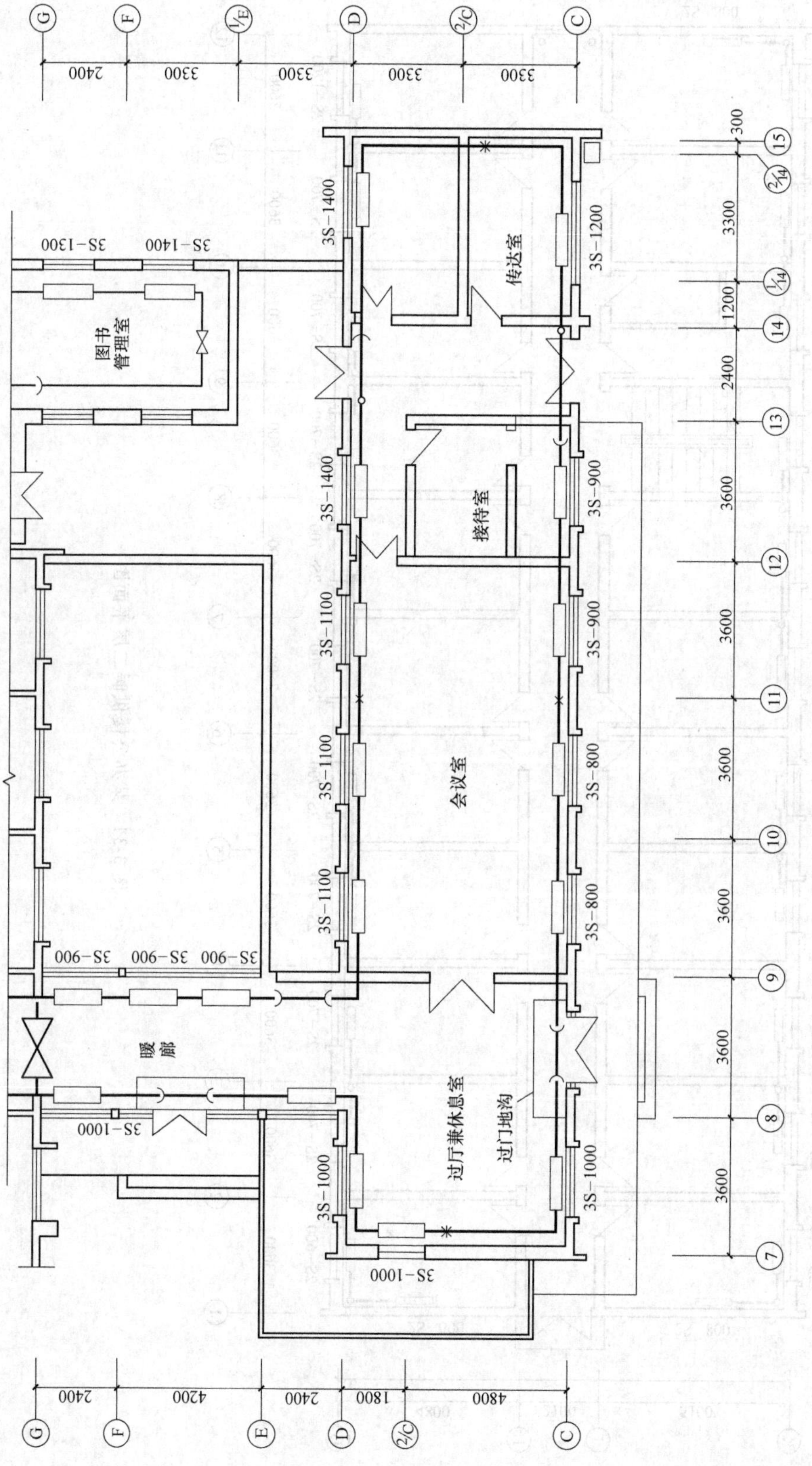

图 3-33　某办公楼供暖一层平面图(续)

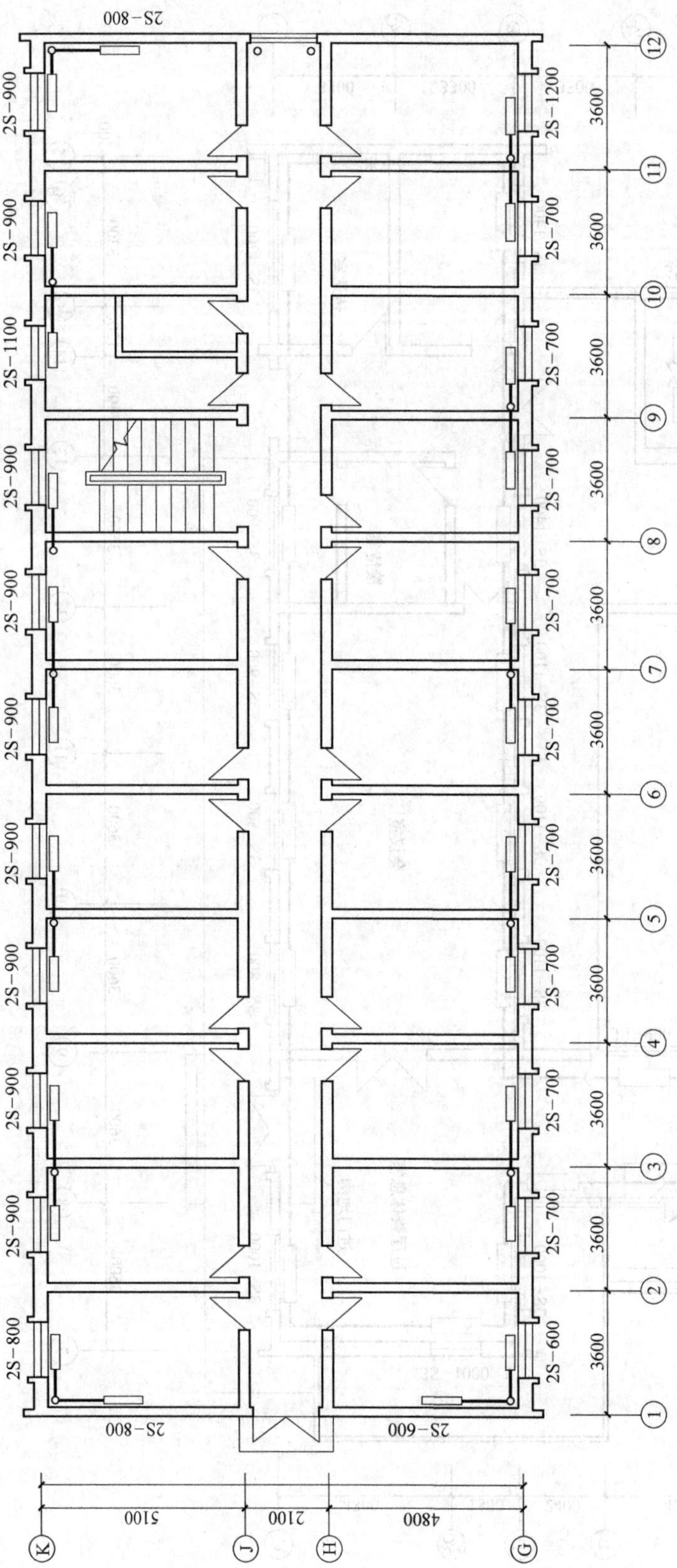

图 3-34 某办公楼供暖二层平面图

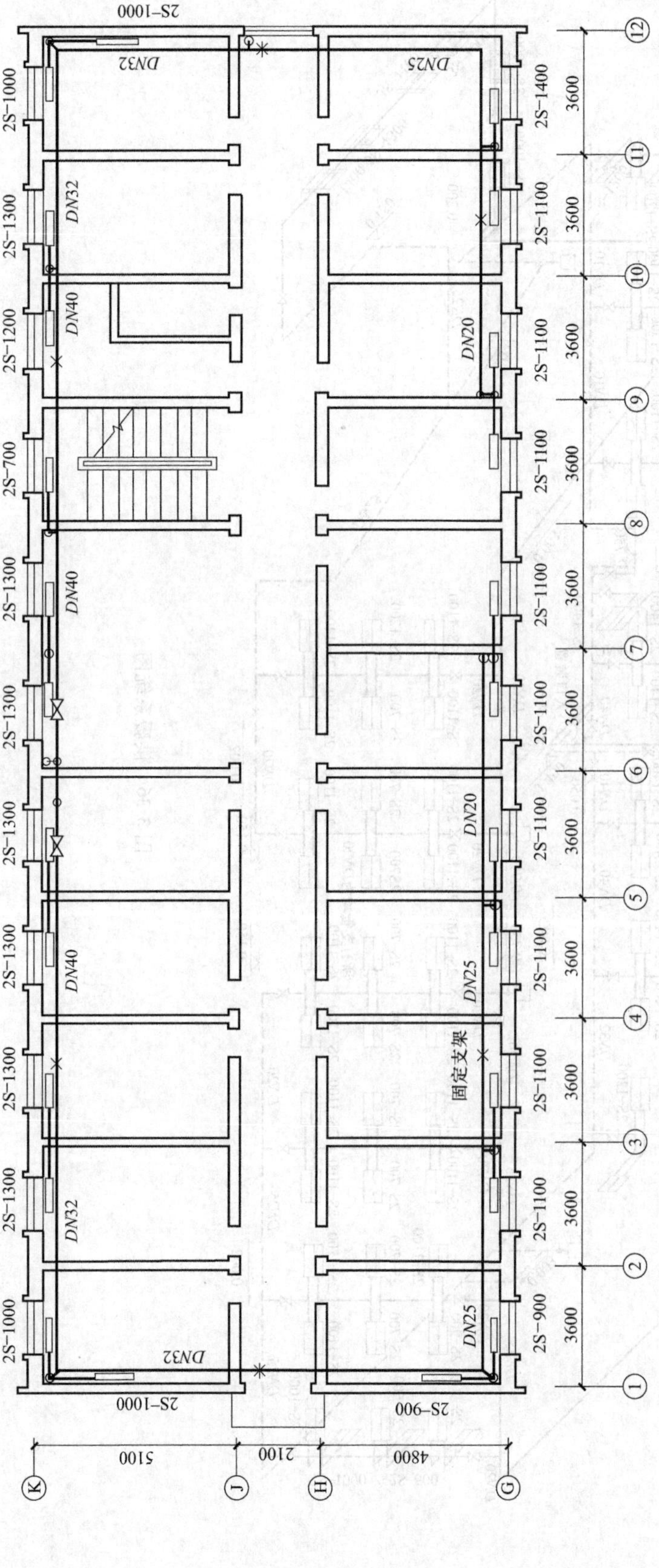

图 3-35　某办公楼供暖三层平面图

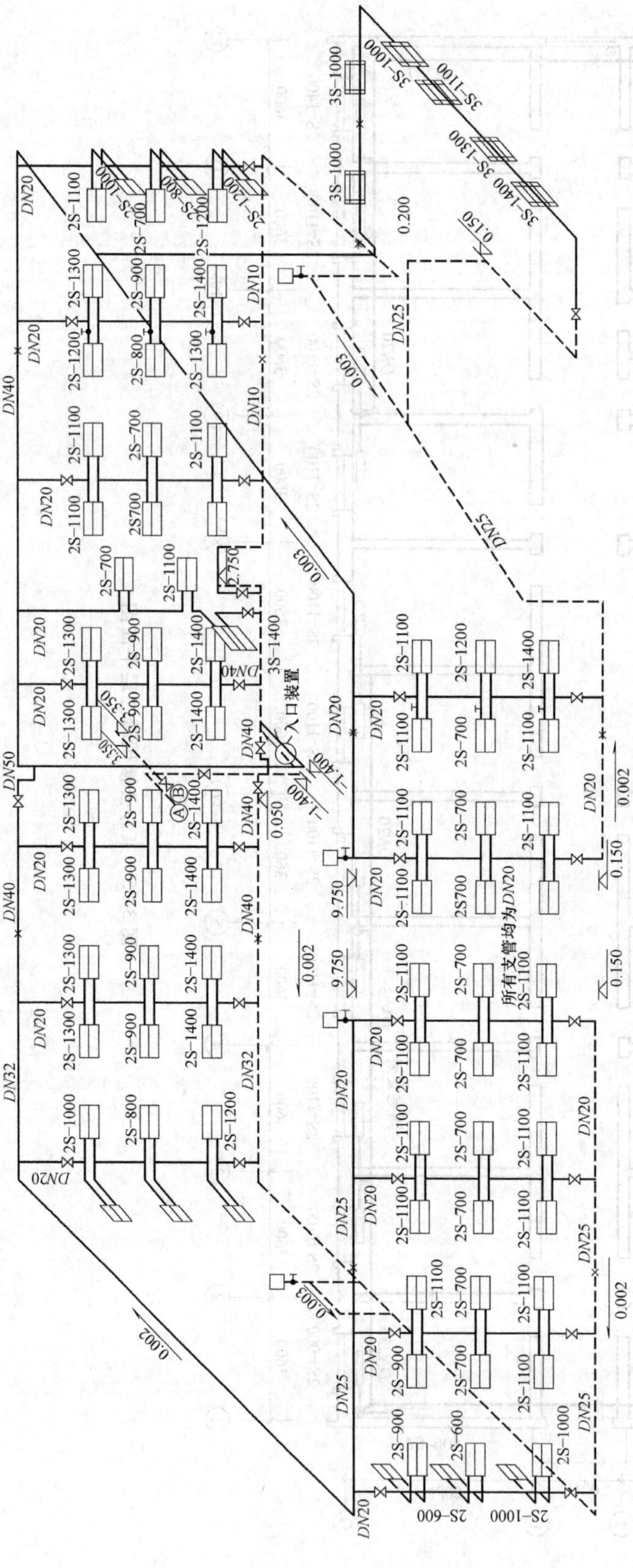
入口装置
所有支管均为DN20
DN50
DN40
DN32
DN25
DN20
DN10
9.750
0.150
0.002
0.003

图 3-36 供暖系统图

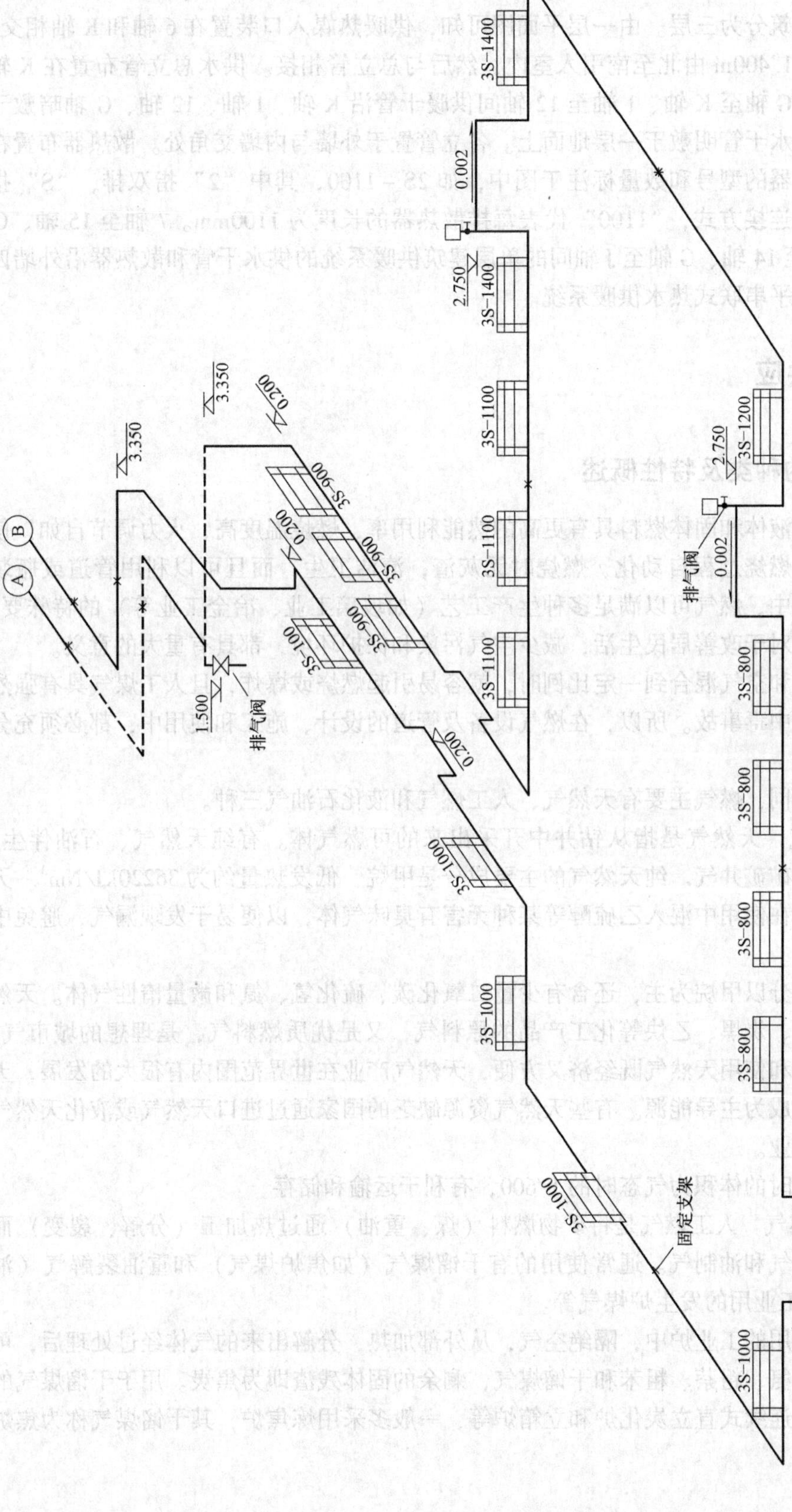
A
B
3.350
3.350
0.200
0.200
0.200
3S-900
3S-900
3S-900
3S-100
1.500
排气阀
3S-1400
3S-1400
0.002
2.750
3S-1100
3S-1100
3S-1100
3S-1200
2.750
0.002
排气阀
3S-800
3S-800
3S-800
3S-800
3S-1000
3S-1000
3S-1000
3S-1000
-0.025
0.002
固定支架
丝阻

图 3-36　供暖系统图(续)

该工程图样包括一层平面图、二层平面图、三层平面图、系统图（详图略）。由供暖平面图可知，该建筑分为三层。由一层平面图可知，供暖热媒入口装置在6轴和K轴相交处。引入管标高为-1.400m由北至南引入室内，然后与总立管相接。供水总立管布置在K轴与6轴相交处。在G轴至K轴、1轴至12轴间供暖干管沿K轴、1轴、12轴、G轴暗敷于三层的顶棚内。回水干管明敷于一层地面上。各立管置于外墙与内墙交角处。散热器布置在外墙窗台下，散热器的型号和数量标注于图中，如2S-1100，其中“2”指双排，“S”指双排竖放散热器的连接方式，“1100”代表每排散热器的长度为1100mm。7轴至15轴、C轴至G轴、12轴至14轴、G轴至J轴间的单层建筑供暖系统的供水干管和散热器沿外墙四周布置，为单管水平串联式热水供暖系统。

3.6 燃气供应

3.6.1 燃气的种类及特性概述

气体燃料比液体和固体燃料具有更高的热能利用率，燃烧温度高，火力调节自如，使用方便，易于实现燃烧过程自动化，燃烧时无灰渣，清洁卫生，而且可以利用管道或瓶装供应。在工业生产中，燃气可以满足多种生产工艺（如玻璃工业、冶金工业等）的特殊要求。在日常生活中，对于改善居民生活，减少空气污染和保护环境，都具有重大的意义。

但是，燃气和空气混合到一定比例时，就容易引起燃烧或爆炸，且人工煤气具有强烈的毒性，容易引起中毒事故。所以，在燃气设备及管道的设计、施工和使用中，都必须充分注意，防止漏气。

根据来源不同，燃气主要有天然气、人工燃气和液化石油气三种。

（1）天然气　天然气是指从钻井中开采出来的可燃气体。有纯天然气、石油伴生气、凝析气田气和煤矿矿井气。纯天然气的主要成分是甲烷，低发热量约为36220kJ/Nm^3。天然气通常无味，故在使用中混入乙硫醇等某种无害有臭味气体，以便易于发现漏气，避免中毒或爆炸。

天然气的成分以甲烷为主，还含有少量二氧化碳、硫化氢、氮和微量惰性气体。天然气既是制取合成氨、炭黑、乙炔等化工产品的原料气，又是优质燃料气，是理想的城市气源。由于开采、储运和使用天然气既经济又方便，天然气产业在世界范围内有很大的发展，天然气必将取代石油成为主导能源。有些天然气资源缺乏的国家通过进口天然气或液化天然气以发展城市燃气事业。

天然气液态时的体积为气态时的1/600，有利于运输和储存。

（2）人工燃气　人工燃气是将矿物燃料（煤、重油）通过热加工（分解、裂变）而得到的，包括煤制气和油制气。通常使用的有干馏煤气（如焦炉煤气）和重油裂解气（油制气）。另外还有工业用的发生炉煤气等。

将煤放在专用的工业炉中，隔绝空气，从外部加热，分解出来的气体经过处理后，可分别得到煤焦油、氨、粗萘、粗苯和干馏煤气，剩余的固体残渣即为焦炭。用于干馏煤气的工业炉有炼焦炉、连续式直立炭化炉和立箱炉等，一般多采用炼焦炉，其干馏煤气称为焦炉煤气。

将重油在一定压力、温度和催化剂的作用下，使其分子裂变而形成可燃气体。这种气体经过处理后，可分别得到煤气、粗苯和残渣油。重油裂解也称为油煤气或油制气。将煤或焦炭放入煤气发生炉，通入空气、水蒸气或二者的混合物，使其吹过赤热的煤（焦）层，在空气供应不足的情况下进行氧化和还原作用，生成以一氧化碳和氢为主的可燃气体，称为发生炉煤气。由于它的热值低，一氧化碳含量高，因此不适合作为民用煤气，多供工业用。

此外还有从冶金生产或煤矿矿井得到的煤气副产物，称为副产煤气或矿井气。

人工燃气具有强烈的气味及毒性，含有硫化氢、萘、苯、氨、焦油等杂质，易腐蚀和堵塞管道。因此，人工燃气需净化后使用。

供应城市的人工燃气要求低发热量在 14654kJ/Nm^3 以上，一般焦炉煤气的低发热量为 16747kJ/Nm^3 左右，重油裂解气为 16747 ~ 20934kJ/Nm^3。

（3）液化石油气　液化石油气是在对石油进行加工处理的过程中所获得的副产品。它是多种气体的混合物，主要有丙烷、丙烯、正（异）丁烷、正（异）丁烯、反（顺）丁烯等。这些气体很容易加压液化，故称为液化石油气，它的低发热量约为 108440kJ/Nm^3。

目前液化石油气多采用瓶装供应。由于发展液化石油气的投资省、设备简单、供应方式灵活、建设速度快，所以液化石油气供应事业发展很快。

（4）生物质气　生物质气是利用农村废弃的秸秆（稻秆、麦秆、玉米秆、高粱秆等）、杂草、藤条等农林可燃植物作为主要原料，经过生物催化而产生的一种清洁燃气。

1）秸秆气化。秸秆气化广义上又称为“生物质气化”，是指农作物秸秆等生物质在缺氧状态下燃烧，使生物质发生化学反应，生成高品位、易输送、利用效率高的气体燃料。秸秆主要由碳氢化合物组成，在气化的过程中经过热解、燃烧和还原反应，转化为一氧化碳、氢、甲烷等可燃气体。然后通过集中供气系统输送到农户，用作炊事等燃料。

整个气化供气系统由原料预处理、气化炉、燃气净化设备、气化残留物处理、燃气输配系统等组成。

2）沼气技术。沼气是作物秸秆、杂草、人畜粪便等有机物质，在适当的温度、湿度、酸碱度和密闭条件下，经沼气池内微生物发酵分解作用而产生的一种可燃性气体。沼气是多种气体的混合物，主要成份有甲烷、二氧化碳及少量的氮气、氧气、氢气、硫化氢、一氧化碳、水蒸气和极少量的高级碳氢化合物等。

沼气是一种生物能源，用沼气作燃料，是解决能源危机的有效途径之一，可以有效地解决农村燃料问题和照明问题。

3.6.2　城市燃气供应方式

（1）民用用气应遵循的原则

1）优先满足城镇居民的炊事和生活热水的用气。

2）尽量满足幼托、医院、学校、旅馆、食堂等公共建筑用气。

3）人工煤气一般不供应锅炉用气，如果天然气气量充足，可发展燃气采暖，但要拥有调解季节不均匀用气的手段。

（2）工业用气应遵循的原则

1）优先满足工艺上必须使用燃气，但用气量不大，自建燃气发生站又不经济的工业企业用气。

2）对临近管网，用气量不大的其他工业企业，如使用燃气后可提高产品质量，改善劳动条件和生产条件的，可考虑供应燃气。

3）可供应使用燃气后能显著减轻大气污染的工业企业。

4）可供应作为缓冲用户的工业企业。

由于工业企业用气量均匀，在城市用气量中占有一定的比例，有利于平衡居民气耗的不均匀性，在工业企业中发展一批缓冲用户，可以平衡城市燃气供应的季节不均匀性和日高峰负荷，保证燃气生产和供应的稳定性。

（3）管道输送　天然气或人工煤气净化后便输入城市燃气管网。城市燃气管网根据输送的压力不同，可分为：低压管网（$P \leqslant 0.005\text{MPa}$）、中压管网（$0.005\text{MPa} < P \leqslant 0.4\text{MPa}$）、高压管网（$P > 0.4\text{MPa}$）。

城市燃气干管多为环状布置，室内低压燃气管道枝状布置。室外燃气管道应敷设在冰冻线以下 0.1～0.2m 的土层内，宜与建筑物轴线平行，埋于人行道或草地下。管道距建筑物基础不应小于 2m，与其他地下管道水平净距为 1m，与树木应有 1.2m 的水平距离。它不得与其他室外地下管道同沟敷设，以免漏气后经地沟渗入室内。根据燃气的性质及含湿状况，当有必要排除管网中的冷凝水时，管道应具有不小于 0.3% 坡度的坡向凝水器。凝结水应定时排除。

（4）液化石油气瓶装供应　液化石油气由石油炼厂生产后，可用管道、汽车或火车槽车、槽船运输到储配站或灌装站，然后再用管道输送或钢瓶灌装，经供应站供应用户。供应站根据供应范围、户数、燃烧设备的需用量大小等因素可采用单瓶、瓶组和管道系统供应给用户。

液化气瓶装供应具有应用方便、适应性强、供气灵活的特点。钢瓶规格分为 10kg、15kg（家用）和 25kg、50kg（工业用）等。

由于液化气的体积是随温度变化的，因此盛装液化气的充满度最高不允许超过容积的 85%，否则就会有胀裂钢瓶发生爆炸的危险。钢瓶充气前要认真清除残液。

（5）液化石油气供应站　在条件允许的情况下，液化石油气应尽量实施区域管道供应，输配方式为液化石油气供应基地→汽化站（混气站）→用户。但在条件不允许的情况下，只能采用液化气的瓶装供应方式，此时需要设置液化石油气的供应站。瓶装供应站的主要功能是存储一定数量的空瓶和实瓶，为用户提供换瓶服务。

瓶装供应站主要是为居民用户和小型公共建筑服务，供气规模以 5000～7000 户为宜，一般不超过 10000 户。当供应站较多时，几个供应站可以设一管理所（中心站）。供应站的实瓶储存量一般按计算月的平均销售的 1.5 倍计；空瓶储存量按计算月的平均日销售量的 1 倍计；供应站的液化石油气的总储存量一般不超过 10m^3。

瓶装供应站的站址选址应遵守以下要点：

1）瓶装供应站的站址应该选在供应区域的中心，以便于居民换气。供应半径一般不宜超过 0.5～1.0km。

2）有便于运瓶汽车出入的道路。

3）瓶装供应站的瓶库与站外建（构）筑物的防火间距不应小于防火间距的规定。

4）液化石油气瓶装供应站的用地面积一般为 $500 \sim 600\text{m}^2$，而管理所面积略大。

3.6.3　室内燃气管道

用户燃气管道由引入管进入房屋以后，到燃具、燃烧器前的为室内燃气管，这一套管道是低压的。室内燃气管多用普压钢管螺纹扣连接，埋于地下的部分应涂防腐涂料。明装的室内管道应采用镀锌普压钢管。当采用燃气专用铝塑复合管作为室内燃气管时，自室外燃气表到室内燃烧器控制阀之间应采用整段管道，中间不允许有接头。因为用户燃气管是在住宅里面，所以要求有极高的严密性，不得有丝毫的漏气，以保证使用安全。

从室外小区燃气管上接引入管，一定要从管顶接出，而且要在引入管垂直段顶部以三通接横向管段，这样敷设可以减少燃气中的杂质和凝液进入用户并便于清通。引入管还应有 0.5% 的坡度坡向引入端。

室内燃气管穿过墙壁或地板时应设套管。为了安全，煤气立管不允许穿越居室，一般可布置在厨房、楼梯间墙角处。进户干管应设不带手轮的旋塞式阀门。立管上接出每层的横干管一般在楼层上部接出，然后折向燃气表，燃气表上伸出燃气支管，再接橡皮胶管通向燃气用具。燃气表后的支管一般不应绕窗、窗台、门框和窗框敷设；当必须绕门窗时，应在管道绕行的最低处设置堵头，以便排泄凝结水或吹扫使用。水平支管应具有坡度坡向堵头。建筑物如有可通风的地下室，燃气干管可以敷设在地下室的顶部。不允许室内燃气干管埋于地面下或敷于管沟内。若公共建筑物地沟为通行地沟且有良好的通风系统设施时，可与其他管道同沟敷设，但燃气干管应采用无缝钢管焊接连接。煤气管还应有 0.2% ~0.5% 的坡度坡向引入管。

在燃气管道压力控制当中，燃气调压箱是一个很重要的设备组成部分。主要作用是调节和稳定系统压力，并且控制输气系统燃气流量，保护系统以免出口压力过高或过低。燃气调压箱由阀体、膜片组件、弹簧加荷器、平衡阀芯等组成。其工作原理为气体介质经过阀杆感应通道，进入调压器下膜腔；作用于膜片组件的负荷力与调节弹簧给定值进行比较；在负荷偏差 ΔF 力的作用下，使膜片组件上、下移动，带动阀杆随之动作，以改变阀口开度实现自动调节的全过程，全平衡阀芯结构，消除了前压对调节准确度的影响，保障用户端的气流平稳，满足用户要求。

为保证安全，室内的燃气管道不允许穿越卧室。

3.6.4　燃气设备

(1) 燃气灶具　燃气灶具是使用最广泛的民用燃气设备。灶具中燃气燃烧器一般采用的是引射式燃烧器，其工作原理是有压力的燃气流从喷嘴喷出，在燃烧器引射管入口形成负压，引入一次空气，燃气与空气混合，在燃烧器头部已混合的燃气、空气流出火孔燃烧，在二次空气加入的情况下完全燃烧放热。

常见的厨房燃气灶为双火眼燃气灶，它由炉体、工作面和燃烧器三部分组成，还有三眼、六眼等多种民用燃气灶。

从使用的安全性考虑，家用厨房燃气灶一般要靠近不易燃的墙壁放置，燃气灶边至墙面要有 50 ~100mm 的距离。大型燃气灶应放在房间的适中位置，以便于四周使用。

普通型燃气双眼灶放置后的灶具面高度应控制在离地面 800mm 处，这是操作时适宜的高度。双眼灶的燃气进口和表后管相接可采用耐油橡胶软管连接。为了防止软管脱落，软管和灶具的接口处应用管卡固定。此外，双眼灶和表后管连接处还应设置切断阀门（常用球阀或旋塞阀），以满足快速切断的要求。

（2）燃气壁挂炉　天然气作为一种优质高效的清洁能源，越来越受到各国的重视。在我国北方，天然气的应用使得燃气锅炉、直燃机、家用壁挂炉等形式的采暖设备得到了越来越广泛的应用。家用壁挂炉以单一家庭住宅为单位，采用同一台热源满足生活热水和采暖的要求，具有安全舒适、调控方便、节约投资、热损失少、能效高、维修及计量方便等优点。

燃气壁挂炉为面积较小的单元住宅或别墅单独供暖，可以同时实现采暖和生活热水双路供应。加装室内温控器后，可以任意调节不同居室的温度；家中无人时，只需调低温度，确保循环水不冻；加装定时器，可预设起动时间；可以省去锅炉房、热网等费用，减少环境污染，也可实现计量供热。同时燃气壁挂炉的燃烧技术已经把排烟温度降到烟气露点附近，尽量充分利用烟气的显热和水蒸气的潜热，显著提高了热效率，降低排烟损失及酸性气体的排放。燃气壁挂炉有良好的经济性、便利性和环保性等优势，得到了较为顺利的推广和应用。

（3）燃气热水器　燃气热水器是另一类常见的民用燃气设备，是一种局部热水供应系统的加热设备。热水器的燃气额定工作压力和使用同种燃气的灶具相同。

燃气热水器按其构造可分为容积式和直流式两类。家用燃气热水器一般为快速直流式。

容积式燃气热水器是一种能储存一定容积热水的自动加热器。其工作原理是通过调温器、电磁阀和热电偶联合工作，使燃气点燃和熄灭。

由于燃气燃烧后所排出的废气成分中含有浓度不同的一氧化碳，当其容积浓度超过0.16%时，人吸入20min会头痛、晕眩，吸入2h会中毒死亡。因此，凡是有燃气用具的房间，都应有良好的通风措施。

为了提高燃气的燃烧效果，需要供给足够的空气，煤气用具的热负荷越大，所需的空气量也越多。一般地说，设置燃气热水器的浴室，房间容积应不小于12m^3；当燃气热水器消耗发热量较高的燃气且消耗量约为4m^3/h时，需要保证每小时有3倍房间体积（即36m^3）的通风量。故设置小型燃气热水器的房间应保证有足够的容积，并在房间墙壁下面及上面，或者门窗的底部或上部，设置不小于0.2m^2的通风窗。应当注意的是，通风窗不能与卧室相通，门扇应朝外开，以保证安全。

在多层建筑内，当层数较少时，为了排出燃烧烟气，应设置各自独立的烟囱。砖墙内烟道的断面应不小于140mm×140mm。对于高层建筑，若每层设置独立的烟囱，在建筑构造上往往很难处理，可设置一根总烟道连通各层燃气用具，但一定要防止下层房间的烟气窜入上层设有燃气用具的房间。

（4）燃气计量表　燃气计量表是计量用户燃气消费量的装置。燃气计量表有代表性的是皮膜式燃气计量表，燃气进入计量表时，表中两个皮膜袋轮换接纳燃气气流，皮膜的进气带动机械传动机构计数。

居民住宅燃气用户计量表一般安装在厨房内。近年来，为了便于管理，不少地区已采用在表内增加IC卡辅助装置的气表，使计量表读卡交费供气，成为智能化仪表。

厨房内燃气计量表的安装应符合如下要求：

1）计量表的安装位置要有利于计量表数据的人工读取。计量表的安装高度主要和计量表的大小式样、安装空间及当地燃气公司的规定有关。一般居民用户计量表底部距厨房地面1.8m。

2）燃气计量表不能安装在燃气灶具正上方，表、灶水平距离不得小于 300mm。这是为了避免热气流对燃气体积流量计量正确性的影响，以及保证计量表的防火安全性。

思考题和实训作业

1. 供暖系统如何分类？热水供暖系统与蒸汽供暖系统有哪些区别？各用在什么场所？
2. 自然循环热水供暖系统的工作原理是什么？
3. 机械循环热水供暖系统由哪些部分组成？与自然循环相比，有哪些特点？
4. 热水供暖系统中排除空气的问题如何考虑？
5. 按供汽压力不同，蒸汽供暖系统分为哪几类？
6. 什么是分户热计量供暖？
7. 什么是供暖设计热负荷？如何确定？
8. 供暖系统中，散热器、膨胀水箱的作用是什么？常用的散热器有几种类型？
9. 供暖施工图的图纸组成和内容有哪些？
10. 高层建筑供暖系统的方式有哪几种？
11. 按照气象条件，给定图纸，计算某几个房间的采暖设计热负荷。
12. 参观某建筑物的室内供暖系统，识读该系统的供暖施工图。
13. 根据给定采暖系统施工图（图 3-33 ~ 图 3-36），分析该采暖系统的特点。

第 4 章　建筑通风系统

4.1　概述

4.1.1　通风

通风（Ventilating）是建筑环境控制技术三个分支（采暖、通风与空气调节）之一。工程上将只实现空气的洁净度处理和控制并保持有害物浓度在一定的卫生要求范围内的技术称为通风工程。所谓通风，就是用自然或机械的方法，把室外的新鲜空气适当处理（如过滤、加热或冷却）后送进室内，把室内的污浊气体经消毒、除害后排至室外，从而保持室内空气的新鲜程度，使排放废气符合标准的过程。换句话说，通风是指利用室外空气（称为新鲜空气或新风）来置换某一建筑物内的空气（简称为室内空气）以改善室内空气品质的过程。

通风的功能主要有：

1）提供人呼吸所需要的氧气。

2）稀释室内污染物或气味。

3）排除室内工艺过程产生的污染物。

4）除去室内多余的热量（称为余热）或湿量（称为余湿）。

5）提供室内燃烧设备燃烧所需的空气。

建筑中的通风系统，可能只完成其中的一项或几项任务（图 4-1）。利用通风系统除去室内余热和余湿的功能是有限的，它受室外空气状态的限制。

图 4-1　通风的功能

4.1.2　通风的任务

自 20 世纪初以来，随着经济的高速发展，如何防止人类生活、生产过程中产生的粉尘、有毒有害气体扩散所造成的危害，保障室内人员的身心健康，营造一个良好的室内环境，已成为生活、生产中非常重要且不可忽视的一个环节。随着社会生产力和科学技术的迅速发展，人类改造客观环境的能力也显著提高，一个以热力学、传热学和流体力学为基础，综合建筑、建材、机械、电子电工学等工程学科，旨在解决各种室内空气环境问题的独立的技术学科——通风工程逐渐形成，其任务就是采用人工的方法创造和保持满足一定要求的室内空气环境。

通风工程的任务主要在于消除生活、生产过程中产生的粉尘、有害气体及蒸气、余热和余湿的危害。

通风工程对国民经济各部门的发展和对人民物质文化、生活水平的提高具有重要的意义。通风，不再是什么奢侈手段，而已日渐成为社会生活及现代化生产、科学研究不可缺少的必要条件。通风工程的应用为人们创造了舒适的工作和生活环境，保护了人体健康，提高了劳动生产率，更成为许多工业生产过程稳定运行和保证产品质量的先决条件。可以说，现代生活离不开通风工程，通风工程的发展和提高也依赖于现代化。

在工业生产过程中的冶炼、铸造、锻压、选矿、烧结、耐火材料、蒸煮、洗染和热处理等作业场所，工业通风系统已成为保障从业人员身心健康不可或缺的重要设施，这些车间在生产过程中，会产生大量的粉尘、余热、余湿和有害气体等，工人在这种环境中工作会感到不适、疲倦，甚至晕倒；工人长期在这种环境中工作容易出现严重的肺病。新中国成立以来虽始终关注着职业安全健康工作并取得了可喜的进展，但是从全国整体上看，由于职业安全健康工作的技术基础还比较薄弱，加上工业生产发展的范围广且极其迅速，布点多又分散，国家建设资金及企业更新改造资金都不足，因而当前还有相当多的工业企业作业场所的粉尘、有毒有害气体浓度超过国家规定的卫生标准，尘肺及矽肺病等职业病仍有增长趋势，工业排放粉尘仍是城市及自然环境中的主要污染物之一。以上情况说明，无论是从我国当前的迫切需要或是从工业发展的长远需要来看，通风工程都处于组织工业生产工作中的重要位置。

通风工程作为一门被称为“迅速发展中的技术”，随着社会经济的发展，其应用将愈来愈广泛，通风工程的科技也在不断地开拓创新，新技术、新经验、新理论不断涌现，通风工程的发展前景美好而广阔。

4.1.3　建筑室内有害物的来源、危害及其浓度的表示方法

工业有害物主要是指工业生产中散发的粉尘、有害气体、有害蒸气、余热和余湿等五种。

1. 粉尘的来源及危害

(1) 粉尘的来源　粉尘是指粒径大小不等，能悬浮在空气中的固体小颗粒。在冶金、机械、建材、轻工、电力等许多工业部门的生产过程中均会产生大量粉尘。粉尘的来源主要有以下几方面：

1）固体物料的机械破碎和研磨，如选矿、建材车间原材料的破碎和各种研磨加工过程。

2）粉状物料的混合、筛分、包装及运输，如水泥、面粉等的生产和运输过程。

3）物质的燃烧过程，如木材、煤的燃烧。

4）物质被加热时产生的蒸气在空气中的氧化和凝结，如金属冶炼过程中产生的锌蒸气，在空气中冷却时，会凝结、氧化成氧化锌固体微粒。

（2）粉尘的危害　粉尘对人体的危害程度取决于粉尘的性质、粒径大小、浓度、与人体持续接触的时间、车间的气象条件，以及人的劳动强度、年龄、性别和体质情况等。

1）无机、有机粉尘，人体长期接触会引起慢性支气管炎。

2）游离硅石、石棉、炭黑等粉尘，被人体吸入会引起“矽肺”“石棉肺”“碳肺”等肺病，并可能并发肺癌。

3）铅使人贫血，损害大脑；镉、锰损坏人的神经、肾脏；镍可以致癌等。

4）沥青、焦油，人体长期接触会引起皮肤病。

5）粉尘还能大量吸收太阳紫外线短波部分，严重影响儿童的生长发育。

粉尘对生产的影响主要有以下几个方面：

1）降低产品质量、降低机器工作精度和使用年限。粉尘沉降在感光胶片、集成电路、化学试剂上，会影响产品质量，甚至使产品报废；降落在仪器、设备的运转部件上，会使运转部件磨损，从而降低工作精度，并缩短使用年限。

2）降低光照度和能见度，影响室内外作业的视野。

3）某些粉尘达到一定浓度时，遇到明火等会燃烧引起爆炸，如煤粉、面粉等。

粉尘对环境的危害表现在以下两方面：

1）粉尘对大气的污染。当空气中的粉尘超过一定浓度时，就会形成大气污染。大气污染对建筑物、自然景观、生态等都造成危害，进而影响人类的生存，如“煤烟型”污染及沙尘暴等。

2）粉尘对水和土壤的污染。粉尘进入水中必将破坏水的品质，被人饮用会引起疾病，用于生产会降低产品质量。粉尘进入土壤将破坏土壤性质，从而影响植物的生长。如水泥厂附近的农作物干枯、树叶发黄等。

2. 有害气体和蒸气的来源及危害

（1）有害气体和蒸气的来源　在工业生产过程中，有害气体和蒸气的来源主要有以下几个方面：

1）化学反应过程，如燃料的燃烧。

2）有害物表面的蒸发，如电镀槽表面。

3）产品的加工处理过程，如石油加工、皮革制造等。

4）管道及设备的渗漏，如炉子缝隙的渗漏和煤气管道的渗漏等。

（2）有害气体和蒸气的危害　有害气体和蒸气对人体健康的危害同样也取决于有害物的性质、浓度、与人体持续接触的时间、车间的气象条件，以及人的劳动强度、年龄、性别和体质情况等。常见的有害气体和蒸气对人体产生的危害有：

1）苯蒸气。苯是一种挥发性极强的液体，苯蒸气是具有芳香味、易燃和麻醉性的气体。人体吸入苯蒸气，能危及血液和造血器官，对妇女影响较大。

2）汞蒸气。汞在常温下即能大量蒸发，是一种剧毒物质，对人体的消化器官、肾脏和神经系统等造成危害。

3）铅蒸气。人体通过呼吸道吸入铅蒸气后，会损害人体的消化道、造血器官和神经系统等。

4）一氧化碳。一氧化碳是一种无色无味的气体。由于人体内红细胞中所含血色素对一氧化碳的亲和力远大于对氧的亲和力，所以吸入一氧化碳后会阻止血色素与氧的亲和，使人体发生缺氧现象，引起窒息性中毒。

5）二氧化硫。二氧化硫是一种无色有硫酸味的强刺激性气体，是一种活性毒物，在空气中可以氧化成三氧化硫，形成硫酸烟雾，其毒性比二氧化硫大 10 倍。二氧化硫危害人体的皮肤，特别是对呼吸器官有强烈的腐蚀作用，造成鼻、咽喉和支气管发炎。

6）氮氧化物。NO_2 是棕红色气体，对呼吸器官有强烈刺激，能引起急性哮喘病。实验证明，NO_2 会迅速破坏肺细胞，可能是肺气肿和肺瘤的病因之一。

有害气体和蒸气对生产的影响主要表现在以下两个方面：

1）降低产品质量和机器的使用年限。如二氧化硫、三氧化硫、氯化氢等气体，遇到水蒸气形成酸雾时，对金属材料和机器产生腐蚀破坏，从而会降低产品质量及机器的使用年限。

2）某些有害气体和蒸气浓度超过一定数量时遇到明火也易发生爆炸。如甲烷、煤气等。

有害气体和蒸气对环境的危害有以下两个方面：

1）对大气的污染。有些有害气体和大气中的水雾结合在一起，形成酸雾，对生物、植物和建筑物等都将造成危害，影响人类的生存。

2）对水、土的污染。各种气体在水中均有一定的溶解度，有害气体进入水中将破坏水质，有害气体溶于雨水中被带入土壤，从而对土壤造成危害。

3. 余热和余湿的来源及对人体生理的影响

在工业生产中的许多车间，如冶金工业的轧钢、冶炼，机械制造工业的铸造、锻压等车间，生产中都散发出大量热量，这是车间内余热的主要来源。而车间内的余湿主要是由浸泡、蒸煮设备等散发大量水蒸气造成的。余热和余湿直接影响到室内空气的温度和湿度。

人的冷热感觉与空气的温度、相对湿度、流速和周围物体表面温度等因素有关。人体散热主要是通过皮肤与外界的对流、辐射和表面汗液蒸发三种形式进行的。

对流换热取决于空气的温度和流速，辐射散热只取决于周围物体表面的温度，而蒸发散热主要取决于空气的相对湿度和流速。当周围的空气温度和物体表面的温度低于体温时，温差越大，人体散失的对流热和辐射热越多，而流速的增大会加快对流换热程度。相反，人体将得到对流热和辐射热。当空气的温度和周围物体表面的温度高于体温时，人体的散热主要依靠汗液蒸发。相对湿度越小，空气流速越大，则汗液越容易蒸发。相反，相对湿度较大，气流速度较小，则蒸发散热很少，人体会感到闷热。

因此，为了满足人的舒适感，在生产车间内必须防止和排除生产中大量产生的热和水蒸气，以降低空气的温度和相对湿度，并使室内空气具有适当的流动速度。

4. 有害物浓度的表示方法

工业有害物对人体、生产和环境等的危害，不仅取决于它的性质、与人接触的时间，而且与有害物浓度有关。单位体积空气中有害物的含量称为有害物浓度。一般地说，有害物浓度越大，危害也越大。

粉尘的浓度有两种表示方法。一种是质量浓度，即每立方米空气中所含粉尘的质量。单位是 mg/m^3 或 g/m^3。另一种是计数浓度，即每立方米空气中所含粉尘的颗粒数。单位是个/m^3。通风工程中一般采用质量浓度，在洁净空调工程中常采用计数浓度。

有害气体和蒸气的浓度也有两种表示方法。一种是质量浓度，用 y 表示，单位是 mg/m^3；另一种是体积浓度，即每立方米空气中所含有害气体和蒸气的毫升数，用 C 表示，单位是 mL/m^3。

4.1.4 通风工程基本原理

1. 室内空气品质与必需的通风量

建筑室内微气候对人的影响已研究了近一个世纪。最初人们关心的是热环境（温度、湿度、空气流速等）的影响。现在已认识到一个卫生、安全、舒适的环境是由诸多因素决定的，它涉及热舒适、空气品质、光线、噪声、环境视觉效果等。而其中空气品质是一个极为重要的因素，它直接影响人体的健康。建筑中存在的污染物种类很多。显然，为保证有一个良好的空气品质，首先必须控制室内的污染物浓度不超过允许浓度。世界上大多数国家都制定了各种污染物的允许浓度标准，有的还区别了人在该环境下停留时间的长短。

用允许浓度来控制室内空气品质，实际上是很难实现的。如人的体味或其他气味的气体或蒸气，既无法测量，又难以定量；香烟的烟气中含有上千种物质，既很难定量也难以测量。因此，民用建筑中一直沿用 CO_2 的浓度作为衡量室内空气品质优劣的一个指标。

如果空气中一种或几种污染物浓度超过控制指标，则认为空气品质不良或空气不清洁；如果各项污染物浓度都等于或小于控制指标，则认为空气品质"合格"或"优"。研究表明，即使所控制的污染物都达到指标，空气中仍有一些低浓度（实际上也不超过控制指标）的污染物及一些还未探明的污染物，在它们的综合影响下，人会感到空气污浊、有霉味、刺激粘膜、疲劳等。因此，只控制污染物浓度并不能反映空气品质的真实状况。1989 年美国采暖制冷和空调工程师学会（ASHARE）颁布的 ASHARE62-1989 标准中提出了合格空气品质的新定义：合格的空气品质应当是空气中没有浓度达到有权威机构确定的有害程度指标的已知污染物，并且在这种环境中人群绝大多数（80%或更多）没有表示不满意。

保证室内空气品质的主要措施是通风，即用污染物很低的室外空气置换室内含污染物的空气。其所需的通风量，如前所述，应根据稀释室内污染物达到标准规定的浓度的原则来确定。对于以人群活动为主的建筑，主要的污染源是人。因此，这类建筑都是以人来确定必需的通风量——新风量，即用稀释人体散发的 CO_2 来确定新风量。为了同时考虑稀释人员活动引起的其他污染物气味，许多国家都把 CO_2 浓度控制在 0.1%，世界健康组织（WHO）建议为 0.25%。

2. 通风系统的工作原理

下面通过典型实例说明通风系统是如何实际对室内环境进行控制的工作原理。图 4-2 与图 4-3 分别表示对民用建筑与工业建筑室内环境进行控制的基本方法。

如图 4-2 所示，在夏季，民用建筑中的人员及照明灯具、饮水机、电视机、VCD 机、音响、计算机、复印机等电子、电器设备都要向室内散出热量及湿量，由于太阳辐射和室内外的湿差而使房间获得热量，如果不把这些室内多余热量和湿量从室内移出，必然导致室内湿度和湿度的升高。在冬季，建筑物将向室外传出热量或渗入冷风，如不向房间补充热量，必然导致室内温度下降。因此，为了维持室内温、湿度，在夏季必须从房间内移出热量和湿量，称之为冷负荷和湿负荷；在冬季必须向房间供给热量，称之为热负荷。在民用建筑中，人群不仅是室内的“热源”“湿源”，又是“污染源”，它们产生 CO_2、体味、吸烟时散发的烟雾；室内的家具、装修材料、设备（如复印机）等也散发出各种污染物，如甲醛、甲苯、放射性物质，从而导致室内空气品质恶化。为了保证室内良好的空气品质，通常需要用排走室内含污染物的空气，并向室内供应清洁的室外空气的通风办法来稀释室内的污染物，通风的任务就是要向室内提供冷量或热量，并稀释室内的污染物，以保证室内具有适宜的热舒适条件和良好的空气品质。

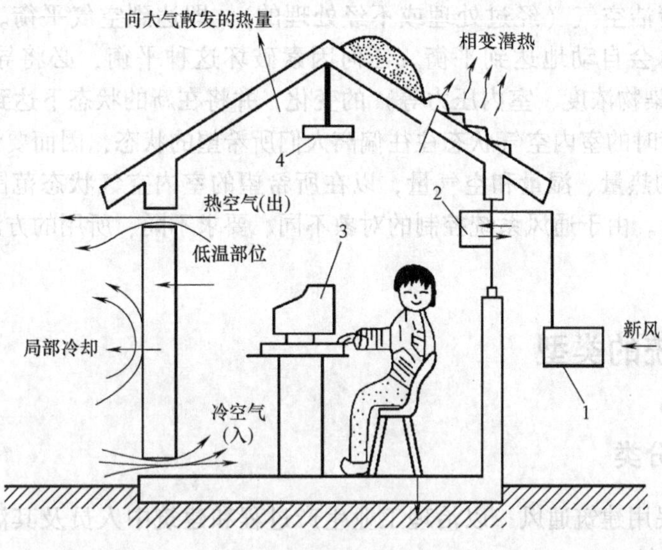

图 4-2　民用建筑的通风空调系统

1—新风空气处理机组　2—风机盘管机组　3—电器电子设备　4—照明灯具

通风系统有多种形式，图 4-2 对建筑室内环境的控制方案是，给房间送入一定量的室外空气（新风），同时必有等量的室内空气通过门缝隙渗到室外，从而稀释了污染物；送入室内的新风先经空气过滤器除去尘埃，并经冷却、去湿（夏季）或加热、加湿（冬季）处理。

对于工业建筑，一般的厂房空间大、人员密度小，如夏季全面对厂房内温、湿度进行控制，其能耗和费用很高，因此除了一些特殊的生产工艺的车间或热车间外，一般夏季不考虑对整个车间进行温、湿度控制。在冬季，也不向室内供热。但在厂房中，许多工艺设备散出对人体有害的气体、蒸气、固体颗粒等污染物，为保证工作人员的身体健康，必须对这些污染物进行治理，如设置排除污染物的排风系统（图 4-3），同时必须有等量的新风进入室内，这些新风可以从门、窗渗入，也可以设置新风系统供入，或者两

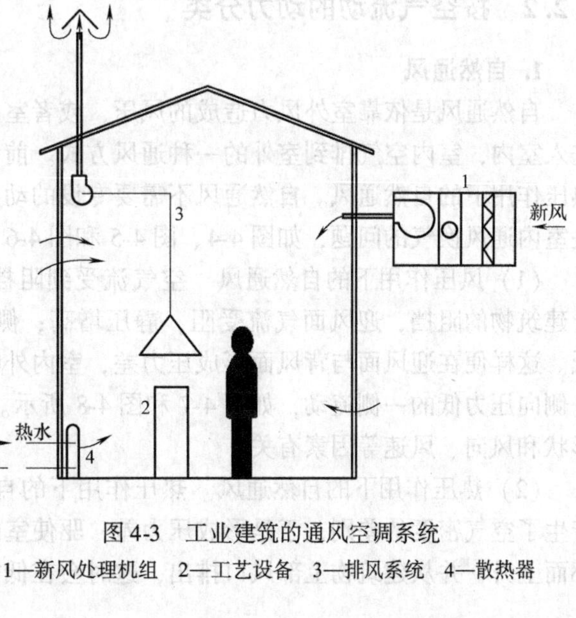

图 4-3　工业建筑的通风空调系统

1—新风处理机组　2—工艺设备　3—排风系统　4—散热器

者兼而有之，从而使厂房内的污染物浓度达到标准或规范所允许的浓度。新风一般只需经过滤即可。但在寒冷地区，冬季还需对新风进行加热，并且在车间内设采暖系统，以使厂房内保持一定的温度。

从上述两个例子可以看出，通风系统的工作原理是，当室内得到热量或失去热量时，则从室内取出热量或向室内补充热量，使进出房间的热量相等，即达到热平衡，从而保持室内一定温度；或者使进出房间的湿量平衡，以保持室内一定湿度；或者从室内排出污染空气，同时补入等量的清洁空气（经过处理或不经处理的），即达到空气平衡。进出房间的空气量、热量及湿量总会自动地达到平衡。任何因素破坏这种平衡，必将导致室内空气状态（温度、湿度、污染物浓度、室内压力等）的变化，并将在新的状态下达到新的平衡。

自动达到平衡时的室内空气状态往往偏离人们所希望的状态，因而要设置通风系统控制进（或出）房间的热量、湿量和空气量，以在所希望的室内空气状态范围内实现热湿量和空气量的动态平衡。由于通风系统控制的对象不同、要求不同、所用的方法不同，故可以分成很多形式。

4.2 通风系统的类型

4.2.1 按用途分类

（1）工业与民用建筑通风　以治理工业生产过程和建筑中人员及其活动所产生的污染物为目标的通风系统。

（2）建筑防烟和排烟　以控制建筑火灾烟气流动，创造无烟的人员疏散通道或安全区的通风系统。详见本书第五章相关内容。

（3）事故通风　排除突发事件产生的大量有燃烧、爆炸危害或有毒害的气体、蒸气的通风系统。

4.2.2 按空气流动的动力分类

1. 自然通风

自然通风是依靠室外风力造成的风压，或者室内外温度差造成的热压，使室外新鲜空气进入室内，室内空气排到室外的一种通风方式。前者称为风压作用下的自然通风，后者称为热压作用下的自然通风。自然通风不需要专设的动力，人类自古以来就知道利用自然通风解决室内通风换气的问题，如图4-4、图4-5和图4-6所示。

（1）风压作用下的自然通风　空气流受到阻挡时产生的静压。当风吹过建筑物时，由于建筑物的阻挡，迎风面气流受阻，静压增高；侧风面和背风面将产生局部涡流，静压降低。这样便在迎风面与背风面形成压力差，室内外的空气在这个压力差的作用下由压力高的一侧向压力低的一侧流动，如图4-7和图4-8所示。建筑物四周的风压分布与建筑物的几何形状和风向、风速等因素有关。

（2）热压作用下的自然通风　热压作用下的自然通风是由于建筑物内外空气的温度差产生了空气密度的差别，于是形成压力差，驱使室内外的空气流动。室内温度高的空气密度小而上升，并从建筑物上部风口排出，这时会在低密度空气原来的地方形成负压区，于是室外温度比较低而密度大的新鲜空气从建筑物的底部被吸入，从而室内外的空气源源不断地沿回路“1→2→3→4→1”进行流动，如图 4-9 所示。

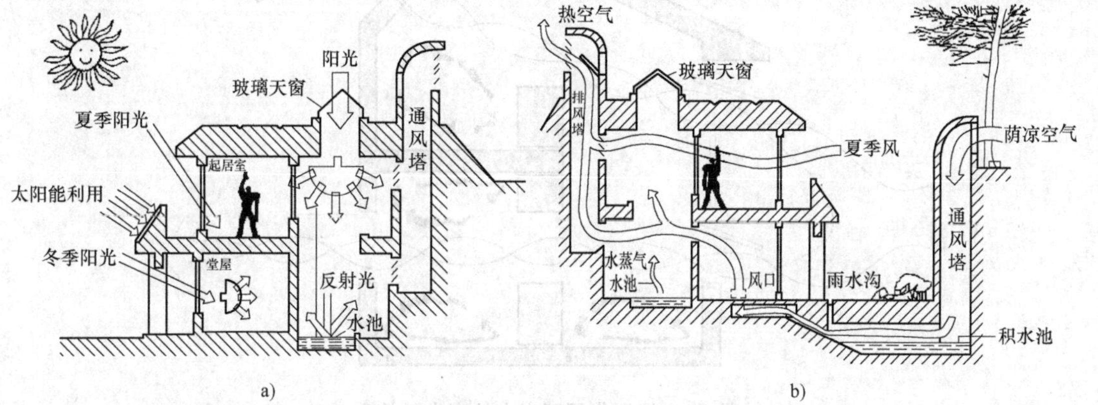

图 4-4　中国传统民居自然通风示意图

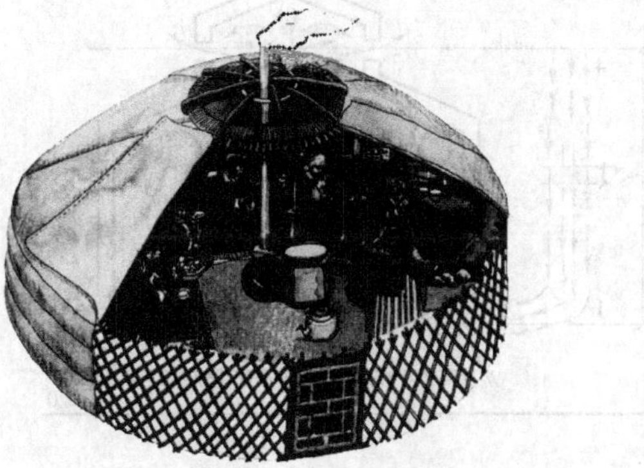

图 4-5　蒙古包通风示意图

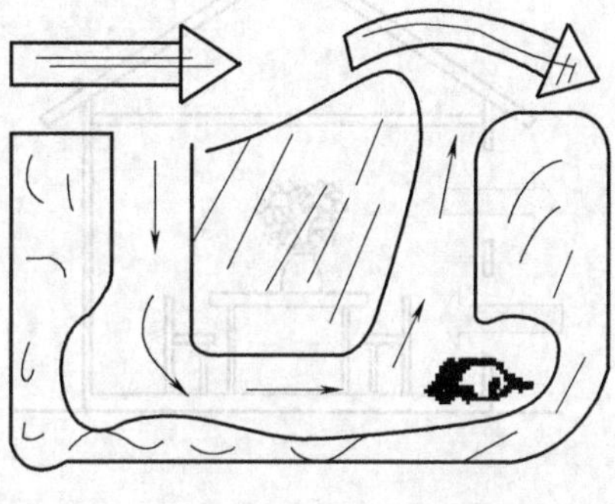

图 4-6　非洲草原犬鼠洞穴的自然通风图

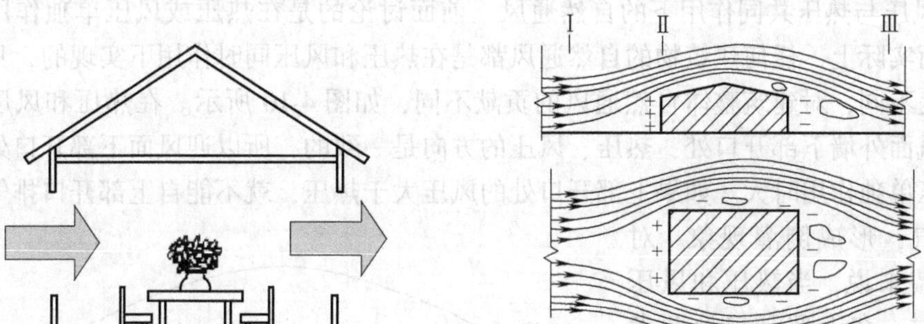

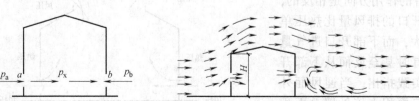

图 4-7　风压作用下的自然通风原理示意图

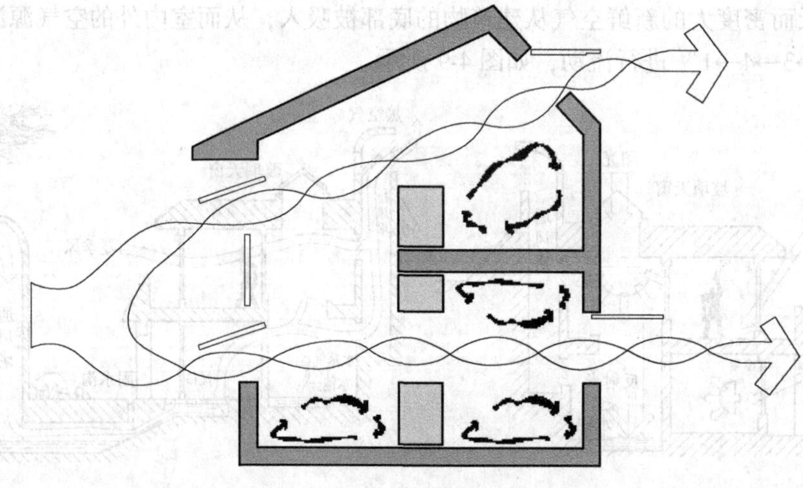

图 4-8　风压作用下产生的穿堂风效应

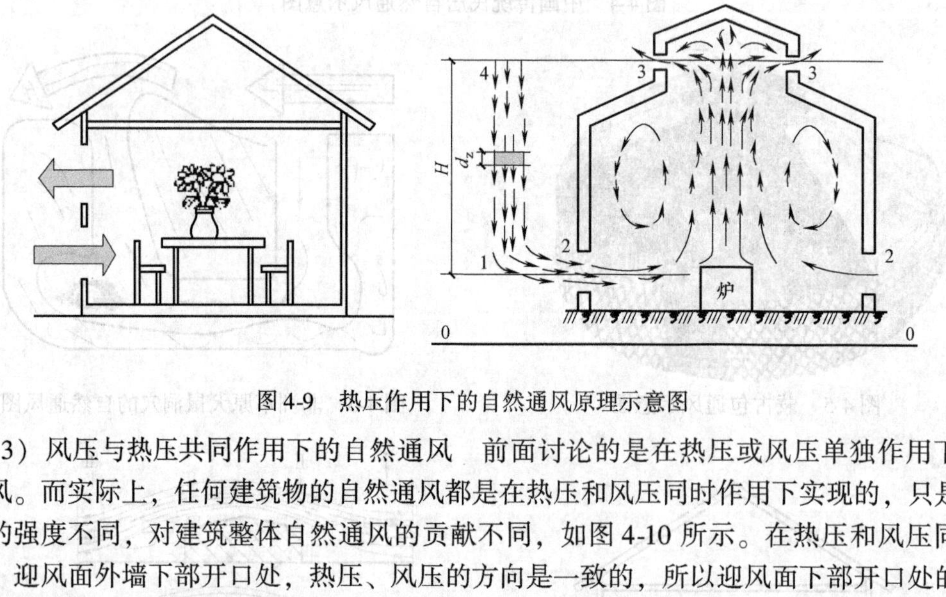

图 4-9　热压作用下的自然通风原理示意图

（3）风压与热压共同作用下的自然通风　前面讨论的是在热压或风压单独作用下的自然通风。而实际上，任何建筑物的自然通风都是在热压和风压同时作用下实现的，只是各自作用的强度不同，对建筑整体自然通风的贡献不同，如图 4-10 所示。在热压和风压同时作用下，迎风面外墙下部开口处，热压、风压的方向是一致的，所以迎风面下部开口处的进风量要比热压单独作用时大。如果上部开口处的风压大于热压，就不能自上部开口排气，相反将变为进气，形成倒灌现象。对背风面外墙来说，当热压和风压同时作用时，在上部开口处两者的作用方向是一致的，而在下部开口处两者的作用方向是相反的，因此上部开口的排风量比热压单独作用时大，而下部开口进气量将减小，有时甚至反而从下部开口排气。实践指出，当迎风面外墙上的开口面积占该外墙总面积的 25% 以上时，如果室内阻力很

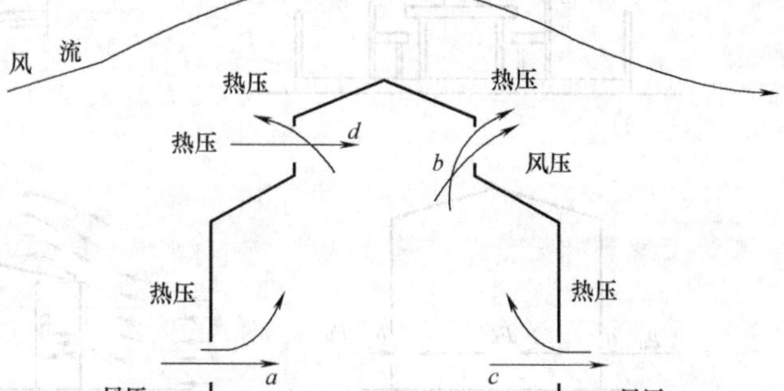

图 4-10　风压与热压共同作用下的自然通风示意图

小，则在较大的风速作用下，车间内会产生“穿堂风”，即车间外的空气将以较大的流速自迎风面进入，横贯车间自背风面开口排出。在“穿堂风”的作用下，车间的换气量能显著增加。由于室外风速、方向甚至在一天内也变化不定，因此为了保证自然通风的效果，风压在计算中一般均不予考虑，仅考虑热压的作用。但是，风压是客观存在的，故定性地考虑风压在自然通风中的影响仍是非常必要的。

人们利用自然通风主要是利用其两大功能：一是通风降温（除湿），借以改善室内热环境（热舒适）状态；二是通风换气，借以改善室内空气质量状态（如增加新风，排除各种有害气体等）。

自然通风不需要专设的动力，符合可持续发展的理念，其优越性越来越受到人们的重视。对于某些有大量余热的热车间，用通风的方法消除余热是一种经济有效的方法，如炼钢、铸造、锻造等热车间，消除余热所需要的空气量很大，通常是装设挡风天窗等设备后，可使自然通风换气次数达到50~300次/h，如果这些风量用风机来输送，要消耗几十至几百千瓦的电力。

合理利用自然通风能取代或部分取代传统制冷空调系统，可以在不消耗不可再生能源的条件下，在一定程度上实现降低室内温度，带走潮湿气体，改善室内热环境；而且能提供新鲜、清洁的自然空气，改善室内空气品质，有利于人的生理和心理健康，满足人们心理上亲近自然、回归自然的需求。但自然通风受室外气象参数的影响很大，可靠性较差。

2. 机械通风

机械通风是依靠风机的动力来向室内送入新鲜空气或排出污染空气的一种通风方式。机械通风系统是一种常用的通风系统，有三种通风方式，如图4-11所示。机械通风系统工作可靠性高，但需要消耗一定能量。

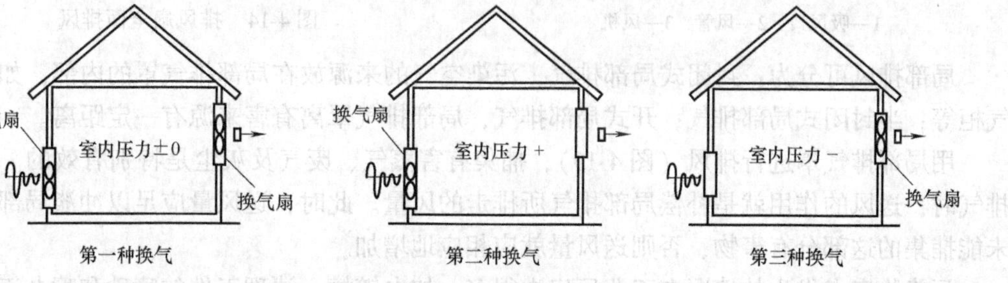

图4-11　机械通风系统及其通风换气种类

4.2.3　按通风的服务范围分类

1. 局部通风

局部通风是指控制室内局部地区污染物的传播或控制局部地区的污染物浓度达到卫生标准要求的通风。局部通风又分为局部排风和局部送风。

(1) 局部排风系统　局部排风是直接从污染源处排除污染物的一种局部通风方式，如图4-12所示。当污染物集中于某处发生时，局部排风是最有效的治理污染物对环境危害的通风方式。图4-13所示为一均匀排风系统的示意图，图4-14所示为用排风扇进行全面排风的示意图。

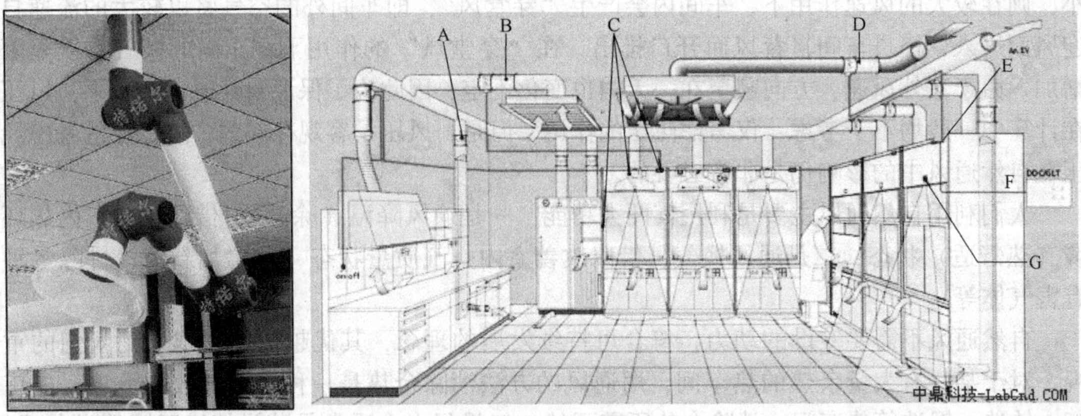

图 4-12 局部排风系统

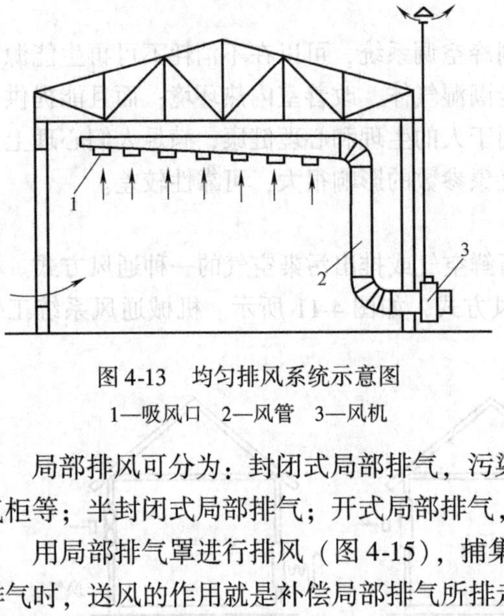

图 4-13 均匀排风系统示意图

1—吸风口 2—风管 3—风机

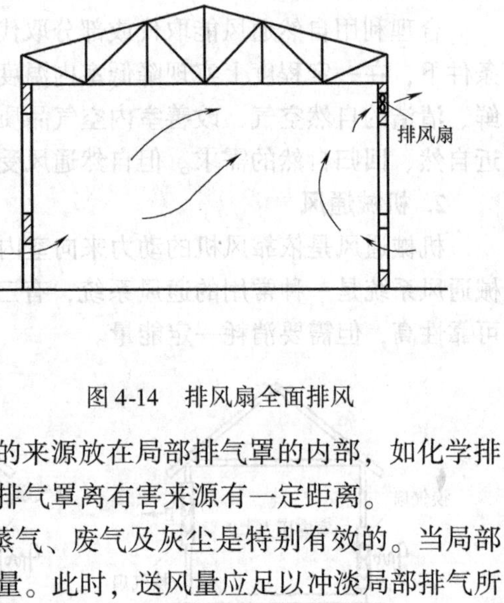

图 4-14 排风扇全面排风

局部排风可分为：封闭式局部排气，污染空气的来源放在局部排气罩的内部，如化学排气柜等；半封闭式局部排气；开式局部排气，局部排气罩离有害来源有一定距离。

用局部排气罩进行排风（图 4-15），捕集有害蒸气、废气及灰尘是特别有效的。当局部排气时，送风的作用就是补偿局部排气所排走的风量。此时，送风量应足以冲淡局部排气所未能捕集的这部分有害物，否则送风量就应相应地增加。

污染物定点发生的情况在工业厂房中很多，如电镀槽，清理工件的喷砂和喷丸工艺，散料用带传送的落料点或运转点，粉状物料装袋，小工件的焊接工作台，化学分析的工作台，喷漆工艺，砂轮机，盐浴炉，淬火油槽和电热油槽等。民用建筑中也有一些定点产生污染物的情况，如厨房中的炉灶，餐厅中的火锅，学校中的化学实验台等。由此可见，局部排风的应用很广泛。

（2）局部送风系统　局部送风系统可将室外新风以一定风速直接送到作业人员的操作岗位，使局部地区空气品质和热环境得到改善（图 4-16）。

在一些大型车间中，尤其是有大量余热的高温车间，采用全面通风已无法保证室内所有地方都达到适宜的程度，只得采用局部送风的办法使车间中某些局部地区的环境达到比较适宜的程度，这是比较经济而又实惠的方法。我国的相关规范规定，当车间中的操作点的温度达不到卫生要求或辐射照度≥350W/m^2 时，应设置局部送风。局部送风实现对局部地区降

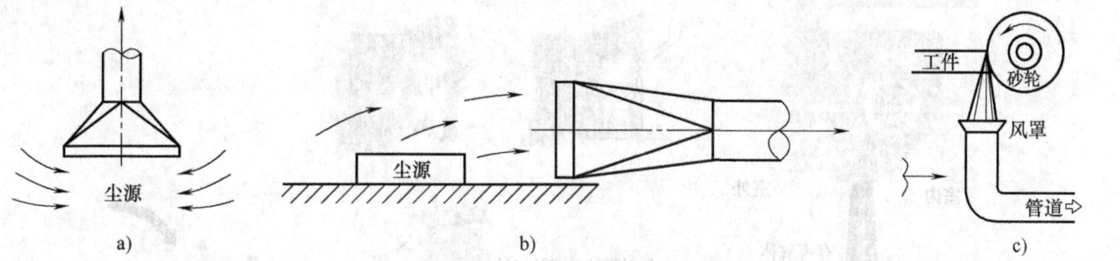

图 4-15　局部排风系统的外部排气罩

a）上吸式排气罩　b）侧吸罩　c）下吸罩

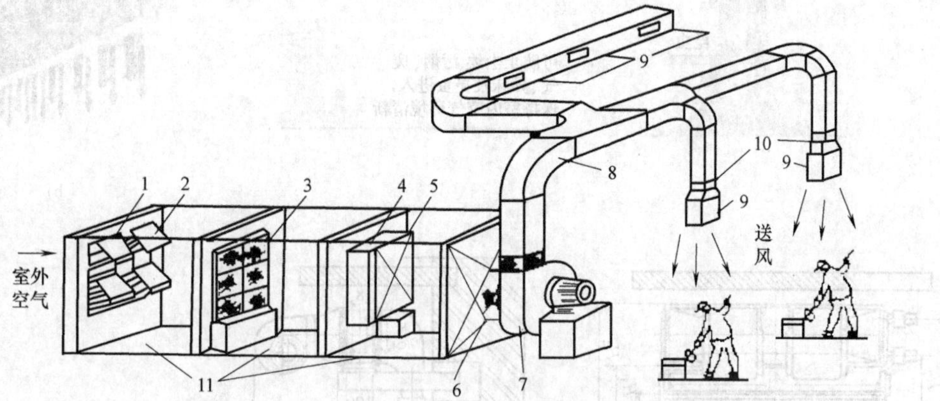

图 4-16　局部送风系统的示意图

1—百叶窗　2—保温阀　3—过滤器　4—旁通阀　5—空气加热器　6—启动阀

7—通风机　8—通风管网　9—出风口　10—调节阀　11—送风室

温，而且能增加空气流速，增强人体对流和蒸发散热，以改善局部地区的热环境。

当有若干个岗位需局部送风时，可合为一个系统。夏季需对新风进行降温处理，应尽量采用喷水的等焓冷却，如无法达到要求，则采用人工制冷。有些地区室外温度并不太高，可以只对新风进行过滤处理。冬季采用局部送风时，应将新风加热到 18 ~25℃。空气送到工作点的风速一般根据作业的强度控制在 1.5 ~6m/s。送风宜从人的前侧上方吹向头、颈、胸部，必要时也可以从上向下垂直送风。送风到达人体直径宜为 1m。当工作岗位活动范围较大时，采用旋转风口进行调节。

局部送风的另一种形式就是所谓的空气幕（安设于大门旁、炉子旁、各种槽子旁等），如图 4-17 所示。它的目的就是产生空气隔层，或改变污染空气气流的方向，并将它送走，例如送至排气口等。

具有一定参数并直接向作业人员吹送的空气气流称为空气淋浴。用空气淋浴的办法可在射流范围内创造与房间内其他部分空气不同的空气品质。空气淋浴是局部送风的一种形式，如图 4-18 所示；图 4-18c 所示为一个在轧钢车间预轧机旁的 15m × 8m 工作面上应用空气淋浴的工程实例。

2. 全面通风系统

全面通风（也称为全面换气通风）是向整个房间送入清洁新鲜空气，用新鲜空气把整个房间中的有害物浓度稀释到最高容许浓度以下，同时把含污染物的空气排到室外的通风方

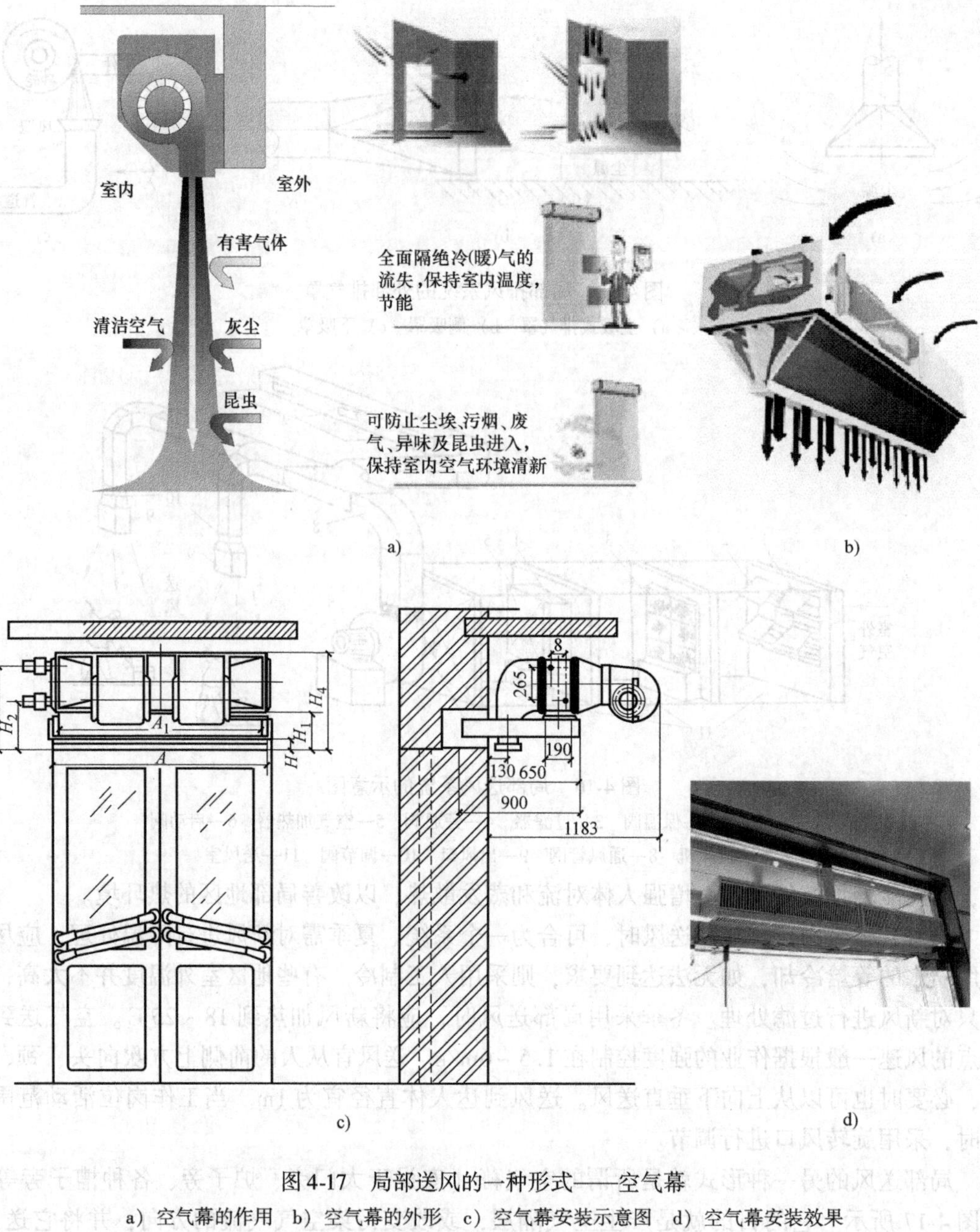

图 4-17 局部送风的一种形式——空气幕

a）空气幕的作用 b）空气幕的外形 c）空气幕安装示意图 d）空气幕安装效果

式。全面通风时，有害物能被气流扩散至整个房间，送风的目的就是将有害物冲淡（或稀释）至允许的浓度标准，所以这种通风方式也称为稀释通风。

全面通风所需要的风量大大超过局部排风，相应的设备和消耗的动力也较大。如果由于生产条件的限制，不能采用局部排风，或者采用局部排风后，室内有害物质浓度仍超过卫生标准，在这种情况下可以采用全面通风。全面通风的效果不仅与换气量有关，而且与通风气流的组织有关。如将进风先送到人的工作位置，再经过有害物源排至室外，这样在人的工作地点就能保持空气新鲜；如进风先经过有害物源，再送到人的工作位置，这样工作区的空气就比较污浊。

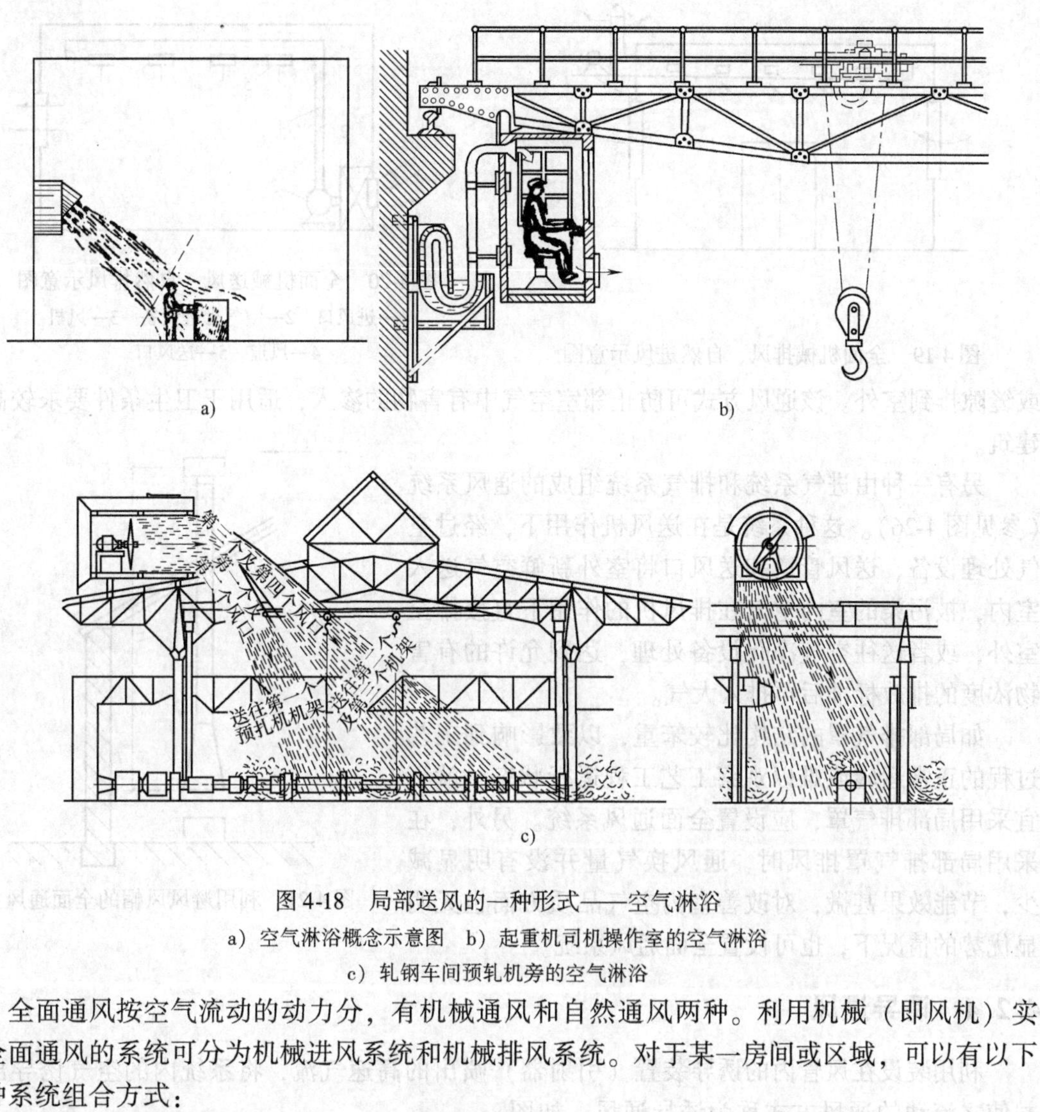

图 4-18　局部送风的一种形式——空气淋浴

a）空气淋浴概念示意图　b）起重机司机操作室的空气淋浴

c）轧钢车间预轧机旁的空气淋浴

全面通风按空气流动的动力分，有机械通风和自然通风两种。利用机械（即风机）实施全面通风的系统可分为机械进风系统和机械排风系统。对于某一房间或区域，可以有以下几种系统组合方式：

1）既有机械进风系统，又有机械排风系统。

2）只有机械排风系统，室外空气靠门窗自然渗入。

3）机械进风系统和局部排风系统（机械的或自然的）相结合。

4）机械排风与空调系统相结合。

5）机械通风与空调系统相结合，或者是说由空调系统实现全面通风的任务。

图 4-19 所示为全面机械排风与自然进风相结合的全面通风系统。该系统主要是利用风机作用将室内污浊空气通过排风口和排风管道排到室外。由于排风机的抽吸作用，室内压力降低，处于负压状态。这样，室外空气便在这种负压作用下通过外墙上的门、窗、孔洞或缝隙进入室内。这种通风方式由于室内是负压，可以防止室内空气中的有害物向邻室扩散。

图 4-20、图 4-21 所示为全面机械送风与自然排风相结合及利用避风风帽的全面通风系统。这种系统是用风机经送风管和送风口将室外空气送入室内。由于空气不断被送入室内，室内压力升高，处于正压状态。这样，室内空气在正压作用下，通过外墙上的门、窗、孔洞

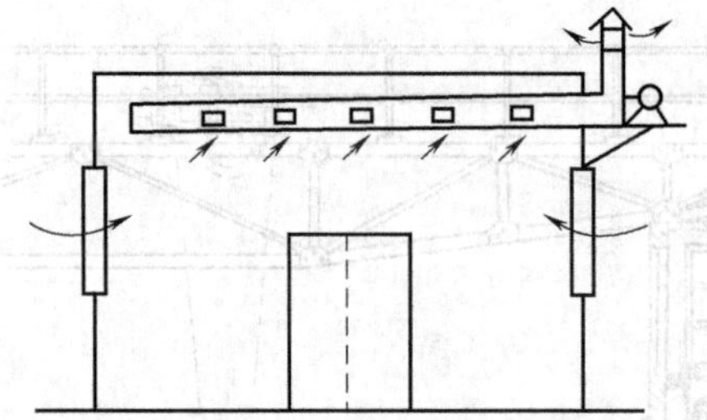

图 4-19　全面机械排风、自然进风示意图

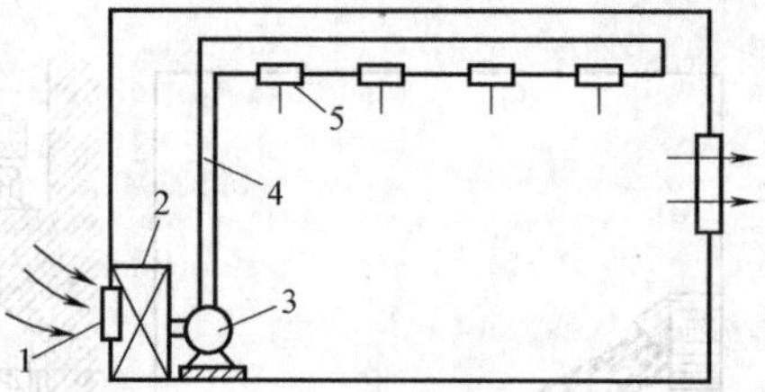

图 4-20　全面机械送风、自然排风示意图
1—进风口　2—空气处理设备　3—风机
4—风道　5—送风口

或缝隙排到室外。该通风方式可防止邻室空气中有害物的渗入，适用于卫生条件要求较高的建筑。

另有一种由进气系统和排气系统组成的通风系统（参见图 4-26）。这种系统是在送风机作用下，经过空气处理设备、送风管道和送风口将室外新鲜空气送入室内，被污染的室内空气在排风机的作用下直接排至室外，或者送往空气净化设备处理，达到允许的有害物浓度的排放标准后再排入大气。

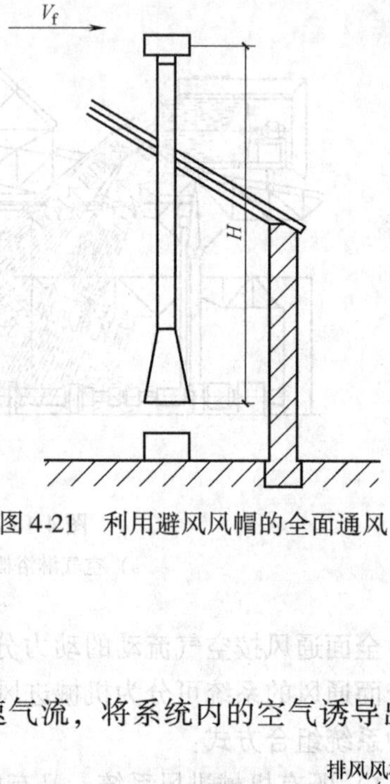

图 4-21　利用避风风帽的全面通风

如局部排气罩的结构比较笨重，以致影响到工艺过程的正常运转或难以观察工艺工程运行状态，就不宜采用局部排气罩，应设置全面通风系统。另外，在采用局部排气罩排风时，通风换气量并没有明显减少，节能效果甚微，对改善室内空气品质方面也无明显优势的情况下，也可设置全面通风系统。

4.2.4　诱导通风

利用装设在风管内的诱导装置（引射器）喷出的高速气流，将系统内的空气诱导出来并使之流动的通风方式称为诱导通风，如图 4-22 所示。它是机械通风的一种特殊形式。图 4-23 所示为汽车库采用诱导通风的示意图。

诱导通风适用于：

1）被排出的气体温度过高并具有腐蚀性或爆炸性，不宜通过风机。

2）建筑空间剩余废气的压力较高，可以作为诱导空气。

3）被诱导空气量较小，使用风机投资过高。

在机械工厂中，目前采用诱导通风的有冲天炉排烟、铸件冷却廊通风、熔蜡炉排风、

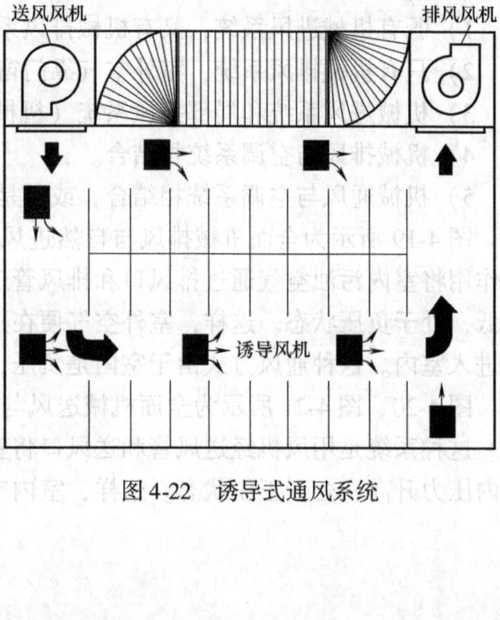

图 4-22　诱导式通风系统

酸洗槽排风等。图4-24所示为诱导通风系统与一般通风系统的比较。从图中可以看出，诱导通风系统与一般通风系统相比，对建筑层高的要求较低，建筑空间的空气品质要好。

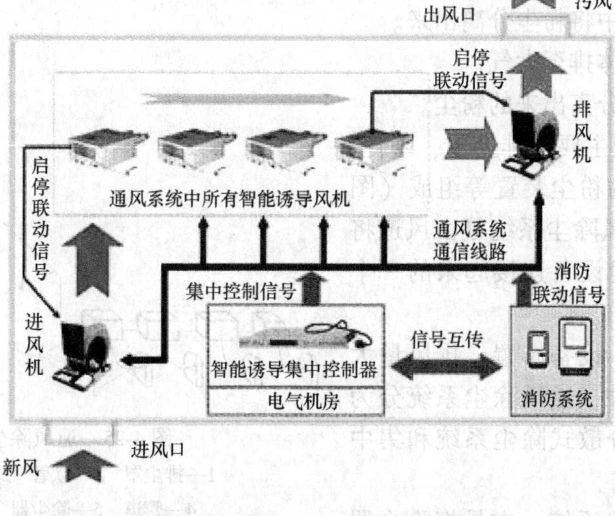

图4-23　采用诱导通风的汽车库

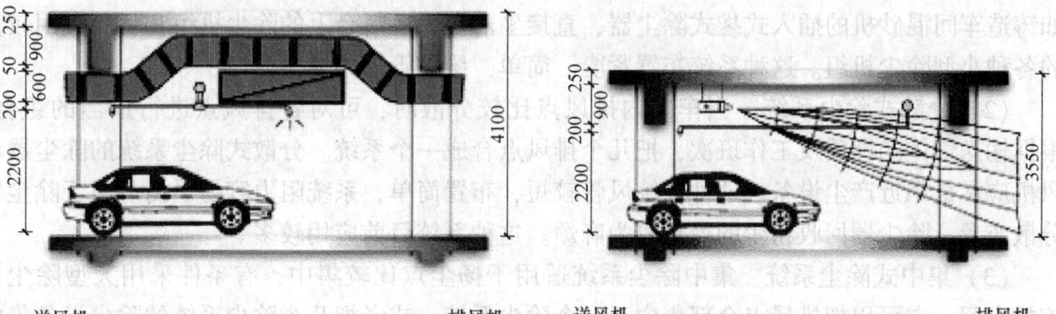

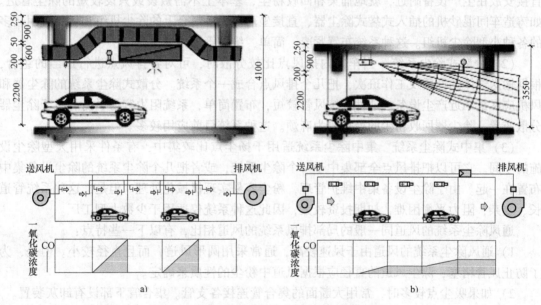

图4-24　诱导通风系统与一般通风系统的比较

a）一般通风系统　b）诱导式通风系统

4.2.5　通风除尘系统

通风除尘系统是一种捕获和净化生产工艺过程中产生的粉尘的局部机械排风系统，如图4-25所示。该系统由排尘罩捕集的含尘气体，经风管导入沉降方箱，大颗粒的粉尘沉降在方箱中并被定时清除。含细小粉尘的气体在风机的作用下，经风道输送到除尘器内，净化后的气体由风管排入大气。分离下来的粉尘从除尘器排出。一个完整的通风除尘系统应包括以下几个过程：

1）用排尘罩捕集工艺过程产生的含尘气体。

2）捕集的含尘气体在风机的作用下，沿风道输送到除尘设备中。

3）在除尘设备中将粉尘分离出来。

4）净化后的气体排至大气。

5）收集与处理分离出来的粉尘。

因此，除尘系统主要由排尘罩、风管、风机、除尘设备、输粉尘装置等组成（图4-25）。可以说，通风除尘系统是由风道将排尘罩、风机、除尘设备连接起来的一个局部机械排风系统。

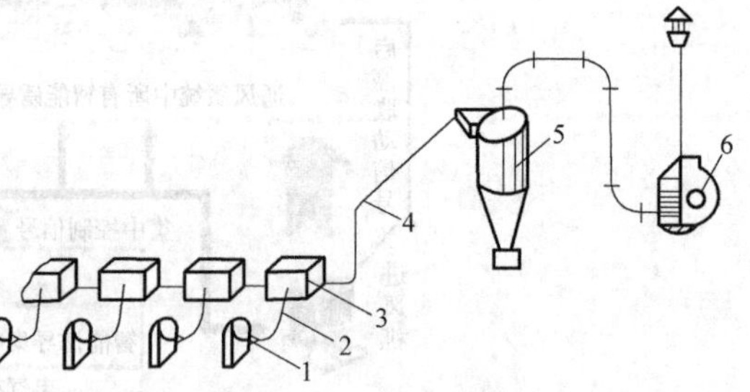

图4-25　通风除尘系统
1—排尘罩　2—软管　3—沉降方箱
4—管道　5—除尘器　6—风机

根据生产工艺、设备布置、排风量大小和生产厂房的条件，通风除尘系统分为就地式除尘系统、分散式除尘系统和集中式除尘系统三种形式。

（1）就地式除尘系统　它是把除尘器直接安放在生产设备附近，就地捕集和回收粉尘，基本上不需敷设或只设较短的除尘管道。如铸造车间混砂机的插入式袋式除尘器、直接坐落在风送料仓上的除尘机组和目前应用较多的各种小型除尘机组。这种系统布置紧凑、简单，维护管理方便。

（2）分散式除尘系统　当车间内排风点比较分散时，可对各排风点进行适当的组合，根据输送气体的性质及工作班次，把几个排风点合成一个系统。分散式除尘系统的除尘器和风机应尽量靠近产尘设备。这种系统风管较短，布置简单，系统阻力容易平衡。由于除尘器分散布置，除尘器回收粉尘的处理较为麻烦。这种系统目前应用较多。

（3）集中式除尘系统　集中除尘系统适用于扬尘点比较集中，有条件采用大型除尘设施的车间。它可以把排风点全部集中于一个除尘系统，或者把几个除尘系统的除尘设备集中布置在一起。由于除尘设备集中维护管理，粉尘容易实现机械化处理。但是，这种系统管道长、复杂，阻力平衡困难，初期投资较大，因此这种系统仅适用于少数大型工厂。

通风除尘系统的风道同一般的局部排风系统的风道相比，有以下一些特点：

1）通风除尘系统的风道由于风速较高，通常采用圆形风道，而且直径较小。但是，为了防止风管堵塞，除尘风道的直径应根据风道中粉尘的性质来确定。

2）如果吸尘点较多时，常用大断面的集合管连接各支管。集合管下部设有卸灰装置。

3）为了防止粉尘在风管内沉积，通风除尘系统的风管尽可能要垂直或倾斜敷设。倾斜敷设时，与水平面的夹角最好大于45°，如必须水平敷设时，需设置清扫口。

4）通风除尘系统的风管水力平衡性较好。

4.3　通风系统的设备与构件

一个典型的通风系统是由通风机、风管、吸气口、排气口、空气处理设备等5个部分组成。图4-26所示为由进气系统和排气系统组成的通风系统示意图，其中风管、采气口与排气口为通风系统的基本构件。

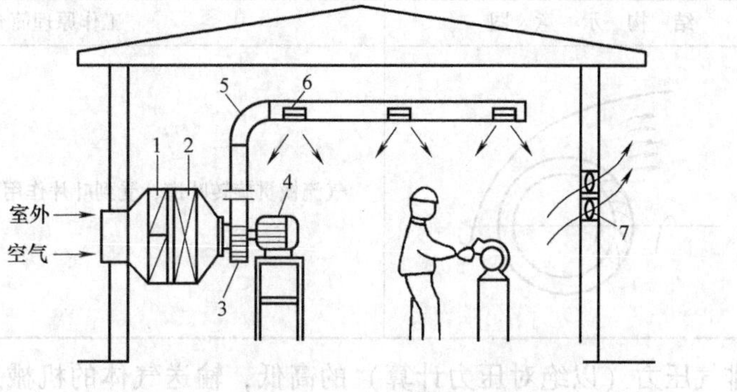

图 4-26　典型的通风系统组成示意图

1—空气过滤器　2—空气加热器　3—通风机　4—电动机　5—风管

6—排气口　7—轴流风机

4. 3. 1　通风机

风机是一种用于输送气体的机械，从能量观点来看，它是把原动机的机械能转变为气体动能、压力能、位能的一种机械。风机是使空气流动的机械设备，在自然通风系统中没有这一部分。

按照使气体压力升高的原理，输送气体的机械可分为喷射式、容积式与透平式。其中透平式又可分为离心式、轴流式、混流式、横流式，见表 4-1。透平式风机的共同特点是通过旋转叶片把机械能转化成气体能量，因此又称为叶片式机械。透平是 Turbine 的音读。

表 4-1　透平式气体输送机械的分类

类别	结 构 示 意 图	工作原理简介
离心式	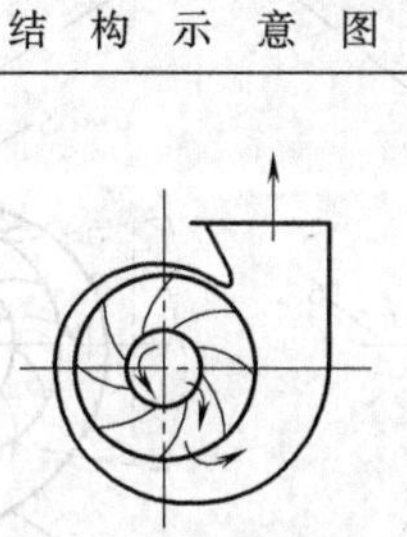	气体进入旋转的叶片通道，在离心力作用下气体被压缩并抛向叶轮外缘
轴流式	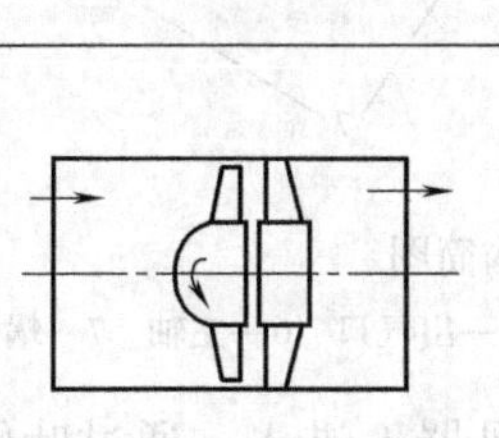	气体轴向进入旋转叶片通道，由于叶片与气体相互作用，气体被压缩并轴向排出
混流式	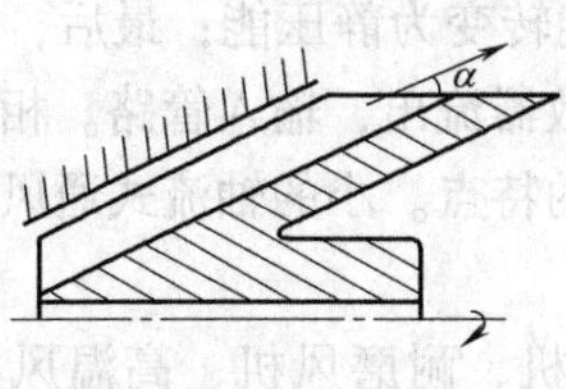	气体与主轴成某一角度的方向进入旋转叶道而获得能量

（续）

类别	结构示意图	工作原理简介
横流式	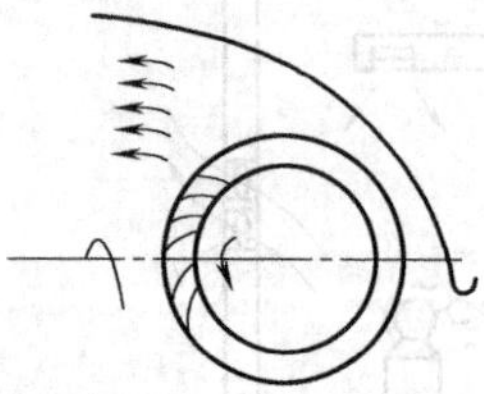	气流横贯旋转叶道，受到叶片作用而升高压力

根据风机排气压力（以绝对压力计算）的高低，输送气体的机械又可分为通风机、鼓风机、压缩机。通风机是指排气压力在 11.27×10^4 N/m^2 以下的透平式输送气体机械。因通风机排气压力低，常用表压（相对于大气）表示排气压力。

常用的离心式通风机及轴流式通风机按其升压的大小又可分为高压离心通风机（升压为2940～14700N/m^2）、中压离心通风机（升压为980～2940N/m^2）、低压离心通风机（升压为9800N/m^2 以下）、高压轴流通风机（升压为490～4900N/m^2）、低压轴流通风机（升压为490N/m^2 以下）。

离心式通风机结构简图如图4-27所示。叶轮安装在蜗壳7内，当叶轮旋转时，气体经过进气口2轴向吸入，然后气体约转折90°流经叶轮片构成的流道间（简称为叶道），而蜗壳将叶轮甩出的气体集中、导流，从通风机出气口5或出口扩压器4排出。离心式通风机的叶轮和机壳大都采用钢板焊接或铆接结构，转速一般为3000r/min。

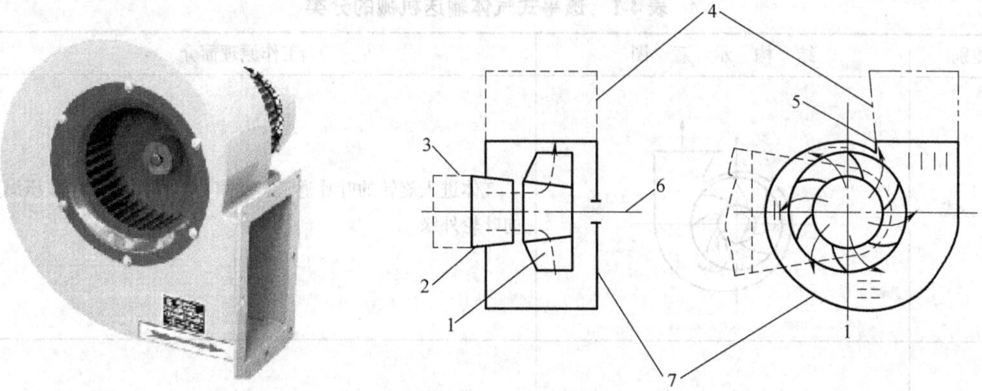

图4-27 离心式通风机结构简图

1—叶轮 2—进气口 3—进气室 4—出口扩压器 5—出气口 6—主轴 7—蜗壳

轴流式通风机结构简图如图4-28所示。气体从集风器1进入，通过叶轮2使气流获得能量；然后流入导叶3，导叶将一部分偏转的气流动能转变为静压能；最后，气流通过扩散器4将一部分轴向气流动能转变为静压能，然后从扩散器流出，输入管路。相对离心式通风机而言，轴流式通风机具有流量大、体积小、压头低的特点。小的轴流式通风机，其叶轮直径只有100mm多，大的直径可有20m多。

另外，通风机还可按用途分为锅炉风机、矿井风机、耐磨风机、高温风机等。图4-29

所示为屋顶风机。

选择通风机必须首先知道通风系统要求风机提供的风量和风压。

表示风机性能的主要参数为流量、压力和效率。流量（又称为风量）是指单位时间内流经风机的气体容积数，常用单位为 m^3/s。压力是指风机的升压值（相对于大气压），即气体在风机内压力的升高值，或者通风机进出口处气体的压力之差，通常是指风机的全压（它等于通风机出口与进口全压之差），其单位为 Pa（N/m^2）等。效率是用来反映风机在把原动机的机械能传给气体的过程中损失了多少能量。效率高，损失少。效率常用 η 表示。从不同角度出发有不同的效率。

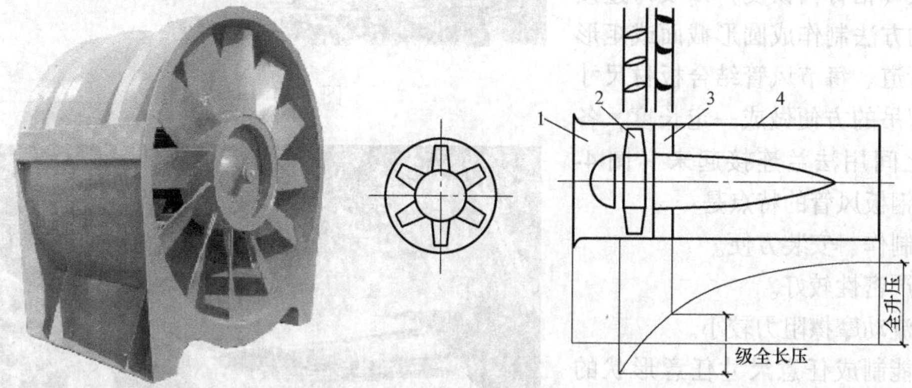

图 4-28　轴流式通风机结构简图

1—集风器　2—叶轮　3—导叶　4—扩散器

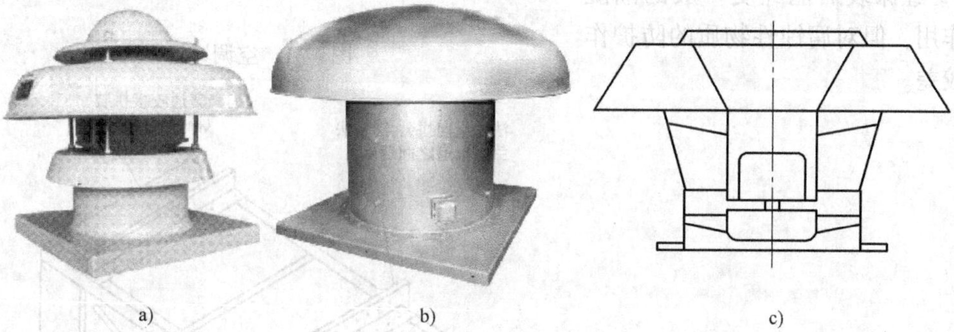

图 4-29　屋顶风机

a）离心式屋顶风机　b）轴流式屋顶风机　c）屋顶风机结构示意图

4.3.2　风管

风管用来输送空气，是通风系统的重要组成部分（图 4-30、图 4-31），在总造价中它占有较大的比例。对风管的要求是能够有效和经济地输送空气。

所谓“有效”表现在：

1）严密，不漏气。

2）有足够强度。

3）耐火、耐腐蚀、耐潮。

对风管的经济要求，主要表现在：

1）材料价格低廉、施工方便。

2）表面光滑，具有较小的流动阻力，从而减少运转费用。

目前以薄钢板风管应用最为广泛，它常用薄钢板（俗称铁皮）或镀锌薄钢板（俗称白铁皮）以咬口连接或焊接的方法制作成圆形截面或矩形截面的管道。每节风管结合板材尺寸及安装起吊的方便做成一定长度，各节风管之间用法兰连接起来（图4-32）。薄钢板风管的特点是：

1）制作、安装方便。

2）严密性较好。

3）流动摩擦阻力较小。

4）能制成任意尺寸任意形状的截面（但要考虑到薄钢板的规格，要使采用的风管尺寸能使材料得到充分利用）。

5）经涂装后能经受一般的潮湿侵蚀作用，但对腐蚀性物质的防护作用则较差。

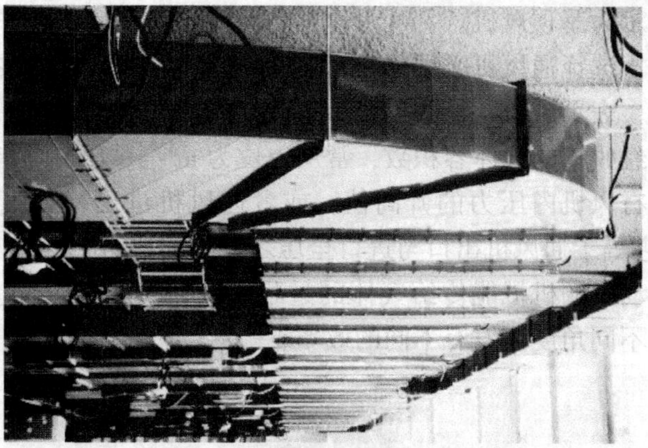

图4-30 消防风管

图4-31 空调风管

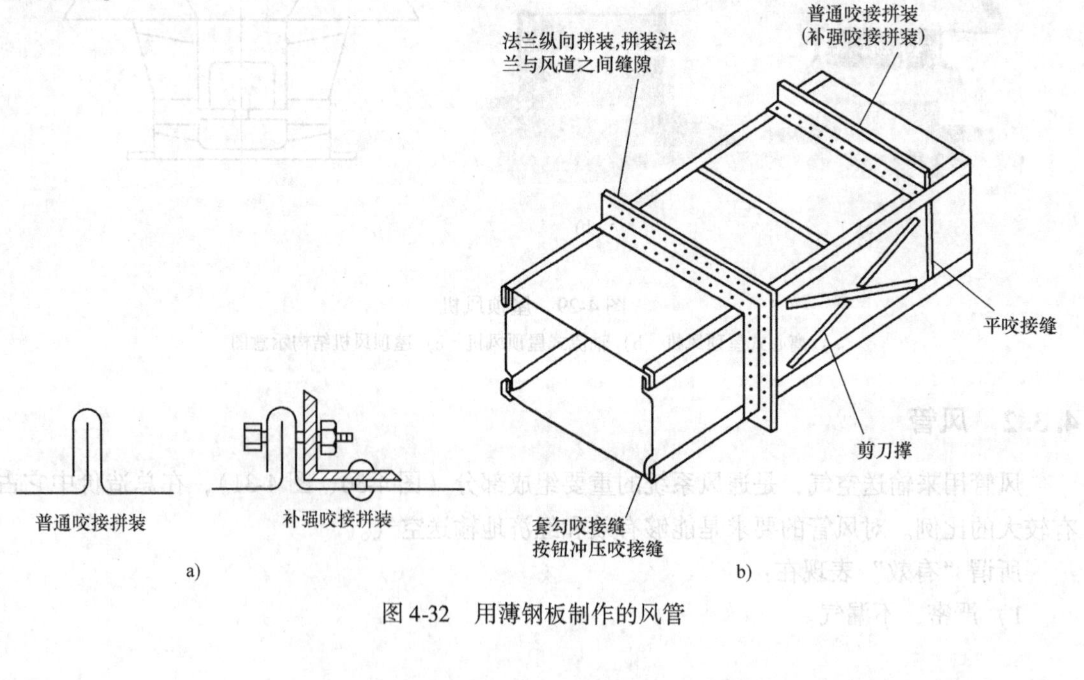

图4-32 用薄钢板制作的风管

6）薄钢板风管在必要时需附加保温措施。

7）价格较贵。镀锌钢板的防锈性能较好，但价格贵于一般薄钢板。

通风系统使用的风管也有用其他材料制作的，如聚氨酯风管、PVC 复合风管、布质风管、酚醛风管等。当对通风系统有特殊要求的高级工程或是有净化要求的通风工程，也有用铝合金板、彩塑钢板或不锈钢板制作风管的；当对通风系统有防潮、耐腐蚀要求时，通常采用聚氯乙烯板或玻璃钢材料（普通型或阻燃自熄型）制作风管，在施工条件允许时，也有采用轻质混凝土块或轻质砖砌筑通风管道的。利用砖墙内预留的孔道输送空气，就成为砖风道，其优点是不消耗额外的材料，但由于表面粗糙，流动阻力较大。地下工程的风道有时用混凝土浇制或用砖石砌成。混凝土风道或砖石砌筑的风道的特点是：节约金属，施工较简单。但是其严密性较差，阻力较大。当输送的空气含有腐蚀性气体时，有时用塑料制作风管。

图 4-33　铝箔风管

铝箔风管（图 4-33）的内外层为含防腐、防菌涂层的压花铝箔，绝热层为硬质酚醛泡沫。风管保温一体化，酚醛泡沫板材具有较低的导热系数，良好的保温隔热效果。风管系统采用独特的系统集成，保证了极佳的气密性。环保型酚醛泡沫材料不含 CFC，可回收再利用，耐燃低烟，无味无毒；泡沫均匀细腻，不掉渣，有韧性，闭孔率达到 90% 以上，具有良好的吸声、隔声性能，有效消除管道震动和传声。酚醛是有机高分子材料中防火性能最好的材料，全面符合国家建筑有关规范。

4.3.3　通风管道配件

为了调整系统的风量或适应系统运行工况的变动，在设计通风系统时，在风管上通常要设置调节设备。通风系统常用的调节设备有：

1）插板阀。如图 4-34 所示，利用风管中插板的上下（或左右）移动，以改变风管的有效通道面积。

图 4-34　插板阀

2）蝶阀。如图4-35所示，借助于旋转风管中阀板的角度改变风管的有效通道面积。当风管截面尺寸比较大时可采用多叶蝶阀。

图4-35　蝶阀

3）防火阀。当有防火要求时，风道内应装防火阀门（图4-36）。防火阀是用低触点的金属线牵引着阀板，一旦有火险时，风道内空气温度升高到一定温度，金属线熔断，阀板由于自重或其他部件的作用而自动落下，阻止风管中气流的继续流动，从而隔断火源，并消除由于风道中的气流在发生火险时继续流动而引起的“引风助燃作用”。

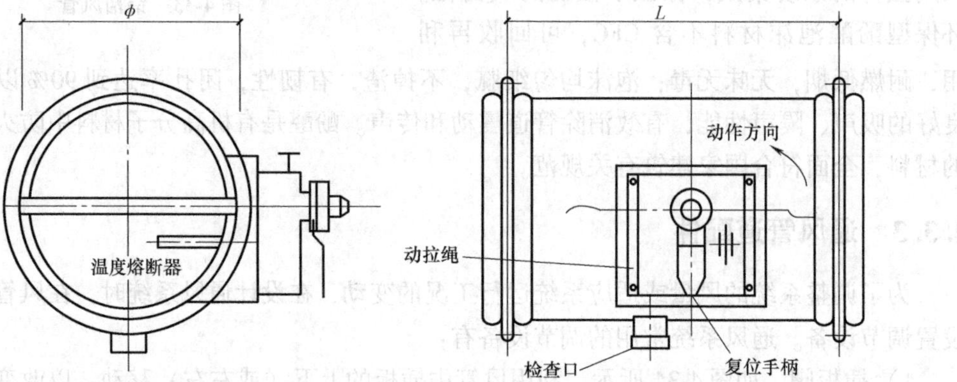

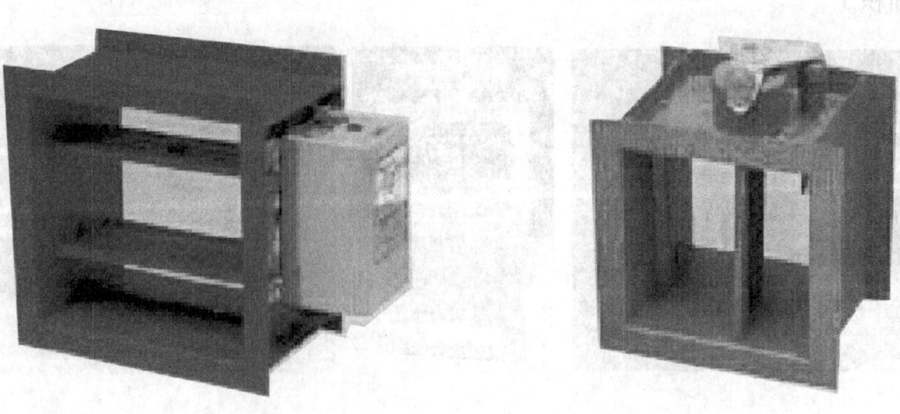

图4-36　防火阀

4）采气口与排气口。采气口是进气通风系统的空气进口（用以吸取室外空气的装置）或排气通风系统的吸气口（用以抽取室内空气的装置）。采气口应设置在室外空气较清洁之处，其与有害物源（烟囱、排气口、厕所等）之间在水平及垂直方向都应有一定的距离，以免在采气时吸入有害物。

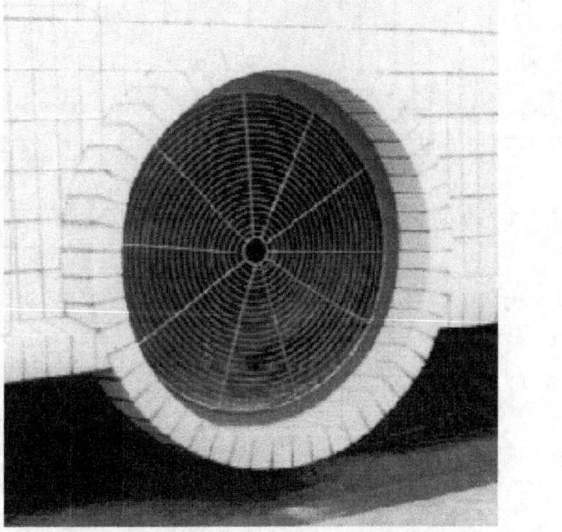

图4-37　采气口

当排气口的排气温度高于室外空气温度时，采气口低于排气口设置。采气口可以设置在外墙侧，风管可设于墙内或沿外墙作贴附风道。为了防止垃圾落入采气口，采气口一般应高出地面2.0m以上，并装有百叶风格或网格（图4-37）。采气口可以设置在屋面上，也可以做成独立的进风塔。采气口外形构造形式应与建筑形式相配合，这点对公共建筑尤为重要。

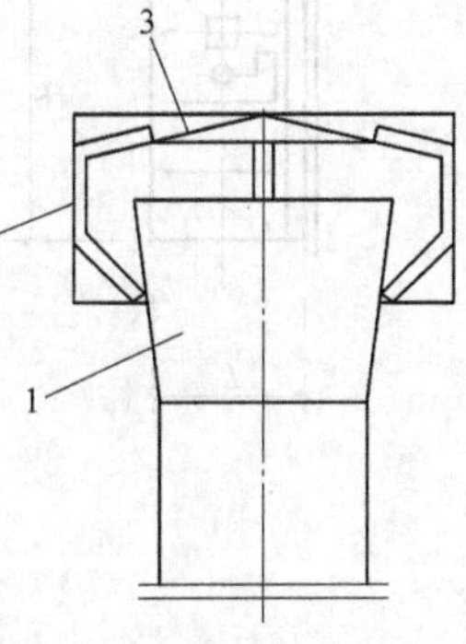

图4-38　避风风帽

1—渐扩管　2—挡风圈　3—遮雨盖

采气口的空气流通净截面积，可根据进风量及风速确定，风速可在2～5m/s范围内选取。

排气口是进气通风系统的送风口（用以向室内送风的装置）或排气通风系统的空气排放口（用以向室外排除空气的装置）。一般排气口形式都比较简单，通常可在竖向排气风管的顶端加一个伞形风帽或套环式风帽（图4-38、图4-39），以防雨雪侵入或室外空气“倒灌”。图4-40所示为格栅式烟气排放口。

排气口排气面积较大或为了配合建筑美观要求时，也可将排气口做成像采气口的形式。由于排出的空气中常含有水蒸气，在冬季为防止其在排出前就因为温度下降而在排气口附近风管中结露、结霜，甚至结冰，排气风道的外露部分及排气口应考虑保温措施。

图4-39　排气口

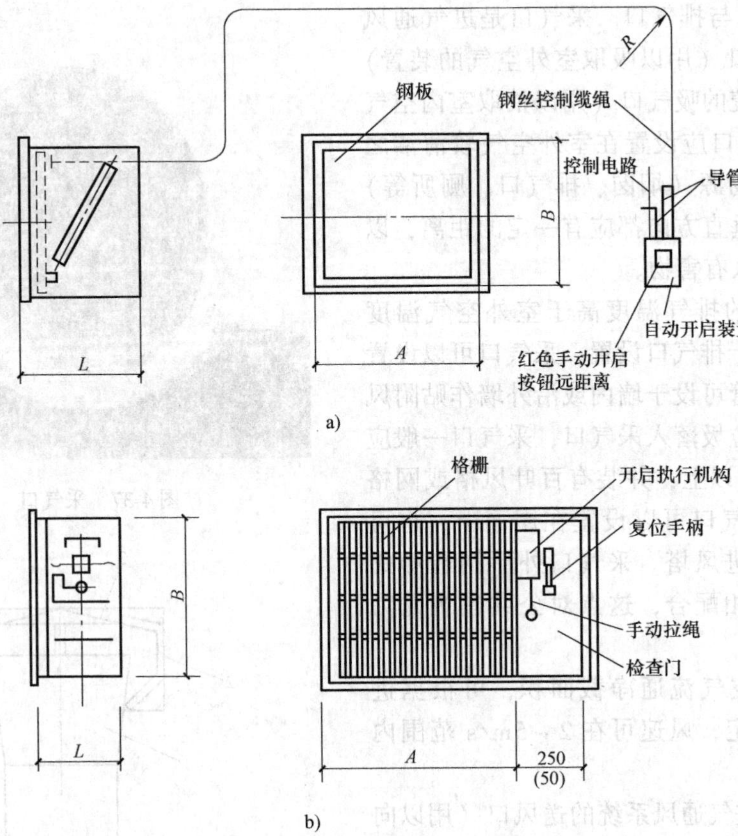

图4-40 格栅式烟气排放口

排气口的空气流通净截面积，可根据排风量及风速确定，排风风速一般不宜小于1.5m/s，否则容易造成室外空气“倒灌”。排气风速不宜过大，否则将会增加排气口的动压损失。

4.3.4 除尘器

对于进气系统，需用空气处理设备来保证所送的风具有一定的温度、湿度、洁净度，以满足室内的要求，如空气过滤器、空气加热器等。对于排气系统，需用空气处理设备来降低排出空气中的有害物浓度，如除尘器等。在此主要讲述除尘器，其他空气处理设备参见本书其他章节。

1. 除尘器分类

将粉尘从含尘气流中分离出来的设备称为除尘器，它是通风除尘系统中主要的设备之一。除尘器的作用是净化从吸尘罩或产尘设备抽出来的含尘气体，避免其污染厂区和大气环境。

除尘器根据在除尘过程中是否采用液体进行除尘和清灰，可分为干式和湿式两大类。

根据除尘机理的不同，又可分为沉降除尘器（也称为重力除尘器）、惯性除尘器、旋风除尘器、袋式除尘器、湿式除尘器、静电除尘器。在实际应用的一种除尘器中，为了提高除尘系统的效率，常同时利用了几种除尘机理。

此外，还可根据除尘效率的高低分为低效、中效和高效除尘器。袋式除尘器、电除尘器等属于高效除尘器；重力沉降室、惯性除尘器等属于低效除尘器，一般只能作为多级除尘系统的初级除尘；旋风除尘器和其他湿式除尘器一般属于中效除尘器。

除尘效率、阻力、处理风量这三项是除尘器的主要技术性能指标。在设计或选用除尘器的过程中，还必须考虑除尘器的设备费和运行费（即总成本费）、占地面积及使用寿命等，这三项是除尘器的主要经济性能指标。以上六项性能指标是衡量除尘器性能优劣的标志。

2. 常用除尘器

（1）沉降除尘器　沉降除尘器结构简单，也称为沉降室。含尘气体在管道内流动时，流速较大。粉尘混杂在气体当中，这些含尘气体一旦进入沉降除尘器，情况就不同了。在沉降除尘器内，气体流动的断面增加了，气体流速降低了，流动呈层流状态。这样，由于重力的作用，部分粉尘便会沉降下来。

一般常见的沉降除尘器是一个很简单的矩形空间。为了沉降细小的粉尘，提高沉降效率，增设栅架，栅架上装设倾斜的平板，有利于粉尘沉降。在外壳上，对着栅架装设触头，定时在外部敲触头，振动栅架以清灰。外壳上设有工作门，可人工进入内部除灰。如果沉降下来的粉尘量较大，可以设置灰斗。图 4-41 所示为单层重力沉降除尘器的示意图。

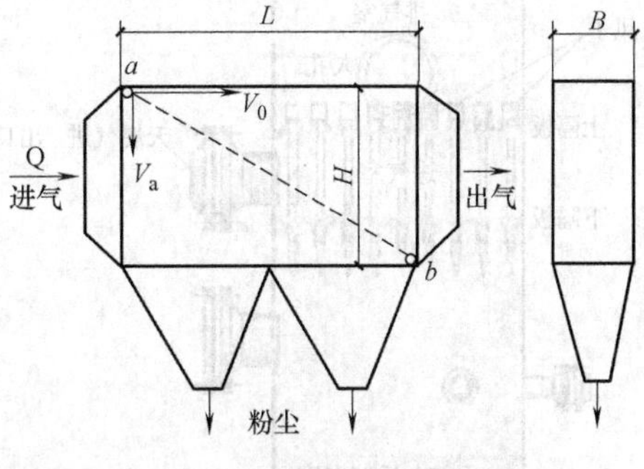

图 4-41　单层重力沉降除尘器

（2）惯性除尘器　惯性除尘器是利用惯性的作用，使粉尘从气流中分离出来。惯性除尘器内设有障碍物，含尘气流抵达障碍物时急剧改变方向，粉尘由于惯性作用继续向前与障碍相撞而被收集下来。图 4-42 所示为反转式惯性除尘装置示意图。

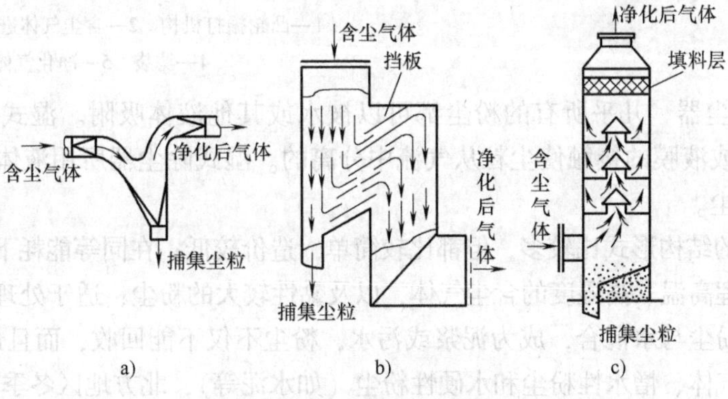

图 4-42　反转式惯性除尘装置
a）弯管型　b）百叶窗型　c）多层隔板型

惯性除尘器结构繁简不一，除尘效果较重力沉降除尘器有明显改善，但阻力较大。

（3）旋风除尘器　旋风除尘器是依靠含尘气体作圆周运动产生的离心力，在离心力的作用下清除粉尘。旋风除尘器也称为离心除尘器。

旋风除尘器由内筒、外筒、锥筒组成。含尘气体是从内筒与外筒之间，沿着切线方向进入除尘器下降到底部的。清除的粉尘进入灰斗，净化后的气体从内筒向上排出。多管式旋风除尘器的结构如图4-43所示，它由进气口、筒体、锥体、排出管（内筒）四部分组成。

旋风式除尘器具有设备结构简单，紧凑，占地面积较小，造价低廉，运行可靠，维修方便的特点。它可捕集干粉末物料，承受高压的含尘气体。

（4）袋式除尘器 图4-44所示为袋式除尘器结构简图。含尘气体进入除尘器后，通过并列安装的滤袋，粉尘被阻留在滤袋的内表面，净化后的气体从除尘器上部出口排出。随着粉尘在滤袋上的积聚，除尘器阻力相应增加。当阻力达到一定数值后，要及时清灰，以免阻力过高，除尘效率下降。

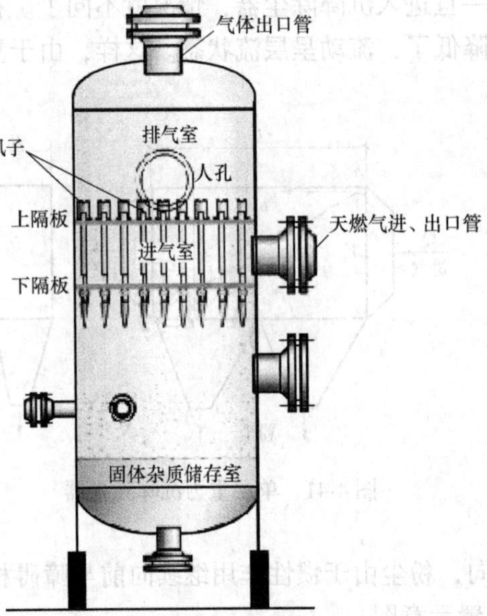

图4-43 多管式旋风除尘器

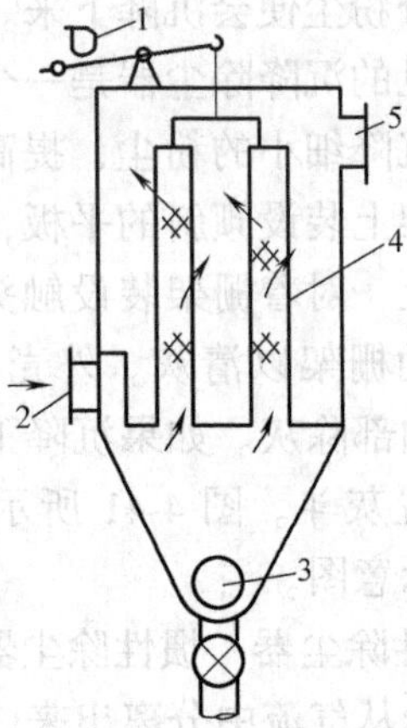

图4-44 袋式除尘器结构简图

1—凸轮振打机构 2—含尘气体进口 3—排灰装置

4—滤袋 5—净化气体出口

（5）湿式除尘器 几乎所有的粉尘都可以被水或其他液体吸附。湿式除尘器就是通过含尘气体与液滴或液膜的接触使尘粒从气流中分离的。湿式除尘器所用液体主要是水，故主要用于亲水性粉尘。

湿式除尘器的结构形式比较多，但都比较简单，造价较低；在同等能耗下，比干式除尘器效率高；适于处理高温、高湿度的含尘气体，以及黏性较大的粉尘；适于处理有害气体。但湿式除尘器除下的粉尘与水混合，成为泥浆或污水，粉尘不仅不能回收，而且最后处理较困难；不适用于腐蚀性气体、憎水性粉尘和水硬性粉尘（如水泥等），北方地区冬季不适用。

图4-45所示为喷淋塔结构简图，它是一种湿式除尘器。喷淋塔壳体中安装有几层喷嘴，水通过喷嘴喷出雾状小水滴，以水滴作为捕集体。含尘气体从塔下部进入，通过气流分布板使含尘气流在塔内分布很均匀。各层喷嘴的喷雾在重力作用下向下流动，与含尘气流方向相反。含尘气体在与水滴的相对运动中，尘粒被捕集，使尘气分离，净化后的气体由上部排出。

（6）静电除尘器 静电除尘器是利用高压电场中的气体电离，以及在电场力作用下使荷电后的粉尘从含尘气体中分离出来的一种除尘设备，如图4-46所示。

静电除尘器可以根据不同的特点，分成不同的类型：

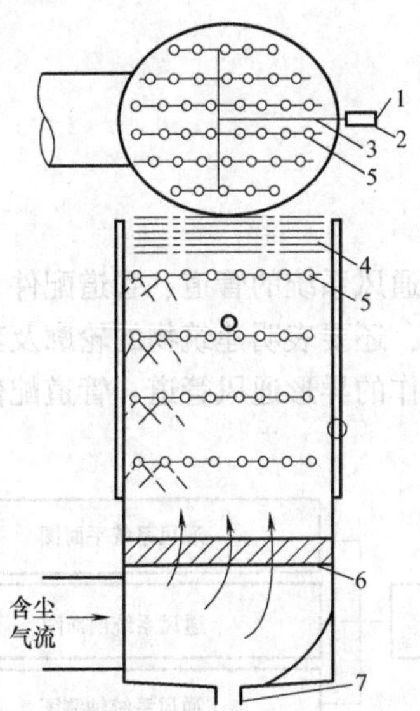

图 4-45　喷淋塔结构简图

1—水入口　2—滤水器　3—水管　4—挡水板

5—喷　6—气流分布板　7—污水出口

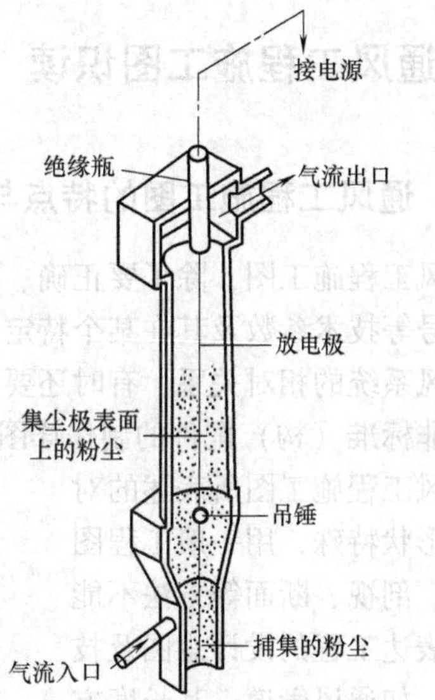

图 4-46　管式电除尘器结构示意图

1）按集尘极形式的不同分为管式静电除尘器和板式静电除尘器。

2）按含尘气流的流动方式可分为立式静电除尘器和卧式静电除尘器。

3）根据电除尘器放电电极采用的极性分为正电晕极和负电晕极。

4）根据粉尘的清灰方式，可分为湿式静电除尘器和干式静电除尘器。静电除尘器在水泥、冶金、电站锅炉、化工等工业领域中广为应用，也常和其他类型的除尘器组合使用，如图 4-47 所示。

静电除尘器效率较高，对 0.1μm 的粉尘仍有较高的除尘效率；处理气体量较大，单台设备每小时可处理几十万甚至上百万立方米的烟气；能处理高温烟气；能耗低，运行费用少。但是，静电除尘器结构较复杂，对制造、安装、运行都有相当严格的要求，一次投资费用高，设备占地面积较大，对粉尘比电阻有一定的要求。

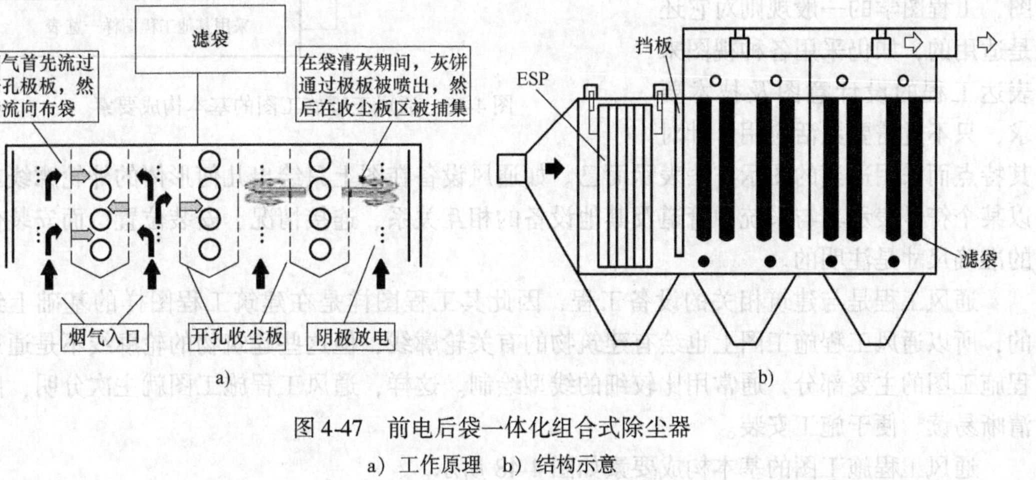

图 4-47　前电后袋一体化组合式除尘器

a）工作原理　b）结构示意

4.4 通风工程施工图识读

4.4.1 通风工程施工图的特点与构成

通风工程施工图，除了要正确、准确、明确地表明通风系统的管道、管道配件、设备规格、型号等技术参数及其在某个特定建筑空间的布置外，还要表明建筑物的轮廓及其在空间上与通风系统的相对关系，有时还要给出需现场加工制作的异形通风管道、管道配件、设备配件等非标准（构）配件的制作详图。

通风工程施工图所表述的对象几何形状特殊，用一般工程图的视图、剖视、断面等方法不能很好地表达工程的设计意图及技术要求。如通风管道，其长度方向尺寸与径（横）向尺寸相比要大得多，其沿长度方向的截面形状不变，但尺寸在变，且这个变化量相对于长度方向尺寸来说甚小。再如，通风系统的管道配件（阀门、变形接头）、设备（除尘器）的几何形体与尺寸，就很难用工程图的方法画出这些实物在通风系统中的真正视图。还有，在同一个建筑空间，输送不同介质的管道的区别等。所以通风工程施工图与一般工程图有很大的不同。但它毕竟还是工程图，工程图学的一般规则对它还是适用的，如仍采用各种视图来表达工程的设计意图及技术要求，只不过需要灵活应用，针对其特点而采用适当的图示方法表示而已。如通风设备在图上只绘出几何形体的外轮廓线或仅以某个符号表示其与系统中管道及其他设备的相互关系、连接情况、安装位置，而安装位置的准确尺寸是注明的。

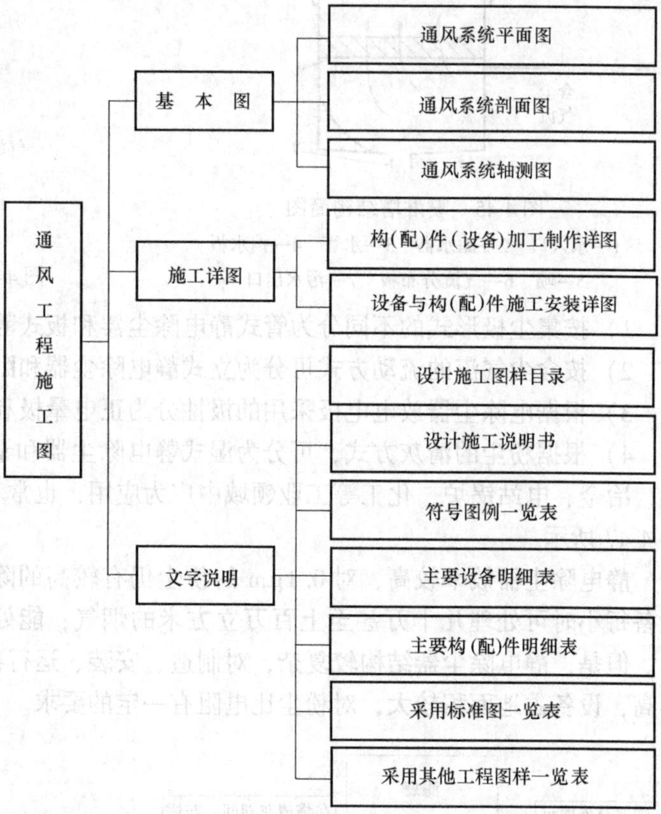

图 4-48 通风工程施工图的基本构成要素

通风工程是与建筑相关的设备工程，因此其工程图样是在建筑工程图样的基础上绘制的，所以通风工程施工图上也绘有建筑物的有关轮廓线，但这些建筑物的轮廓线不是通风工程施工图的主要部分，通常用比较细的线型绘制。这样，通风工程施工图就主次分明，图样清晰易读，便于施工安装。

通风工程施工图的基本构成要素如图 4-48 所示。

4.4.2　通风工程施工图的基本内容与表示方法

1. 通风系统平面图

通风系统平面图是在建筑平面图或工艺布置平面图上绘制的，它表明了通风管道、设备等的平面布置，一般包括以下内容：

1）通风机、电动机、吸气罩、送风口等通风设备的编号、轮廓尺寸、位置尺寸（与工艺设备及建筑的相对尺寸）及与通风管道的连接情况，设备的型号和规格则在“文字说明”文件中以表格方式予以说明。

2）通风管道平面走向和弯头、三通或四通管接头、异径管等位置的定位尺寸（管道中心线与建筑轴线或工艺设备中心线的距离），注明风管截面尺寸（矩形风管的截面尺寸注“宽×高”，圆形风管的截面尺寸注明直径尺寸）及变化节点的平面位置。用带箭头的符号表明气流方向。

3）用图例、编号表明导风板、阀门、送风口、回风口等的相对位置，并注明型号、规格、尺寸；用带箭头的符号表明风口气流方向。

4）对两个以上的通风系统通常都按系统分别予以编号表示。

5）设备安装图、零（配）件构造图、风管配件制作图等，有详图予以表示。

识读通风系统平面图时，一般要先了解该建筑里有几个通风系统，各个系统所属的工艺设备和通风设备的位置，管道的走向及其与设备的连接情形。随后，根据平面图中的剖切符号，找到相应的剖视图，从剖视图中看出管道布置在高度方向的走向和位置情况等。当管道系统比较复杂，在平面图和剖视图中因图线相互交叉或重叠较多而难以完全看清楚时，再对照系统轴测图，就可以了解整个系统概貌。至于通风设备或构件的具体构造或安装情况，可通过查阅有关详图予以了解。

识读通风系统平面图时要注意图样上的线型。通常，用粗线表示通风管道，用中粗线表示主要设备（如除尘器、通风机），用稍细线表示通风系统的次要设备和配件，用细线表示建筑主要轮廓的平面。

识读通风系统平面图时还要注意图样上标注的尺寸。首先，要注意建筑定位轴线间距、外墙总长、墙厚、标高等尺寸；其次，要注意管道与设备的定位尺寸（即管道标高及其与建筑定位轴线的距离）、设备轮廓尺寸（用规格型号标注设备时不注轮廓尺寸）、管道截面尺寸（不注明管段长度尺寸）。

2. 通风系统剖视图

通风系统的剖视图是在建筑剖视图或工艺布置剖视图上绘制的，它表明了通风管道、设备等在垂直方向的布置，一般包括以下内容：

1）通风管道、管道配件、设备等相应的剖面位置及其中心线的标高（如要求管底保持水平则需注明管底标高）、与房屋地面和楼面的相对位置尺寸（以标高表示）。

2）通风管道的截面尺寸及变化节点的剖面位置，用带箭头的符号表明气流方向，注明通风管道坡向与坡度。

3）简单的通风系统往往省略剖视图。当通风系统比较复杂时，其平面图和系统轴测图都不能清楚地表示工程设计意图时，必须绘有剖视图。

识读通风系统剖视图时，首先要特别注意剖视图所对应的剖切部位，要与系统平面图相互对照着读；其次要注意管道系统在垂直方向的变化情况和标注的标高。剖视图上的线型与平面图是一致的。

3. 通风系统轴测图

通风系统平面图和剖视图虽然能够把通风管道、设备的系统结构布置情况表达出来，但管道在空间曲折、交叉致使图线重叠，识读时需要对各视图反复对照和分析，才能看懂，理解、掌握工程总体设计意图。为此，需辅以通风系统轴测图，以助识读。系统轴测图也是通风工程的重要施工图样。

通风系统轴测图通常是按三等斜轴测绘制的，有单线和双线两种。单线系统轴测图是用单线条表示管道，而通风机、吸气罩之类设备仍画成简单外形轴测图的系统图，例如图 4-25 所示的通风除尘系统就是单线系统轴测图。双线系统轴测图是把整个系统的设备、管道及配件都用轴测投影的方法画成立体形象的系统图，例如图 4-16 所示的局部送风系统示意图就是双线系统轴测图。双线系统轴测图的优点是比较形象化，能清楚地表达管道的形状变化，对整个系统的概貌一目了然。但双线系统轴测图的绘制十分耗时，如非特别需要，设计者一般不提供双线系统轴测图。

在系统轴测图中，要注明系统的编号；画出主要设备的外形轮廓和各类配件的图例符号，并注出它们的名称和规格型号；注明管道的截面尺寸和标高；用带箭头的符号表明气流方向；在有坡度管道上注明坡度与坡向；有时为了试运行的方便，也可注出送风口的风量和风速。

对于结构较简单的通风系统，设计者如不绘制通风系统剖视图，则可用系统轴测图表达通风系统在垂直方向的布置情况，并在轴测图上标注管道标高等尺寸。

4. 通风工程施工详图

通风工程施工详图表达设备或配件的具体构造和安装情况。通风工程施工详图较多，主要有两类。一是设备与构（配）件施工安装详图，如空气过滤器、除尘器、通风机、吸气罩、送风口等的安装详图。二是管道构（配）件的加工制作详图，如阀门、检查门弯头、三通或四通管接头、异径管、异形短风管、吸气罩、送风口、部分设备非标准件等加工制作的详图。

其中有一些用薄钢板制成的弯管接头、三通管接头、异径管、异形短风管等，在加工制作前须先放样，这就涉及到板材展开下料的问题。该问题是通过展开图解决的。所谓展开图，就是根据这些管道配件的视图及尺寸，求出它们各部分表面的实际大小，画出它们各表面摊平在一个平面上的展开图样；然后，按图下料，加工制作成所需配件成品。图4-49所示为天圆地方管接头板材展开下料图，展开时考虑了板材厚度及翻边、咬缝等加工裕量。

识读通风工程详图应该注意三点：一是在识读某个详图时，首先要了解它在管道系统中的地位、用途和工作情况，从主要的视图开始，找出各视图间的投影关系，并参考明细表，进一步了解它的构造及零件的装配情况。二是详图根据其所表达的对象，有的是按建筑制图标准绘制的，如风机安装基础图；也有的是按机械制图标准绘制的，如管道构（配）件的加工制作详图、展开图等。三是各种详图大多有标准图供选用，设计者已在相应的地方注明了所选用的标准图号，识读时一定要查对。

5. 文字说明

“文字说明”是通风工程施工图的重要组成部分之一。一项通风工程通过通风系统平面图、剖视图、轴测图虽然能把工程总体设计意图、系统结构布置情况表达出来，但有些技术问题还需要通过文字说明才能表达得更准确，为此在施工图之外，还需配有“文字说明”

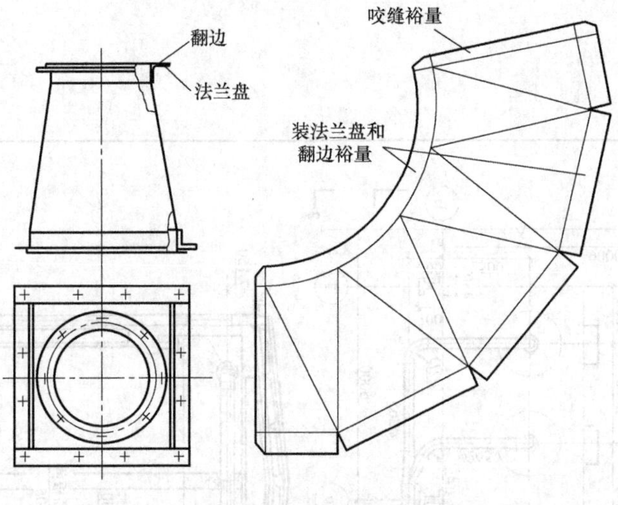

图 4-49 天圆地方管接头板材展开下料图

资料，辅助识读施工图。“文字说明”资料包括设计施工图样目录、设计施工说明书、符号图例一览表、主要设备明细表、主要构（配）件明细表、采用标准图一览表、采用其他工程图样一览表等内容。包括设计时使用的有关气象资料、卫生标准等基本数据；通风系统的划分；与土建工程配合施工的事项；风管材料和制作的工艺要求，涂装、保温、设备安装技术要求等统一作法的说明；施工完毕后试运行的要求等。设备和配件明细表就是通风机、电动机、过滤器、除尘器、阀门及其配件等的明细表，表中注明它们的名称、规格和数量，以便与图对照，进一步表明图示内容。

思考题和实训作业

1. 通风的主要功能和作用是什么？
2. 什么是自然通风、机械通风、全面通风、局部通风？为什么说混合通风是一种新的节能型通风模式？
3. 机械送、排风系统，一般包括哪些设备和部件？各自的作用是什么？
4. 不同的通风方式各适用于何种场合？
5. 在风压作用下的自然通风和在热压作用下的自然通风有什么区别？
6. 常用的局部排风罩有哪些？
7. 大门空气幕有什么作用？
8. 除尘器有哪几类？各有什么特点？
9. 常用的通风机有哪些类型？各有什么特点？
10. 除尘器有哪几类？各有什么特点？
11. 表示通风机性能的参数有哪些？
12. 识读某厂铸工车间通风除尘系统布置图（图 4-50），回答以下问题：

1）设计者还应该补充提供哪些设计文件？为什么？

2）该车间的通风工程布置了几个通风系统？用文字简单描述通风系统的技术特征。

3）该车间的通风除尘系统有几个送风口？几个排风口？有几种规格？

4）该车间的通风除尘系统的风管截面尺寸有几种？其长度各是多少？

5）该车间的通风除尘系统安装了几台风机？各是什么类型的风机？

6）该车间的通风除尘系统使用的是什么类型的除尘器？

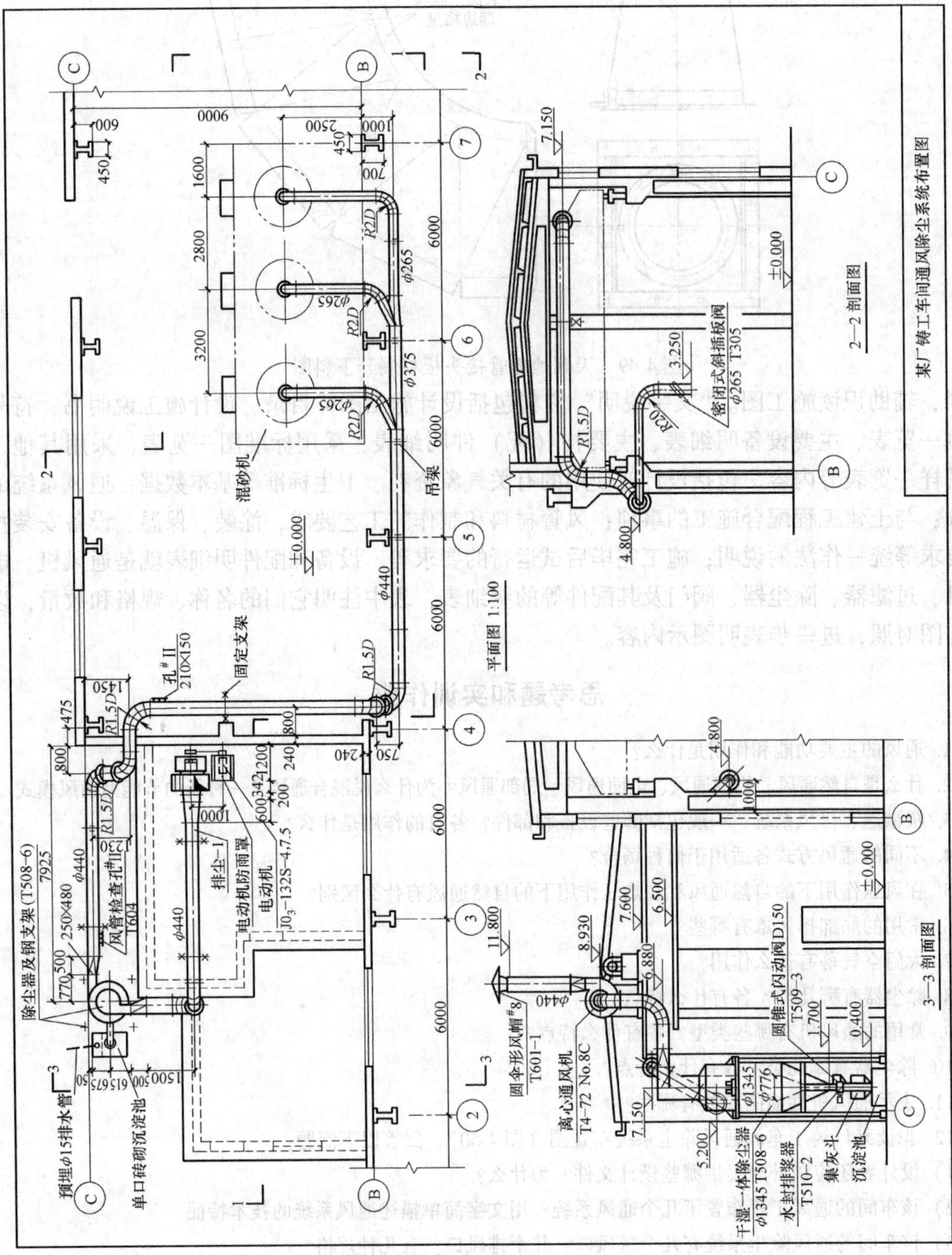

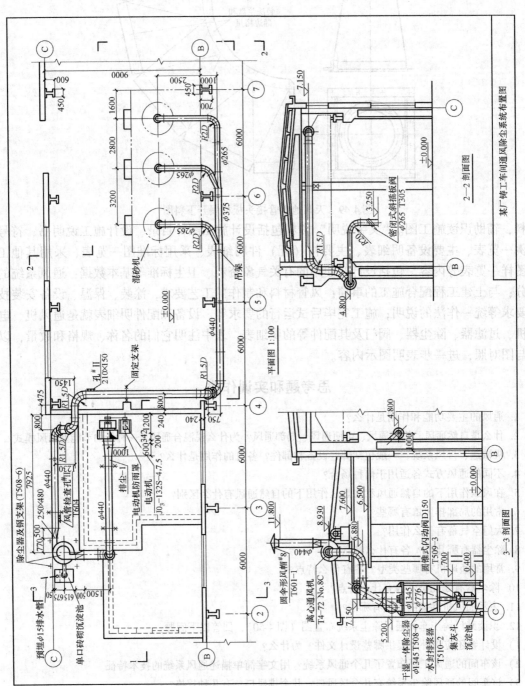

图 4-50 某厂铸工车间通风除尘系统布置图

第 5 章　空气调节系统

5.1　概述

5.1.1　空气调节系统的概念和组成

空气调节系统（简称空调系统）是指用人为的方法处理室内空气的温度、湿度、洁净度和气流速度的系统。它可使某些场所获得具有一定温度、湿度和质量的空气，以满足使用者及生产工艺的要求，改善劳动卫生和室内气候条件。

空气调节系统主要由空气处理设备、空气输送设备、空气分配装置、空调管路系统、空调的冷热源，以及运行自动控制和监测装置等部分组成，如图 5-1 所示。

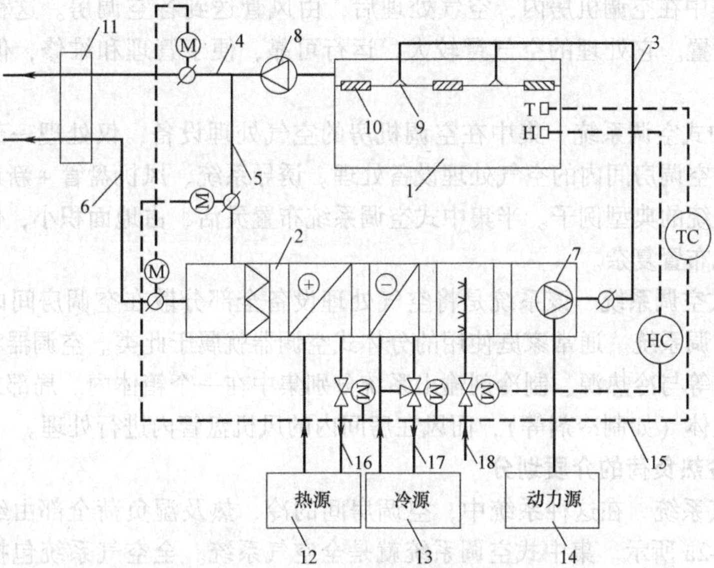

图 5-1　空调系统的组成

1—空调房间　2—空气处理设备　3—送风风道　4—排风风道　5—回风风道　6—新风风道　7—送风风机　8—回风风机　9—送风口　10—回风口　11—能量回收装置　12—热源　13—冷源　14—动力源　15—自动控制系统　16—热媒　17—冷冻水　18—蒸汽

（1）空气处理设备　空气处理设备是空调系统对空气进行加热、冷却、加湿、除湿和净化处理的关键设备，常用的有组合式、吊装式和柜式空调机组，单元式空调机组（自带制冷机的柜式空调机），风机盘管、水源热泵空调机组，冷辐射板等。

（2）空气输送设备　空气输送设备主要有风机、风道系统、调节风阀、消声器等设备。风机是输送空气的动力装置，常用的风机是离心风机、斜流风机和轴流风机。风道是输送空气的通道，常用的风道包括建筑物的风井及用金属和非金属材料制成的矩形或圆形的管道。调节风阀是为便于风量调节而设置的装置。消声器是为减弱空调系统噪声而设置的装置。

(3) 空气分配装置　空气分配装置是指房间内布置的送风口和回风口。送风口向室内送入经过处理的空气，常用的送风口有单层百叶送风口、双层百叶送风口、格栅式送风口、散流器等；回风口将室内空气送入空气处理设备，常用的回风口有格栅式回风口、百叶回风口等。

(4) 空调管路系统　空调管路系统是指向空气处理设备输送冷热媒的系统，以及冷却水系统和冷凝水系统。空调管路系统由管道、水泵、定压设备等组成。

(5) 空调冷热源　空调冷热源是为空气处理设备提供冷热量的装置，是空调系统中必不可少的部分。

(6) 自动控制和监测装置　自动控制和监测装置通过室内参数检测和自动调节可以使室内空气的参数满足设计要求，同时实现节能运行。

5.1.2　空调系统的分类

1. 按空气处理设备的集中程度划分

(1) 集中式空调系统　所有空气处理设备（风机、过滤器、加热器、冷却器、加湿器、减湿器等）都集中在空调机房内，空气处理后，由风管送到各空调房。这种空调系统热源和冷源也集中设置。它处理的空气量较大，运行可靠，便于管理和维修，但机房占地面积大。

(2) 半集中式空调系统　集中在空调机房的空气处理设备，仅处理一部分空气，其他空气由分散在各空调房间内的空气处理设备处理。诱导系统、风机盘管＋新风系统就是这种半集中式空调系统的典型例子。半集中式空调系统布置灵活、占地面积小，但管理和维修不方便，管道系统布置复杂。

(3) 局部式空调系统　该系统是将空气处理设备全部分散在空调房间内，因此该系统又称为分散式空调系统。通常家庭使用的分体式空调器就属于此类。空调器将室内空气处理设备、室内风机等与冷热源、制冷剂输出系统分别集中在一个箱体内。局部式空调系统只向室内输送冷热载体（如制冷剂等），而风在房间内的风机盘管内进行处理。

2. 按负担冷热负荷的介质划分

(1) 全空气系统　在这种系统中，空调房间的冷、热及湿负荷全部由经过处理的空气来承担，如图5-2a所示。集中式空调系统就是全空气系统。全空气系统包括定风量或变风量的单风道及双风道集中式空调系统和全空气诱导式空调系统。根据新风和回风混合的过程分为一次回风和二次回风系统。全空气系统是最早、最普通的，目前仍广泛应用的空调系统。

(2) 全水系统　在这种系统中，空调房间的冷、热及湿负荷全部由水作为冷热介质来承担，如图5-2b所示。由于水的比热容远大于空气的比热容，所以在相同的负荷条件下，全水系统所需水量较少。但它不能解决房间的通风问题，一般不单独采用。无新风的风机盘管系统和辐射板系统属于全水系统。

(3) 空气-水系统　在这种系统中，空调房间的冷、热及湿负荷由空气和水共同承担，如图5-2c所示。风机盘管＋新风系统就属于这种系统，目前在酒店、医院、写字楼应用得非常广泛。

(4) 制冷剂系统　在这种系统中，空调房间的冷、热及湿负荷直接由制冷系统的制冷剂来承担，如图 5-2d 所示。由于制冷管道不便于长距离输送制冷剂，因此该系统常用于分散式安装的局部空调系统。

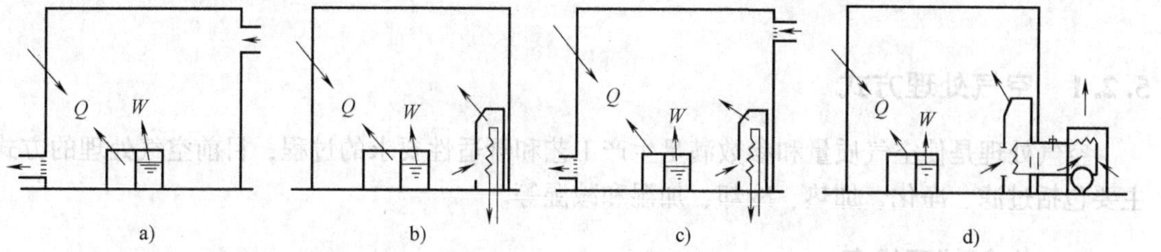

图 5-2　按负担冷热负荷的介质分类示意图

a）全空气系统　b）全水系统　c）空气-水系统　d）制冷剂系统

注：Q、W 分别表示室内的冷热负荷和湿负荷。

3. 按冷却介质种类划分

（1）直接蒸发式系统　该系统中制冷剂直接在冷却盘管内蒸发，吸取盘管外空气热量。它适用于空调负荷不大、空调房间比较集中的场合。

（2）间接冷却式系统　该系统中制冷剂在专用的蒸发器内蒸发吸热，冷却冷冻水（又称冷媒水），冷冻水由水泵输送到专用的水冷式表面冷却器冷却空气。它适用于空调负荷较大、房间分散或自动控制要求较高的场合。

4. 按处理的空气来源划分

（1）闭式系统　空调系统处理的空气全部再循环，不补充新风（室外新鲜空气）的系统，如图 5-3a 所示。该系统能耗小，卫生条件差，需要对空气中氧气再生和备有二氧化碳吸式装置。该系统可用于地下建筑及潜艇等的空气调节。

（2）直流式系统　直流式系统又称为全新风空调系统。其空调器处理的空气全部为新风，送到各房间进行热湿交换后全部排放到室外，如图 5-3b 所示。这种系统卫生条件好，能耗大，经济性差，用于有有害气体产生的车间、实验室及厨房等。

（3）混合式系统　空调器处理的空气由室内回风和新风混合而成，如图 5-3c 所示。它兼有直流式和闭式系统的优点，应用比较普遍，如宾馆、办公楼等场所的空调系统。

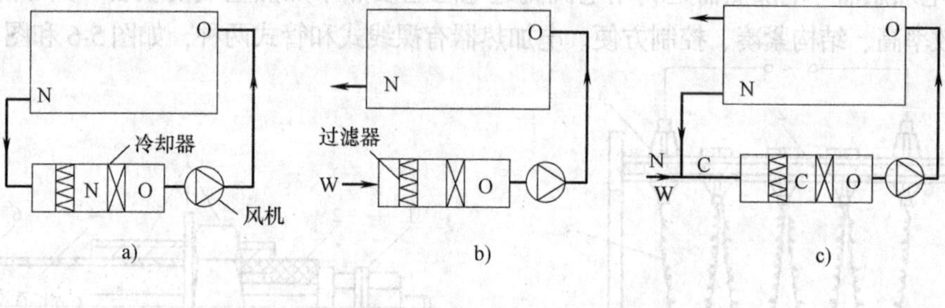

图 5-3　按处理的空气来源分类示意图

a）闭式系统　b）直流式系统　c）混合式系统

注：N 表示室内空气，W 表示室外空气，C 表示混合空气，O 表示处理后的空气。

5.2 空气处理及设备

5.2.1 空气处理方式

空气处理是使空气质量和参数满足生产工艺和舒适性要求的过程，目前空气处理的方式主要包括过滤、净化、加热、冷却、加湿和减湿等。

5.2.2 空气处理设备

常用的空气处理设备主要有以下几种：

（1）表面式换热器　表面式换热器可以对空气进行加热、冷却及减湿处理。表面式换热器由管道和肋片组成，肋片密集地穿在翅片上，如图5-4和图5-5所示。热媒（热水或蒸汽）或冷水在管内流动，空气在管外流动，空气与热媒或冷水通过金属表面换热，使空气得到加热或冷却，冷却时还可以达到减湿的目的。表面式换热器主要用于集中式空调系统的空气处理设备中和半集中式空调系统的末端装置中。

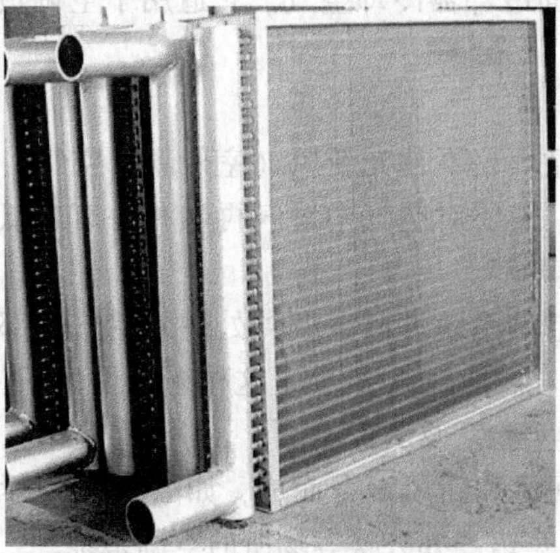

图5-4　表面式换热器实物图

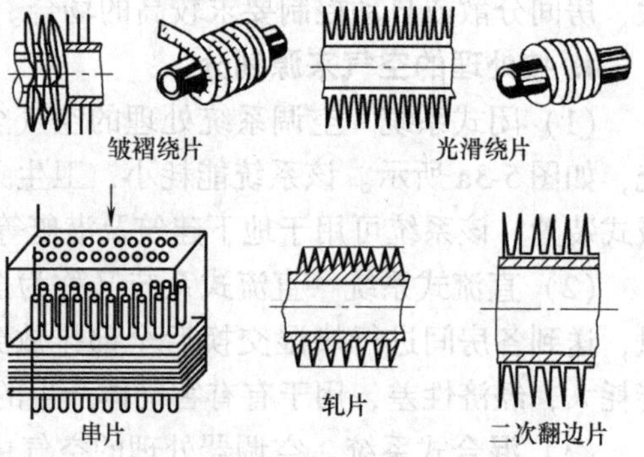

图5-5　各种肋片式换热器的构造

（2）电加热器　电加热器是利用电流流过电阻丝发热来加热空气的设备，其加热均匀、热量稳定、效率高、结构紧凑、控制方便。电加热器有裸线式和管式两种，如图5-6和图5-7所示。

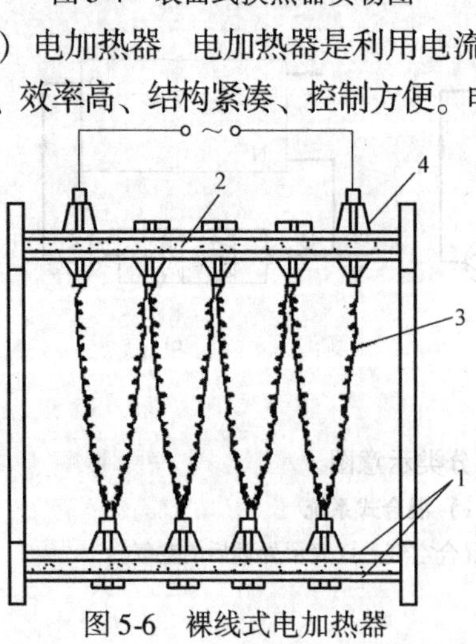

图5-6　裸线式电加热器

1—钢板　2—隔热层　3—电阻丝　4—瓷绝缘子

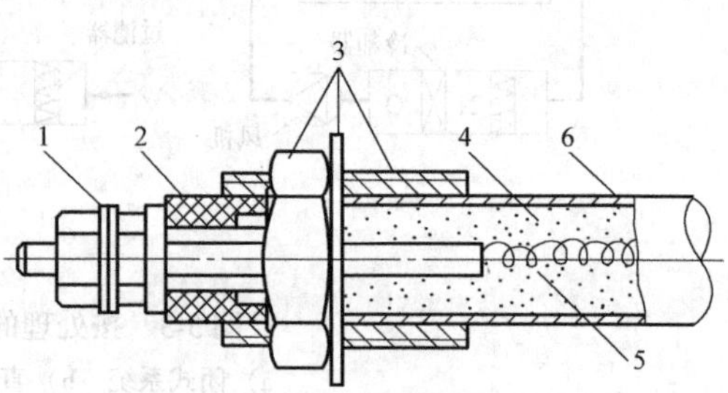

图5-7　管式电加热器

1—接线端子　2—瓷绝缘子　3—紧固装置

4—绝缘材料　5—电阻丝　6—金属套管

裸线式电热器热惰性小，加热迅速，结构简单，但容易断丝漏电，安全性较差。管式电加热器由若干管状电热元件组成。管状电热元件是将螺旋形电阻丝装在特制的金属套管中，并在空隙部填充绝缘材料，外形加工成各种不同的形状和尺寸。其特点是加热均匀、热量稳定、安全性好，但热惰性大，构造复杂。

工程中常将电加热器做成抽屉式，如图 5-8 所示。它常安装在各空调房间的送风支管上。

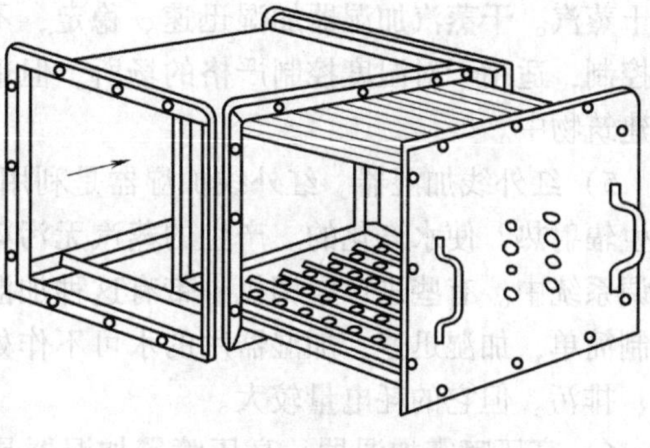

图 5-8　抽屉式电加热器

（3）喷水室　喷水室又称为淋水室，它直接向空气喷淋大量的不同温度的雾状水滴，被处理的空气与雾状水滴接触后，两者产生热、湿交换，使被处理的空气达到所要求的温、湿度。喷水室的构造如图 5-9 所示。

（4）空气加湿设备

1）电热式加湿器。电热式加湿器是利用 U 形、蛇形、螺旋状电热元件置于水槽或水箱中，通过产生的水蒸气加湿空气。图 5-10 所示为电热式加湿器的构造示意图。由于电热式加湿器中带有一定容积的存水，从开始通电到产生蒸汽需要时间较长，因而热惰性较大，不宜用在湿度控制要求严格的地方。

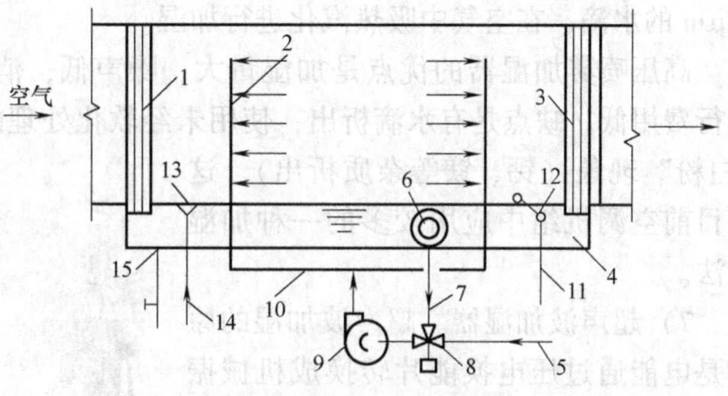

图 5-9　喷水室的构造

1—前挡水板　2—喷嘴与排管　3—后挡水板　4—底池　5—冷水管　6—滤水器　7—循环水管　8—三通混合阀　9—水泵　10—供水管　11—补水管　12—浮球阀　13—溢水器　14—溢水管　15—泄水管

2）电极式加湿器。电极式加湿器是利用三根不锈钢棒（或铜棒）插入盛水的容器中作为电极，通电之后水被加热产生蒸汽，蒸汽通过排出管送到待加湿的空气中，如图 5-11 所示。电极式加湿器结构紧凑，且加湿量也容易控制，所以应用较为广泛。其缺点是耗电量较大，电极上易积水垢，易腐蚀，因此一般用在小型空调系统中。

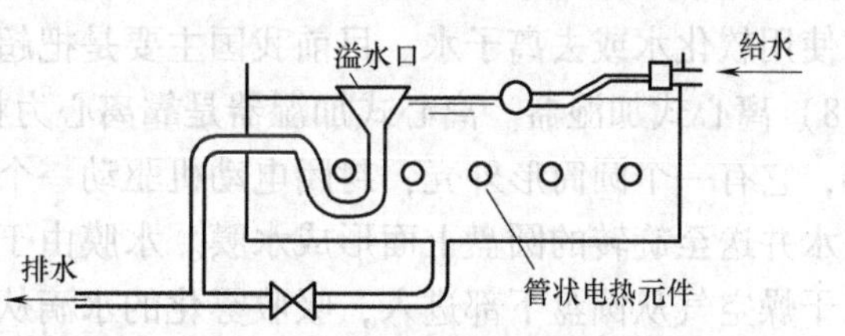

图 5-10　电热式加湿器

3）PTC 蒸汽加湿器。PTC 蒸汽加湿器是一种电热加湿器，它是将 PTC 热电变阻器（陶瓷半导体）发热元件直接放入水中，通电后水被加热产生蒸汽的一种加湿器。PTC 加湿器由 PTC 发热元件、不锈钢水槽、给水装置、排水装置等系统组成。加湿器本体设在空调机内部，操作盘设在空调机外部。PTC 加湿器具有运行安全、加湿迅速、不结露、高绝缘、寿命长、维修工作量小等优点，可用于温、湿度控制要求严格的中、小型空调系统中。图 5-12 所示为加装了 PTC 蒸汽加湿器的风机盘管。

4）干蒸汽加湿器。干蒸汽加湿器是在空气中直接喷入蒸汽进行加湿的，其结构如图5-13所示。蒸汽在管网的压力作用下，由小孔喷出，混入空气。为防止喷出的蒸汽中带有凝结水滴，影响加湿效果，干蒸汽加湿器的喷管设有保温套管，以保证喷出的是干蒸汽。干蒸汽加湿器加湿迅速、稳定，不带水滴，加湿量易于控制，适用于对湿度控制严格的场所。但也只能用于有蒸汽源的建筑物中。

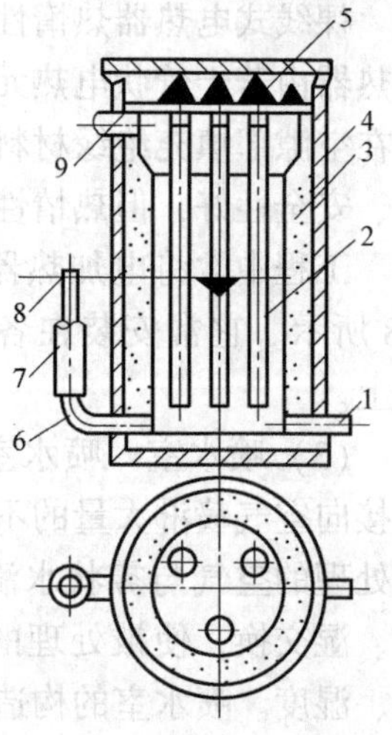

图5-11 电极式电加湿器

1—进水管 2—电极 3—保温层 4—外壳 5—接线柱 6—溢水管 7—橡胶短管 8—溢水嘴 9—蒸汽出口

5）红外线加湿器。红外线加湿器是利用红外线灯作为热源，产生辐射热，使水汽化的。产生的蒸汽无污染微粒，适用于净化空调系统中。有些进口空调机中带有这种加湿器。红外线加湿器控制简单，加湿迅速，加湿器用的水可不作处理，能自动定期清洗、排污。但它的耗电量较大。

6）高压喷雾加湿器。高压喷雾加湿器是利用水泵将水加压到0.3~0.6MPa（相对压强）下进行喷雾，可获得平均粒径小于15μm的水滴，在空气中吸热汽化进行加湿。

高压喷雾加湿器的优点是加湿量大，噪声低，消耗功率小，运行费用低。缺点是有水滴析出，使用未经软化处理的水会出现“白粉”现象（钙、镁等杂质析出）。这是目前空调机组中应用较多的一种加湿方法。

7）超声波加湿器。超声波加湿的原理是电能通过压电换能片转换成机械振动，向水中发射超声波，使水面直接雾化，雾粒直径为3~5μm，水雾在空气中吸热汽化，从而加湿空气。

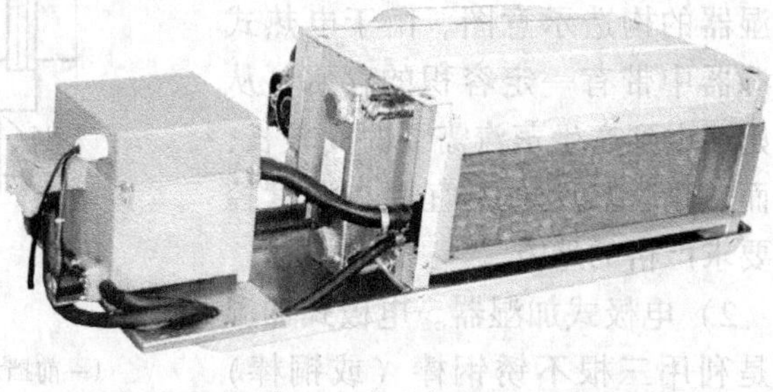

图5-12 加装PTC蒸汽加湿器的风机盘管

超声波加湿雾化效果好，运行稳定可靠，噪声低，响应灵敏，易于控制，雾化过程中还能产生有益于人体健康的负离子，耗电低（约为电热加湿的10%）。但其对水质要求较高，要求使用软化水或去离子水。目前我国主要是把超声波加湿器直接装在空调机组中使用。

8）离心式加湿器。离心式加湿器是靠离心力将水雾化的设备。图5-14所示为离心式加湿器，它有一个圆筒形外壳，封闭电动机驱动一个圆盘和水泵管高速旋转。水泵管从贮水器中吸水并送至旋转的圆盘上面形成水膜。水膜由于离心力的作用被甩向破碎梳并形成细小水粒。干燥空气从圆盘下部进入，吸收雾化的水滴从而被加湿。

离心式加湿器具有节省电能、安装方便、使用寿命长等优点，可用于较大型空调系统。但因水滴颗粒较大，不能完全蒸发，还需排水。

(5) 空气净化设备 空气的净化就是去除空气中的灰尘，在某些特殊场合还要求除臭、离子化等。空调系统的除尘处理，一般使用空气过滤器。按过滤性能通常分为初效过滤器、中效过滤器、高中效过滤器、亚高效过滤器和高效过滤器。一般民用建筑的舒适性空调机组只采用初效过滤器或初、中效过滤器即可满足要求。

初效过滤器又称为粗效过滤器，主要用于粒径在5μm以上的大颗粒灰尘的过滤。通常采用金属网格、无纺布及各种人造纤维滤料制作，如图 5-15 所示。中效过滤器主要用于粒径在 1μm 以上的灰尘的过滤，通常采用无纺布、玻璃纤维等滤料制作。中效过滤器设在风机的出口处，常做成抽屉式、袋式或楔形，如图 5-16～图 5-18 所示。

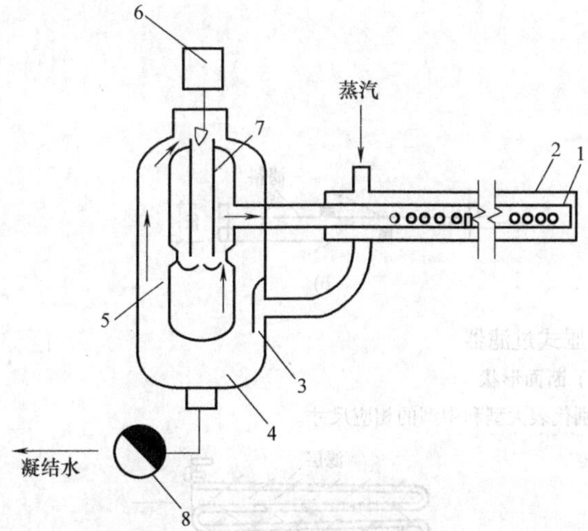

图 5-13　干蒸汽加湿器

1—喷管　2—套管　3—挡板　4—分离室　5—干燥室　6—自动调节阀　7—消声腔　8—疏水器

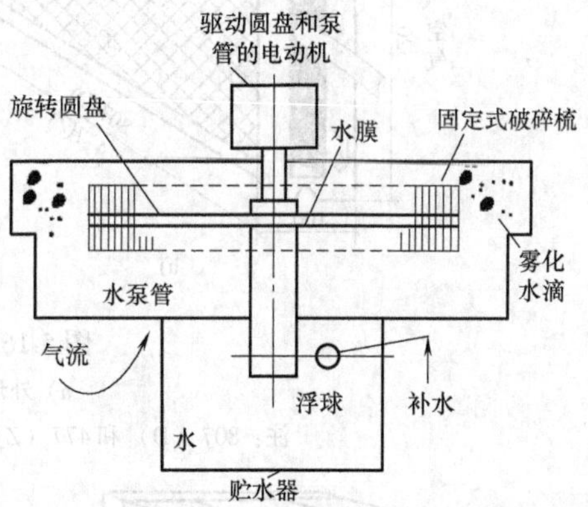

图 5-14　离心式加湿器

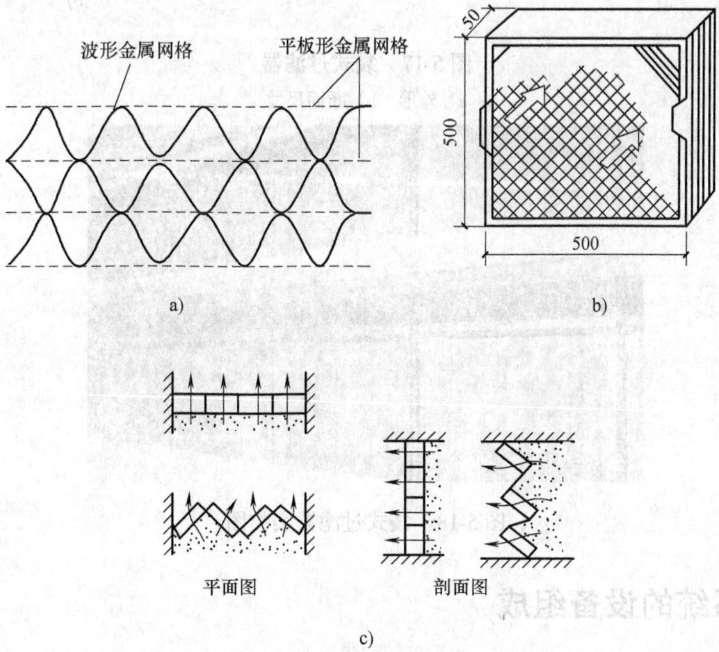

图 5-15　初效过滤器

a）金属网格滤网　b）过滤器外形　c）过滤器安装方式

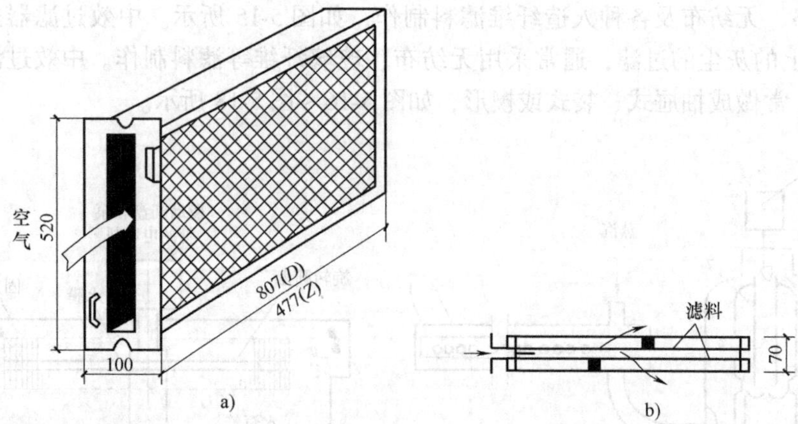

图 5-16 抽屉式过滤器

a）外形 b）断面形状

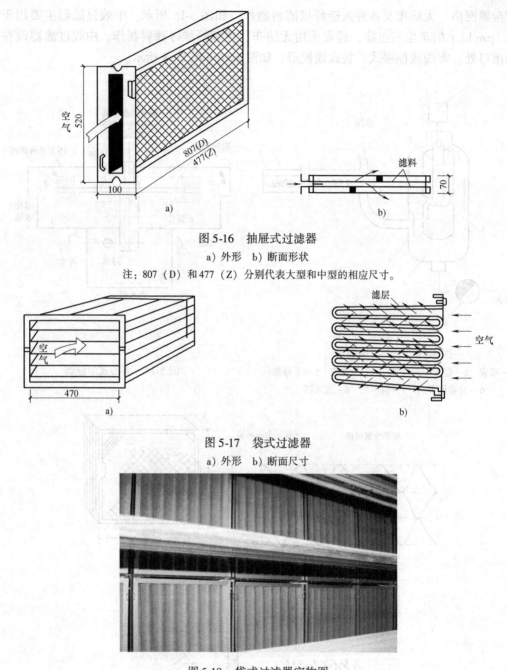

注：807（D）和477（Z）分别代表大型和中型的相应尺寸。

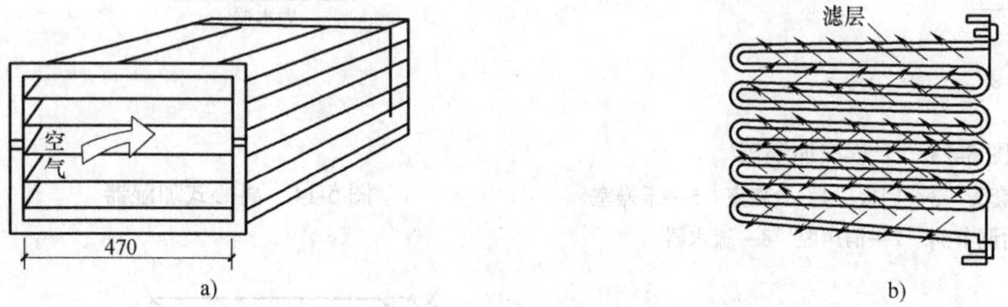

图 5-17 袋式过滤器

a）外形 b）断面尺寸

图 5-18 袋式过滤器实物图

5.3 空调系统的设备组成

5.3.1 空调机组

空调机组是根据空气处理需要由空气处理设备及送、回风机组成的设备。

（1）卧式组合式空调机组 卧式组合式空调机组是集中式空调系统应用最多的一种空气处理装置。它是将各种空气处理设备（加热、冷却、加湿、减湿、净化等）和风机、阀门等组合成一个整体的箱形设备。其基本功能段主要有新风回风混合段、消声段、回风机段、热回收段、初效过滤段、中间段、表冷段（含挡水板段）、再加热段、二次回风段、送风机段、中效过滤段和送风段等。箱内的各种功能段可以根据空调系统的要求方便地进行任意组合，以实现要求的空气处理过程。图 5-19 所示为一种全功能组合式空调机组的示意图。

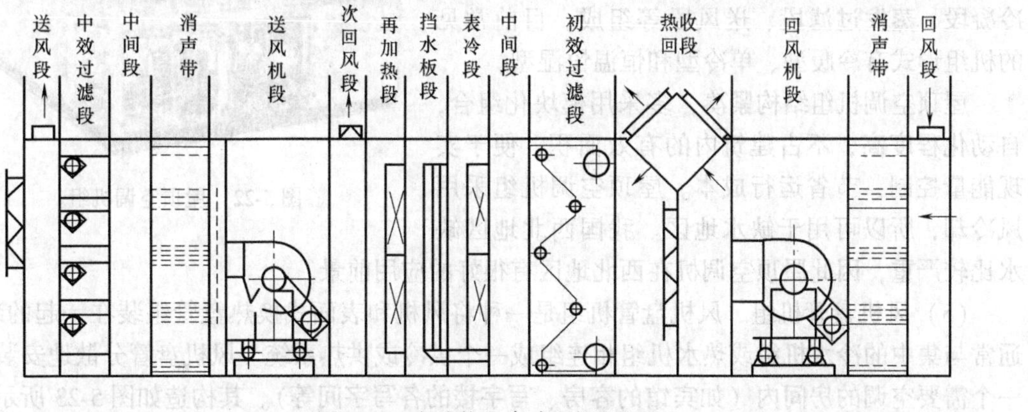

图 5-19 全功能组合式空调机组

卧式组合式空调机组处理的空气量较大，还可以随着季节的变化在很大范围内调节新风量，也便于采取有效的消声和隔振措施，管理维修方便。但卧式空调机组一般需要安装在建筑面积较大的空调机房内，空调机房虽然可以远离空调房间，但空调送风管道截面较大，占有较大的建筑空间。卧式空调机组如果作为多个房间合用一套空调系统时，不可避免地会出现各个房间之间空气的串通，不能满足建筑的防火和较高的洁净要求。

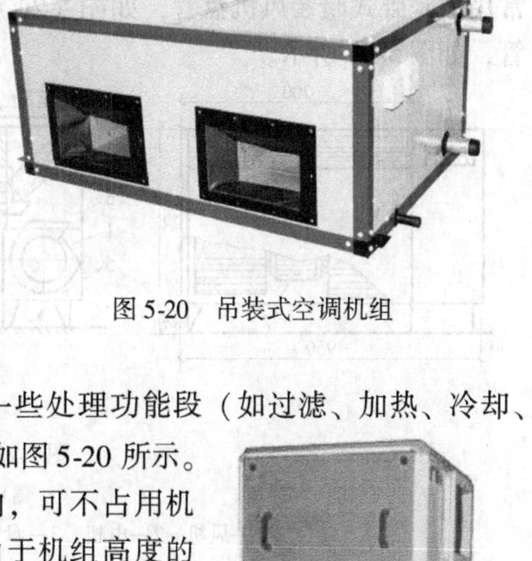

图 5-20 吊装式空调机组

（2）吊装式空调机组 吊装式空调机组是将一些处理功能段（如过滤、加热、冷却、加湿等）和风机等组合在一起而形成的整体机组，如图 5-20 所示。其主要特点是机组的高度小，适合于吊装在吊顶内，可不占用机房面积，适用于建筑物层高较低的空调场合。但由于机组高度的限制，机组处理空气的能力有限。

（3）柜式空调机组 柜式空调机组是将一些空气处理部件如空气过滤器、表冷器、加热器、加湿器等，安装在一个立柜内，其外形如图 5-21 所示。根据机组内是否有制冷机可分为两种：一是自带制冷机的，根据冷凝器的冷却方式又分为水冷和风冷两种；另一种是不带制冷机的，由集中的冷、热源提供冷、热水。根据机外余压的大小可以分为两种：一种机外余压较大，可接送风管；另一种机外余压很小，一般不接送风管。

图 5-21 柜式空调机组

柜式空调机组占地面积小，较多使用在面积不大或比较分散的房间；也可采用多台柜式空调机组分散布置在面积较大的空调房间。柜式空调机组由于布置分散，管理也比较复杂，维修工作量大。

（4）屋顶空调机组　屋顶空调机组是一种大、中型单元整体式机组，其制冷、加热、送风、空气净化、电气控制等组装于一体，多安装于屋顶，故称为屋顶空调机组，如图5-22所示。它由压缩冷凝段、蒸发过滤段、送风段等组成。目前常见的机组形式有冷暖型、单冷型和恒温恒湿型。

图5-22　屋顶空调机组

屋顶空调机组结构紧凑，多采用模块化组合，自动化程度高，不占建筑内的有效面积，便于实现能量控制，节省运行成本。屋顶空调机组采用风冷却，所以可用于缺水地区。我国西北地区缺水比较严重，因此屋顶空调机在西北地区有很好的应用前景。

（5）风机盘管机组　风机盘管机组是一种将风机和表面式换热盘管组装在一起的装置，通常与集中的冷水机组或热水机组相连组成一个供冷或供热系统。风机盘管分散地安装在每一个需要空调的房间内（如宾馆的客房、写字楼的各写字间等）。其构造如图5-23所示。风机盘管根据安装形式不同分为明装和暗装两种，根据结构不同分为立式和卧式两种，目前最常用的是卧式暗装风机盘管，如图5-24所示。另外，近年来出现了外观豪华的卡式风机盘管，如图5-25所示。

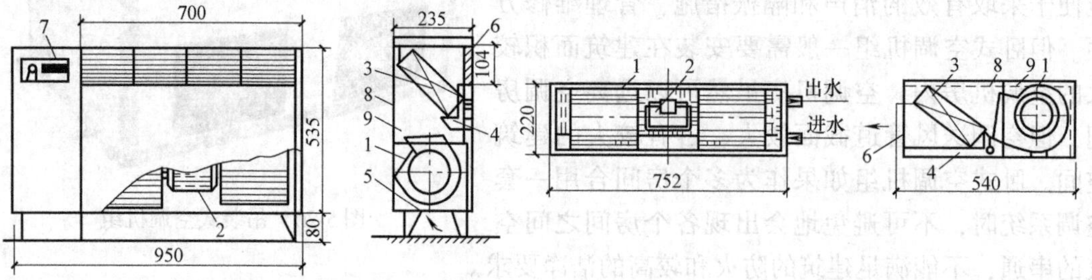

a)　　　　b)

图5-23　风机盘管的构造

a）立式　b）卧式

1—风机　2—电机　3—盘管　4—凝水盘　5—循环风进口及过滤器　6—出风口　7—控制器　8—吸声材料　9—箱体

为适应房间温、湿度的变化，风机盘管可采用风量调节、水量调节和机内旁通风门调节三种方法。

（6）蒸发冷却式空调机组　蒸发冷却式空调机组由若干功能段组合而成，主要有混合段、过滤段、加热段、蒸发冷却段、加湿段、风机段等。该机组最显著的特点是在干热地区（如我国西北部分地区）可以不采用制冷机，而可以对空气进行降温和加湿处理。

蒸发冷却式空调机组可广泛应用于火电站、核电站、喷涂车间，以及其他工矿企业的供热车间和干热地区一般场所的空气调节。

（7）小型水/空气热泵空调机组　小型水/空气热泵空调机组是水环热泵空调系统中的主要设备，也是一种空调末端装置，它可以实现夏天制冷和冬天供热。它由制冷压缩机、制冷剂/水换热器、制冷剂/空气换热器、毛细管、四通换向阀、空气过滤器、风机等组成，如图5-26所示。小型水/空气热泵空调机组的种类很多，主要有吊顶水平式、立柜式和立柱式等。

图5-24　卧式暗装风机盘管

图5-25　卡式风机盘管

空气源热泵冷热水机组冬夏共用，设备利用率高，省去了一套冷却水系统，不需另设锅炉房，机组可布置在室外，节省机房的建筑面积，安装使用方便，对安装地点空气无污染，有利于环保。但冬季相对湿度高的地区不宜采用。

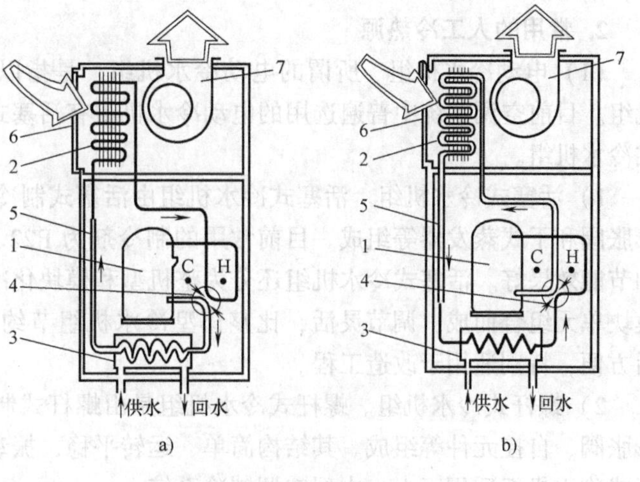

图5-26　空气源热泵空调机组

a) 制冷工况　b) 制热工况

1—制冷压缩机　2—制冷剂/空气换热器　3—制冷剂/水换热器

4—四通换向阀　5—毛细管　6—空气过滤器　7—风机

(8) 多联式空调机组　多联式空调机组（简称多联机）是由室外机配置多台室内机组成的冷剂式空调系统。机组按改变压缩机制冷剂流量的方式，可分为变频式和定频式（如数码涡旋、多台压缩机组合等）两类。按系统的功能，可分为单冷型、热泵型、热回收型和蓄热型四个类型。按多联机系统制冷时的冷却介质，可分为风冷式和水冷式两类。

多联机系统可以解决集中式中央空调系统存在的输送管道断面尺寸大、要求建筑物层高增加、占用大量机房面积、维修费用高等难题，可用于几百平方米到上万平方米空调区域的新建及改建工程中。

(9) 毛细管辐射式空调末端系统　毛细管辐射式空调末端系统是模拟植物叶脉和人体血管输配能量的形式，利用导热塑料管预加工成毛细管席，然后采用砂浆直接粘接在墙面、地面或平顶表面上组成辐射板。

毛细管辐射式空调末端系统一般利用$\phi3.35\text{mm}\times0.5\text{mm}$导热塑料管作为毛细管，用$\phi20\text{mm}\times2\text{mm}$塑料管作为集管，通过热熔焊接组成不同规格尺寸的毛细管席，如图5-27所示。

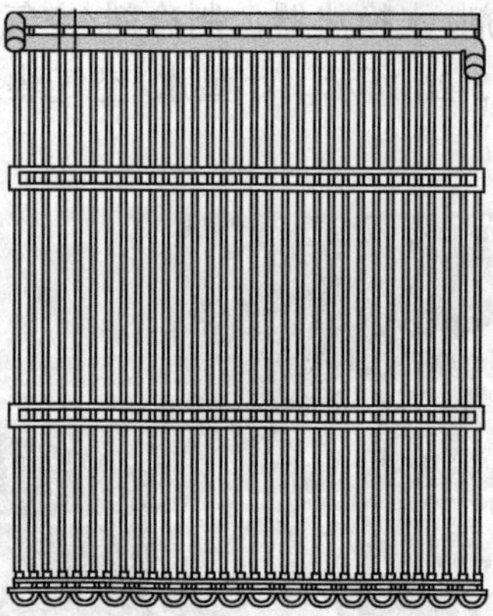

图5-27 毛细管席

冬季毛细管内通较低温度的热水（30～35℃），向房间辐射热量；夏季毛细管内通温度较高的冷水（18～20℃），向房间辐射冷量。毛细管席换热面积大，传热速度快，传热效率高，舒适性高，安静，不滋生细菌，节能效果显著，占用建筑空间小。

5.3.2 空调冷热源

1. 概述

空调冷热源是给空气处理设备供应冷热量的装置，是空调系统中重要的组成部分。空调冷源分为人工冷源和天然冷源。天然冷源有地下水、深湖水、山涧水、天然冰和地道风等。但天然冷源的利用受到地理和气候条件的限制，不能完全满足需要。在空气调节工程中，常用的人工制冷有压缩式制冷和吸收式制冷。

2. 常用的人工冷热源

（1）电动冷水机组　所谓的电动冷水机组，是指以电能为动力，由电动机驱动的冷水机组。目前空调系统中普遍选用的电动冷水机组有活塞式冷水机组、螺杆式冷水机组和离心式冷水机组。

1）活塞式冷水机组。活塞式冷水机组由活塞式制冷压缩机、卧式管壳式冷凝器、热力膨胀阀和干式蒸发器等组成。目前常用的制冷剂为R22、R134a。活塞式冷水机组调节性能和节能效果好。活塞式冷水机组还分为整机型和模块化冷水机组。模块化冷水机组是由多个模块单元组合而成，调节灵活，比整体型冷水机组节约占地面积50%；而且运输、安装灵活方便，特别适用于改造工程。

2）螺杆式冷水机组。螺杆式冷水机组是由螺杆式制冷压缩机、冷凝器、蒸发器、热力膨胀阀、自控元件等组成。其结构简单、运转平稳，振动小，噪声比离心式冷水机组大。螺杆式冷水机组适用于大、中型空调制冷系统。

3）离心式冷水机组。离心式冷水机组是由离心式制冷压缩机、冷凝器、蒸发器、节流机构等组成。离心式冷水机组的制冷量较大。常用的制冷剂为R22和R134a。离心式冷水机组适用于大型空调制冷系统。

4）风冷式冷水机组。风冷式冷水机组由制冷压缩机、蒸发器、冷凝器、节流机构、自动（或手动）能量调节和自动安全保护装置等组成。风冷式冷水机组采用强迫对流的风冷冷凝器，以空气作为冷却介质、靠空气的温升带走冷凝热量。风冷式冷水机组适宜于缺水地区或用水不适合的场所（如城市繁华地区无法安置冷却塔的场合）。

风冷式冷水机组一般安装在室外，不需要专门的机房。小型机组可安放在室外阳台上，大型机组一般安装在建筑物的屋顶上，可以节省有效的建筑面积。

（2）溴化锂吸收式冷水机组　溴化锂吸收式冷水机组是利用热能作为动力的一种制冷设备，机组有优良的调节特性。溴化锂吸收式冷水机组分为热水型、蒸汽型和直燃型三类。在电力比较紧缺的地区，或者有余热可利用的场合，适合使用溴化锂吸收式冷水机组。

直燃型溴化锂吸收式冷水机组是指以燃气、燃油为能源，制取冷、热水，供夏季制冷和冬季采暖之用或同时供冷水和供热水的机组。这种机组制冷、采暖和热水供应兼用。与蒸汽型溴化锂吸收式冷水机组相比，用户无需另备锅炉或蒸汽外网，只需少量电能和冷却水系统。采用直燃机，对城市能源季节性的平衡起到一定的积极作用。一般来说，城市中夏季用电量大，而燃气用量少，因此采用燃气型溴化锂吸收式冷水机组可减少夏季电耗，增加燃气耗量，有利于解决城市燃气系统的季节调峰问题。

(3) 热泵式冷热水机组

1）空气源热泵冷热水机组。空气源热泵冷热水机组是由制冷压缩机、空气/冷剂换热器、水/冷剂换热器、节流机构、四通换向阀等组成的机组。机组的种类有全封闭、半封闭往复式压缩机、涡旋式压缩机、半封闭螺杆式压缩机等。机组用空气作为低位热源，取之不尽，冷源与热源合二为一，一机两用。空调水系统中省去冷却水系统，不需要另设锅炉房或热力站。尽可能将空气源热泵冷热水机组布置在室外，这样可以不占用建筑物的有效面积。

空气源热泵冷热水机组冬季运行时，当空气侧换热器表面温度低于周围空气温度的露点温度且低于0℃时，换热器表面就会结霜。当室外空气相对湿度大于70%，温度在3～5℃范围时，机组结霜最为严重。结霜将会降低机组的供热能力。

2）水源热泵冷热水机组。近年来，在我国北方地区开始采用井水源热泵冷热水机组。机组用井水作为低位热源，从一口井取水，再从另外的井回灌回去。井水源热泵冷热水机组一机两用，冬季供热水，夏季供冷水；甚至还可以供应生活用热水，节能效果显著，运行工况较为稳定。

另外，水源热泵冷热水机组除了以井水为热源外，还可以用地表水（江、河、湖、海水等）、工业废水、生活热水、地埋管换热器与土壤换热获得的水或乙醇水溶液等作为热源。

(4) 锅炉　锅炉是民用建筑中空调系统热源的主要设备之一。目前锅炉按提供热媒的不同分为热水锅炉和蒸汽锅炉；按使用燃料种类的不同，可分为燃煤锅炉、燃油锅炉、燃气锅炉和电加热锅炉。考虑到燃煤锅炉的占地和对空气的污染，近年来国内民用建筑多采用燃油、燃气、蒸汽锅炉或热水锅炉作为空调系统的热源。

1）热水锅炉。目前空调热源中常选用的一种燃油（气）热水锅炉又称为中央热水机组，其加热方式有直接加热方式和间接加热方式两种。前者是空调热媒的回水直接进入中央热水机组，被机组内高温燃烧产物直接加热，该机组结构紧凑，质量轻，适合于安装在建筑物的顶层。后者则是以间接加热方式产生热水，空调热媒回水与锅炉热水各自独立，空调回水进入机组配置的换热器，与锅炉热水换热，被加热后的空调水送入空调系统。该机组适合于安装在高层建筑首层或地下室内。中央热水机组的热效率均在90%以上，其所使用的燃料是轻油或燃气，因此相对燃煤而言，对环境产生的污染要小得多。

热水锅炉对水质的要求较低，可一机两用，可同时用于采暖及生活热水系统。

2）真空锅炉。真空锅炉始终在负压状态下运行，无爆炸的危险；其运行热效率高，对环境污染小，结构紧凑，操作、维护简单。一台真空锅炉可同时满足供热、热水供应和游泳池用水等多种需求。

3）蒸汽锅炉。民用建筑中常同时需要热水和蒸汽两种热媒，因此常选用燃油（气）蒸汽锅炉作为加热设备，向用户提供饱和蒸汽，再由蒸汽制备不同温度的热水。蒸汽锅炉按结构的不同，可以分为水管锅炉和烟管锅炉。烟管锅炉也叫火管锅炉。大型的水管锅炉常设在独立锅炉房内，中、小型烟管锅炉多设置在建筑物的地下室、首层和顶层。

4）电锅炉。电锅炉的种类很多，按整体结构可分为立式电锅炉和卧式电锅炉；按提供热媒的种类可分为热水锅炉、蒸汽锅炉和有机载热介质锅炉；按电加热原理和电加热元件可分为电热管电加热锅炉、电热棒式电加热锅炉、电极式电加热锅炉、电热板式电加热锅炉、感应式电加热锅炉。

电热锅炉适用于以供冷为主、供热负荷较小的建筑物；无城市、区域热源及气源，采用燃油、燃煤锅炉设备受环保、消防严格限制的建筑物；夜间可利用低谷电价的建筑物。

3. 冷热源组合形式

目前常用的冷热源组合形式主要有：

1）电动冷水机组（离心式冷水机组、螺杆式冷水机组、活塞式冷水机组）供冷，锅炉（燃气锅炉、燃油锅炉、燃煤锅炉、电锅炉）供热。

2）溴化锂吸收式冷水机组供冷，锅炉供热。

3）直燃式溴化锂吸收式冷热水机组供冷供热。

4）空气源热泵冷热水机组、水源热泵冷热水机组供冷供热。

5）天然冷热源（太阳能等）。

5.3.3 换热设备

当同一建筑物内空调系统中需要的热媒种类与参数不同时，为了能够满足系统对热媒的需要，在空调冷热源中常采用一些换热设备，如蒸汽-水换热器和水-水换热器等。常用的换热器形式有管壳式换热器和板式换热器。

管壳式换热器是由一组管束或盘管装在壳体内构成的换热器。传递热量的两种介质，一种在管内，另一种在管外壳体内，通过管壁进行热量传递，其结构如图 5-28 所示。

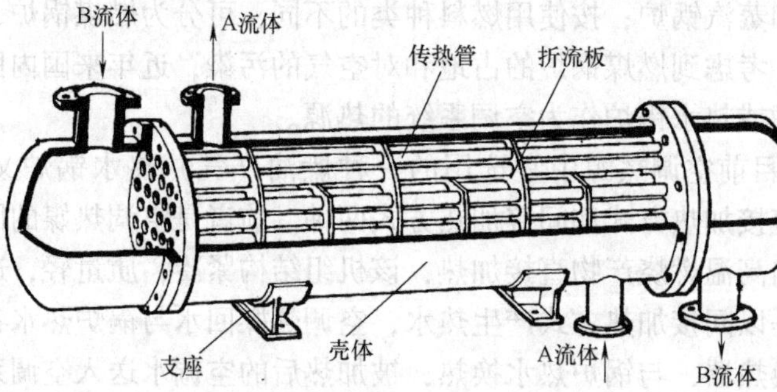

图 5-28　管壳式换热器结构示意图

板式换热器是由一系列具有一定波纹形状的金属片叠装而成，各种板片之间形成薄矩形通道，冷热媒分别在板片两侧流动，通过板片进行热量交换。图 5-29 所示为板式换热器的板片和实物图。板式换热器的结构比较简单，由板片、密封垫片、固定压紧板、上下导杆等组成。板式换热器具有换热效率高、热损失小、结构紧凑轻巧、占地面积小、安装清洗方便、使用寿命长等特点。

5.3.4 水泵

水泵是空调水系统的动力设备，用于输送空调系统中的冷媒、热媒等。在空调系统中应用的水泵主要有：冷冻水循环泵、冷却水循环泵、补给水泵、蒸汽锅炉给水泵、凝结水泵等。空调系统中常用水泵的形式主要有立式离心泵（管道离心泵）和卧式离心泵，如图 5-30 和图 5-31 所示。

水泵通常安装在锅炉及制冷机组附近。为了保证水泵的安全和正常使用，还需要一些附件，如过滤器、止回阀、闸阀或截止阀、压力表、真空表、挠性接头、放水阀、放气阀等。

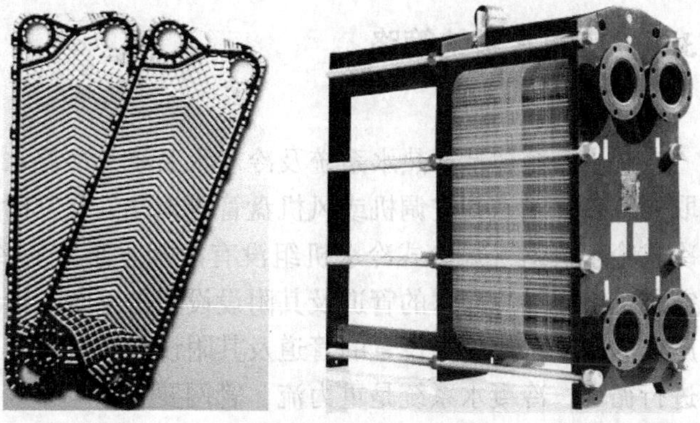

图 5-29　板式换热器

图 5-30　立式离心泵

图 5-31　卧式离心泵

5.3.5　冷却塔

冷却塔是利用水与空气流动接触后进行冷热交换产生蒸汽，蒸汽带走热量来散去制冷机组中产生的余热而降低水温的蒸发散热装置。在空调系统中，冷却塔和冷却水系统相连，带走制冷机组产生的热量。冷却塔一般主要由填料（也称为散热材）、配水系统、通风设备、空气分配装置（如入风口百叶窗、导风装置、风筒）、挡水器（或收水器）、集水槽（或集水池）等部分构成。图 5-32 所示为冷却塔的结构图，图 5-33 所示为冷却塔的实物图。

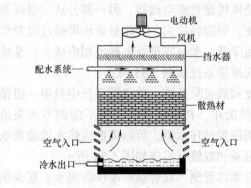

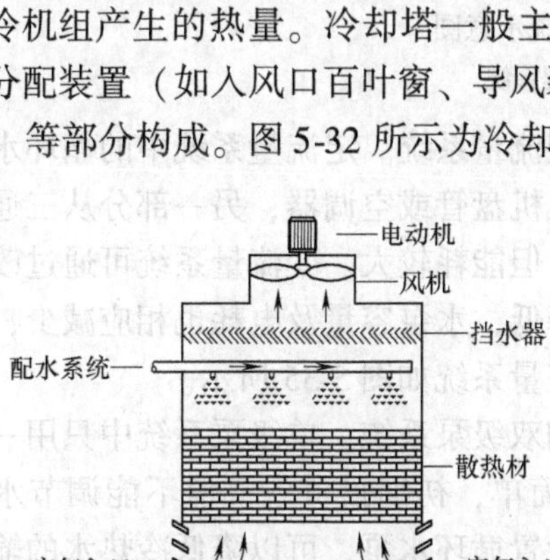

图 5-32　冷却塔的结构图

图 5-33　冷却塔的实物图

5.3.6 空调水系统管路

1. 概述

空调水系统包括冷热水系统及冷却水系统、冷凝水系统。冷热水系统是指将空调冷热源制取的冷热水输送到空调机或风机盘管等末端处及其附设设备处的系统。冷却水系统是指为水冷式冷水机组（风冷式冷水机组没有冷却水系统）冷凝器、压缩机或水冷直接蒸发式整体空调机组提供冷却水的管道及其附设设备的系统。冷凝水系统是指为将空气去湿处理过程中产生的冷凝水排除而设置的管道及其附设设备。冷热水系统和冷却水系统通常靠水泵驱动水进行循环，冷凝水系统是重力流，管网要有不小于0.01的坡度。

空气调节冷水供水温度为5～9℃，一般为7℃；冷水供回水温差为5～10℃，一般为5℃；热水供水温度为40～65℃，一般为60℃；热水供回水温差为4.2～15℃，一般为10℃。冷水机组的冷却水进口温度不宜高于33℃。电动冷水机组的冷凝器进、出水温差一般为5℃，双效溴化锂吸收式冷水机组冷却水进、出口温差一般为6～6.5℃。

2. 空调冷热水系统形式

按系统中的各并联环路中水的流程不同，分为同程系统和异程系统。同程系统各并联环路中水的流程基本相同，即各环路的管路总长基本相等，各环路间的流动阻力容易平衡，系统水力稳定性较好，流量分配均匀。但管路布置复杂，管路较长，比异程系统初期投资大。异程系统各并联环路中水的流程各不相同，即各环路的管路总长不一样，流动阻力不易平衡，常导致水流量分配不均。但管路布置简单，节约管路及其占用空间，初期投资比同程系统低。同程和异程系统形式如图5-34所示。

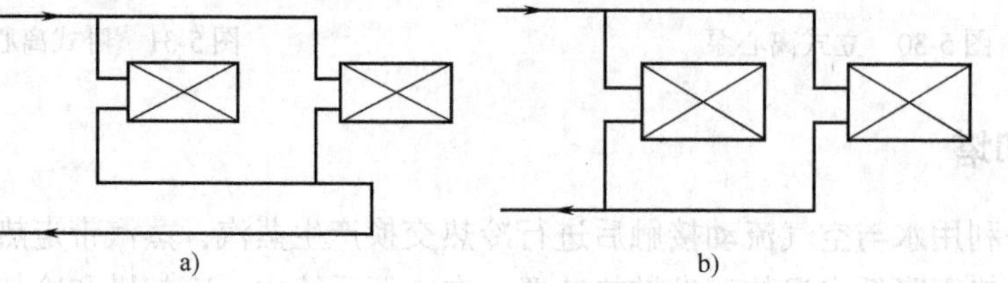

图5-34 同程和异程系统示意图

a）同程系统 b）异程系统

按系统循环水量是否变化，分为定流量系统和变流量系统。定流量系统中的循环水量保持定值，常采用三通阀定流调节，使一部分水流经风机盘管或空调器，另一部分从三通阀旁通，保持环路中水流量不变。系统简单，操作方便，但能耗较大。变流量系统可通过改变供水量来调节输送能耗，输送能耗随着负荷的减少而降低，水泵容量及电耗也相应减少，系统相对复杂，要配备一定自动控制。定流量系统和变流量系统如图5-35所示。

按系统中循环水泵的设置情况分为单级泵系统和双级泵系统。单级泵系统中只用一组循环泵，即冷热源侧和负荷侧合用一组循环泵。系统简单，初期投资省，但不能调节水泵流量，不节能。双级泵系统冷、热源侧与负荷侧分别设置循环水泵，可以降低冷热水的输送电耗，系统比单级泵系统复杂，初期投资稍高。单级泵和双级泵系统如图5-36所示。

冷热水管道的设置方式可分为双管制、三管制和四管制。双管制冬季供应热水、夏季供应冷水，都用相同的管路，系统简单，布置方便，系统投资较省。但系统不能同时既供冷又供热。三管制系统中有冷热两条供水管，共用一根回水管，能同时供热、供冷。但回水中有冷热混合损失，投资高于双管制系统。四管制系统供冷、供热分别由供、回水管承担，能同时满足供冷、供热要求，没有冷、热混合损失。但管道占用空间大，系统初期投资较高。

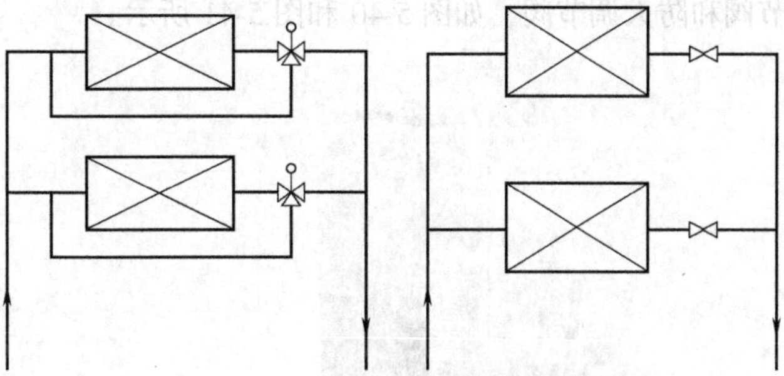

a)　　b)

图 5-35　定流量和变流量系统示意图

a）变流量系统　b）定流量系统

3. 空调冷却水系统形式

常用的冷却水系统的水源有：

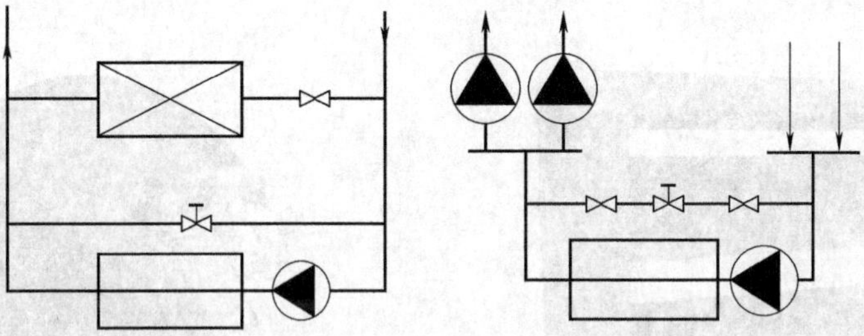

a)　　b)

图 5-36　单级泵和双级泵系统

a）单级泵系统　b）双级泵系统

地表水（河水、湖水等）、地下水（深井水或浅井水）、海水、自来水等。在民用建筑中应用最广泛的冷却水系统形式为机械通风冷却塔循环系统，如图 5-37 所示。

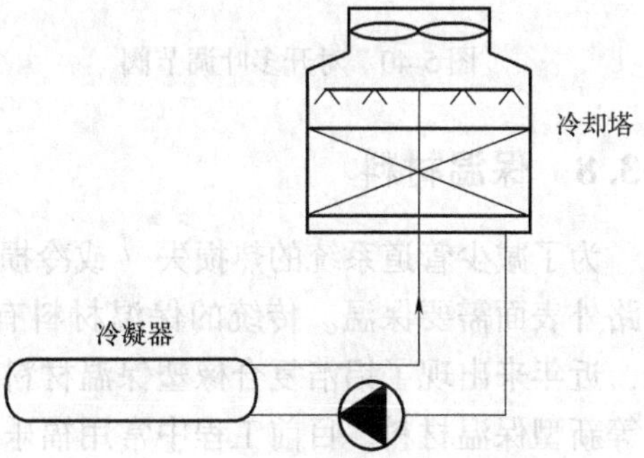

图 5-37　机械通风冷却塔循环系统

4. 空调水系统的管材

空调水系统中，常用水管管材有镀锌钢管、无缝钢管、螺旋焊缝钢管及聚氯乙烯（PVC）塑料管等。镀锌钢管、无缝钢管和螺旋焊缝钢管常用于空调冷、热水系统，冷却水系统及冷凝水系统中。聚氯乙烯塑料管近年来也大量用于空调冷凝水管中，其内表面光滑、流动阻力小，施工安装方便。

5.3.7　空调风系统管路

空调风系统管路是用来输送空气的，主要有送风管、回风管、新风管、排风管。根据管道截面形状的不同，风管可分为矩形管道和圆形管道；根据制作管道所用的材料不同分为金属管道和非金属管道。工程中常用的金属管道是镀锌钢板风管（图 5-38），常用的非金属管道是无机玻璃钢风管（图 5-39）。风管路系统中除管道外还有各种风量调节阀，如对开多叶调节阀和防火调节阀，如图5-40和图5-41所示。

图5-38　镀锌钢板风管

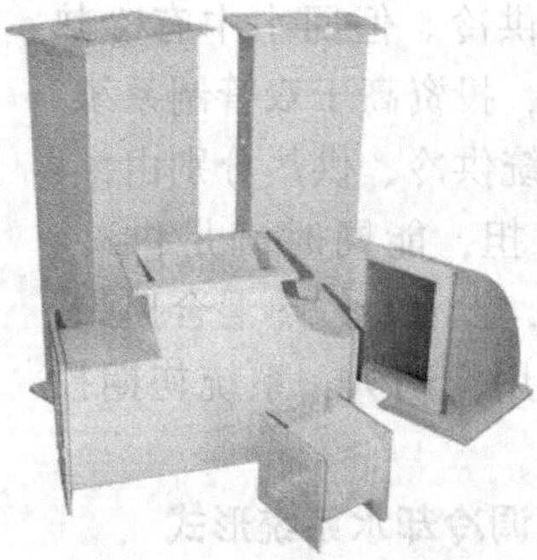

图5-39　无机玻璃钢风管

图5-40　对开多叶调节阀

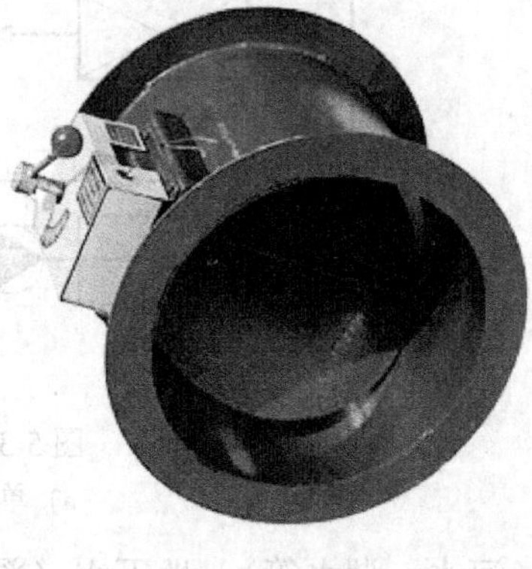

图5-41　防火调节阀

5.3.8　保温材料

为了减少管道系统的热损失（或冷损失），同时为防止冷管路表面结露，空调管路系统管路外表面需要保温。传统的保温材料有玻璃棉保温材料、岩棉保温材料、橡塑保温材料等，近年来出现了铝箔复合橡塑保温材料、柔性闭泡保温材料（如福乐斯）、铝箔PEF保温棉等新型保温材料。目前工程中常用福乐斯作为空调系统管道的保温材料。

5.3.9　空调系统的风口

1. 送风口的形式

在空调系统中，送风口常采用散流器、双层百叶风口、条缝形风口、送风喷口、地板送风口、旋流送风口等。

散流器一般用做宴会大厅、商场、大会议室等大面积地方的送风口，以便送风气流分布均匀。常用散流器根据形状不同，有方形散流器、圆形多层锥面散流器，如图5-42和图5-43所示。

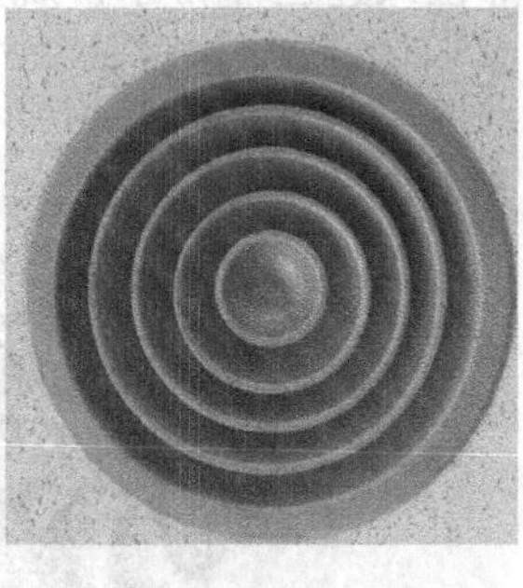

图 5-42　圆形散流器

图 5-43　方形散流器

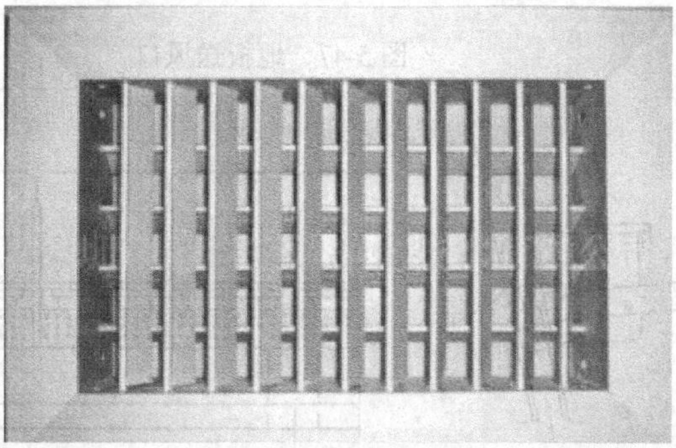

图 5-44　双层百叶风口

双层百叶风口通常安装于空调送风管道或侧墙上作为风机盘管或全空气系统的侧送风口。根据使用要求，风口后面可配风量调节阀（人字闸）。双层百叶风口有两层相互垂直的叶片以调节水平和垂直叶片的角度，调整气流扩散面，如图 5-44 所示。

条缝形风口分为单条缝和多条缝，用于餐厅、宴会厅、多功能厅等需采用全空气低风速系统时的送风口。如图 5-45 所示。

送风喷口主要用于空调送风口与人员活动范围有较大距离的场所，如大空间的宴会厅和国际会议厅、高大的中庭、体育馆和影剧院等场所，如图 5-46 所示。

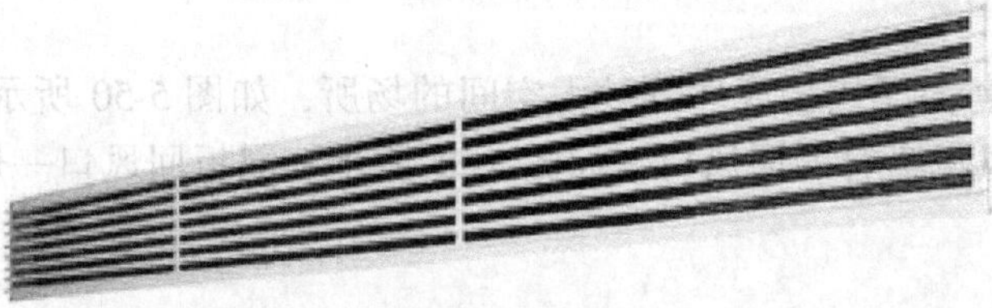

图 5-45　条缝形风口

图 5-46　球形喷口

地板送风口一般与地面平齐设置，地面需架空，下部空间用作布置送风管或直接用作送风静压箱，送风通过地板送风口进入室内，与室内空气发生热质交换后从房间上部的出风口排出。一般用作计算机房等场所的下送式的送风风口。其形状有圆形和矩形之分，如图 5-47 所示。

旋流送风口适用于层高较大的公共场所，如展览大厅、机场、剧场、银行营业厅等，如图 5-48 所示。

另外，影剧院观众席可以采用坐椅送风。图 5-49 所示为影剧院的几种座椅送风口的形式。上海大剧院的大剧场内的空调系统采用的就是座椅送风，经处理后的空气以恒定温度

（19～20℃）徐徐送出，出小孔后速度很快减小，至脚踝部位风速已非常小，观众无吹风之感。

图 5-47　地板送风口

图 5-48　旋流送风口

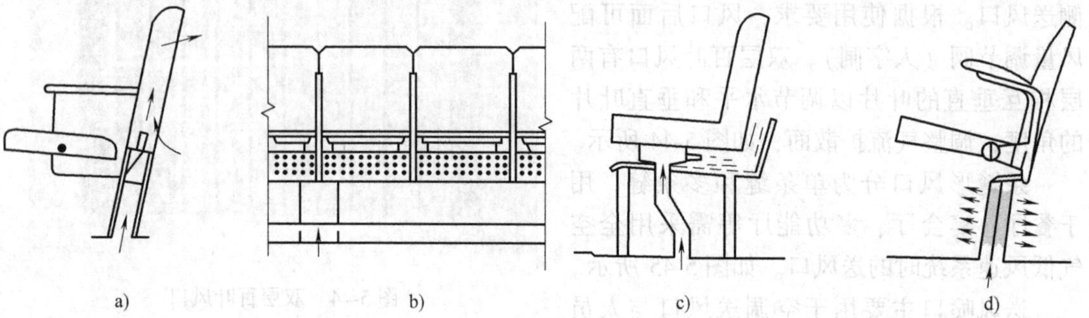

图 5-49　座椅送风口的形式

2. 回风口的形式

在空调系统中，回风口可采用带过滤网的格栅式回风口、单层百叶风口、蘑菇形状回风口等。

格栅式回风口常用于商场、某些宴会厅或会议厅等较大空间的场所，如图 5-50 所示。带过滤网的百叶式回风口，一般用于风机盘管的回风口，如图 5-51 所示。网板回风口一般用于计算机机房，如图 5-52 所示。

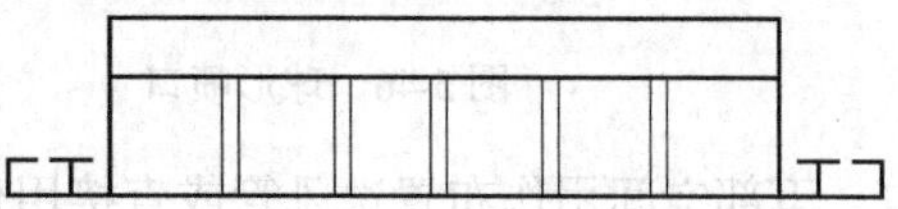

图 5-50　格栅式回风口

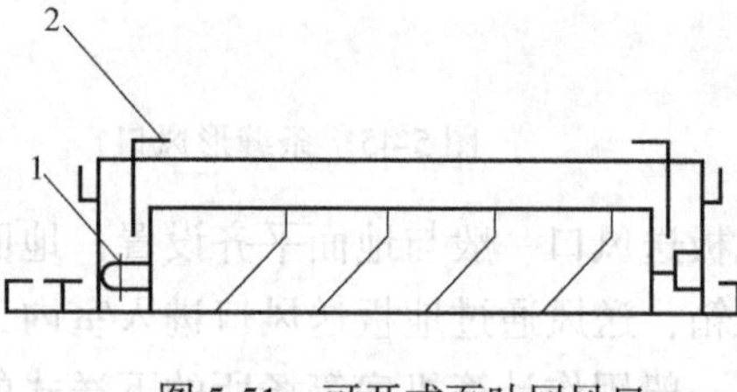

图 5-51　可开式百叶回风口

1—铰链　2—过滤器挂钩

另外，影剧院观众厅可以在楼座台阶的前侧设回风口或座椅下设置蘑菇形回风口，如图 5-53 和图 5-54 所示。

空调系统设备中还设有风机，其形式见通风章节。

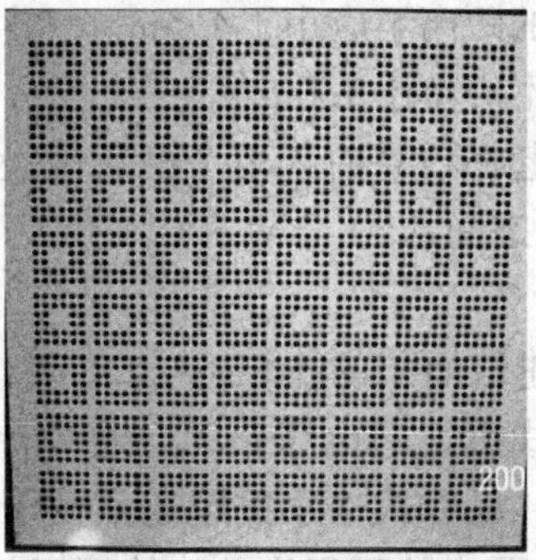

图 5-52　网板回风口

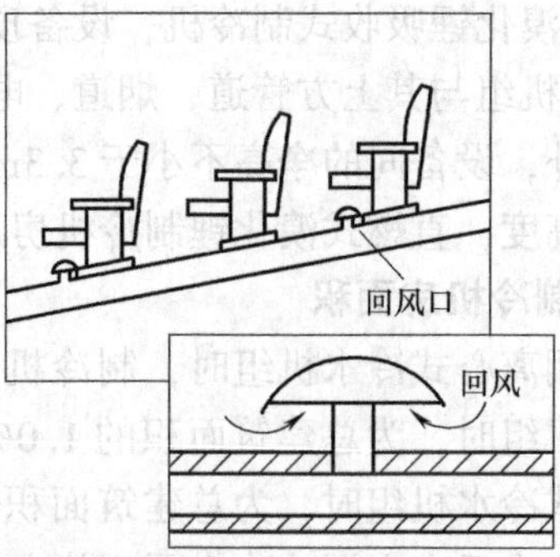

图 5-53　蘑菇形状风口

图 5-54　楼座台阶前侧回风口

5.4　空调系统与建筑的配合

5.4.1　制冷机房的要求

制冷机房主要用来放置空调冷热源、水泵及其他设备，会产生较大的噪声和振动。

1. 制冷机房的位置

1）制冷机房应尽可能靠近冷热负荷中心布置，以缩短冷热水和冷却水管路的长度，当机房是主要的用电负荷时，应尽量靠近变电室。一般设置在建筑物的地下室，若条件所限不能设在地下室时，可设在裙房中或与主建筑分开设置。对于高层和超高层建筑，也可设在设备层或屋顶上。

2）氟利昂压缩式制冷装置可布置在民用建筑、生产厂房及辅助建筑物内，但不能布置在楼梯间、走廊和建筑物的出入口处。

3）溴化锂吸收式制冷装置可布置在建筑物内。露天布置时，制冷装置的电气设备及控制仪表应设在室内。

2. 制冷机房高度

1）氟利昂压缩式制冷机房不应低于 3.6m。

2）离心式制冷机，大、中型螺杆式制冷机机房高度一般为 4.5~5.0m。

3）活塞式制冷机、小型螺杆式制冷机机房高度一般为 3.0~4.5m。

4）氨压缩式制冷机（一般用于冷库）不应低于 4.8m。

5）溴化锂吸收式制冷机，设备顶部距屋顶或楼板的距离不应小于1.5m。

6）机组与其上方管道、烟道、电缆桥架等的净距不应小于1.0m。

另外，设备间的净高不小于3.3m，制冷机房中有起吊设备时还要考虑起吊设备的安装和工作高度，直燃式溴化锂制冷机房还应有独立的煤气表间。

3. 制冷机房面积

采用离心式冷水机组时，制冷机房面积大约为总建筑面积的0.8%～1.2%；采用往复式冷水机组时，为总建筑面积的1.0%～1.4%；螺杆式机组的比例介于上述两者之间；采用吸收式冷水机组时，为总建筑面积的1.5%～2.0%；风冷式冷水机组通常设于室外或楼顶上，室内只有空调冷冻水泵、热交换设备等。冷冻水泵房的面积为总建筑面积的0.1%～0.2%。在空调系统中，采用板式换热器时，热交换站面积为总建筑面积的0.15%～0.2%。

4. 其他

制冷机房设备基础在布置时应满足以下几点：

1）制冷机突出部分与配电盘之间的距离及主要通道的宽度不应小于1.5m。

2）机组与墙之间的距离不应小于1.0m。

3）机组与机组或其他设备之间的净距不应小于1.2m。

4）冷水机组的基础应高出机房地面150～200mm，基础周围和基础上应设排水沟与机房的集水坑或地漏相通，以便及时排除可能产生的漏水或漏油。

另外，规模较大的机房一般分为机器间、水泵间（水泵、水箱）、变电间及值班室、维修室和生活间等。制冷机房所有房间的门窗均应朝外开启。制冷机房荷载，应根据制冷机具体型号确定，估算为40～60kN/m^2。

5.4.2 空调机房

空调机房是用来安装空气处理机组、自动控制设备及其他附属设备，并进行运行管理的场所。

1. 机房位置

空调机房应尽量靠近空调房间，但其噪声、振动和灰尘不能影响空调房间。机房尽量设置在建筑物的底层，以减少其震动对其他房间的影响；设在楼层上的空调机房，应考虑对楼板的影响。通常，集中式空调系统的机房一般在空调房间的相邻房间，或者在空调房间内吊装布置。对于写字楼、办公楼、酒店客房等建筑物的新风系统，一般将新风机安装在走廊的吊顶内，此时要求吊顶与梁底净高不小于500mm。

2. 机房内的布置

空调机房的面积和层高应根据空调箱、风机、风管及其他附属设备的尺寸和布置情况来确定，以保证各种设备、仪表的一定操作距离和维修管理通道。经常操作的操作面间宜有不小于1.0m的距离，需要检修的设备与其他设备或墙之间要有不小于0.7m的距离。

3. 空调机房的面积和层高

空调机房的面积和层高一般通过估算得到，其值见表5-1。

另外，机房最好单独设置出入口，以防人员噪声对空调房间的影响。空调机房的门和装拆设备通道应能顺利使最大的构件出入，如不能，则应预留安装孔洞和通道。另外，空调机房内应考虑排水设施。

表 5-1　空调机房的面积和层高

总建筑面积 /m²	机房面积占总建筑面积的比例（%）			机房层高 /m
	分层机房	新风 + 风机盘管	集中式空调机房	
<10000	7.5 ~ 5.5	4.0 ~ 3.7	7.0 ~ 4.5	4.0 ~ 4.5
10000 ~ 25000	5.0 ~ 4.8	3.7 ~ 3.4	4.5 ~ 3.7	5.0 ~ 6.0
30000 ~ 50000	4.7 ~ 4.0	3.0 ~ 2.5	3.6 ~ 3.0	6.5

5.4.3　管道层和设备夹层

高层建筑中管道层的位置和数量与建筑物的高度及系统的复杂程度有关。管道层的层高一般为 2.2m，以 15 ~ 20 层设一管道层为宜。单层或多层建筑，一般不设专门的技术层；20 层以内高层建筑，宜设一个技术层（上部或下部），如图 5-55a 所示；20 ~ 30 层的高层建筑，宜设上、下两个技术层，如图 5-55b 所示；30 层以上高层建筑，设上、中、下三个技术层，如图 5-55c 所示；高层建筑中还可设下部和侧旁技术层，如图 5-55d 所示。

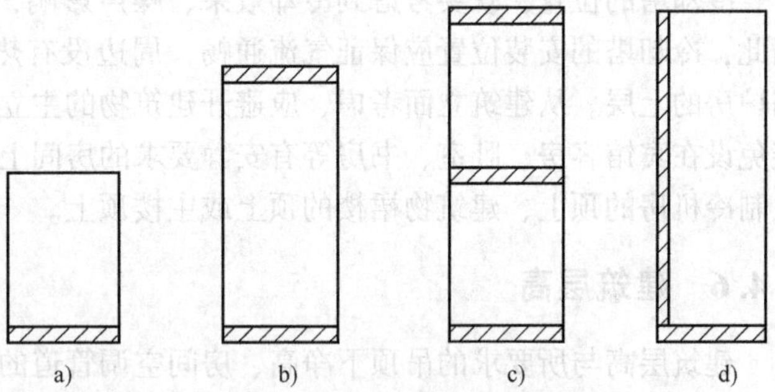

图 5-55　技术层设置示意图

注：图中阴影部分为设备层的位置。

制冷机、锅炉等大型、沉重的设备，布置在下部技术层；为防止设备承受的静压过大，换热器、空调器等布置在中、上层技术层；设备层的位置还应依建筑物的类型、规模、设备方式、使用机器和系统的不同而不同。

空调管道，或者与其他管道共同敷设于管道层时，管道层净高不应低于 1.8m，当管道层内有结构梁时，梁下净高不应低于 1.2 m，层高不超过 2.2m 的管道层内不能作为空气处理机组及其他需要经常维修的空调通风设备的安装地。

5.4.4　空调系统管路布置对建筑空间的要求

管道的布置与敷设不仅要考虑到结构等方面的实际情况，而且还要考虑室内给水管、排水管、消防管道、电气、电话带、闭路电视管道（或桥架）的布置要求。

1. 空调风管布置

当空调机组集中设置在地下室或某层时，通常主风管垂直布置，在各楼层内接出水平风管，除了要考虑竖向所需的空间外，吊顶内水平风管需要的空间净高为 500 ~ 600mm。当空调机组分层设置时则只有水平管道而没有竖直管道，吊顶所需的净高同上。

2. 空调水管布置

在高层建筑中除了设置管道井来布置空调冷热水供回水立管以外，有时还需布置膨胀管和冷凝水的立管及冷却水供回水立管，因此所需要的管道井的面积较大。空调水系统除了立管以外还有水平管道，这些管道包括冷热水供回水管道、同程管道、冷凝水管道，这些管道布置在走廊的吊顶内或房间的吊顶内，要占用建筑层高空间。

3. 管道井

空调系统中有许多竖向设置的风管和水管，通常宜设置在管道井内，并需要占用一定的面积。采用水平式系统时，空调管道井面积约占建筑面积的0.5%，采用垂直式系统时，此比例可达到2%～3%。

确定管道井尺寸时考虑到安装维修的需要，应留有600mm的维修空间。装风管的管道井应为风管尺寸的2倍。风管距墙壁应留有150～300mm的施工操作空间。冷热水管道的外壁（或保温层的外表面）距墙面不小于150mm，各管道外壁（或保温层的外表面）之间的距离不应小于100～150mm。

5.4.5 冷却塔的安装位置

冷却塔的位置，既要考虑到冷却效果、噪声影响，也要考虑到其对建筑物立面的影响。因此，冷却塔的安装位置应保证气流通畅，周边没有热源及烟气的排放口，如厨房操作间、锅炉房的上层。从建筑立面考虑，应避开建筑物的主立面和主出入口；从噪声方面考虑，应避免设在宾馆客房、卧室、书房等有安静要求的房间上层。通常情况下，冷却塔一般设在独立制冷机房的顶上、建筑物裙楼的顶上或主楼顶上。

5.4.6 建筑层高

建筑层高与所要求的吊顶下净高、房间空调管道的布置及送风方式、其他专业的管道布置，以及建筑结构形式等因素有关。一般情况下，全空气系统要求的管道净空间高度为500～600mm。采用风机盘管时，如果结构为框架形式，风机盘管可在梁底标高之上布置，则梁底下净空间为200～300mm（用于设置水管；若还需通过风管，则在此基础上增加150mm左右）。如果结构形式为无梁厚板，则需要板底下净空间为450～500mm。

如果空调采用侧送风方式，则可以降低局部吊顶而使主要使用区域的吊顶提高，节省建筑层高，宾馆客房和面积不大的会议室中常采用这种方式。

一般公共房间（如高层建筑的裙房部分）通常其层高在4.2～5.1m（考虑吊顶净高为3.0～3.6m）。标准层为办公室时，层高不低于3.6m（吊顶净高为2.5m）；标准层为酒店客房时，层高宜为3.0～3.3m（客房进门走道局部吊顶高度为2.2m）。

5.5 建筑防排烟系统

建筑防排烟系统是为保证发生火灾时人员的安全疏散而设置的，应能实现快速排烟并在疏散通道内实现正压保护，防止烟气进入。

5.5.1 防火和防烟分区

防火分区和防烟分区是防排烟系统设置的前提。

防火分区是指采用具有一定耐火性能的防火墙或防火分隔物，将建筑物人为地划分为能在一定时间内防止火灾向同一建筑物的其他部分蔓延的局部空间或区域。工程中常用防火分隔物有防火墙、防火门、防火卷帘、钢筋混凝土楼板及防火玻璃等。

防烟分区是在设置排烟措施的过道、房间中，用隔墙或其他措施（可以阻挡和限制烟气的流动）分隔的区域。防烟分区范围是指以屋顶挡烟隔板、挡烟垂壁或从顶棚向下突出不小于 500mm 的梁为界，从地板到屋顶或吊顶之间的规定空间。

5.5.2　防烟系统

建筑物发生火灾时为保证人员的安全，需要为其提供不受烟气干扰的疏散路线和避难场所，以保证人员安全疏散与避难。因此，需要在建筑物的疏散通道和避难场所设置防烟系统。防烟系统有机械加压送风方式和自然通风方式。机械加压送风是指对防烟楼梯间、合用前室、防烟楼梯间前室及其他需要被保护区域采用机械送风，使该区域形成正压，防止烟气进入。自然通风方式就是本节后述的自然排烟。

图 5-56 所示为楼梯间加压送风示意图，图 5-57 所示为楼梯间和合用前室加压送风平面图。从图中可以看出楼梯间和合用前室加压送风需要在合适的位置（一般在楼梯间端头或电梯井旁）设置加压送风竖井，竖井通常根据建筑物的层数可以设成上下贯通式或竖向分成数段，竖井的尺寸取决于加压送风量的大小。楼梯间加压送风竖井地上部分每 2～3 层设置一个加压送风口，地下部分每层设置一个加压送风口，前室的加压送风竖井需要在每层设置一个加压送风口，加压送风口的设置高度为底边距地面 300～600mm。加压送风口常采用百叶风口。如果要求是常闭风口时，需在风口处加设风阀。

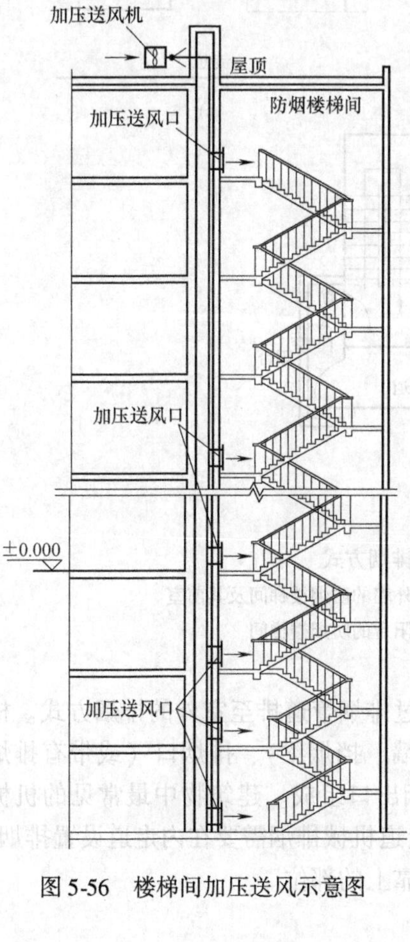

图 5-56　楼梯间加压送风示意图

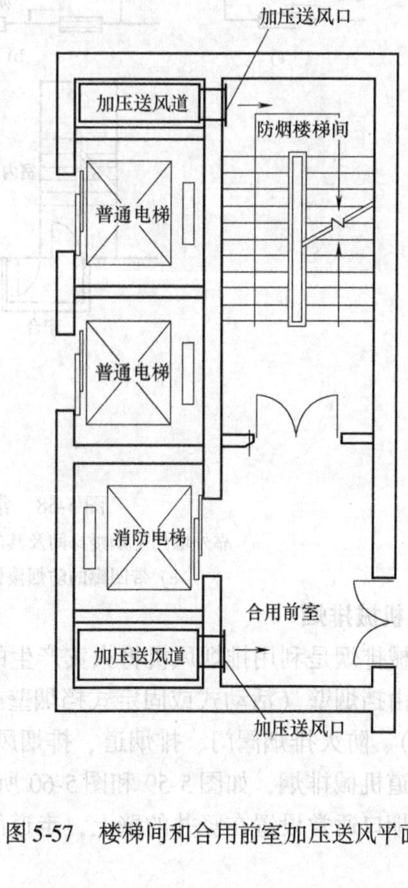

图 5-57　楼梯间和合用前室加压送风平面图

5.5.3 排烟系统

排烟系统是指采用机械排烟方式或自然排烟方式，将烟气排至建筑物外的系统。建筑物发生火灾时，及时有效地排出建筑物内的烟气是阻止火灾蔓延、利于人员安全疏散，减少人员伤亡和财产损失的有效方法。

建筑物的排烟方式分为自然排烟和机械排烟。

1. 自然排烟

自然排烟是利用烟气的浮力作用，通过建筑的阳台、凹廊或在外墙上设置的便于开启的外窗或排烟窗进行排烟的排烟方式。自然排烟是无组织的排烟方式，常用的自然排烟方式如图5-58所示。

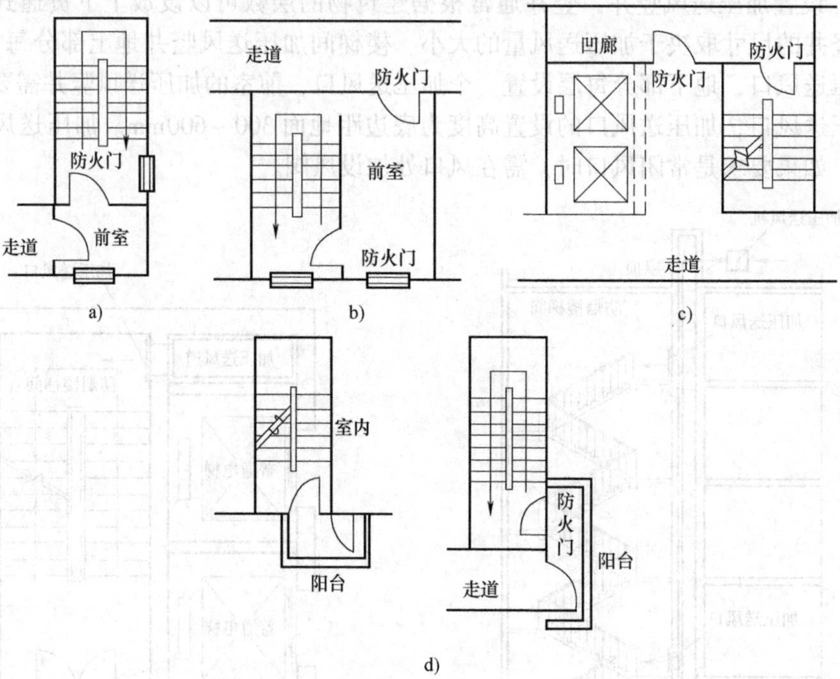

图5-58 常用的自然排烟方式

a）靠外墙的防烟楼梯间及其前室 b）靠外墙的防烟楼梯间及其前室

c）带凹廊的防烟楼梯间 d）带阳台的防烟楼梯间

2. 机械排烟

机械排烟是利用排烟风机将火灾产生的烟气通过排烟管道排至室外的排烟方式。机械排烟系统由挡烟壁（活动式或固定式挡烟壁或挡烟隔墙、挡烟梁）、排烟口（或带有排烟阀的排烟口）、防火排烟阀门、排烟道、排烟风机、排烟出口组成。建筑物中最常见的机械排烟是内走道机械排烟，如图5-59和图5-60所示。内走道机械排烟需要在内走道设置排烟竖井，机械排烟口通常设置在竖井的壁上，走道吊顶之下靠上的部位。

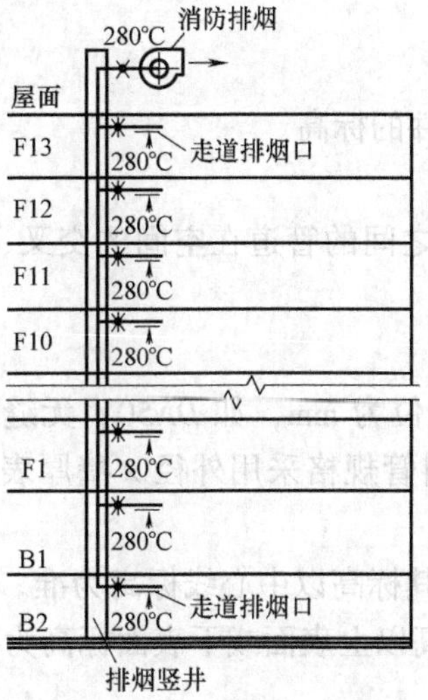

图5-59　内走道机械排烟

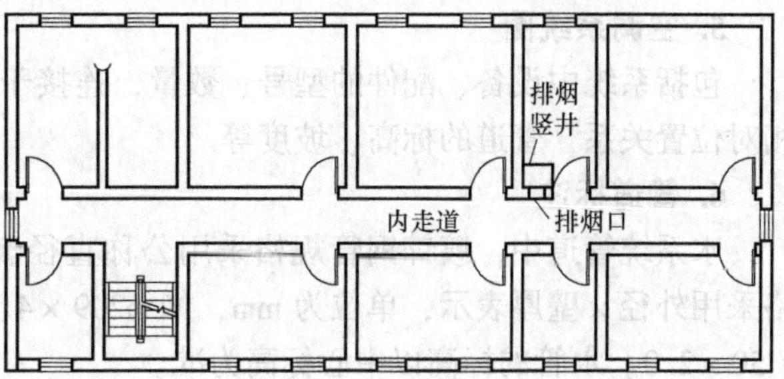

图5-60　内走道机械排烟平面图

5.6　空调施工图识读

5.6.1　空调施工图的组成

1. 设计施工说明

设计施工说明主要包括建筑物的概况，设计采用的气象参数，房间的设计参数，系统的划分，风系统和水系统的形式，水管、风管材料及加工方法，管材、支吊架及阀门安装要求，保温、减振做法，水管系统的试压和清洗，设备安装及防腐要求，系统调试和试运行方法、步骤，设计采用的规范，施工应遵守的规范等。

2. 空调系统平面图

系统平面图　系统平面图主要说明各种设备、管道的平面布置。主要包含以下几项内容：

1）风系统平面图。包括风管系统的组成、布置及风系统各部件、设备的位置，系统编号等。

2）水系统平面图。包括冷热水管道、凝结水管道的组成、布置及水管上各部件、仪表、设备的位置，各管道的水流流向、坡度、管径等。

3）空气处理设备。包括各种空气处理设备的形状和位置。

4）尺寸标注。包括各种管道、设备、部件的尺寸大小、定位尺寸，以及设备基础的主要尺寸，设备、部件的名称、型号、规格。

3. 空调机房平面图

（1）空气处理设备　包括所采用的空调器组合段代号，设备的型号、数量和定位尺寸。

（2）风管系统　包括与空调箱连接的送回风管、新风管和排风管的位置及尺寸。

（3）水管系统　包括冷热媒管道、凝结水管道、冷却水管道的位置、管径、尺寸等情况。

4. 空调系统剖面图

主要有系统剖面图、机房剖面图等，并标有管道及配件的标高。

5. 空调系统图

包括系统中设备、配件的型号、数量，连接于各设备之间的管道在空间的交叉、走向、相对位置关系，管道的标高、坡度等。

6. 管道标注

水系统管道中，镀锌钢管规格采用公称直径表示，单位为 mm，如 *DN*50；无缝钢管规格采用外径×壁厚表示，单位为 mm，如 $\phi209\times4.5$；塑料管规格采用外径×壁厚表示，如 $d_e50\times2.0$。水管的标高以中心标高为准。

圆形风管标注采用直径表示，单位为 mm，如 $\phi630$，其标高以中心线标高为准。矩形风管标注采用宽×高表示，单位为 mm，如 500×200，其标高以上表面或下表面标高为准。

5.6.2 施工图常用的图例

空调系统常用的图例见表 5-2～表 5-6。

表 5-2 水管道代号

序号	代号	管道名称	备 注
1	LG	空调冷水供水管	
2	LH	空调冷水回水管	
3	KRG	空调热水供水管	
4	KRH	空调热水回水管	
5	LRG	空调冷、热水供水管	
6	LRH	空调冷、热水回水管	
7	LQG	冷却水供水管	
8	LQH	冷却水回水管	
9	n	空调冷凝水管	
10	PZ	膨胀水管	
11	BS	补水管	
12	X	循环管	
13	LM	冷媒管	

表 5-3 水管阀门和附件

序号	名 称	图 例	附 注
1	截止阀		
2	闸阀		

（续）

序号	名　　称	图　　例	附　注
3	球阀		
4	蝶阀	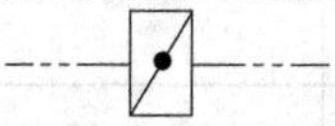	
5	浮球阀		
6	平衡阀		
7	三通阀		
8	止回阀	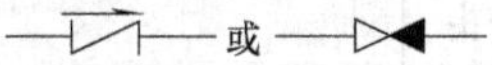	
9	减压阀	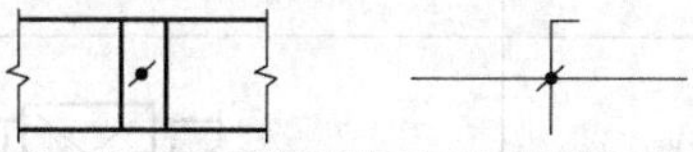	
10	安全阀	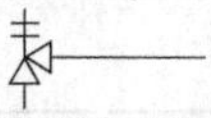	
11	自动排气阀		
12	可屈挠橡胶软接头		
13	Y 形过滤器	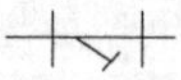	
14	固定支架	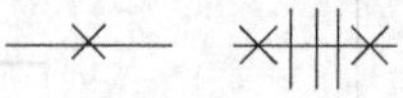	
15	金属软管	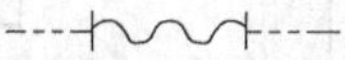	

表 5-4　风道代号

代号	风道名称	代号	风道名称
SF	送风管	XB	消防补风风管
HF	回风管	PY	消防排烟管道
XF	新风管	ZY	加压送风管
PF	排风管	S（B）	送风兼消防补风风管
P（Y）	排风排烟兼用管道		

表 5-5　风道、阀门及附件图例

序号	名称	图　　例	附　注
1	矩形风管	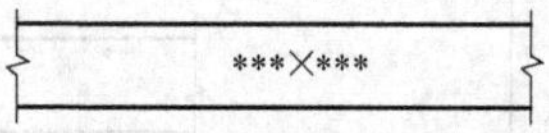	宽 × 高/mm × mm
2	圆形风管		φ 直径/mm

（续）

序号	名称	图　例	附注
3	天圆地方	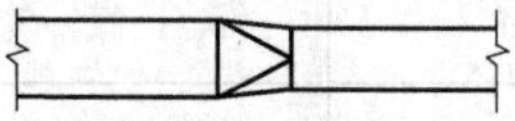	左接矩形风管，右接圆形风管
4	软风管		
5	圆形弯头	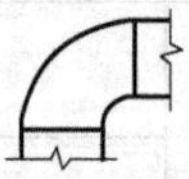	
6	带导流片矩形弯头	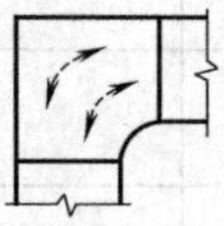	
7	消声器	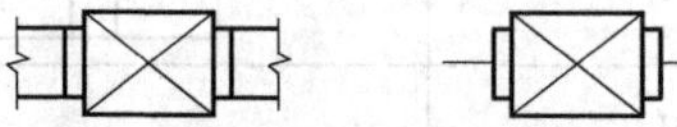	
8	消声静压箱		
9	蝶阀	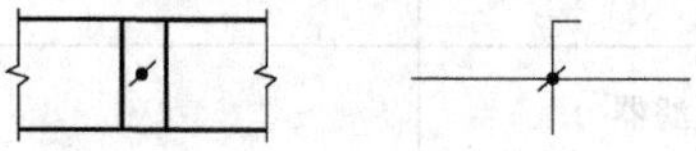	
10	对开多叶调节阀		
11	止回风阀	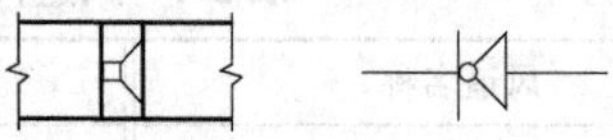	
12	防烟、防火阀	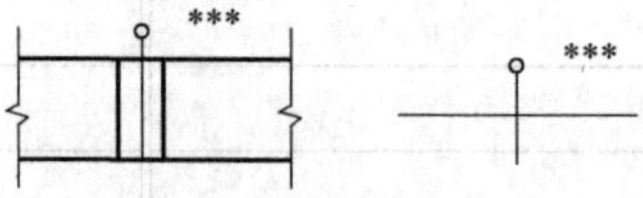	＊＊＊为阀门的名称
13	方形风口	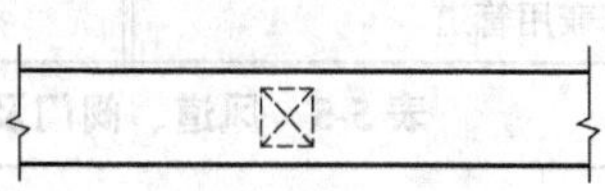	
14	条缝型风口	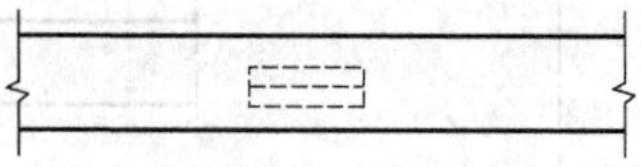	
15	矩形风口	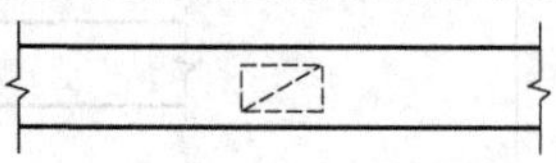	

（续）

序号	名称	图　例	附注
16	圆形风口	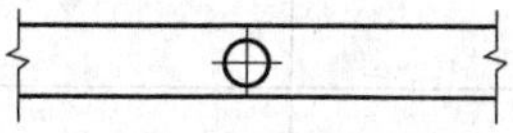	
17	风管软接头	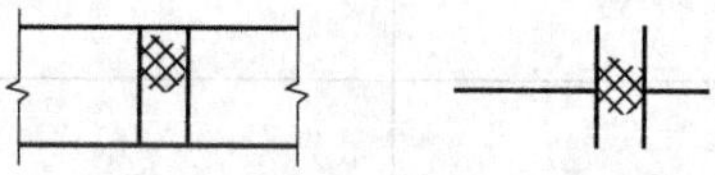	

表 5-6　空调设备图例

序号	名称	图　例	附　注
1	轴流风机	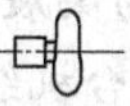	
2	管道式离心风机	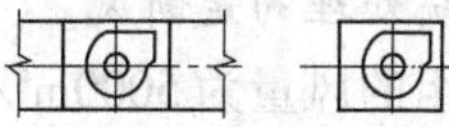	
3	水泵		
4	空调机组加热、冷却盘管		
5	变风量末端	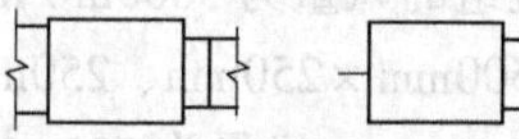	
6	板式换热器	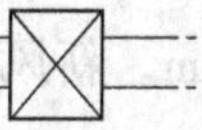	
7	空气过滤器	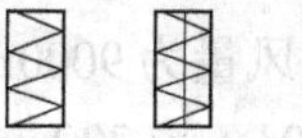	
8	电加热器	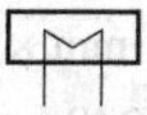	
9	加湿器	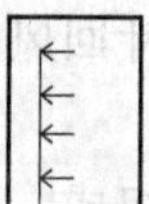	
10	立式明装风机盘管	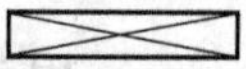	
11	立式暗装风机盘管	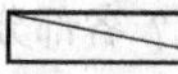	
12	卧式明装风机盘管	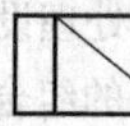	
13	卧式暗装风机盘管	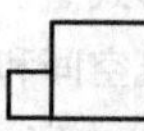	

（续）

序号	名称	图　例	附　注
14	通风空调设备		
15	温度计	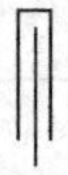	
16	压力表		

5.6.3 空调施工图识读（图 5-61）

【例 5-1】 图 5-61 所示为某展示厅空调平面图。该展示厅采用的是全空气系统，图中共有三台吊顶式空调机组，每台机组连接一套风管。其中 K-1-1 系统和 K-1-3 系统处理的是室内循环空气，K-1-2 系统处理的是新风。

K-1-1 系统中空调机组的风量为 $5000m^3/h$，机组出口安装有一个消声器，主风管尺寸分别为 800mm × 320mm、800mm × 200mm、500mm × 200mm，支风管尺寸分别为 500mm × 200mm 和 250mm × 200mm。系统上共安装 8 个方形散流器送风口，规格为 240mm × 240mm，风量为 $625m^3/h$，每个散流器前安装一个风量调节阀。空调机组回风口为单层百叶回风口，尺寸为 1000mm × 500mm，机组进出口处采用软连接和风管相连。

K-1-2 系统中新风机组的风量为 $3000m^3/h$，机组出口安装有一个消声器，主风管尺寸分别为 800mm × 250mm、500mm × 250mm、250mm × 250mm。系统上共安装 6 个方形散流器送风口，规格为 240mm × 240mm，风量为 $500m^3/h$。该系统在外墙上安装了一个防雨百叶新风口，尺寸为 1200mm × 300mm。新风机组进口处安装一台电动对开多叶调节阀。机组进出口处采用软连接和风管相连。

K-1-3 系统中空调机组的风量为 $9000m^3/h$，机组出口安装有一个消声器，主风管尺寸分别为 1400mm × 320mm、1250mm × 320mm、800mm × 320mm、800mm × 200mm、500mm × 200mm，支风管尺寸分别为 500mm × 200mm 和 250mm × 200mm。系统上共安装 14 个方形散流器送风口，规格为 240mm × 240mm，风量为 $650m^3/h$，每个散流器前安装一个风量调节阀。空调机组回风口为单层百叶回风口，尺寸为 1500mm × 500mm，机组进出口处采用软连接和风管相连。

该图中水系统由三根管道组成，分别为冷热水供水管、冷热水回水管和冷凝水管。管道规格为 *DN*32、*DN*40、*DN*50、*DN*65、*DN*80、*DN*100，采用的是镀锌钢管。

思考题和实训作业

1. 空气调节系统由哪些部分组成？各部分的功能是什么？
2. 简述空调系统的分类。
3. 简述空气处理的方式及所用的处理设备。
4. 简述常用的空调冷热源及常用的组合形式。
5. 简述空调系统冷热水管道的形式。
6. 简述空调系统管路布置对建筑空间和建筑层高的要求。
7. 识读图 5-62、图 5-63 中各部分内容，并作出文字说明。

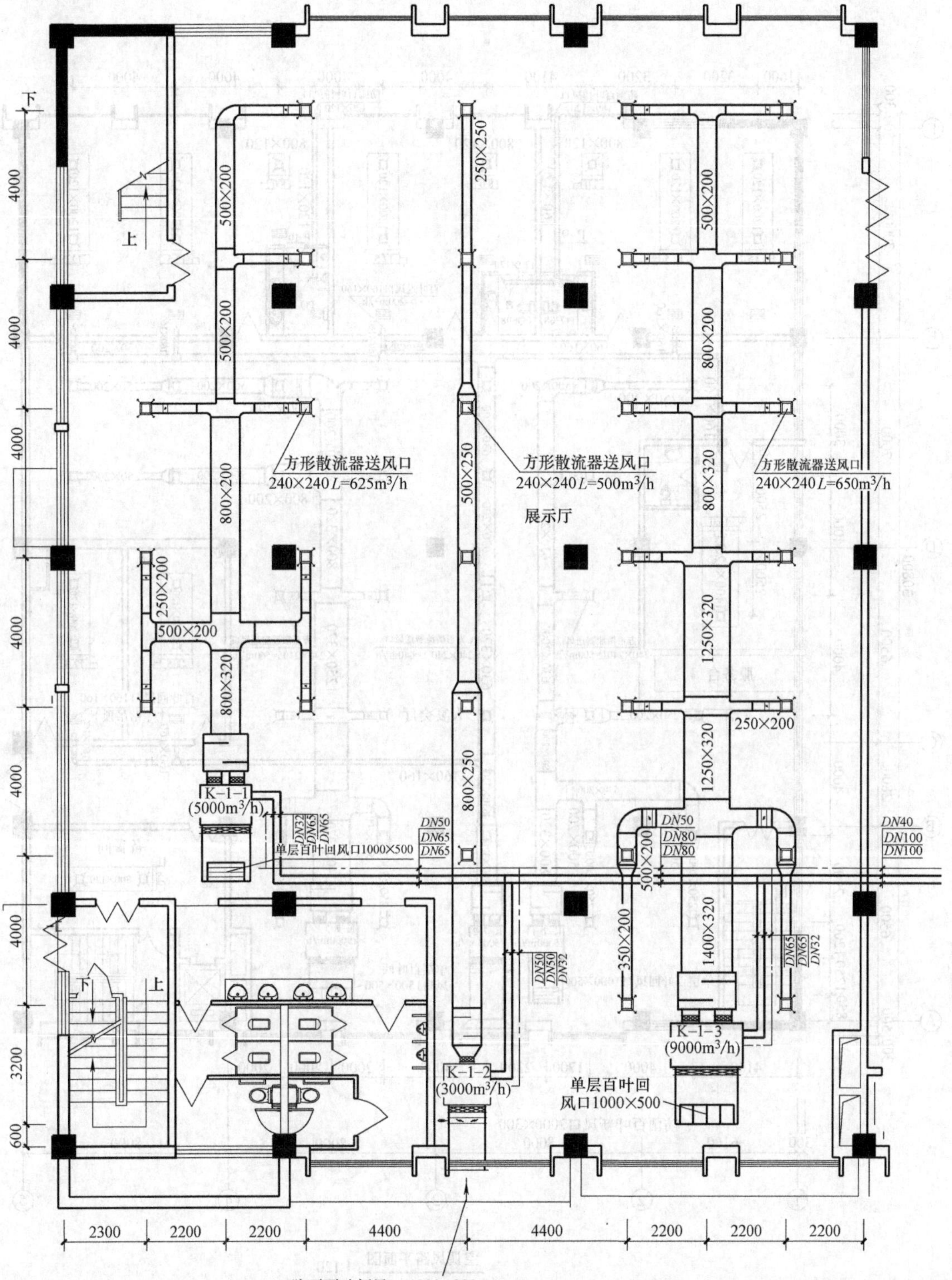

图 5-61　某展示厅空调平面图

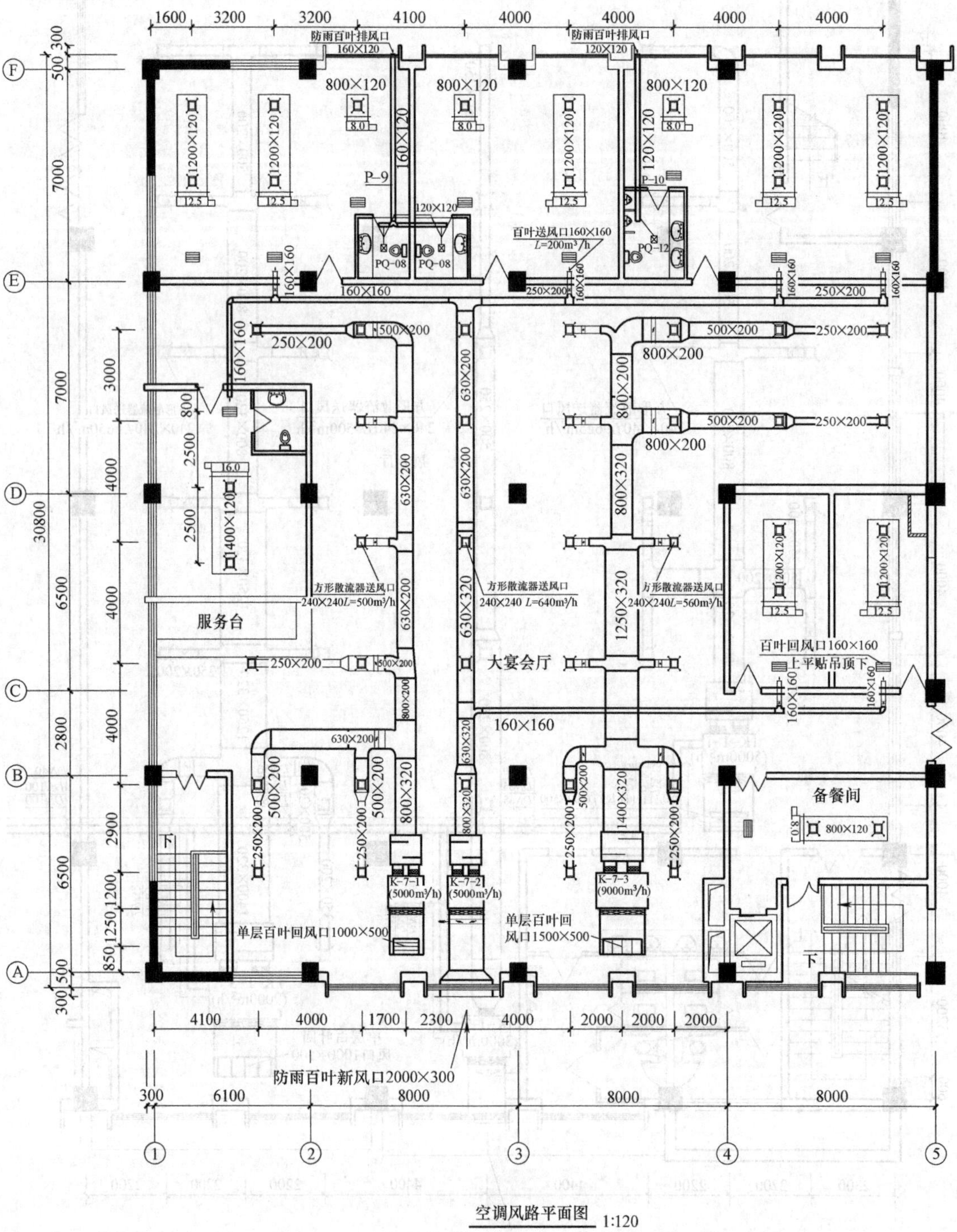

空调风路平面图 1:120

图 5-62

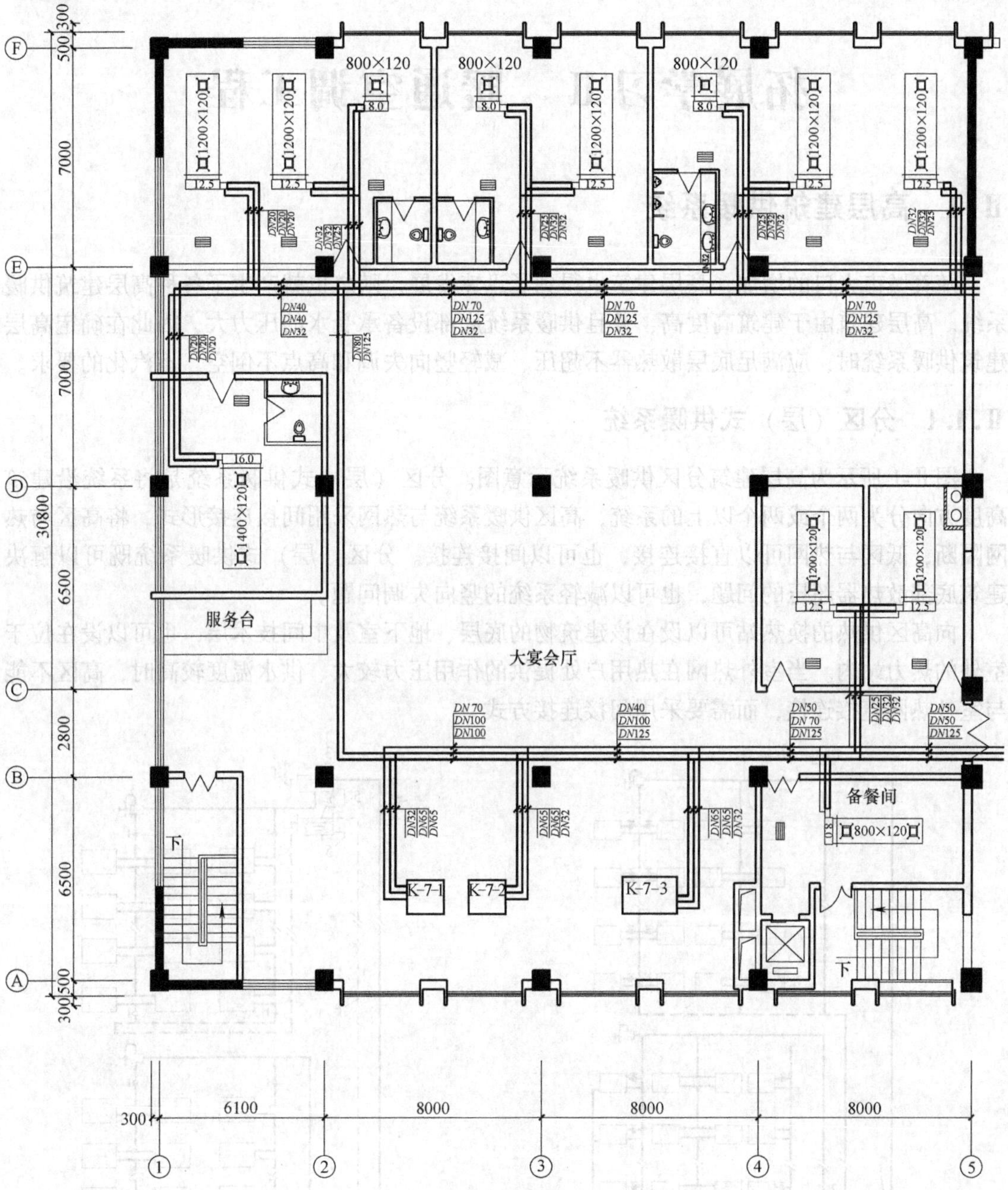

空调水路平面图 1:120

图 5-63

拓展学习Ⅱ　暖通空调工程

Ⅱ.1　高层建筑供暖系统

随着城市人口的增加，高层建筑也得到了迅速发展，随之也就产生了各种高层建筑供暖系统。高层建筑由于建筑高度高，并且供暖系统底部设备承受水的压力大，因此在确定高层建筑供暖系统时，应满足底层散热器不超压、减轻竖向失调和高点不倒空、不汽化的要求。

Ⅱ.1.1　分区（层）式供暖系统

图Ⅱ-1 所示为高层建筑分区供暖系统示意图。分区（层）式供暖系统是将系统沿建筑高度方向分为两个或两个以上的系统，高区供暖系统与热网采用间接连接形式，将高区与热网隔断，低区与热网可以直接连接，也可以间接连接。分区（层）式供暖系统既可以解决建筑底部散热器超压的问题，也可以减轻系统的竖向失调问题。

向高区供热的换热站可以设在该建筑物的底层、地下室及中间技术层，也可以设在位于室外的热力站内。当室外热网在热用户处提供的作用压力较大、供水温度较高时，高区不能与室外热网直接连接，而需要采用间接连接方式。

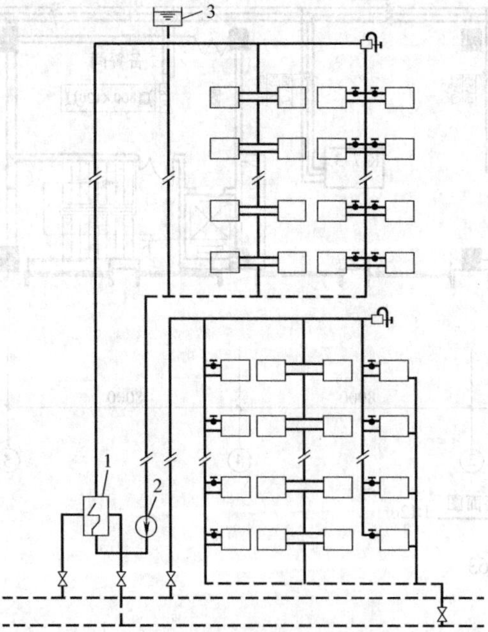

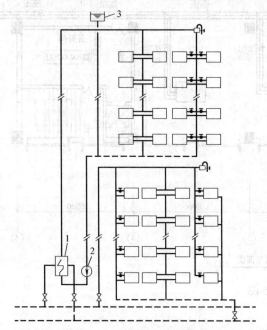

图Ⅱ-1　高层建筑分区供暖系统

1—热交换器　2—循环水泵　3—膨胀水箱

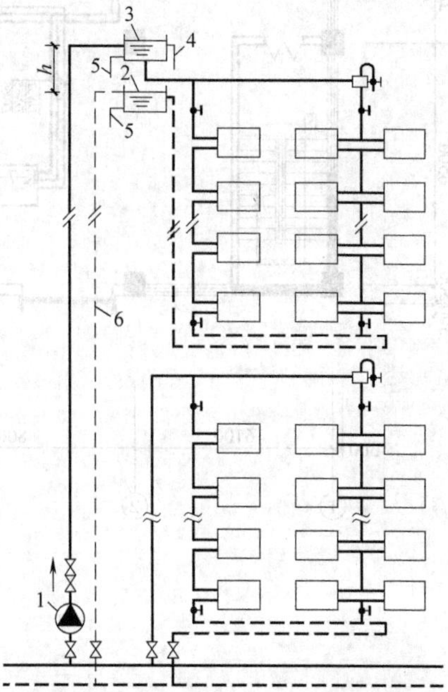

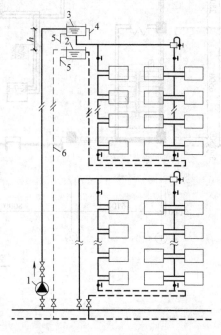

图Ⅱ-2　高层建筑分区双水箱供暖系统

1—加压水泵　2—回水箱　3—进水箱

4—供水箱溢流管　5—信号箱　6—回水箱溢流管

图Ⅱ-2 所示为高区设两个水箱的高层建筑分区供暖系统。高区系统与室外热网直接连接，当室外热网在热用户处提供的作用压头小于高层建筑的静水压力时，需要在用户与热网的连接处设置加压水泵 1。在高区，供暖系统依靠回水箱 2 与进水箱 3 之间的高程差，使水在高区系统中循环，利用回水箱溢流管 6 使室内供暖系统与室外热网回水管压力隔断。系统停止运行时，由于水泵出口安装有止回阀，因此高区与室外热网的供水管不相通，高区的高静水压力不会传递到底层散热器等其他用户。回水箱的高度应高于热用户所在外网的回水压力，以使回水箱溢流管 6 的上部为非满管流。

图Ⅱ-3 所示为高区设单个水箱的高层建筑分区供暖系统。这种系统的工作原理与图Ⅱ-2 所示的系统相同，只是高区供暖系统的循环动力是系统最高点的压力。

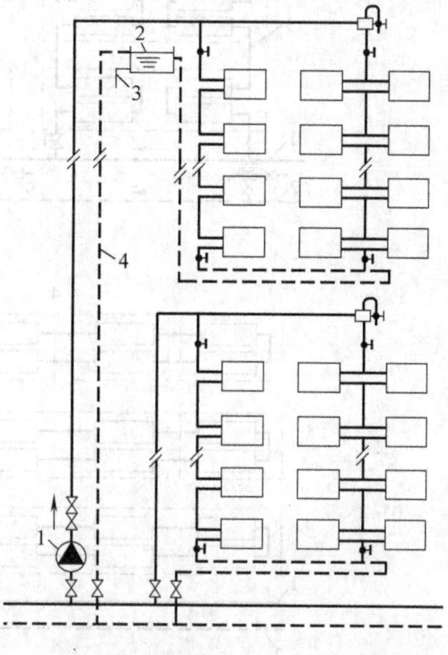

图Ⅱ-3　高层建筑高区单水箱供暖系统
1—加压水泵　2—回水箱　3—信号箱　4—回水箱溢流管

Ⅱ.1.2　单双管混合式供暖系统

单双管混合式供暖系统将散热器沿垂直方向分成组，组内为双管系统，组与组之间单管连接，如图Ⅱ-4 所示。这种系统利用了双管系统散热器可以局部调节，以及单管系统水力稳定性比较高的特点，减轻了双管系统层数多时的竖向失调。但是它不能解决底部散热器超压的问题。

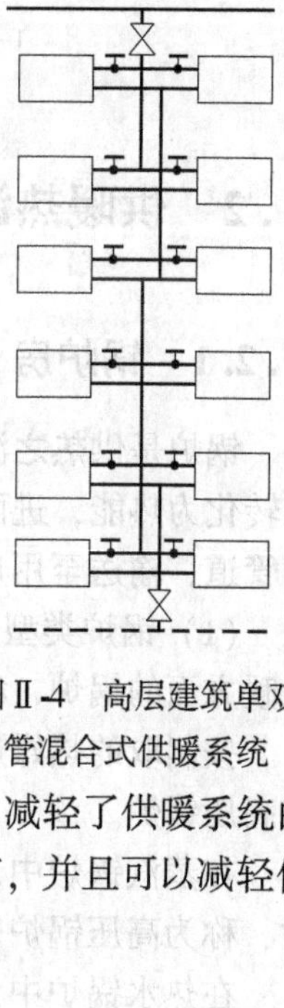

图Ⅱ-4　高层建筑单双管混合式供暖系统

Ⅱ.1.3　双线式供暖系统

图Ⅱ-5 所示为双线式热水供暖系统。双线式供暖系统只能减轻供暖系统的失调，不能解决供暖系统下部散热器超压的问题。双线式供暖系统又分为垂直式双线供暖系统和水平式双线供暖系统。

图Ⅱ-5a 所示为垂直式双线供暖系统。图中虚线框表示的是立管上位于同一楼层一个房间中的散热装置，按照热媒流动方向，每一个立管由上升和下降两部分构成。立管的阻力增加，提高了系统的水力稳定性。各层散热装置的平均温度近似相同，减轻了供暖系统的竖向失调。

图Ⅱ-5b 所示为水平式双线供暖系统。图中虚线框表示的是水平支管上位于同一房间中的散热装置。各房间散热装置的平均温度近似相同，减轻了供暖系统的水平失调。在每层水平支线上设置调节阀和节流孔板，可以实现分层调节，并且可以减轻供暖系统的竖向失调。

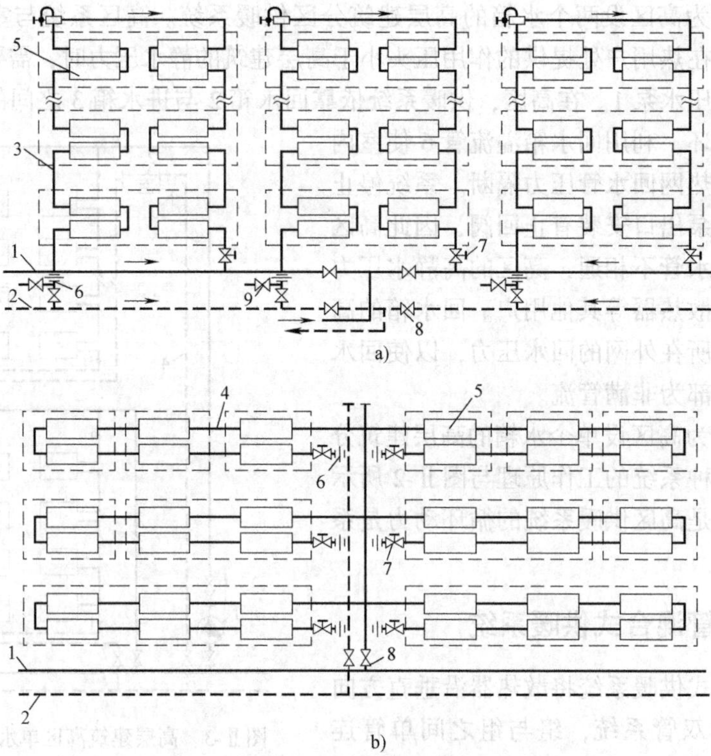

图Ⅱ-5　双线式热水供暖系统

a）垂直式双线供暖系统　b）水平式双线供暖系统

1—供水干管　2—回水干管　3—双线立管　4—双向水平管　5—散热设备

6—节流孔板　7—调节阀　8—截止阀　9—排水阀

Ⅱ.2　供暖热源概述

Ⅱ.2.1　锅炉房

锅炉是供热之源。锅炉及锅炉房设备的任务，在于安全可靠、经济有效地把燃料的化学能转化为热能，进而将热能传递给水，以生产热水或蒸汽。锅炉生产的蒸汽或热水，通过热力管道，输送至用户，以满足生产工艺、供暖、通风和生活的需要。

(1) 锅炉类型　通常，把用于动力、发电方面的锅炉，称作动力锅炉；把用于工业及采暖方面的锅炉，称为供热锅炉，又称为工业锅炉。

按制取的热媒形式，锅炉可分为蒸汽锅炉和热水锅炉。按其压力的大小可分为低压锅炉和高压锅炉。

在蒸汽锅炉中，当蒸汽压力低于 0.7MPa 时，称为低压锅炉；当蒸汽压力高于 0.7MPa 时，称为高压锅炉。

在热水锅炉中，当热水温度低于 100℃时，称为低温热水锅炉；当热水温度高于 100℃时，称为高温热水锅炉。

按水循环动力的不同有自然循环锅炉和机械循环锅炉。按所用燃料的不同有燃煤锅炉和燃油、燃气锅炉。

在整个锅炉制造行业中，建筑物内供热用的锅炉属于中小型低压锅炉，一般蒸汽压力在1MPa以下，蒸汽温度在182℃以下。与用于动力、发电方面的动力锅炉相比，其热工参数相差很大。但中低压锅炉使用面厂、数量大，是我们所关注的对象。

(2) 锅炉的基本参数　为了表明各类锅炉的内部构造、使用燃料、容积大小、参数高低及运行性能等各方面的不同特点，通常用以下几个参数来表示锅炉的基本特性。

1) 蒸发量。发热量是指蒸汽锅炉每小时的蒸发量，该值的大小表征锅炉容量的大小。一般以符号 D 来表示，单位为t/h。供热锅炉的蒸发量一般为0.1～65t/h。

2) 产热量。产热量是指热水锅炉单位时间产生的热量，也是用来表征锅炉容量的大小。产热量以符号 Q 表示，单位为kJ/h或kW。

3) 蒸汽（或热水）参数。蒸汽（或热水）参数是指锅炉出口处蒸汽或热水的压力和温度，单位为MPa和℃。

4) 受热面蒸发率（或发热率）。受热面蒸发率（或发热率）是指每平方米受热面每小时所产生的蒸发量（或热量），单位为kg/（m^2·h）或MW/m^2。该值的大小可以反映出锅炉传热性能的好坏，受热面蒸发率值越大，说明锅炉的传热性能好，结构紧凑。锅炉受热面是指烟气与水或蒸汽进行热交换的表面积。受热面的大小，一般以烟气放热的一侧来计算。

5) 锅炉效率。锅炉效率是指锅炉产生蒸汽或热水的热量与燃料在锅炉内完全燃烧时放出的全部热量的比值，通常用符号 η 表示。η 的大小直接说明锅炉运行的经济性。

6) 锅炉的金属耗率。锅炉的金属耗率是指锅炉每吨蒸发量所耗用的金属材料的质量(t/t)。

7) 锅炉的耗电率。锅炉的耗电率是指产生1t蒸汽的耗电数（kW/t）。

(3) 锅炉房的位置确定　锅炉房的位置应满足以下要求：

1) 在总体规划允许的条件下，锅炉房位置应力求靠近热负荷比较集中的地区。

2) 锅炉房的位置应尽可能靠近运输线，以有利于燃料的贮运和灰渣的排除。

3) 应位于主导风向的下风向，应有较好的朝向，以利于自然通风和采光，以减少环境污染。

4) 锅炉房的发展端和煤场、油库、灰场均应考虑有扩建的可能性。

5) 锅炉房的位置不宜与净化厂房和洁净度要求比较高的建筑太近。

6) 应便于给排水和供电，且有较好的地质条件。

7) 锅炉房区域的场地应进行绿化。

8) 应设在供热区标高较低的地方，以便于室内管网敷设。

9) 锅炉房的位置应符合卫生标准、防火规范、安全规程的规定。

燃油、燃气锅炉由于燃料类型不同，其位置确定的原则也略有不同。

(4) 锅炉房对建筑设计的要求　锅炉房每层至少有两个出口，分别设在相对的两侧；附近如果有通向消防电梯的太平门时，可以只开一个出口；当炉前走道总长度不大于12m，且面积不大于200m^2时，锅炉房可以只开一个出口。

锅炉房通向室外的门应向外开启，锅炉房内的辅助间或生活间直接通向锅炉间的门，应向锅炉间开启，以防止污染。锅炉房与其他建筑物相邻时，其相邻的墙为防火墙。

设置在高层建筑物内的锅炉房，应布置在首层或地下二层靠外墙的部位，并设置直接通向室外的安全出口。外墙开口部位的上方，应设置宽度不小于1m的不燃烧防火挑檐。

锅炉房的锅炉间属于丁类生产厂房，蒸汽锅炉额定蒸发量大于4t/h，热水锅炉额定功率大于2.8MW时，锅炉间建筑不应低于二级耐火等级；蒸汽锅炉与热水锅炉低于上述功率时，锅炉间建筑不应低于三级耐火等级。

锅炉房屋顶自重大于90kg/m² 时，应开设天窗，或者在高出锅炉的锅炉房墙上开设玻璃窗，开窗面积至少应为全部锅炉占地面积的1/10。锅炉房应尽量采用轻型结构屋顶为宜。锅炉房的设计应考虑有良好的采光和通风条件。锅炉房的地面至少高出室外地面约150mm，以免积水和便于泄水。

锅炉房的面积应根据锅炉的台数、型号、锅炉与建筑物之间的净距（应满足检修、操作和布置辅助设备的需要）而定。

Ⅱ.2.2 其他热源类型

除锅炉房外，只要能够提供热能的都可能用作城市供热热源，在条件允许的情况下，应充分利用。

（1）热电厂　在火力发电过程中，高压蒸汽进入汽轮机组做功，使汽轮机旋转，做完功的蒸汽经冷凝器变为凝结水后再回到锅炉。如果在蒸汽没有完全做功时（即还存在较高压力时），将其取出送至热用户，这种既发电又供热的电厂称为热电厂。

这种热电联产方式由于减少了电厂冷凝过程的热损失，热能利用的综合效率得以提高，从而使得热电厂作为城市热源成为可能。目前，随着电力部门的改造，北方很多城市和工业园区都有以热电厂为热源的区域供热系统。

（2）工业余热、废热　在工业生产中，可能需要大量的热能，或者在生产过程中会产生大量的热能，如果能加以利用，是一种非常好的节能方式。余热、废热资源最多的行业是冶金行业和化工行业。

（3）地热资源　地热能是地球中的天然热能，根据所获得的地热资源情况，可用于发电、供暖和生活用热水。

（4）城市垃圾燃烧　城市垃圾处理是城市管理中一件很复杂的工作。垃圾处理方式包括回收、填埋和焚烧等。如果能够把焚烧过程中所产生的热能用于城市供热，是件一举两得的好事。

（5）太阳能利用　对于居住在地球上的人类来说，太阳能是一种取之不尽、用之不竭的，不需运输，无污染的能源。目前有关太阳能利用的研究工作越来越受到重视。太阳能利用大致可分为主动式（如太阳能热水器、太阳灶等）和被动式（如被动式太阳房）两种。

主动式太阳能采暖方式如图Ⅱ-6所示，可解决建筑单体的取暖供热量。主动式太阳能供热系统包括三个环路：集热环路（集热器收集的热量通过集热环路存储在蓄热水箱中）；生活热水供应环路；采暖环路。需同时采用其他辅助供热设备加热。以水作为蓄热介质，集热环路采用强制循环倒空式运行方式。

区域供热热源为热电厂或大型锅炉房。它们具有机械化程度高，自控和管理较好，热量利用率高，减少污染等特点，是今后供热发展的趋势。

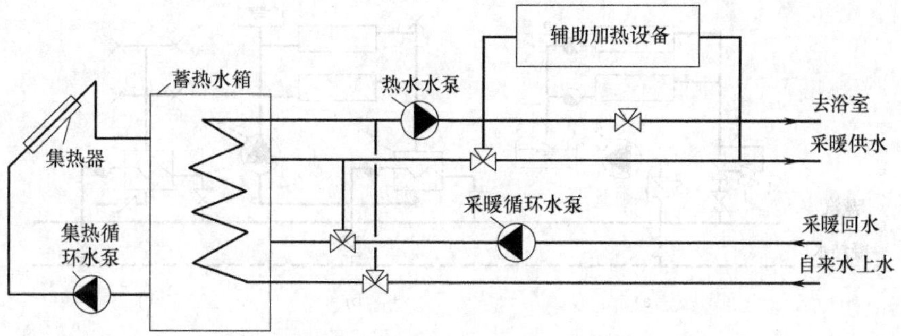

图Ⅱ-6 主动式太阳能采暖方式

Ⅱ.2.3 热网的接入

对每一个建筑或建筑群来说，其是城市供热系统的一个热用户，由于室内采暖系统的热媒参数和室外热力管网的热媒参数不可能完全一致，因此需要有一套与外网连接的热力引入口，在热力引入口中，装有专门的设备和自动控制装置)，采用不同的连接方法来解决热媒参数之间的矛盾。

(1) 与热水管网连接 室内热水采暖系统、热水供应系统与室外热水热力管网的连接如图Ⅱ-7 所示。

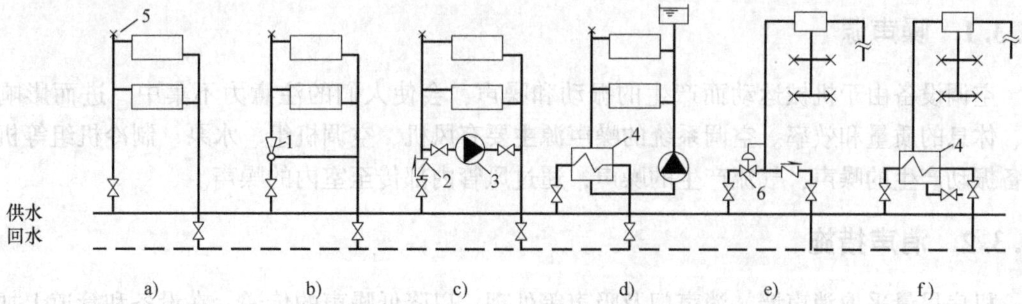

图Ⅱ-7 热用户与热水热力管网连接

1—混水器 2—止回阀 3—水泵 4—换热器 5—排气阀 6—温度调节器

图Ⅱ-7a、b、c 所示为室内热水采暖系统与室外热水热力管网直接连接的形式，图Ⅱ-7e 所示为室内热水供应系统与室外热水热力管网直接连接的形式，图Ⅱ-7d、f 所示则为不同热用户借助于表面式水—水加热器间接连接的形式。

(2) 与蒸汽热力管网连接 室内蒸汽或热水采暖系统、热水供应系统与室外蒸汽热力管网的连接，如图Ⅱ-8 所示。

图Ⅱ-8a 所示为室内蒸汽采暖系统与室外蒸汽热力管网直接连接的形式。蒸汽热力管网中压力较高的蒸汽通过减压阀进入室内蒸汽采暖系统，在散热器中放热后，凝结水经疏水器流入凝结水箱，然后经水泵送至热力管网的凝结水管。

图Ⅱ-8b 所示为室内热水采暖系统与室外蒸汽热力管网间接连接的形式。室外管网的高压蒸汽在汽—水加热器中将采暖系统的回水加热升温，热水采暖系统的循环水泵加压系统内的热水使之循环，热水在散热器中放热。

图Ⅱ-8c 所示为热水供应系统与蒸汽热力管网连接的形式。

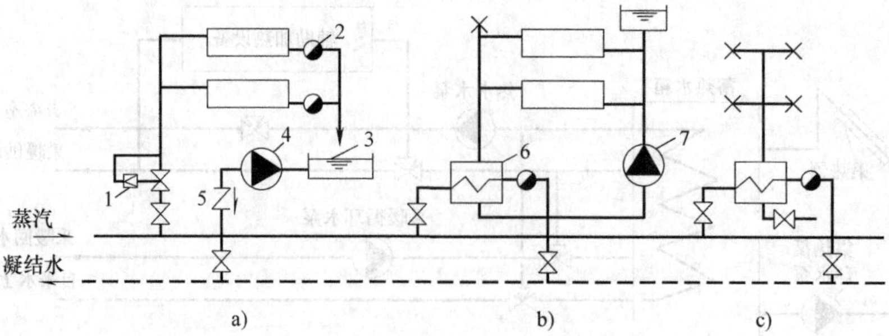

图Ⅱ-8 热用户与蒸汽热力管网连接

1—减压阀 2—疏水器 3—凝结水箱 4—凝结水泵 5—止回阀 6—加热器 7—循环水泵

(3) 热交换站 热交换站内主要设备有热交换器、水泵、软化水设备、水箱等。由于热交换无环保、安全等特殊要求，因此可以布置在建筑内部（一般布置在地下层，同时注意噪声的影响）。热交换站的建筑面积应根据换热量的大小而定，一般在100m^{2}左右，层高一般在5m左右。在地下层设热交换站时应注意通风、排水等问题。

Ⅱ.3 空调系统的消声与减振

Ⅱ.3.1 噪声源

空调设备由于机械运动而产生的振动和噪声，会使人们的注意力不集中，进而影响办公、休息的质量和效率。空调系统的噪声源主要有风机、空调机组、水泵、制冷机组等机械设备振动产生的噪声，气流产生的噪声，通过风管内部传至室内的噪声。

Ⅱ.3.2 消声措施

机房尽量采取消声墙、消声门及吸声等处理，以降低噪声的传递。在设备和管道上加装隔振设施。在空调送风管道上还需安装消声器，避免设备产生的噪声传至空调房间。另外，还可以降低风管内的空气流速，以减少气流噪声的产生。

(1) 空调系统的消声器 根据结构和消声原理不同，常用于空调工程的消声器分为阻性消声器、共振消声器、抗性消声器、阻抗复合式消声器、消声静压箱等，消声器的构造如图Ⅱ-9所示。

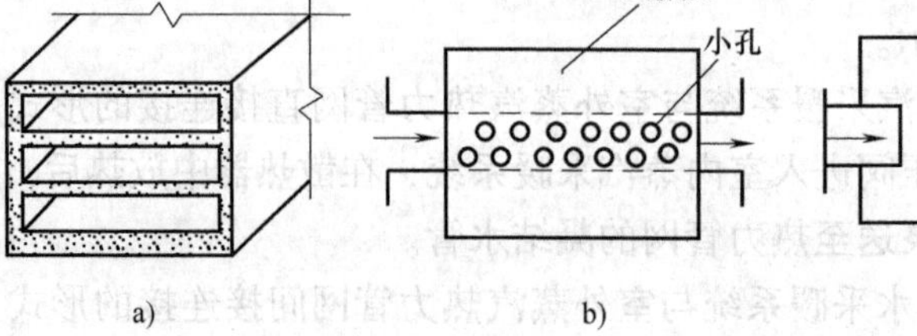

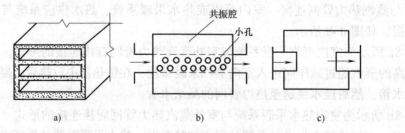

图Ⅱ-9 消声器的构造示意图

a) 阻性消声器 b) 共振消声器 c) 抗性消声器

1）阻性消声器是利用安装在管内用吸声材料做的消声板来消声的，吸声材料采用松散多孔材料，当声波遇到松散多孔的吸声材料时，会使其分子产生振动，从而加大了摩擦阻力，声波能量即会转化为热能，以达到消声的目的，一般用于消除中频和高频噪声。常用的阻性消声器有管式、片式、格式、折板式等，如图Ⅱ-10所示。

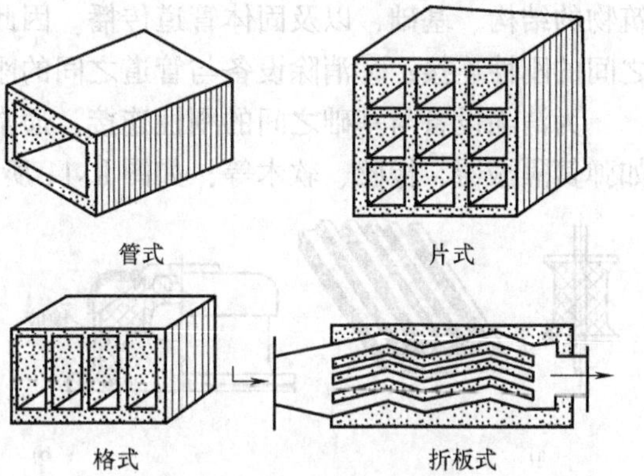

图Ⅱ-10　常用的阻性消声器

2）共振消声器是利用噪声与共振吸声结构的频率，产生共振消耗声能，达到消声的目的，主要用来消除低频噪声。当噪声的振动频率与共振吸声结构的频率相同时，引起小孔处的空气柱强烈共振，空气柱与孔壁发生剧烈摩擦，声能因克服摩擦阻力而消耗。

3）抗性消声器是利用气流通过截面突然改变的风管时，将使沿管传播的声波向声源方向反射回去而减弱，从而达到消声目的的。抗性消声对风机产生的低频噪声有较好的消声作用。

4）阻抗复合式消声器是利用对声音的阻性和抗性合成作用的一种消声器。

5）消声静压箱安装在风机出口处或空气分布器前，静压箱内贴吸声材料，利用箱断面的突变和箱体内表面的吸声作用对风机噪声进行有效衰减。

另外，空调工程中还有消声弯头等消声设备。

（2）机房噪声控制　尽量降低机房噪声是控制机房噪声的最积极的措施。降低机房噪声的主要途径有吸声和隔声两方面。

1）吸声。吸声是控制机房内噪声的常用措施，它是通过对各反射面进行吸声处理，减少反射声，增加室内总吸声量，而达到降低噪声的目的。

当机房远离空调房间或单独建在地下室时，降低机房噪声主要是为了保证操作工人免受干扰。当机房在建筑物内且相邻或邻近的房间对噪声要求较高时，必须进行吸声处理。

在通风机房内，由于风机噪声以低频为主，故常采用共振吸声块、水泥板、石膏板穿孔吸声结构等。在冷冻机房、水泵房及空压机房内，由于这些设备的噪声频谱较宽，故常用50～100mm厚的超细玻璃棉毡，外包玻璃丝布作为吸声材料。

2）隔声。采用吸声方法虽可有效地控制机房噪声，但最大限度只可减少10dB左右。而空调、制冷设备的噪声通常在80～110dB，因此为了使与机房相邻或较近的房间达到允许的噪声标准，还要进行隔声处理。隔声主要是对墙体、挡板、门窗等进行相应的处理。

当墙体或挡板不能满足隔声要求时，可采用双层墙体或楼板，中间留有空气层，但必须保证两墙（或楼板）无刚性连接，否则会失去空气层的作用，而导致隔声量降低。机房墙体或楼板，应尽可能采用砖或钢筋混凝土结构。质量轻的门，为提高其隔声性能，可采用多层材料的复合结构，并加强对门缝的处理。

Ⅱ.3.3　空调系统的隔振

空调系统的噪声除了通过空气传播到室内以外，空调设备振动产生的噪声还可以通过建筑物的结构、基础，以及固体管道传播。因此，空调系统的隔振主要是：①消除设备与基础之间的刚性连接；②消除设备与管道之间的刚性连接。

为消除设备与基础之间的刚性连接，通常采用的方法是在设备和基础之间设隔振构件，如弹簧隔振器、橡胶、软木等，如图Ⅱ-11 所示。

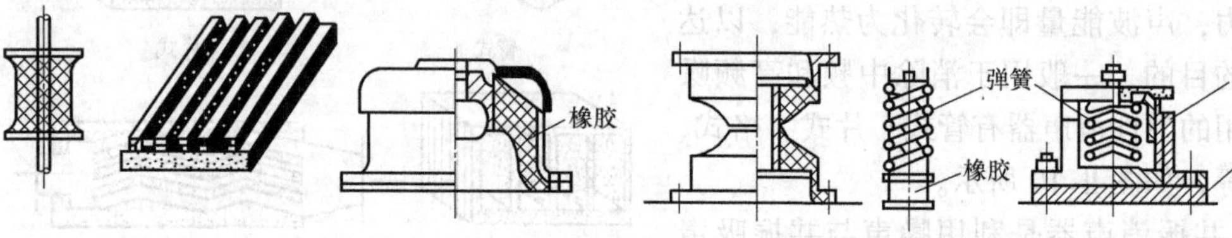

a)　　b)　　c)

图Ⅱ-11　几种不同形式的减振器

a）压缩型　b）剪切型　c）复合型

1）橡胶减振垫。如图Ⅱ-12 所示，它是根据所需要的面积和厚度用橡胶材料做成的减振器，可以直接垫在设备之下。该类减振器由丁腈橡胶制成，耐油性能好，抗老化性能强，使用寿命长；可根据需要切割成任意大小，还可多层串联使用，非常方便。

2）弹簧复合减振器。如图Ⅱ-13 所示，它是用弹簧钢制成的螺旋形构件。弹簧的压缩量大，固有频率低，隔振效果好，结构简单，性能可靠，安装方便；具有良好的耐油性、耐老化性和耐高温性能，使用寿命长。

图Ⅱ-12　水泵安装中使用的橡胶减振垫

图Ⅱ-13　冷水机组安装中使用的弹簧复合减振器

为了减弱设备运行产生的振动，通风机、水泵和制冷机的基础应采用钢筋混凝土或型钢加工而成，其质量为设备质量的 2 ~6 倍。离心式和螺杆式冷水机组因其自重较大，一般可在机座下直接设置橡胶垫板或弹簧减振基座。

另外，振动还能通过连接的水管、风管等传到建筑物中去，所以水管或风管与振动设备的连接，应采取软接头。水管通常采用不锈钢软接头或挠性橡胶接头，风管通常采用帆布或皮革软接头与振动设备连接。同时，为减轻水管或风管的振动向建筑物的传播，可采用减振支、吊架。常用的管道隔振措施如图Ⅱ-14 所示，图Ⅱ-15 所示为水泵的隔振示意图。

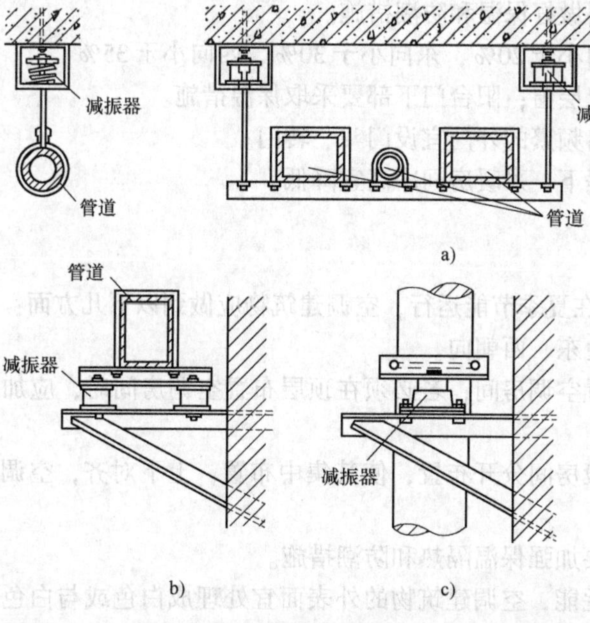

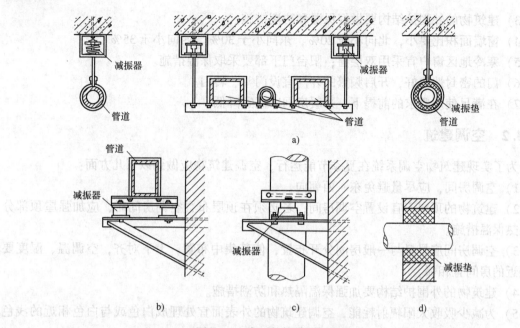

图Ⅱ-14　常用的管道隔振措施

a）水平管道吊架减振措施　b）水平管道支座减振措施　c）垂直管道减振措施　d）管子穿墙的减振措施

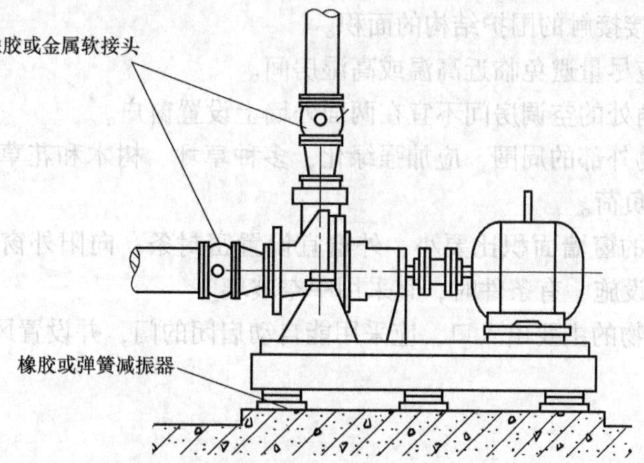

图Ⅱ-15　水泵隔振示意图

Ⅱ.4　建筑设计与供暖空调系统运行节能

Ⅱ.4.1　采暖建筑

建筑物采暖系统在冬季能否实现节能运行，除了与系统本身运行节能程度有关之外，还与建筑的设计和结构等因素有关。为实现采暖系统在冬季的节能运行，建筑物应做到以下几方面：

1）建筑物宜南北向布置，设在避风和向阳地段，避免设在高地、河岸和旷野上。

2）建筑物体型系数要小，严寒和寒冷地区的体型系数宜控制在 0.4 以下。

3）建筑物的外围护结构要做好保温和防潮措施。

4）窗墙面积比要小，北向小于20%，东向小于30%，西向小于35%。

5）寒冷地区窗户宜采用双层窗；阳台门下部要采取保温措施。

6）门的密封性要好，开启频繁的外门宜设门斗、转门。

7）在满足使用要求的前提下，采暖房间净高宜降低。

Ⅱ.4.2 空调建筑

为了实现建筑物空调系统在夏季节能运行，空调建筑物应做到以下几方面：

1）空调房间，应尽量避免东、西朝向。

2）建筑物的顶层不宜设置空调房间；若必须在顶层布置空调房间时，应加强屋顶部分的隔热保温措施。

3）空调房间应尽量与一般房间分开布置，使其集中布置，上下对齐，空调温、湿度要求相近的房间宜相邻。

4）建筑物的外围护结构要加强保温隔热和防潮措施。

5）为减少吸收太阳辐射耗能，空调建筑物的外表面宜处理成白色或与白色相近的浅色调。

6）空调建筑的平面和体形，应力求简单方正，避免狭长、细高和过多的凹凸，尽可能减少与室外空气直接接触的围护结构的面积。

7）空调房间应尽量避免临近高温或高湿房间。

8）建筑物转角处的空调房间不宜在两面外墙上设置窗户。

9）空调建筑物外部的周围，应加强绿化，多种草坪、树木和花草，以降低周围小环境的温度，减少空调负荷。

10）空调房间的窗墙面积比要小，外窗宜设置密封条；向阳外窗的玻璃，宜采用镀膜反射玻璃或设遮阳设施，有条件时，宜采用中空玻璃。

11）空调建筑物的主要出入口，应采用能自动启闭的门，并设置风幕。

第Ⅲ篇　建筑电气

第6章 概　　述

建筑电气是以电能、电气设备和电气技术为手段，创造、维持与改善室内外空间的电、光、热、声等环境，以利于提高人们的生活、工作和学习质量。建筑电气的狭义解释是：在建筑物中，利用现代先进的科学理论及电气技术（含电力技术、信息技术及智能化技术等），创造人性化生活环境的一门应用科学。

6.1 建筑电气系统的作用和分类

6.1.1 建筑电气系统的作用

1. 创造环境的设备

（1）创造光环境的设备　在人工采光方面，无论是以满足人们生理需要为主的视觉照明，还是以满足人们心理需要为主的气氛照明，均可采用电气照明装置实现。

（2）创造温湿度环境的设备　为使室内温湿度不受外界自然条件的影响，可采用空调设备实现适宜的室内温湿度环境。

（3）创造空气环境的设备　可采用通风换气设备补充新鲜空气，排除臭气、烟气、废气等有害气体。

（4）创造声音环境的设备　可通过广播系统形成背景音乐，将悦耳的乐曲或所需的音响送入相应的房间。

2. 追求方便性的设备

（1）提高居住者和使用者生活和工作方便性的设施

1）满足生活基本需要的给水排水设施。

2）电梯。

3）保证可随时随地使用的各种电插座。

（2）缩短信息传递时间的系统

1）满足个人之间信息交换需求的电话系统。

2）满足个别人和群体、多用户间信息沟通需求的广播系统。

3）时间显示器系统。

4）用于迅速传递火灾信息的报警系统。

5）防盗报警系统。

6）计算机网络。

3. 增加安全性的设备

1）保护人身和财产安全的设备，如自动排烟、自动化灭火设备、消防电梯、事故照明等。

2）提高设备和系统可靠性的设备，如备用电源的自投、过电流、欠电压、接地等多种保护方式。

4. 提高控制性能和管理性能的设备

增设提高控制性能和管理性能的设备，可以使建筑物的使用寿命延长，并使各项费用降低。这类设备多是各种局部自动控制系统，如消火栓消防泵自动灭火系统、自动空调系统等。

5. 信息通信设备

信息通信设备用于建筑物群体内、外部的各种不同信息的收集、处理、存储、传输、检索和决策，为建筑物的管理人员、租用者提供迅速的信息服务。

6.1.2 建筑电气系统的分类

建筑电气系统按建筑物用电设备和系统所传输的电压高低或电流大小，划分为强电系统（包括供配电系统、动力系统、照明系统）和弱电系统。强电指动力用电及照明等，一般在220V 以上；弱电指的是电话、网络、监控、电视等电路，一般都在 36V 以下。

1. 供配电系统

（1）电能输送和变压 电能输送指由发电厂或电源由某处输送到另一处的一种方式（图 6-1）。由于早期技术不成熟，电能输送多采用直流输电，而后期逐渐演变成交流输电。交流输电有很多优势，减少了电力输送中的损耗，提高了速度和传输距离。不过交流输电依然存在一定的损耗，相信随着技术日益成熟，会出现更加合适的电能传输方式，如电能固态压缩方式、太阳能单独采集等。

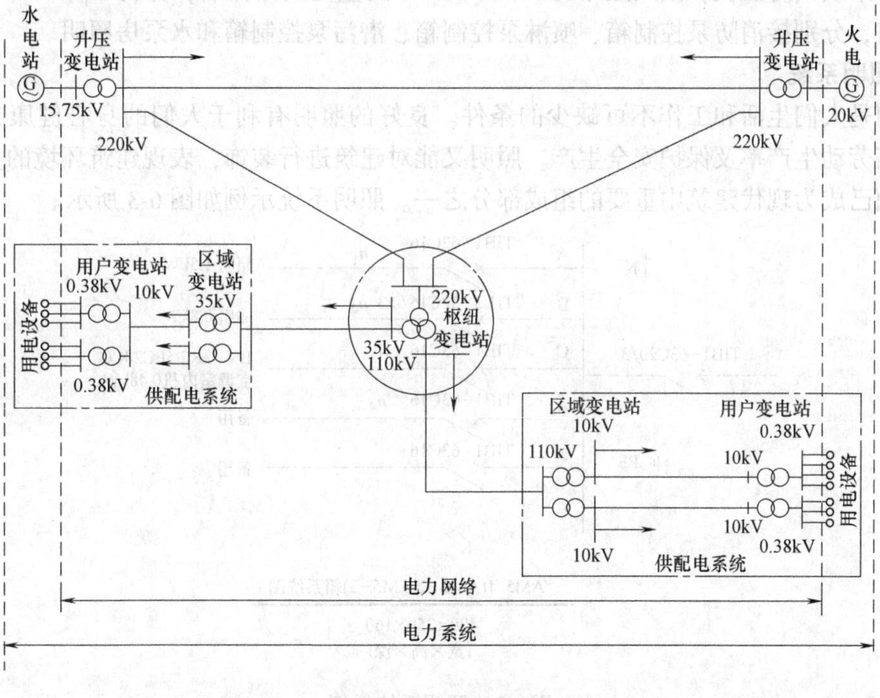

图 6-1 电能的输送

电站将发电机输出的低压电经过高压输电网络升高至数十千伏至数百千伏进行远距离传输，以减少损耗，至用户端时又把电压降低。这种电压的高低转换称为变压。

（2）电力系统的电压和频率

1）电压等级。我国规定交流电网的额定电压等级有：220V、380V、3kV、6kV、10kV、35kV、110kV、220kV等。

2）各种电压等级的适用范围。高压多用于电能的远距离输送，三相四线制低压供电采用380/220V。

3）额定电压和频率。我国规定使用的工频交流电频率（指工业上用的交流电源的频率）为50Hz，线/相电压为380/220V。

2. 动力系统

动力系统是将电能转换为机械能以拖动风机、水泵等机械设备运转，为整个建筑提供舒适、方便的生产与生活条件而设置的各种系统。

以进线引自变配电室的一个总动力配电箱（图6-2）为例进行说明：

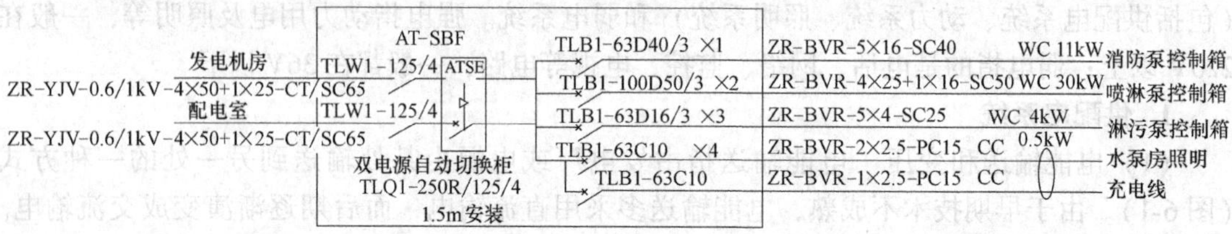

图6-2　动力配电箱系统图

该箱进线引自发电机房和配电室的双电源回路，采用ZR-YJV-0.6/1kV-4×50+1×25电缆穿桥架或钢管敷设。接入型号为TLW1-125/4的塑壳断路器后，分为X_1、X_2、X_3和X_4四条支路，分别接消防泵控制箱、喷淋泵控制箱、潜污泵控制箱和水泵房照明。

3. 照明系统

照明是人们生活和工作不可缺少的条件。良好的照明有利于人们的身心健康、保护视力、提高劳动生产率及保护安全生产。照明又能对建筑进行装饰，表现建筑环境的美感。因此，照明已成为现代建筑中重要的组成部分之一。照明系统示例如图6-3所示。

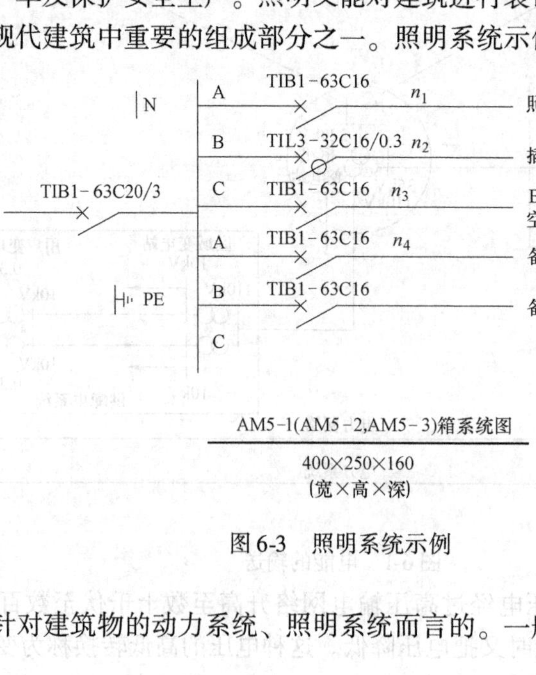

图6-3　照明系统示例

4. 弱电系统

弱电系统是针对建筑物的动力系统、照明系统而言的。一般把像动力系统、照明系统这样输送能量的电力系统称为强电系统，而把传播信号、进行信息交换的电气系统称为弱电系统。弱电系统的作用是完成建筑物内部和内部及内部和外部间的信息传递与交换，它包括电缆电视系统、电话通信系统、电气消防系统和安全防范系统。

(1) 电缆电视系统　电缆电视系统在早期被称为共用天线电视系统，顾名思义，其原理就是允许多台用户电视机共用一组室外天线来接收电视台发射的电视信号，经过信号处理后通过电缆将信号分配给各个用户的系统。电缆电视系统如图 6-4 所示。

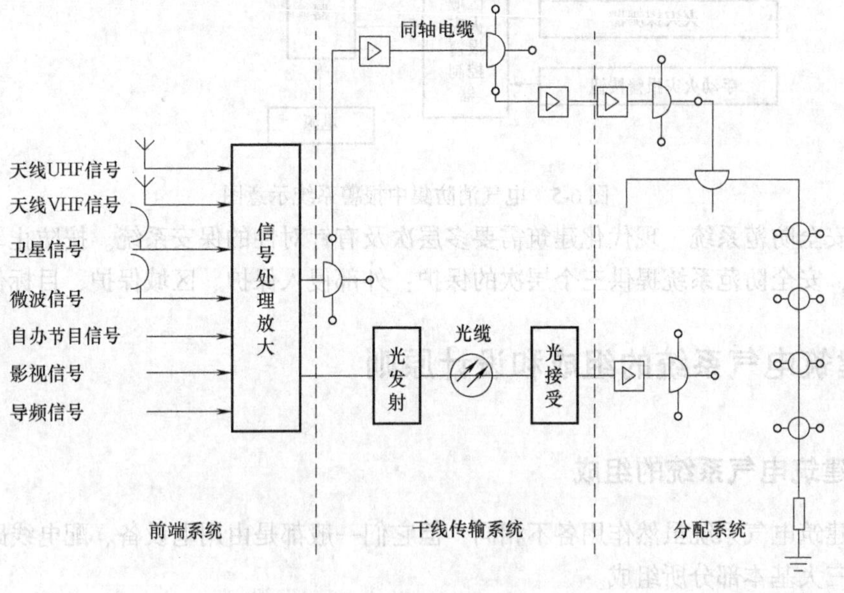

图 6-4　电缆电视系统

(2) 电话通信系统　现代化的通信技术包括语言、文字、图像、数据等多种信息的传递，程控电话系统的出现，即标志这方面的技术开始向深度和广度方面发展，将成为普遍采用的通信手段。通信线路的敷设方式分为布管和管内穿线，和电气照明线路敷设方式相同。通信线及软线技术特性见表 6-1。

表 6-1　通信线及软线技术特性

型号	名称及结构	芯数 × 线径	用途
HPV	铜芯聚氯乙烯绝缘通信线	2 × 0.5	电话、广播
HBV	铜芯聚氯乙烯绝缘电话配线	2 × 0.8	电话配线
		2 × 1.0 平行	
		2 × 1.2	
		4 × 1.2 绞型	
HVR	铜芯聚氯乙烯绝缘电话软线	2 × 0.5	连接电话机与接线盒

(3) 电气消防系统　电气消防系统中，一般根据建筑物保护等级不同而选用不同的火灾报警与自动灭火系统。火灾自动报警是一种自动消防措施，目的是能早期发现和通报火灾。图 6-5 是一个电气消防集中报警系统示意图。

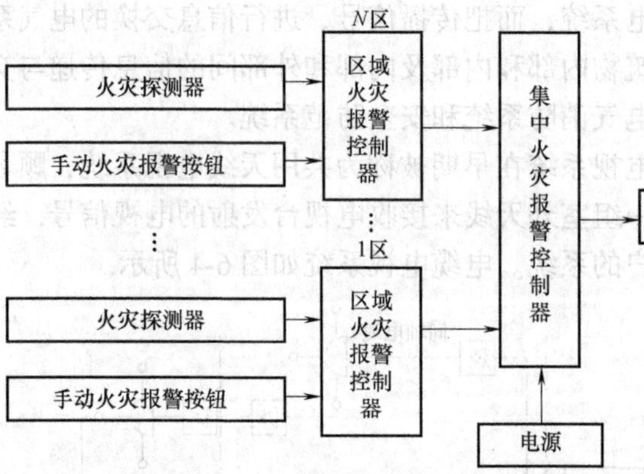

图6-5　电气消防集中报警系统示意图

（4）安全防范系统　现代化建筑需要多层次及有针对性的保安系统。按防止罪犯入侵的过程划分，安全防范系统提供三个层次的保护：外部侵入保护、区域保护、目标保护。

6.2　建筑电气系统的组成和设计原则

6.2.1　建筑电气系统的组成

各类建筑电气系统虽然作用各不相同，但它们一般都是由用电设备、配电线路、控制和保护设备三大基本部分所组成。

1. 用电设备

用电设备的种类繁多，如照明灯具、电动机、电视机、电话等，其作用各异，功能特点各有不同。

2. 配电线路

配电线路用于传输电能和信号，由各种型号的导线和电缆构成，其安装和敷设方式都大致相同。

（1）常用绝缘导线及电缆的型号（表6-2）

表6-2　常用导线及电缆型号

型号	名称	型号	名称
BX	铜芯橡胶绝缘导线	RVS	铜芯聚氯乙烯绝缘绞型软导线
BV	铜芯聚氯乙烯绝缘导线	BVR	铜芯聚氯乙烯绝缘平型导线
BLX	铝芯橡胶绝缘导线	BLXF	铝芯氯丁橡胶绝缘导线
BLV	铝芯聚氯乙烯绝缘导线	BXF	铜芯氯丁橡胶绝缘导线
BBLX	铝芯玻璃丝橡胶绝缘导线	LJ	裸铝绞型导线
BVV	铜芯聚氯乙烯绝缘护套导线	TMY	铜母导线
YHC	重型橡套电缆	NYHF	农用氯丁橡套拖拽电缆

橡胶绝缘导线可分为铜芯、铝芯，又可分为单芯、双芯及多芯，用于屋内布线，工作电压一般不超过500V。

（2）导线粗细选择的原则

1）标称截面积相同、布线形式不同，则安全载流量不同。

2）工作电流相同、布线形式不同，应选择不同粗细的芯线。

3）安全载流量与导线的标称截面积不成正比。实际应用中，这种情况占多数。

（3）电缆型号的组成及含义 电缆型号的组成及含义见表 6-3。

例如：NA-YJV22 表示交联聚乙烯绝缘双钢带铠装聚氯乙烯护套耐火电力电缆，适宜对耐火有要求时埋地敷设，不适宜管道内敷设；ZA-VV22 表示聚氯乙烯绝缘双钢带铠装聚氯乙烯护套阻燃电力电缆，适宜对阻燃有要求时埋地敷设，不适宜管道内敷设。

表 6-3 电缆型号的组成及含义

性能	类别	绝缘种类	线芯材料	内护层	其他特征	外护层	
						第一个数字	第二个数字
ZR—阻燃 NH—耐火 WDZ—无卤低烟阻燃 WDN—无卤低烟耐火	电力电缆省略 K—控制电缆 Y—移动式软电缆 P—信号电缆 H—市内电话电缆 HB—通信电缆 HE—长途通信电缆 HH—海底通信电缆 HJ—局用电缆 HO—同轴电缆 HR—电话软线 HP—配线电缆 HU—矿用话缆 HW—岛屿通信电缆 CH—船用电缆	B—布线 Z—纸绝缘 X—橡胶 V—聚氯乙烯 Y—聚乙烯 YJ—交联聚乙烯 YF——泡沫聚乙烯	T—铜（省略） L—铝 G—铁	Q—铅护套 L—铝护套 H—橡套 （H）F—非燃性橡套 V—聚氯乙烯护套 Y—聚乙烯护套	D—不滴油（带式） F—分相铅包 P—屏蔽 P2—铜带屏蔽 C—重型（自承式） E—耳机用 J—交换机用 S—水下 Z—综合型 W—尾巴电缆	0—无 2—双钢带 3—细圆钢丝 3—粗圆钢丝	0—无 1—纤维护套 2—聚氯乙烯护套 3—聚乙烯护套

3. 控制和保护设备

控制和保护设备是对相应系统实现控制、保护等作用的设备，包括接触器、继电器，常用的开关电器、熔断器、主令电器、变频器等。这些设备集中安装在一起，组成配电盘、柜等。若干盘、柜一般集中安装在一个房间中，即形成各种电器专用房，如变配电室、公用电视天线系统前端控制室、消防中心控制室等。这些房间均需要结合具体功能，在建筑平面设计中统一安排布置。

6.2.2 建筑电气系统的设计原则

1）建筑电气设计必须严格依据国家规范进行。

2）根据近期规划设计兼顾远景规划，以近期为主，适当考虑远期扩建的衔接，以利于宏观节约投资。

3）必须根据可靠的投资数额确定适当的设计标准。

4）根据用电负荷的等级和用电量确定配电室电力变压器的数量、配电方式及额定容量等。

5）建筑工程作为商品，必须考虑其经济效益、成本核算、用户满意程度、商品流通环节是否通畅、扩大再生产能力等。

6）设计应结合实际情况，积极采用先进技术，正确掌握设计标准；对于电气安全、节约能源、环境保护等重要问题要采取有效的措施；设备布置要便于施工和维护管理；设备及材料的选择要综合考虑。

7）建筑电气设计是整个建筑工程设计的一部分，设计过程中要与有关建筑、结构、给水排水、暖通、动力和工艺等密切协调配合。

思 考 题

1. 建筑电气系统的作用和分类各有哪些？
2. 弱电系统分为哪几个部分？
3. 电缆的型号分为几个部分？
4. YJV33 表示的是导线还是电缆？表示内容是什么？
5. 建筑电气系统的设计原则是什么？

第 7 章　建筑供配电系统

电力系统是指由不同的电力线路将发电厂、变电所和电力用户联系起来的发电、输电、变电、配电和用电的整体。电力系统中的电力线路及变电所，统称为电力网和电网。

供电基本要求：

（1）安全　在电能的供应、分配和使用中，不允许发生人身事故和设备事故。

（2）可靠　应满足电能用户对供电可靠性的要求。

（3）优质　应满足电能用户对电压和频率等质量方面的要求。

（4）经济　供电系统的投资要少，运行费用要低，并尽可能地节约电能和减少有色金属消耗量。

7.1　变电所的基本知识及对建筑物的要求

7.1.1　变电所的基本知识

1. 变电所的定义

变电所就是电力系统中对电能的电压和电流进行交换和分配的场所，它是电力系统的一部分，其功能是变换电压等级，汇集、配送电能，主要包括变压器、母线、线路开关设备、建筑物及电力系统的安全和控制所需的设施。

变电所的总体布置主要是指变压器室、高压配电室、低压配电室、电容器室、控制室（值班室）、休息室、工具间等的布置方案。对露天变电所来讲，变压器是放置在室外的，不设变压器室。变电所平面布置图如图 7-1 所示。

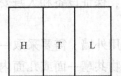

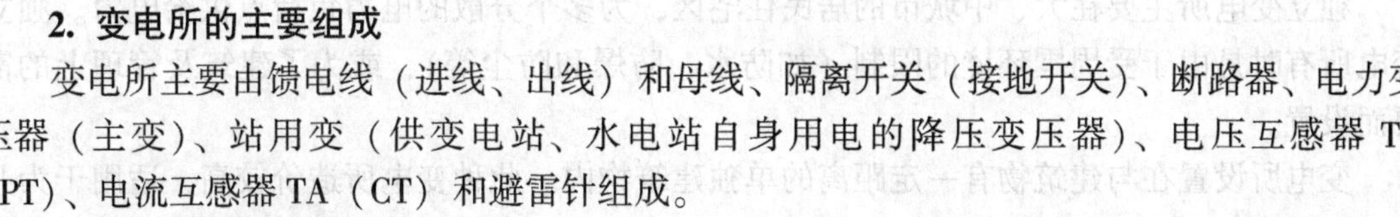

图 7-1　变电所平面布置图

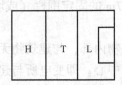

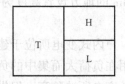

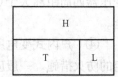

H—高压配电室　T—变压器室　L—低压配电室

2. 变电所的主要组成

变电所主要由馈电线（进线、出线）和母线、隔离开关（接地开关）、断路器、电力变压器（主变）、站用变（供变电站、水电站自身用电的降压变压器）、电压互感器 TV（PT）、电流互感器 TA（CT）和避雷针组成。

3. 变电所的分类及形式

变电所主要可分为枢纽变电所、终端变电所、升压变电所、降压变电所、电力系统的变电所、工矿变电所、铁路变电所（25kV、50Hz）；1000kV、750kV、500kV、330kV、220kV、110kV、66kV、35kV、10kV、6. 3kV 等电压等级的变电所；10kV 开闭所；箱式变电所。

（1）按变电电压等级分类

1）在供配电系统中，一般将110kV/10（6）kV或35kV/10（6）kV的变电所称为区域变电所或总降压变电所。

2）10（6）kV/0.4kV的变电所称为用户变电所，在工业企业中则称为车间变电所。

3）10kV配电站又称开闭所，在城市电网中使用较为普遍。

（2）按设置的地点分类

1）户外变电所（见图7-2）。变压器安装于户外露天的地面上，不需要建造房屋，所以通风良好，造价低，适用于110kV/10（6）kV或35kV/10（6）kV的区域变电所或总降压变电所，在建筑物平面布置许可的条件下广泛采用。

图7-2　户外变电所

2）附设变电所。

①　内附式变电所。变电所位于建筑物内与建筑物共用外墙，属于建筑物的一部分。

②　外附式变电所。变电所附设于建筑物外，与建筑物共用一面墙壁。

③　露天式变电所。露天式变电所与外附式变电所相似，但变压器装设在室外露天。在变压器四周距离大于0.8m的地方设置高度为1.7m的固定围栏（或墙），保证设备和人身安全。

④　户内式变电所。户内式变电所位于建筑物内部，与建筑物无共用外墙，需要采取一定的防火措施。一般应用在负荷大而集中的负荷中心。即变电所与建筑物共享一面或几面内墙。此种变电所虽比户外变电所造价高，但供电可靠性好。

3）独立变电所。此类变电所是一个独立的建筑物。

独立变电所主要在大、中城市的居民住宅区，为多个分散的电力负荷点供给电力。独立变电所有时是由于受周围环境的限制（如防水、防爆和防尘等），或为了建筑及管理上的需要而设置。

变电所设置在与建筑物有一定距离的单独建筑物内。此种变电所造价较高，适用于为几个用户供电，但又不便于附设在某个用户侧的情况。图7-3是某独立变电所的内部结构，从左至右依次为低压室、变压器室和高压室。

4）地下变电所。地下变电所一般设置在建筑物的地下室内，以节省用地。地下变电所的防火等级要求高，因此投资大。多用于大型建筑物内，主要为地下冷冻机房、水泵房等大

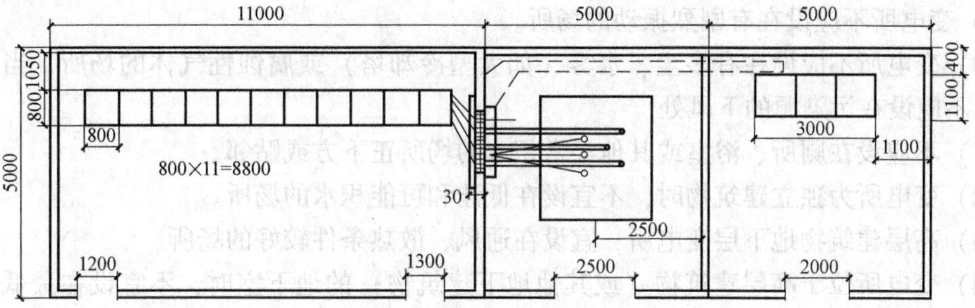

图 7-3　独立变电所内部结构

用电设备的需要而设置。

5）变台（杆上式或高台式变电所）。此类变电所的变压器一般位于室外的电线杆上，或在专门的变压器台墩上（见图 7-4），一般用于负荷分散的小城市居民区和工厂生活区，以及小型工厂和矿山等。变压器容量较小，一般在 315kV 及以下。

图 7-4　变台

7.1.2　变电所对建筑物的要求

1）门。从安全考虑，门应向外开。门的尺寸应满足人员出入和设备搬运的要求，宽度应比设备尺寸大 0.5m，长度应在 7m 左右，应不少于两个门。考虑到运行安全，变压器的大门不应朝露天仓库和堆放杂物的地方。

2）窗。应满足采光、通风、耐火等要求。在炎热地区，变压器室应避免西晒。

3）地面。应保证不起砂。一般做成水泥地面，有条件时应做成水磨石地面。

4）内装饰。刷白粉即可，以提高墙面和顶棚反射系数，改善视觉环境。

5）变电所的方位应便于室内进、出线。因为变压器的低压出线一般是采用矩形螺母线，所以变压器一般宜靠近低压配电室。

6）为了节约占地面积和建筑物费用，值班室可与低压配电室合并，但低压配电屏的正面或侧面与墙的距离不得小于 3m。当少量的高压开关柜与低压配电屏布置在同一室内时，两者之间的距离不得小于 2m。

7）变电所应接近负荷中心的电源侧。

8）变电所的设备应吊装，以便运输。

9）变电所不应设在有剧烈振动的场所。

10）变电所不应设在有多尘、水雾（如大型冷却塔）或腐蚀性气体的场所，当无法远离时，不应设在污染源的下风处。

11）不应设在厕所、浴室或其他经常积水的场所正下方或贴邻。

12）变电所为独立建筑物时，不宜设在低洼和可能积水的场所。

13）高层建筑物地下层变电所，宜设在通风、散热条件较好的场所。

14）变电所位于高层建筑物（或其他地下建筑物）的地下室时，不宜设在最低层，当地下仅有一层时，应采取适当抬高地面等防水措施，并应避免洪水或积水从其他渠道淹溃变电所的可能性。

15）装有可燃性油浸电力变压器的变电所，不应设在耐火等级为三、四级的建筑物中。

7.2 供配电方式及线路

供配电是指将电能通过输配电装置安全、可靠、连续、合格地输送给广大电力用户，满足广大用户经济建设和生活用电的需要。供电机构（有供电局和供电公司等）大多按照频率、电压、连续性、最大需量、供电点及费率等技术标准和商业规则，向消费者提供电力服务。

7.2.1 供电方式

供电方式一般分为单相制和三相制。

（1）单相制　单相制供电即利用单根相线（电压为220V）和一根零线构成的电能输送形式，必要时会采用第三根线（地线）。

（2）三相制　三相制供电是以三相交流电的形式输送电能的一种供电方式，也就是经常提到的三相四线制。三相交流电源是由三个频率相同、振幅相等、相位依次互差120°的交流电组成的电源。三相交流电的用途很多，工业中大部分的交流用电设备（如电动机）都采用三相交流电。三相制供电示意图如图7-5所示。

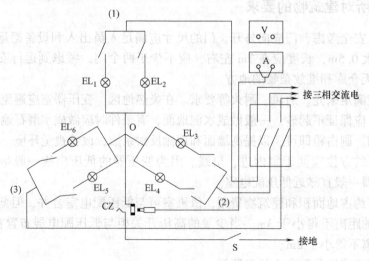

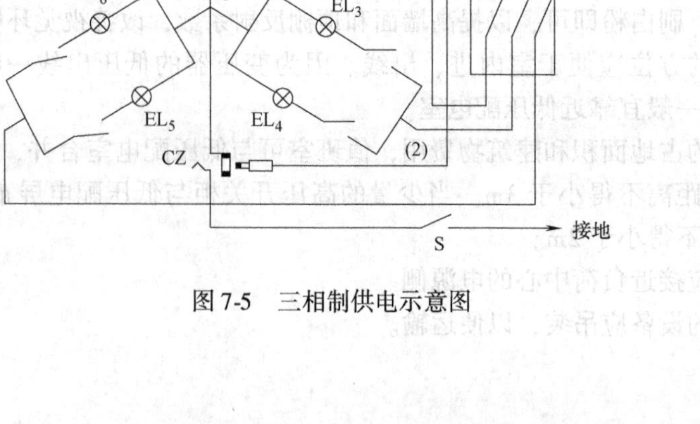

图7-5　三相制供电示意图

日常生活中单相交流电使用较多。这时，可使用三相交流电中的一相为用电设备（如家用电器）供电，而另外一根线采用“三相四线”之中的第四根线，也就是其中的零线，该零线从三相交流电源的中性点引出。

7.2.2　供配电线路

供配电线路分为供电线路和配电线路，它们的电压等级是有差别的。供电线路的电压等级一般在 35kV 及以上。目前我国供电线路的电压等级主要有交流 35kV、60kV、110kV、154kV、220kV、330kV、500kV、1000kV 和直流 ±500kV、±800kV。一般来说，线路输送容量越大，输送距离越远，要求输电电压就越高。担负分配电能任务的线路，称为配电线路。我国配电线路的电压等级有 380/220V、6kV、10kV。若按照敷设位置的不同，供配电线路又可分为室外供配电线路和室内供配电线路。

1. 室外供配电线路

室外供配电线路按线路形式分类有架空线路和电缆线路，按电能性质分类有交流供配电线路和直流供配电线路。

（1）架空线路　架空线路的主要部件有：导线和避雷线（架空地线）、铁塔、绝缘子、横担等，如图 7-6 所示。

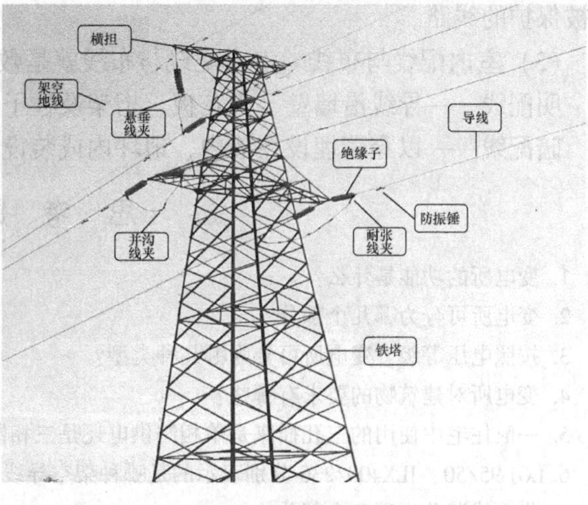

图 7-6　架空线路

由于架空线路的导线要经常承受自身重力和各种外力的作用，且承受大气中有害物质的侵蚀，所以导线材质必须具有良好的导电性、耐腐蚀性和机械强度。10kV 及以上电压等级的户外架空线路一般采用裸导线，380V 电压等级的架空线路一般采用绝缘导线。架空导线按结构分有单股线和多股绞线。

架空导线的型号由汉语拼音字母和数字两部分组成，字母在前、数字在后。架空导线的材料和结构用其拼音的第一个字母表示：

L 表示铝导线，T 表示铜导线，G 表示钢导线，LG 表示钢芯铝导线；J 表示多股绞线，不加字母 J 表示单股导线。

例如：LJ-95 表示铝绞线，标称截面积为 $95mm^2$；LGJ-185/25 表示钢芯铝绞线，铝线部分的标称截面积为 $185mm^2$、钢芯部分的标称截面积为 $25mm^2$。

（2）电缆线路　电力电缆是电缆线路中的主要元件，一般敷设在地下的廊道内，其作用是传输和分配电能。电力电缆主要用于城区、国防工程和电站等必须采用地下输电的场所。

1）目前我国普遍使用的电力电缆主要是交联聚乙烯绝缘电力电缆。

2）电力电缆的分类：①按电压等级可分为中压、低压、高压、超高压电缆及特高压电缆；②按电流制式分为交流电缆和直流电缆；③按绝缘材料可分为油浸纸绝缘、塑料绝缘、橡胶绝缘以及近期发展起来的交联聚乙烯绝缘电缆等；④按线芯数量可分为单芯、双芯、三芯和四芯等。

3）电力电缆必须由线芯（又称导体）、绝缘层、屏蔽层和保护层四部分组成：①线芯的作用是传输电流，是电缆的主要部分；②绝缘层的作用是将线芯与大地及不同相的线芯在电气上彼此隔离，承受电压，起绝缘作用；③屏蔽层的作用是消除因导体表面不光滑而引起的电场强度的增加，使绝缘层和电缆导体有较好的接触；④保护层的作用是保护电缆绝缘不受外界杂质和水分的侵入以及防止外力直接损伤电缆。

2. 室内供电线路

室内供电线路以照明供电线路为主，主要包括：

(1) 导线及电缆　导线按材料划分，有铝芯线、铜芯线、角钢滑触线等；按绝缘及护层划分，有橡胶绝缘导线、聚氯乙烯绝缘导线、氯丁橡胶绝缘导线、聚氯乙烯绝缘聚氯乙烯护套导线等。电缆可分为油浸纸绝缘电力电缆、交联聚乙烯绝缘聚氯乙烯护套电力电缆、裸铝护套电缆、裸铅护套电缆等。

(2) 低压保护装置　低压保护装置的作用是在配电线路的电流超过整定值时，自动切断被保护的线路。

(3) 室内配线与布线　室内配线与布线就是敷设室内各种电气设备的供电线路。

明配线——导线沿墙壁、天花板、桁架及柱子等进行敷设。

暗配线——以穿管埋设在墙内、地坪内或装设在顶棚里的形式进行线路敷设。

思考题

1. 变电所的功能是什么?
2. 变电所可分为哪几个部分?
3. 按照电压等级，变电所可分为哪几种类型?
4. 变电所对建筑物的要求有哪些?
5. 一般住宅中使用的三孔插座是单相制供电还是三相制供电?
6. LGJ-95/50、JLX400/236 分别表示的是哪种架空导线?
7. 供电线路分为哪几个部分?

第8章　建筑电气照明

照明分自然照明和人工照明两大类。照明的目的就是给周围各对象以适宜的光分布，使人们的明视觉功能发挥效力，同时形成舒适、高兴、心情舒畅等气氛。照明技术也为光的运用技术。

电气照明是利用电能转变为光能以实现人工照明的各种设施。电气照明技术是一门综合性的技术，它以光学、电学、建筑学、生理学等多方面的知识作为基础。电气照明设施主要包括照明电光源（如白炽灯泡、荧光灯）、照明灯具和照明组合，称为电照明器。

电气照明的分类

（1）按照明方式分　电气照明按照明方式分为三种：一般照明、局部照明和混合照明。

1）一般照明。指能满足一般生产和生活需要的照明，如居室照明、办公室照明、会议厅照明等。

2）局部照明。指局限于特定工作部位的固定或移动照明，如在客房、书房、卧室、餐厅、舞台等使用的台灯、壁灯、投光灯等。采用局部照明可营造一定的气氛和意境。

3）混合照明。指由一般照明和混合照明共同组成的照明。

（2）按使用目的分　电气照明按其使用目的可分为六种：

1）正常照明。正常情况下的室内外照明，对电源控制无特殊要求。

2）事故照明。当正常照明因故障而中断时，能继续提供合适照度的照明。一般设置在容易发生事故的场所和主要通道的出入口。

3）值班照明。正常工作时间以外，供值班人员使用的照明。

4）警卫照明。用于警卫地区和周界附近的照明，通常要求较高的照度和较远的照明距离。

5）障碍照明。装设在建筑物、构筑物及正在修筑和翻修的道路上，作为障碍标志的照明。

6）装饰照明。用于美化环境或增添某种气氛的照明，如节日的彩灯、舞厅的多色灯光等。

照明线路和供电方式要求安全可靠、经济合理、电压稳定。由于电气照明线路与人们接触的机会较多，所以电气照明设备外露的、不应带电的金属部分都必须绝缘或接地。重要场合的照明和事故照明，重要设备用电源，要确保供电可靠。照明线路最好专用，以免因其他负荷引起的大电压波动影响电光源的寿命和照明质量。

8.1　电气照明常用参数

8.1.1　光

理论上认为光是能在空间传播的一种电磁波。红外线波长为340μm～780nm；可见光波长为 780 ~ 380nm；紫外线波长为 380 ~ 10nm。光波长的分布如图 8-1 所示。

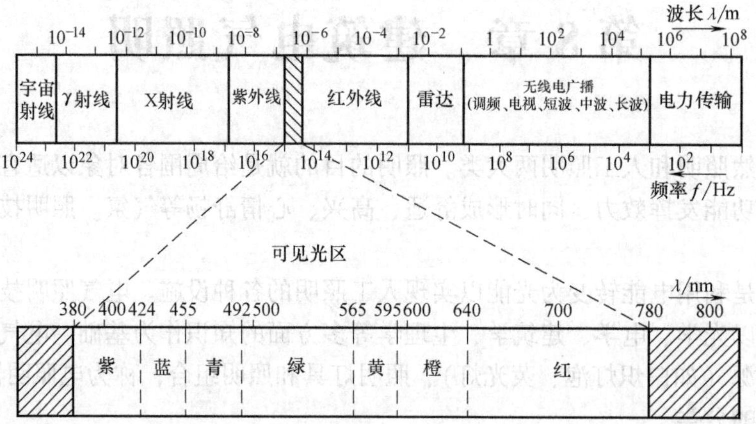

图 8-1 光波长分布

8.1.2 关于光的物理量及其单位

1. 光效

光效是指光源的发光效率，就是光源所发生的光通量和它所消耗的电功率之比。

1） 白炽灯：10 ~ 20lm/W。

2） 荧光灯：70 ~ 80lm/W。

3） 高压汞灯：40 ~ 50lm/W。

4） 高压钠灯：90 ~ 100lm/W。

2. 工作面

工作面是指在其上进行工作的平面。无特殊规定时，一般把室内照明的工作面假定为距地面 0.75m 高的水平面。

3. 光通量

光通量指单位时间内光源向空间发出的、使人产生光感觉的能量，用符号 φ 表示，单位为流明（lm）。通常用消耗 1W 功率所发出的流明数来表征电光源的特征，称为发光效率，用符号 η 表示。例如：一只 40W 的白炽灯产生的光通量为 350lm，发光效率 $\eta = 350\text{lm}/40\text{W} = 8.75\text{lm/W}$。

4. 发光强度

发光强度是指光源在某一特定方向上单位立体角内的光通量，用符号 I 表示，单位为坎德拉（cd）。发光强度是表征光源（物体）发光能力大小的物理量。

5. 照度

照度是指受光表面上光通量的面密度，即单位面积所接受的光通量，用符号 E 表示，单位为勒克斯（lx）。

照度分为维护照度、使用照度、初期照度、标量照度（又称平均平面照度）、平均柱面照度、等效球照度等。

常见环境的照度标准值见表 8-1 ~ 表 8-3。

表8-1 图书馆建筑照明照度标准值

类别	参考平面及其高度	照度标准值/lx		
		低	中	高
一般阅览室、少年儿童阅览室、研究室、美工室、装裱修整间	0.75m 水平面	150	200	300
老年读者阅览室	0.75m 水平面	200	300	500
陈列室、目录厅、出纳室、视听室	0.75m 水平面	75	100	150
读者休息室	0.75m 水平面	75	100	150
书库	0.25m 垂直面	20	30	50
开敞式运输传送设备	0.75m 水平面	50	75	100

表8-2 住宅建筑照度标准值

类别		参考平面及其高度	照度标准值/lx		
			低	中	高
起居室、卧室	一般活动区	0.75m 水平面	20	30	50
	书写、阅读	0.75m 水平面	150	200	300
	床头阅读	0.75m 水平面	75	100	150
	精细作业	0.75m 水平面	200	300	500
餐厅或方厅厨房		0.75m 水平面	20	30	50
卫生间		0.75m 水平面	10	15	20
楼梯间		地面	5	10	15

表8-3 公共场所照明的照度标准值

类别	参考平面及其高度	照度标准值/lx		
		低	中	高
走廊、厕所	地面	15	20	30
楼梯间	地面	20	30	50
盥洗室	0.75m 水平面	20	30	50
储藏室	0.75m 水平面	20	30	50
电梯前室	地面	30	50	75
吸烟室	0.75m 水平面	30	50	75
浴 室	地面	20	30	50
开水房	地面	15	20	30

6. 照度水平

照度水平合适的照度可以减少视觉疲劳，从而减少事故的发生，提高劳动生产率。500 ~1000lx 的照度范围是大多数需要连续工作的室内作业场所的合适照度。

7. 照度均匀度

照度均匀度表示给定平面上照度分布的量，可用最小照度与平均照度之比表示。室内的照度均匀度一般不应小于0.7。一般照明在工作面上产生的照度，不宜低于由一般照明和局部照明所产生的总照度的1/3 ~1/5，且不宜低于50lx。

8. 亮度及亮度分布

被视物表面在某一视线方向或给定方向单位投影面上发射或反射的发光强度即为亮度。亮度是表征物体明暗程度的物理量，用符号 L 表示，单位为坎德拉/平方米（cd/m^2）。

被视物体周围环境的亮度应尽可能低于被视物体的亮度。CIE 推荐，被视物体的亮度为它周围环境亮度的 3 倍时，视觉清晰度较高。

9. 眩光

（1）概念　人的视觉在接受到高强直射光或反射光时，因与周围较暗的环境形成强烈反差，会使眼睛很不舒服，并造成瞬间视物不清。这种照明环境存在着照明质量缺陷，这种缺陷的本身就是眩光。

（2）眩光限制　方法一是采用透光材料减少眩光；二是用灯具保护角抑制眩光，也可以两种方法同时采用。直接眩光限制等级见表 8-4。

表 8-4　直接眩光限制等级

眩光限制质量等级		眩光程度	视觉要求和场所示例
1	高质量	无眩光感	视觉要求特殊的高质量照明房间，如手术室、计算机房、绘图室
2	中等质量	有轻微眩光感	视觉要求一般的作业且工作人员有一定程度的流动性或要求注意力集中，如会议室、营业厅、餐厅、观众厅、休息厅、普通教室、普通阅览室、普通办公室
3	较低质量	有眩光感	视觉要求和注意力集中程度较低的作业，工作人员在有限的区域内频繁走动或不是由同一批人连续使用的照明场所如室内通道、仓库

8.2　电光源与灯具

8.2.1　电光源

1. 光源的概念

凡可以将其他形式的能量转换为光能，从而能提供光能量的设备、器具统称为光源。

2. 电光源的分类

照明电光源，依色温划分可分为高色温光源和低色温光源两大类；依光源性能划分可分为硬光光源和散射光光源；按发光原理划分可分为热辐射光源和气体放电光源和半导体光源三大类。气体放电光源按其发光的物质不同又可分为金属类、惰性气体类、金属卤化物类等，如图 8-2 所示。

电光源可按其工作原理分为以下三类：

（1）热辐射光源　利用对某些物体通电可使之发热到白炽状态而发光的原理所制造的光源称为热辐射光源，其功率因数接近 1。

1）白炽灯。白炽灯是靠钨丝白炽体的高温热辐射发光，结构简单、使用方便、显色性好。但因钨丝白炽体的热辐射中只有 2% ~3% 为可见光，其发光效率低、抗振性较差。白炽灯丝发热会升华。升华出的钨分子在玻璃壁上沉积，就产生了黑化现象。白炽灯的平均寿命一般达 1000h。

- 电光源
  - 热辐射光源
    - 钨丝白炽灯(白炽灯),如普通照明白炽灯
    - 卤钨循环白炽灯(卤钨灯),如管形卤钨灯
  - 气体放电光源
    - 金属类
      - 汞灯
        - 低压汞灯,如荧光灯
        - 高压汞灯,如荧光高压汞灯
      - 钠灯
        - 低压钠灯
        - 高压钠灯
    - 惰性气体类
      - 氙灯,如管形氙灯
      - 汞氙灯,如管形汞氙灯
    - 金属卤化物类,如钠铊铟灯、管型镝灯

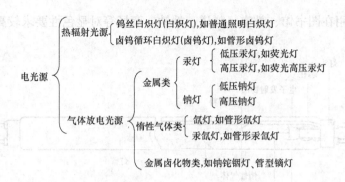

图 8-2　电光源的分类（按发光原理分）

电源电压的变化会直接影响白炽灯的使用寿命和发光效率。白炽灯经常用于建筑物室内照明和施工工地的临时照明中。

2）卤钨灯。卤钨灯包括碘钨灯、溴钨灯，其原理就是在白炽灯中充入微量的卤化物，利用卤钨循环提高发光效率。卤钨灯的发光效率比白炽灯高 30%。

特点：耐振性、耐电压波动性都比白炽灯差，但显色性很好，经常用于电视转播等场合。卤钨灯的发光效率（19.5～21lm/W）和寿命（3500h）及显色性等均比白炽灯更有优势，其体积能小型化，灯具也可小型化，已被广泛作为商业橱窗、餐厅、会议室、博物馆、展览馆等场所的照明光源。

（2）气体放电光源　气体放电光源的基本工作原理是利用电流通过电离和放电而产生可见光。

1）荧光灯。荧光灯是利用汞蒸气在外加电源作用下产生弧光放电，从而发出少量的可见光和大量的紫外线，紫外线再激励管内壁的荧光粉使之发出大量的可见光。荧光灯由镇流器、灯管、辉光启动器和灯座组成，如图 8-3 所示（未包含灯座）。荧光灯管的结构如图 8-4 所示。

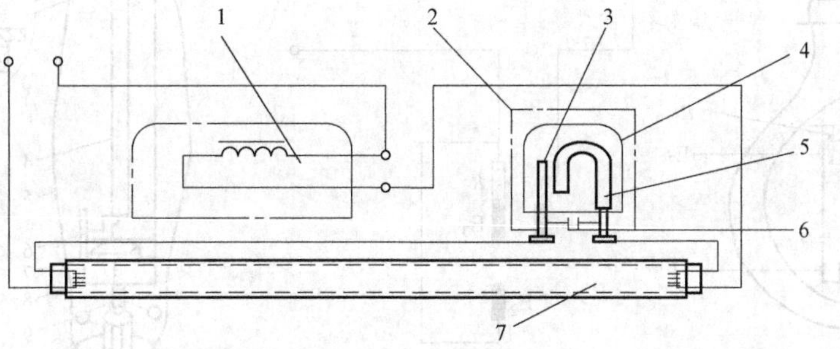

图 8-3　荧光灯电路的组成

1—镇流器　2—辉光启动器　3—静触头　4—氖泡
5—U 形双金属片　6—电容器　7—灯管

特点：优点是光效高、使用寿命长、光谱接近日光、显色性好，缺点是功率因数低、有频闪效应、不宜频繁开启。目前多使用有电子镇流器的荧光灯，其功率因数可以达到 0.9 以上。

荧光灯一般用在图书馆、教室、隧道、地铁、商场等对显色性要求较高的场所。

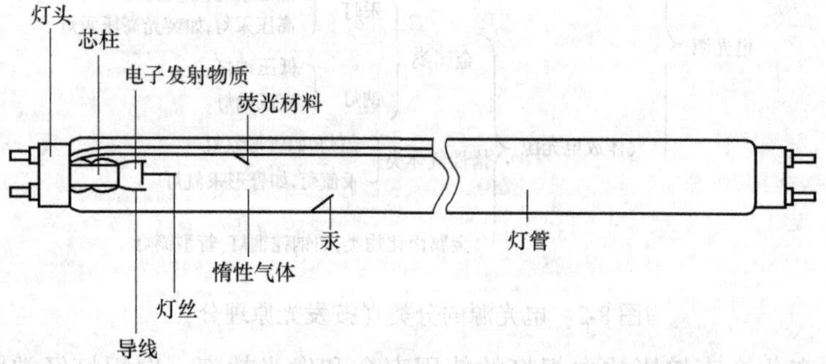

图 8-4 荧光灯管的结构

2）高强度气体放电灯（HID 灯）。

荧光高压汞灯的外玻璃壳内壁涂有荧光粉，它能将汞蒸气放电时辐射的紫外线转变为可见光，以改善光色，提高发光效率。

荧光高压汞灯的发光效率高（30～50lm/W）、寿命长（5000h），适用于庭院、街道、广场、工业厂房、车站、施工现场等场所的照明。但在高强度气体放电灯中，其光效低、显色性差（30～40）、启动（4～8min）与再启动（5～10min）时间较长，使得其使用受到一定限制。荧光高压汞灯的结构原理如图 8-5 所示。

荧光高压汞灯按构造分为外镇流式荧光高压汞灯和自镇流式荧光高压汞灯两种。

高压钠灯利用高压钠蒸气放电，其辐射光的波长集中在人眼感受较灵敏的区域内，故其发光效率高、寿命长，但显色性差，其结构如图 8-6 所示。

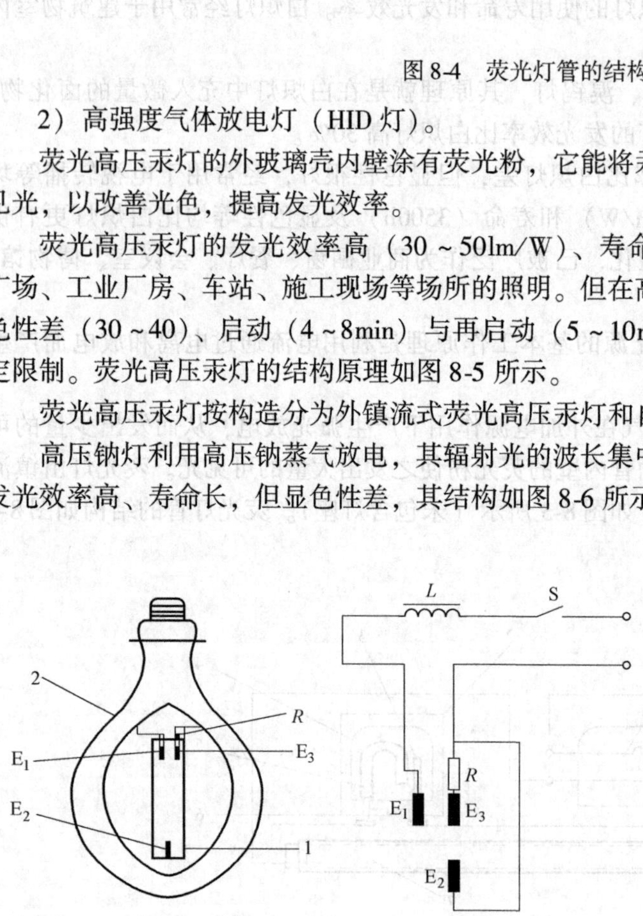

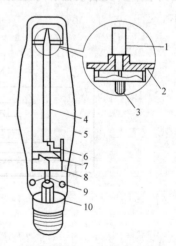

图 8-5 高压水银灯的结构原理

a）结构 b）原理

1—放电管 2—玻璃外壳 E_1、E_2—主电极

E_3—引燃电极 L—电感整流器

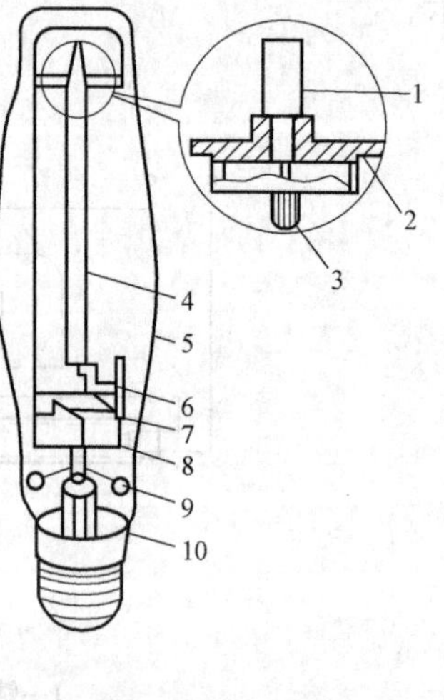

图 8-6 高压钠灯结构

1—金属排气管 2—铌帽 3—电极 4—放电管 5—玻璃外壳 6—管脚 7—双金属片 8—金属支架 9—钡消气剂 10—焊锡

高压钠灯的发光效率（60 ~ 125lm/W）之高为各种电光源之首，它是用于交通和广场照明的光源。近几年研制成功的高显色型高压钠灯，其色温与白炽灯相近，提高了显色性，在不少场所可以代替白炽灯，从而节省了电能。由于高压钠灯显色性好，在更多的场所取代了高压汞灯。

金属卤化物灯的结构与荧光高压汞灯相似，在其发光管内添加金属卤化物（以碘为主），利用金属卤化物在高温下分解产生金属蒸气和汞蒸气的混合物，激发放电辐射出特征光谱。选择适当的金属卤化物并控制它们的比例，就可得到白光。金属卤化物灯的结构如图 8-7 所示。

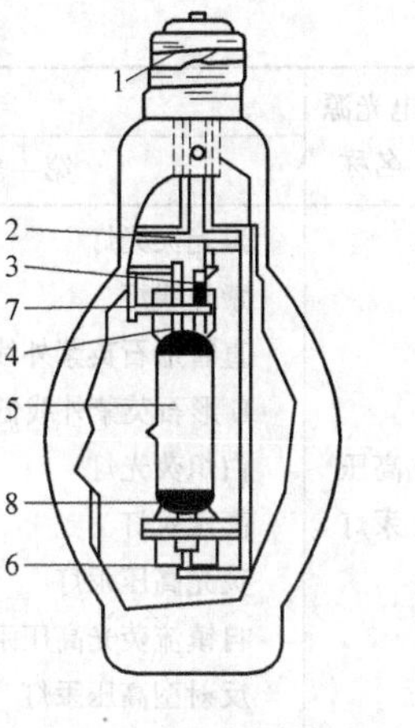

图 8-7　金属卤化物灯的结构

1—灯头　2—启动电阻　3—启动电极　4—主电极　5—放电管　6—金属支架　7—消气剂　8—保温膜

金属卤化物灯具有较高的发光效率（76 ~ 110lm/W）、寿命长（10 000h）、显色性极好，适用于繁华街道、美术馆、展览馆、体育馆、商场、体育场、广场及高大厂房等。

（3）其他电光源

1）氙灯（图 8-8a）。

2）低压钠灯（图 8-8b）。

3）LED 半导体照明（图 8-8c）。

4）无极荧光灯（图 8-8d）。

5）光纤照明（图 8-8e）。

a)　b)　c)　d)　e)

图 8-8　其他电光源

a）高亮度长弧氙灯电光源　b）钠灯（汞灯）照明　c）LED 半导体照明装饰夜景　d）欧司朗 ENDURA 无极荧光灯　e）光纤照明

3. 电光源的型号

白炽灯和气体放电光源的型号标准如表 8-5 所示。

表 8-5　白炽灯和气体放电光源的型号标准

电光源名称	型号组成			
	第一部分	第二部分	第三部分	
低压汞灯	直管形荧光灯 U 形荧光灯 环形荧光灯 自镇流荧光灯	YZ YU YH YZZ	额定功率（W）	颜色特征

（续）

电光源名称	型号组成		
	第一部分	第二部分	第三部分
高压汞灯	黑光荧光灯 紫外线灯 直管形石英紫外线低压汞灯 U形石英紫外线低压汞灯 白炽荧光灯 高压汞灯 荧光高压汞灯 自镇流荧光高压汞灯 反射型高压汞灯 反射型荧光高压汞灯	YHG ZW ZSZ ZSU ZY GG GGY GYZ GGF GYF	额定功率（W）	不同结构形式的顺序号
氙灯	管形氙灯 管形水冷氙灯	XG XSG	额定功率（W）	结构形式的顺序号
钠灯	低压钠灯 高压钠灯	ND NG	额定功率（W）	
金属卤化物灯	管形镝灯	DDG	额定功率（W）	

4. 电光源的性能指标

常用电光源的主要技术特性比较见表8-6。

表8-6 常用电光源的主要技术特性比较

特性参数	白炽灯	卤钨灯	荧光灯	高压汞灯	高压钠灯	金属卤化物灯	氙灯
额定功率/W	15～1000	500～2000	6～125	50～1000	35～1000	125～3500	1500～100000
发光效率/（lm/W）	10～20	20～25	40～90	30～50	70～100	60～90	20～40
平均使用寿命/h	1000	1000～1500	3000～5000	2500～6000	16000～24000	3000～10000	1000
色温/K	2400～2900	3000～3200	3000～6500	4400～5500	2000～3000	4300～7000	5900～6700
显色指数Ra（%）	97～99	95～99	75～90	30～50	20～25	65～90	95～97
启动稳定时间	瞬时	瞬时	1～4s	4～8min	4～8min	4～8min	瞬时
再启动时间	瞬时	瞬时	1～4s	5～10min	10～15min	10～15min	瞬时
功率因数	1.0	1.0	0.33～0.7	0.44～0.67	0.44	0.4～0.6	0.4～0.9
频闪效应	无	无	有	有	有	有	有
表面亮度	高	高	低	较高	较高	高	高
电压变化对光通量的影响	大	大	较大	较大	大	较大	较大

（续）

特性参数	白炽灯	卤钨灯	荧光灯	高压汞灯	高压钠灯	金属卤化物灯	氙灯
环境温度对光通量的影响	小	小	大	较小	较小	较小	小
耐振性能	较差	差	较好	好	较好	好	好
所需附件	无	无	镇流器、辉光启动器	镇流器	镇流器	镇流器、触发器	镇流器、触发器

5. 电光源的主要附件

（1）镇流器和辉光启动器　镇流器和辉光启动器是各种气体放电灯一般都需配备的主要附件。

荧光灯由镇流器、灯管、辉光启动器和灯座组成。镇流器是缠绕在硅钢片铁心上的电感线圈，它的作用是在启动时与辉光启动器配合产生瞬时高压脉冲促使气体放电，限制并稳定工作电流。辉光启动器是一个充有氖气的玻璃泡，内有一固定的静触片和用双金属片制成的U形动触片。辉光启动器内有个小电容，其作用是为了防止两触片断开时产生火花将触片烧坏，另一作用是消除电磁干扰。灯座的作用是固定灯管用的。

当接通电源后，辉光启动器内气隙辉光放电，玻璃泡内温度急剧升高，把弯曲的双金属片加热到800~1000℃，使其变形，常开触点闭合，接通电路，灯丝通电预热，将电极附近的氩气游离，汞汽化。辉光启动器触点闭合后，停止辉光放电，金属片冷却，触点断开，触流器线圈产生很高的自感电动势，使灯管两极之间产生弧光放电，点燃灯管。同时，汞蒸气游离将紫外线辐射到管内壁，发出荧光。该荧光光谱组成由荧光粉层的配方来决定。荧光灯的光色有日光、冷白光、暖白光等。

新型荧光灯目前多使用电子镇流器，其特点是节能、启动电压宽、无频闪现象，有利于保护视力，无噪声，启动时间短（0.5s），工作环境适应范围宽，可以在15~60℃范围内正常工作。

（2）补偿电容器　气体放电光源的电流和电压间有相位差，串联的镇流器是电感线圈，所以照明电路的功率因数比较低（一般为0.45~0.50）。为减少照明线路的损耗，提高功率因数，比较有效的措施是在镇流器的输入端接入一个适当电容量的电容器，可将照明电路的功率因数提高到0.85以上。

6. 选择电光源的要求

确定室内照明光源时，应根据使用场所的不同，合理地考虑光源的光效、显色性、寿命、启动点燃和再启燃时间等光电特性指标，以及环境对光源光电参数的影响，优先采用高发光效率的光源。选择光源色温时，应随照度的增加而提高。当照度低于100lx时宜采用色温低于3300K的光源；当电气照明与天然采光相结合时，宜选用光源色温在4500~6500K的荧光灯或其他气体放电光源。

（1）使用场所和环境要求　室内照明宜采用同一种类型的光源，如白炽灯、荧光灯或其他气体放电光源。当有装饰性或功能性的要求时，亦可采用不同种类的光源。但在选用气体放电光源时，应避免电磁干扰和频闪效应的影响。

（2）光源的显色性要求　在需要正确辨色的场所，应采用显色性指数较高的光源，如白炽灯、日光色荧光灯和卤钨灯等。在同一场所内，当使用一种光源不能满足显色性要求时，可采用两种或两种以上光源的混光照明。

（3）光源的色调要求　在选择照明光源时，应考虑被照对象和场所对光源的色调要求。对要求较高的照明，如高级宾馆、饭店、展览馆等，可从下述所列举的照明效果选择光源的色调：

1）暖色光能使人感到距离近些，而冷色光使人感到距离较远。

2）暖色光里的明色有柔软感，而冷色光里的明色有光滑感。

3）暖色调的物体看起来大些、重些和坚固些，而冷色调的看起来轻一些。

4）在狭窄的空间宜用冷色光里的明色，以产生宽敞明亮的感觉。

5）一般红色、橙色有使人兴奋的作用，而紫色有抑制人们心情的作用。

8.2.2　灯具的类型

1. 灯具及其安装方式分类

光源和灯罩（或称控照器）组合在一起称为照明器，简称灯具。

灯具是固定光源和控制其光通量并按照需要的方向进行分布的装置。同时还有保护光源免受外力损伤及装饰美化环境的作用等。灯具的安装方式分类见表 8-7。

表 8-7　灯具的安装方式分类

安装方式	特　点
壁式	安装在墙壁上、庭柱上，用于局部照明、装饰照明或没有顶棚的场所
吸顶式	将灯具吸附在顶棚面上，主要用于没有吊顶的房间。吸顶式的光带适用于计算机房、变电站等
嵌入式	适用于有吊顶的房间，灯具是嵌入在吊顶内安装的，可以有效消除眩光，与吊顶结合能形成美观的装饰艺术效果
半嵌入式	将灯具的一半或一部分嵌入顶棚，其余部分露在顶棚外，介于吸顶式和嵌入式之间。适用于顶棚吊顶深度不够的场所，在走廊处应用较多
吊式	一种最普通的灯具安装方式，主要利用吊杆、吊链、吊管、吊灯线来吊装灯具
地脚式	主要作用是为走廊照明，便于人员行走。应用在医院病房、公共走廊、宾馆客房、卧室等
台式	主要放在写字台、工作台、阅览桌上，在书写、阅读时使用
落地式	主要用于高级客房、宾馆、带茶几和沙发的房间以及家庭的床头或书架旁
庭院式	采用这种安装方式的灯头或灯罩多数向上安装，灯管和灯架多数安装在庭、院地坪上，特别适用于公园、街心花园、宾馆以及机关学校的庭院内
道路广场式	主要用于夜间的通行照明，用于车站前广场、机场前广场、港口、码头、公共汽车站广场、立交桥、停车场、集合广场、室外体育场等
移动式	用于室内、外移动性的工作场所以及室外电视、电影的摄影等场所
自动应急照明	适用于宾馆、饭店、医院、影剧院、商场、银行、邮电、地下室、会议室、动力站房、人防工程、隧道灯公共场所，可以作应急照明、紧急疏散照明、安全防灾照明等

2. 灯具的选择

(1) 按使用环境选择灯具　对于民用建筑，选择灯具应注意遵守的规定有：在正常环境中，宜选用开启式灯具；在潮湿房间内，宜选用具有防水灯头的灯具；在特别潮湿的房间内，应选用防水、防尘的密闭式灯具，或在隔壁不潮湿的地方通过玻璃窗向潮湿房间照明；在有腐蚀性气体、蒸汽、易燃易爆气体的场所，宜选用耐腐蚀的密闭式灯具和防爆型灯具等。

(2) 按光强分布特性选择灯具　所谓光强分布特性，是指照明光源在空间各个方向上的光强分布情况的特性，通常用光强分布曲线表示。

在此要求下选择灯具的规定：

1) 灯具安装高度在 6m 及以下时，宜采用宽配光特性的深照型灯具。

2) 安装高度在 6～15m 时，宜采用集中配光的直射型灯具，如窄配深照型灯具。

3) 安装高度在 15～30m 时，宜采用高纯铝深照灯或其他高光强灯具。

4) 当灯具上方有需要观察的对象时，宜采用上半球有光通量分布的漫射型灯具。

3. 灯具安装工艺要求

(1) 普通灯具安装要求

1) 安装牢固。线管（吊架、U 形卡）接线用焊锡、压线帽、蛇皮管，不允许与其他路管捆在一起，必须单独捆扎；不要直接安装在可燃装修材料或可燃物上，分线盒内线管装护口。

2) 安装前，灯具及其配件齐全，应无机械损伤、变形、油漆剥落和灯具破裂等缺陷，所有灯具产品应有合格证。

3) 根据灯具的安装场所及用途，引向每个灯具的导线线芯最小截面积应符合有关规定、规范。

4) 安装电气照明，应采用预埋吊钩、螺栓、螺钉、膨胀螺栓固定，严禁使用木楔。

5) 采用钢管作灯具的吊杆时，钢管内径不应小于 10mm，钢管厚度不应小于 1.5mm。

6) 同一室内或场所成排安装灯具，其中心线偏差不应大于 5mm。

7) 灯具固定应牢固可靠，每个灯具的固定螺钉或螺栓不应少于 2 个。

8) 矩形灯具的边框宜与顶棚的装饰直线平行，其偏差不应大于 5mm。

9) 荧光灯管组合的开启式灯具，灯管应排列整齐，其金属或塑料的间隔片不应有扭曲等缺陷。

(2) 应急灯具安装要求

1) 应急照明灯的电源除正常电源外，应另由一路电源供电；或者是独立于正常电源的柴油发电机组供电；或由蓄电池柜供电或选用自带电源型应急灯具。

2) 应急照明在正常电源断电后，电源转换时间为：疏散照明不大于 15s，备用照明不大于 15s（金融商店交易不大于 1.5s）；安全照明不大于 0.5s。

3) 疏散照明由安全出口标志灯和疏散标志灯组成。安全出口标志灯距地高度不低于 2m，且安装在疏散出口和楼梯口里侧的上方。疏散标志灯安装在安全出口的顶部，楼梯间、疏散走道及其转角处应安装在 1m 以下的墙面上，若这些位置不宜安装，也可安装在上部。疏散通道上的标志等间距不大于 20m（人防工程不大于 10m）。

4) 设置疏散标志灯时，不应影响正常通行，且不在其周围设置容易混同疏散标志灯的其他标志牌等。

5）照明灯具、运行中温度大于60℃的灯具，当靠近可燃物时，应采取隔热、散热等防火措施。白炽灯、卤钨灯等光源，不可直接安装在可燃装修材料或可燃物件上。

6）每个防火分区应有独立的应急照明线路，穿越不同防火分区的线路应有防火隔堵措施。

7）疏散照明线路应采用耐火电线、电缆穿管明敷或在非燃烧体内穿刚性导管暗敷。暗敷保护层厚度不小于30mm。导线应采用额定电压不低于750V的铜芯绝缘导线。

8）开关安装位置应便于操作，安装高度一般为1.3m。

（3）线路安装要求

1）装修区域电源干线采用BV线（不得小于$4mm^2$），相线为黄、绿、红三色之一，零线为蓝色，PE线为双色（黄绿相间），装修区域内配线必须是ZR-BV阻燃型导线且不得小于$2.5mm^2$。灯头线可适当减小（不小于$1.0mm^2$）。

2）敷设线路时必须全部采用金属电线管或包塑金属波纹管、金属盒保护（吊顶内为金属电线管，货柜内为包塑金属波纹管）。管路按规范要求距离固定，管内穿线数量的总截面积不得超过保护管截面积的1/4。地面敷设线路采用铝合金地槽保护，导线在槽板内必须穿玻璃丝网蜡管保护。管内、地槽内导线禁止有接头，金属管外壁、金属盒必须与PE线可靠连接，由吊顶内引到货柜的电源管必须横平竖直。

（4）开关、插座安装要求

1）安装在潮湿场所的开关、插座必须采用防水型，公共区域的插座必须是带安全门的安全型插座。

2）所有开关、插座必须加装金属盒并在盒周围加石棉板，安装要与基础面平齐严密。

3）插座必须是漏电开关控制，开关、插座容量应满足负荷要求。

4）电线接头应搪锡，与接线端子连接应可靠牢固。

（5）防火措施

1）凡灯箱内、柜台内侧必须刷防火涂料，厚度为2~3mm，所有灯箱上方均匀留ϕ25mm以上满足散热要求的散热孔。

2）在木质柜台上安装各类器材时，必须垫石棉板、瓷夹板隔热。

3）所有金属接线盒必须加盒盖，固定严密牢固。

4）所有导线接头、压线禁止有虚接、虚压、虚焊现象，并要求使用时操作方便。

8.3 配电设备及其布置

8.3.1 配电设备

配电设备是在电力系统中对高压配电柜、发电机、变压器、电力线路、断路器、低压开关柜、配电盘、开关箱、控制箱等设备的统称。

1. 高压设备

高压设备是在高压线路中用来实现关合、开断、保护、控制、调节、量测的设备。

（1）高压隔离开关　高压隔离开关（图8-9）的作用主要是隔断高压电源，并造成明显的断开点，以保证其他电气设备安全地进行检修。高压隔离开关断开后有明显的断开间隙，而且断开间隙的绝缘及相间绝缘都是足够可靠的，能充分保证人身和设备安全，没有灭弧装置，不带负荷电源。因为高压隔离开关没有专门的灭弧装置，所以不允许带负荷分闸和合闸。但是励磁电流不超过 2A 的空载变压器、电容电流不超过 5A 的空载线路及电压互感器和避雷器等，可以用高压隔离开关切断。

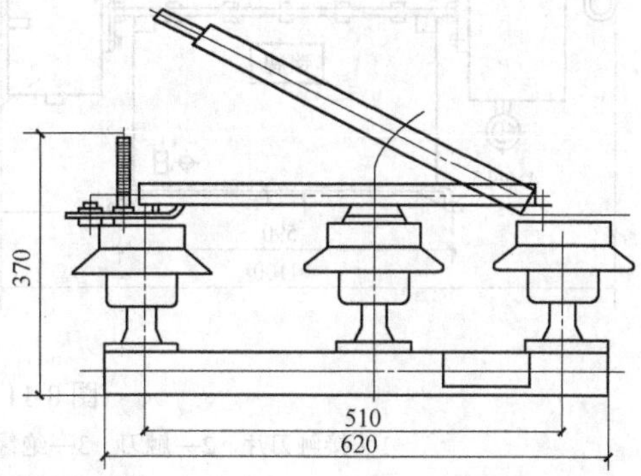

图 8-9 高压隔离开关

（2）高压负荷开关 高压负荷开关（图 8-10）有简单的灭弧装置，只能用于切断正常负荷电流，不能切断短路电流，起到检修时隔离电源、保证安全的作用。

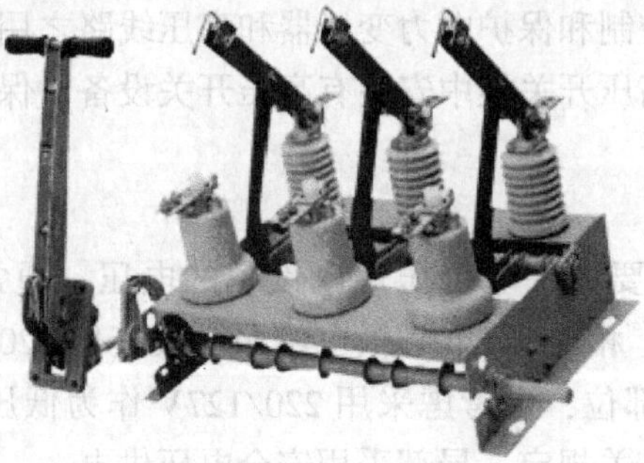
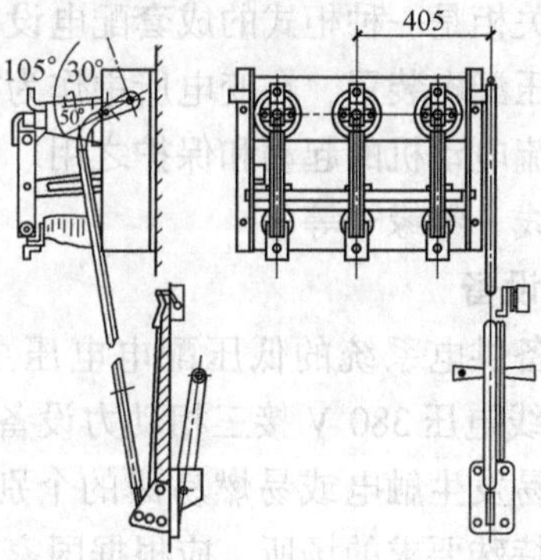

图 8-10 高压负荷开关

FN 系列高压负荷开关是使用较广泛的室内式负荷开关，它专门用在高压装置中通断负荷电流。如果装有热脱扣器，FN 系列高压负荷开关也可在过负荷情况下自动跳闸，切断过负荷电流。高压负荷开关必须和高压熔断器串联使用，短路电流靠熔断器切断。

（3）高压断路器 高压断路器（图 8-11）不但能通、断正常的负荷电源，还能接通和承受一定时间的短路电流，并且能在保护作用下自动跳闸，切除短路故障。高压断路器按照其灭弧介质的不同可以分为油断路器、空气断路器、六氟化硫断路器、真空断路器等。

（4）高压熔断器 高压熔断器主要是对电力电路中的设备进行短路保护，也具有过载保护功能。高压熔断器按其使用场合不同可分为户内式和户外式。高压熔断器是电网中广泛使用的电器，它是在电网中人为地设置的一个最薄弱的通流元件，当线路过电流时，元件本身发热而熔断，借灭弧介质的作用使电路断开，达到保护电网线路和电气设备的目的。高压熔断一般可分为管式和跌落式两类。由于管式熔断器在断开电路时无游离气体排出，因此在户内广泛采用 RN1、RN2 型管式熔断器，而在户外则广泛采用 RW4 型跌落式熔断器。

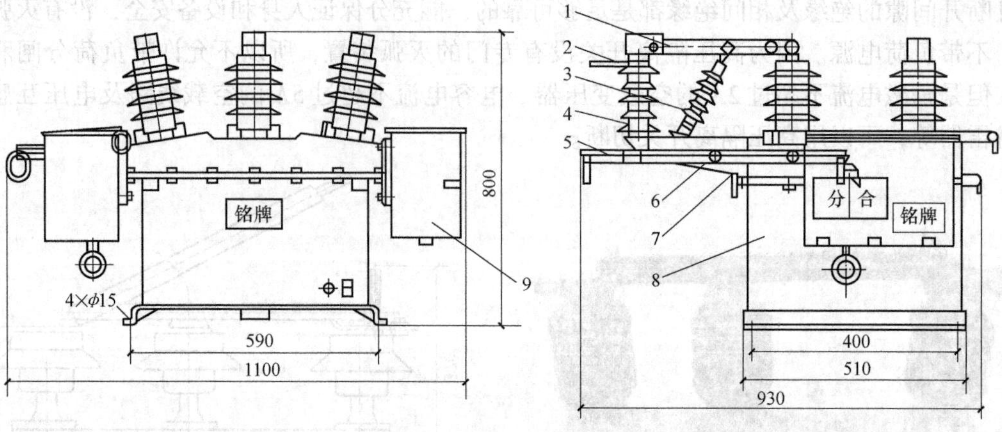

图 8-11　高压断路器

1—接触刀片　2—触刀　3—绝缘拉杆　4—支柱　5—隔离开关操作手柄

6—转轴　7—隔离开关支架　8—断路器　9—电力电子 PT

（5）高压开关柜　高压开关柜按元件的固定方式分为固定式和手车式；按结构分为开启式和封闭式；按柜内装设的电器不同分为断路器柜、互感器柜、计量柜、电容器柜等。高压开关柜一般安在基础型钢上。

高压开关柜是一种柜式的成套配电设备，它是按一定的接线方案将有关一、二次设备组成成套的高压配电装置，在变电所中作为控制和保护电力变压器和高压线路之用，也可作为大型高压交流电动机的起动和保护之用。高压开关柜中安装有高压开关设备、保护电器、监测仪表和母线、绝缘子等。

2. 低压设备

低压设备供电系统的低压配电电压主要取决于低压用电设备的电压，通常采用 380/220V，其中线电压 380 V 接三相动力设备，相电压 220V 供电给照明及其他 220V 的单相设备。对于容易发生触电或易燃易爆的个别部位，可考虑采用 220/127V 作为低压配电电压。对于一些有特殊要求的场所，应根据国家有关规定，局部采用安全电压供电。

（1）低压熔断器　低压熔断器是低压配电系统中的保护设备，保护线路以及低压设备免受短路电流或过载电流的损害。常用低压熔断器有瓷插式、螺旋式、管式及有填料式等。

（2）低压刀开关　低压刀开关（图 8-12）按照操作方式不同分为单投和双投；按照极数不同分为单极、双极和三极；按灭弧结构不同分为带灭弧罩和不带灭弧罩。带灭弧罩的刀开关可通断一定强度的负荷电流，其钢栅片灭弧罩能使负荷电流产生的电弧有效熄灭；不带灭弧罩的刀开关一般只能在无负荷的状态下操作，起隔离开关的作用。

（3）低压负荷开关　低压负荷开关是由带灭弧罩的刀开关和熔断器串联组合而成的，外装封闭式铁壳或开启式胶盖的开关电器。低压负荷开关具有带灭弧罩的刀开关和熔断器的双重功能，既可带负荷操作，又可进行短路保护，可用作设备及线路的电源保护。常用的低压负荷开关有 HK 型，如图 8-13 所示。

（4）低压断路器　低压断路器（图 8-14）具有良好的灭弧性能，既可带负荷通断电路，又能在短路、过负荷和失压时自动跳闸。低压断路器按结构形式不同分为塑料外壳式和框架式两种，型号分别为 DZ 和 DW。

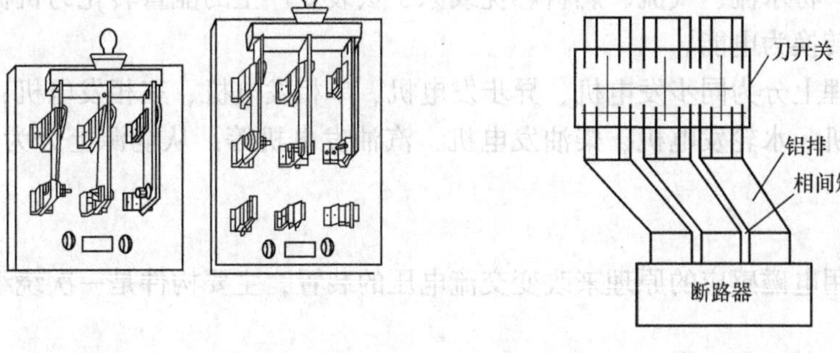

图 8-12　低压刀开关

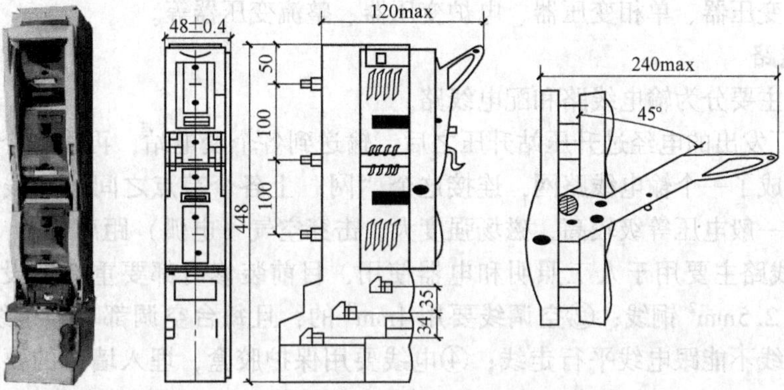

图 8-13　HK 型低压负荷开关

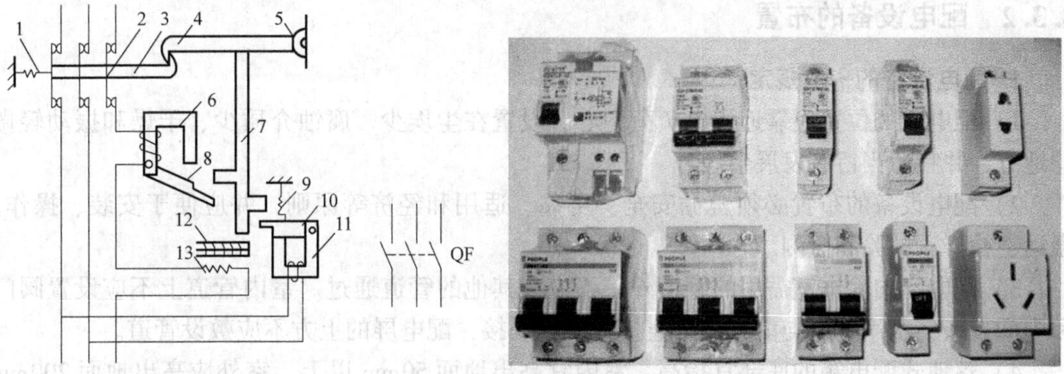

图 8-14　低压断路器

1—主弹簧　2—主触头　3—锁链　4—搭钩　5—轴　6—电磁脱扣器　7—杠杆　8—电磁脱扣器衔铁　9—弹簧　10—欠电压脱扣器衔铁　11—欠电压脱扣器　12—双金属片　13—热元件

（5）低压配电屏　低压配电屏是按一定的线路方案，将一、二次设备组装在一个柜体内而形成的一种成套配电装置，用在低压配电系统中作动力或者照明配电。按结构形式分为固定式和抽屉式。

3. 发电机

发电机是将其他形式的能源转换成电能的机械设备，它由水轮机、汽轮机、柴油机或其他动力机械驱动，将水流、气流、燃料燃烧或原子核裂变产生的能量转化为机械能传给发电机，再由发电机转换为电能。

发电机从原理上分为同步发电机、异步发电机、单相发电机、三相发电机；从产生方式上分为汽轮发电机、水轮发电机、柴油发电机、汽油发电机等；从能源上分为火力发电机、水力发电机等。

4. 变压器

变压器是利用电磁感应的原理来改变交流电压的装置，主要构件是一次绕组、二次绕组和铁心（磁心）。

1）主要功能有电压变换、电流变换、阻抗变换、隔离、稳压（磁饱和变压器）等。

2）按用途可以分为配电变压器、电力变压器、全密封变压器、组合式变压器、干式变压器、油浸式变压器、单相变压器、电炉变压器、整流变压器等。

5. 电力线路

电力线路主要分为输电线路和配电线路。

1）由电厂发出的电经过升压站升压之后，输送到各个变电站，再将各个变电站统一串并联起来就形成了一个输电线路网，连接这个“网”上各个节点之间的“线”就是输电线路。输电线路一般电压等级较高，磁场强度大，击穿空气（电弧）距离长。

2）配电线路主要用于人工照明和电器使用，目前装修时都要重新铺设。一般的标准是：①主线用 $2.5mm^2$ 铜线；②空调线要用 $4mm^2$ 的，且每台空调都单独走线；③电话线、电视线等信号线不能跟电线平行走线；④电线要用保护胶盒，埋入墙体的要用胶管（包括 PVC 管），接口一定要用直头或弯头。不能使用胶管的地方，必须使用金属软管予以保护；⑤电线、开关等的质量一定要过硬，唯一的标志就是看其是否符合国家标准。

8.3.2 配电设备的布置

1. 配电设备的一般规定

1）配电室的位置应靠近用电负荷中心，设置在尘埃少、腐蚀介质少、干燥和振动轻微的地方，并宜适当留有发展余地。

2）配电设备的布置必须遵循安全、可靠、适用和经济等原则，并应便于安装、操作、搬运、检修、试验和监测。

3）配电室内除本室需用的管道外，不应有其他的管道通过。室内管道上不应设置阀门和中间接头；水汽管道与散热器的连接应采用焊接，配电屏的上方不应敷设管道。

4）落地式配电箱的底部宜抬高，室内宜高出地面 50mm 以上，室外应高出地面 200mm 以上。底座周围应采取封闭措施，并应能防止鼠、蛇类等小动物进入箱内。

5）同一配电室内并列的两段母线，当任一段母线有一级负荷时，母线分段处应设防火隔断措施。

6）当高压及低压配电设备设在同一室内，且二者有一侧柜顶有裸露的母线时，二者之间的净距不应小于规定距离。

7）成排布置的配电屏，其长度超过规定长度时，屏后的通道应设两个出口，并宜布置在通道的两端。当两出口之间的距离超过规定长度时，其间尚应增加出口。

8）成排布置的配电屏，其屏前和屏后的通道最小宽度应符合规定。

① 受限制时是指受到建筑平面的限制、通道内有柱等局部突出物的限制。

② 控制屏、柜前后的通道最小宽度可按规定执行或适当缩小。

③ 屏后操作通道是指需在屏后操作运行中的开关设备的通道。

9）控制箱应符合下列规定：

① 安装场地的海拔高度不得超过 2000m。

② 落地垂直安装，安装倾斜度不得超过 5°。

③ 应安装在无剧烈振动和冲击、不会腐蚀开关电器和元件的场所。

2. 配电设备布置中的安全措施

1）在有人的一般场所，有危险电位的裸带电体应加遮护或置于人的伸臂范围以外。

2）标称电压超过交流 25V（均方根值）容易被触及的裸带电体必须设置遮护物或外罩，其防护等级不应低于《外壳防护等级（IP 代码）》（GB 4208—2008）的 IP2X 级。

3）当需要移动遮护物、打开或拆卸外罩时，必须采取下列的措施之一：

① 使用钥匙或其他工具。

② 切断裸带电体的电源，且只有将遮护物或外罩重新放回原位或装好后才能恢复供电。

4）当裸带电体用遮护物遮护时，裸带电体与遮护物之间的净距应满足下列要求：

① 当采用防护等级不低于 IP2X 级的网状遮护物时，不应小于 100mm。

② 当采用板状遮护物时，不应小于 50mm。

5）容易接近的遮护物或外罩的顶部，其防护等级不应低于《外壳防护等级（IP 代码）》（GB 4208—2008）的 IP4X 级。

6）在有人的一般场所，人距裸带电体的伸臂范围应符合下列规定：

① 裸带电体布置在有人活动的上方时，裸带电体与地面或平台的垂直净距不应小于 2.5m。

② 裸带电体布置在有人活动的侧面或下方时，裸带电体与平台边缘的水平净距不应小于 1.25m。

③ 当裸带电体具有防护等级低于 IP2X 级的遮护物时，伸臂范围应从遮护物算起。

④ 在正常的人工操作时手中需执有导电物件的场所，计算伸臂范围时应计入这些物件的尺寸。

7）配电室通道上方裸带电体距地面的高度不应小于下列数值：

① 屏前通道不应小于 2.5m，当低于 2.5m 时应加遮护，遮护后的护网高度不应低于 2.2m。

② 屏后通道不应小于 2.3m，当低于 2.3m 时应加遮护，遮护后的护网高度不应低于 1.9m。

③ 安装在生产车间和有人场所的开敞式配电设备，其未遮护的裸带电体距地面高度不应小于 2.5m，当低于 2.5m 时应设置遮护物或阻挡物，阻挡物与裸带电体的水平净距不应小于 0.8m，阻挡物的高度不应小于 1.4m。

3. 配电室对建筑的要求

1）配电室屏顶承重部件的耐火等级不应低于 2 级，其他部分不应低于 3 级。

2）配电室长度超过 7m 时，应设两个出口，并宜布置在配电室的两端。当配电室为楼上楼下两部分布置时，楼上部分的出口至少有一个通向该层走廊或室外的安全出口。配电室的门均应向外开启，但通向高压配电室的门应为双向开启门。

3）配电室的顶棚、墙面及地面的建筑装修应少积灰和不起灰，顶棚不应抹灰。

4）配电室内的电缆沟应采取防水和排水措施。

5）严寒地区冬季室温影响设备的正常工作时配电室应采暖，炎热地区的配电室应采取隔热、通风或空调等措施，有人值班的配电室，宜采用自然采光。

6）地下室和楼层内的配电室，应设设备运输的通道，并应设良好的通风和可靠的照明系统。

7）配电室的门、窗关闭应密合，与室外相通的洞、通风孔应设防止老鼠、蛇等小动物进入的网罩，其防护等级不低于《外壳防护等级（IP 代码）》（GB 4208—2008）的 IP3X 级，直接与室外露天相通的通风孔还应采取防止雨、雪飘入的措施。

注：10kV 变电所应符合国家标准《10kV 及以下变电所设计规范》（GB 50053—1994）的规定。

4. 配电箱

配电箱是按电气接线要求将开关设备、测量仪表、保护电器和辅助设备组装在封闭或半封闭金属柜中或屏幅上构成的低压配电装置。正常运行时配电箱可借助手动或自动开关接通或分断电路；故障或不正常运行时，借助保护电器切断电路或报警，借测量仪表可显示运行中的各种参数，还可对某些电气参数进行调整，对偏离正常工作状态进行提示或发出信号。配电总箱系统如图 8-15 所示。

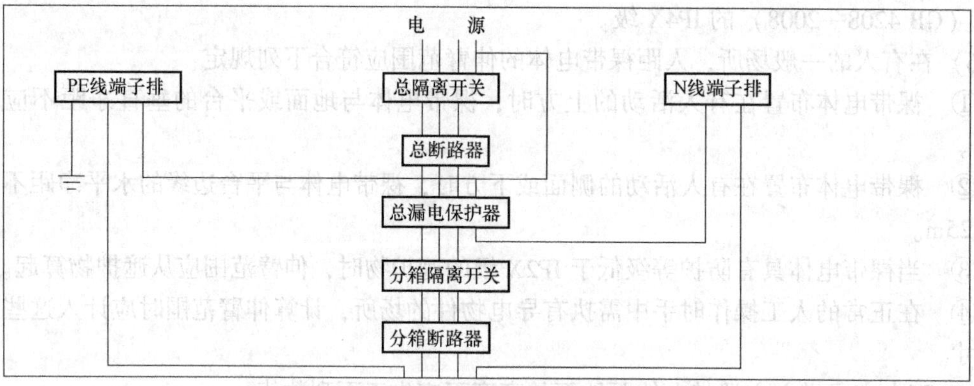

图 8-15 配电总箱系统

（1）分类 按用途不同分为照明配电箱和动力（电力）配电箱两种。

凡建筑需要照明设施的场所，就需要照明配电线路和配电设备，一般对于照明线路超过 2 个回路（分开控制、保护）时，就需要对电源进行“分配”，完成电能分配的设备就是照明配电箱。

（2）民用建筑中常见照明配电箱的设置场合 民用建筑中常见照明配电箱的设置场合为：

1）楼层照明配电总箱、楼层分区域照明配电总箱（如写字楼、住宅各层配电箱）。

2）功能区照明配电箱（如较大面积的餐厅、商务中心、会议中心、咖啡厅、大堂等）。

3）户内照明配电箱（如住宅户内配电箱、饭店客房配电箱等）。

4）照明计量配电箱，一般可以与楼层或功能区配电箱合并设置。

5）公共照明配电箱、应急照明配电箱（按建筑需要设置）。

6）建筑室外景观照明配电箱（泛光照明、景观照明等）。

（3）配电箱的布置　地下室照明箱明装底边距地 1.5m，在走道安装的照明及配电箱底边距地 1.7m，控制箱的安装高度为中心距地 1.5m，挂墙明装的配电箱中心距地 1.3m（箱体高度大于 0.8m）或 1.5m（箱体高度小于 0.8m），剪力墙内暗装配电箱要先用比配电箱稍大的木盒预留洞口，安装配电箱体时必须拆除木盒。电气配管时，应将配电箱的电源、负载管按由左至右的顺序排列整齐。安装配电箱箱体时，应按需要打掉箱体、敲落孔的压片，当箱体敲落孔数量不足或孔径与配管管径不相吻合时，可使用开孔机开孔。明装配电箱采用金属膨胀螺栓的方法进行安装。配电箱安装应横平竖直，在箱体放置后要用尺板找好箱体垂直度，使之符合规定。箱体垂直度的允许偏差是：当箱体高度为 500mm 以下时，不应大于 1.5mm；当箱体高度为 500mm 以上时，不应大于 3mm。配管入箱应顺直，露出长度小于 5mm。

配电箱内接线应整齐美观、安全可靠，管内导线引入盘面时应理顺整齐，并沿箱体的周边成把、成束布置。导线与器具连接，接线位置应正确，连接应牢固紧密，不伤芯线。压板连接时，压紧无松动；螺栓连接时，在同一端子上导线不超过 2 根，防松垫圈等配件齐全，零线经汇流排（零线端子）连接，无纹接现象。配电箱面板四周边缘紧贴墙面，不能缩进抹灰层，也不能突出抹砂层。配电箱安装完毕后，应清理干净内部杂物。

配电箱的布置原则：

1）应靠近负荷中心，即电器多、用电且大的地方。

2）建筑中，各层配电箱应尽量布置在同一方向、同一部位上，以便于施工与维修。

3）设在方便操作、便于检修的地方，一般多设在门厅、楼梯间或走廊的墙壁内，最好设在专用的房间里。

4）配电箱应设在干操、通风、采光良好且不妨碍建筑物美观的地方。

（4）配电箱的安装

1）安装配电箱时，其底口距地一般为 1.5m，明装时底口距地为 1.2m，明装电度表板底口距地不得小于 1.8m。在同一建筑物内，同类配电箱的高度应一致，允许偏差为 10mm。

2）安装配电箱所需的木砖及铁件等均应预埋。挂式配电箱应采用金属膨胀螺栓固定。

3）配电箱体开孔与导管管径适配，暗装配电箱箱盖紧贴墙面。配电箱涂层完整。

4）配电箱内接线整齐，回路编号齐全，标志正确。

5）配电箱内配线整齐，无绞接现象。导线连接紧密，不伤芯线。垫圈下螺钉两侧压的导线截面积相同，同一端子上导线连接不多于 2 根，防松垫圈等零件齐全。

6）配电箱内开关动作灵活可靠；带有漏电保护的回路，漏电保护装置动作电流不大于 30mA，动作时间不大于 0.1s。

7）明箱内，分别设置中性线（N）和保护地线（PE 线）汇流排，零线和保护地线经汇流排配出。

8）TN-C 低压配电系统中的中性线（N）应在箱体上，引入接地干线处做好重复接地。

9）配电箱上母线的相线应以颜色标识：A 相（L_1）应涂黄色；B 相（L_2）应涂绿色；C 相（L_3）应涂红色；中性线 N 相应涂淡蓝色；保护地线（PE 线）应涂黄绿相间双色。

10）垂直允许偏差为1.5‰。

（5）配电箱体的固定

1）孔洞中将箱体找好标高及水平尺寸，稳住箱体后用水泥砂浆填实周边并抹平齐。如箱底与墙面平齐，应在外墙固定金属网后再做抹灰，不得直接在箱底抹灰。实际安装高度要求结合现场并符合设计和规范要求。

2）导管孔必须与导管管径适配，禁止开长孔，绝对禁止电气焊开长孔。

3）配电箱体内的导管必须与配电箱垂直，焊接钢管采用内、外锁母固定，进入配电箱内导管的螺纹扣应露出锁母一扣，管口光滑无毛刺，不得出现斜口、马蹄口。

4）配电箱体之间的距离为15～20mm，同一配电箱管与管之间距离相同，导管外边距箱底10mm。

5）管跨接接地时，跨接接地钢筋与配电箱的角、扁钢焊接时，搭接长度为圆钢直径的6倍，要求双面焊接，焊缝饱满，无夹渣、"咬肉"等现象，清除药皮，并刷两道防锈漆。

6）堵头封堵，箱壳应用纸箱封堵。

（6）质量标准

1）配电柜的试验调整结果必须符合施工规范规定。

2）配电柜、箱的金属框架及基础型钢必须接地（PE）可靠。装有电器的可开启门，门和框架的接地端子间应有裸编织铜线连接，且有标志。

3）配电箱面标志牌、标志框齐全、正确、清晰。

4）配电柜、箱间线路的线间、线对地的绝缘电阻值，馈电线路必须大于0.5MΩ，二次回路必须大于1MΩ。

（7）成品保护

1）安装配电箱后，应采取成品保护措施，避免碰坏、弄脏电具、仪表。

2）安装配电箱面板时应注意保持墙面整洁，尤其应注意安装（贴脸）箱体与墙间的缝隙。

3）土建二次喷浆时，注意不要污染配电箱。

8.4 电气照明线路的布置及敷设

照明线路即对照明灯具等用电设备供电和控制的线路。供电电源电压，一般为单相220V二线制，负荷大时，用220/380V三相四线制。

低压配电线路是将降压变电所降至380/220V的低压电，输送和分配给各低压用电设备的线路。室内照明供电线路的电压，除特殊需要外，一般采用380/220V、50Hz三相五线制（三根相线、一根中性线、一根接地保护线）供电，就是由市电网的用户配电变压器的低压侧引出三相四线制（三根相线、一根中性线）。

8.4.1 电气照明线路

电气照明线路分为室内照明线路和室外照明线路。

1. 室内照明供电线路的组成

室内照明供电线路的组成如图8-16所示。

1）从外墙支架到室内总配电箱为进户线。

2）从总配电箱引至分配电箱的一段供电线路为干线。

3）从分配电箱引至电灯等设备的一段供电线路为回路（支线）。

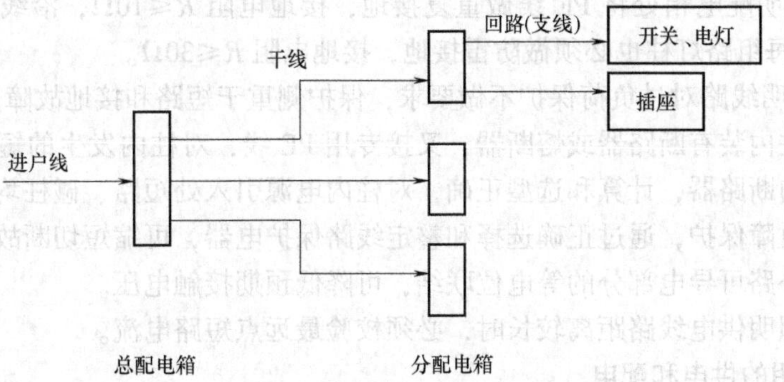

图 8-16　照明供电线路的组成

2. 室内照明供电线路的布置原则

布置室内照明供电线路时应力求线路短，以节约导线。但是对于明装导线要考虑整齐美观，一定要沿墙面、顶棚作直线走向。对于同一走向的导线，即使长度要略微增加，仍应当采取合并敷设。

（1）进户线　进户线应符合下列条件：确保用电与运行维护方便；供电点尽可能接近用电负荷中心；考虑市容美观和邻近进户点的一致性。一般应尽可能从建筑的侧面和背面进户。进户点的数量不要过多，建筑物长度在 60m 以内者，都采用一处进线；超过 60m 的可根据需要采用两处进线。进户线与室内地平的距离不应小于 3.5m，对于多层建筑物，一般可以由二层进户。按结构形式分，常用的进户线有架空进线和电缆埋地进线。

（2）干线　室内照明干线的基本接线方式为放射式、树干式和混合式，如图 8-17 所示。

1）放射式。从变压器或者低压配电箱低压母线上引出若干条回路，分别送给各个用电设备，即各个分配电箱都是由总配电箱用一条独立的干线连接。放射式的特点是干线的独立性强而不干扰。

2）树干式。由变压器或者低压配电箱低压母线上引出一条干线，沿干线走向再引出若干条支线，然后再引至各个用电设备。树干式的优点是结构简单，投资和有色金属用量较少，缺点是可靠性不高。

3）混合式。这是放射式和树干式相结合的接线方式，优缺点介于两者之间。

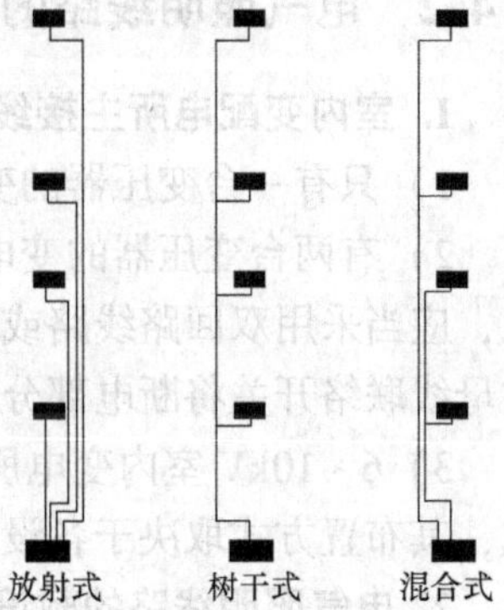

图 8-17　室内照明干线的基本接线方式

（3）支线　布置支线时，应当先将电灯、插座或其他用电设备进行分组，并尽可能均匀地分成几组，每一组由一条支线供电，每一条支线连接的电灯数不超过 20 盏。一些较大房间的照明，如阅览室、绘图室等应当采用专用回路，走廊、楼梯的照明也宜用独立的支线供电。插座是线路中最容易发生故障的地方，如果需要安装较多的插座时，可考虑专设一条支线供电，以提高照明线路的供电可靠性。

3. 室外照明线路

1）室外照明一般采用TN-S系统，在电源点与路灯间设专用保护线PE。从电源箱引出5芯电缆，在照明配电箱处将PE线做重复接地，接地电阻$R \leqslant 10\Omega$，沿线路每组路灯柱与PE线连接，而每组路灯柱也必须做防雷接地，接地电阻$R \leqslant 30\Omega$。

2）室外照明线路对过负荷保护不做要求，保护侧重于短路和接地故障保护。

① 路灯柱内装有断路器或熔断器，又接专用PE线，对柱内发生的短路和碰柱起保护作用。配电柜内断路器，计算和选型正确，对柱内电源引入处短路、碰柱均起保护作用。

② 接地故障保护，通过正确选择和整定线路保护电器，可缩短切断故障的时间；借接地和相邻设备外路可导电部分的等电位联结，可降低预期接触电压。

③ 室外照明供电线路距离较长时，必须校验最远点短路电流。

4. 室外照明的供电和配电

1）室外照明一般采用低压供电，确定配电柜的原则需考虑供电半径和电源到末端受电点所必须控制的电压降。《供配电系统设计规范》（GB 50052—2009）中，规定在正常运行情况下，道路照明末端处的电压允许偏差为5%、－10%。

2）配电柜出线回路的多少取决于控制照明的组合方案，可同时开关的可由相同的一个或几个回路供电。设计时必须考虑相序配置，尽量做到三相平衡。

3）配电箱供电出线截面积一般不宜大于$35mm^2$。以气体放电灯为主要负荷的照明供电线路，在三相四线配电系统中，中性线截面积应按最大相电流选择，不小于相线截面积。

4）道路照明常用敷线方法是采用地下直埋电缆。配电线路直埋散热好，载流能力高，且由于电缆各芯间的分布电容并联在线路上，可提高自然功率因数，同时不受气候影响，减少外力破坏，提高供电可靠性。

8.4.2 电气照明线路的布置

1. 室内变配电所主接线及布置

1）只有一台变压器的变电所主接线。

2）有两台变压器的变电所主接线。对于一、二类负荷或用电量大的民用建筑或工业企业，应当采用双回路线路或两台变压器的接线，这样当其中一路进线电源出现故障时，可通过母线联络开关将断电部分的负荷接到另一线路上去，确保用电设备继续工作。

3）6～10kV室内变电所主要是由高压配电装置、变压器、低压配电装置、电容器等组成，其布置方式取决于各设备数量和规格。

2. 电气照明线路的敷设

电气照明线路一般由导线、导线支撑保护物及用电器具等组成，按照配线方式为有塑料护套线、金属线槽、塑料线槽、硬质塑料管、电线管、焊接钢管等敷设方法。

（1）电气照明线路敷设的一般规定

1）电缆（线）敷设前，应做外观及导通检查，并用直流500V绝缘电阻表测量绝缘电阻，其电阻不小于$5M\Omega$；当有特殊规定时，应符合其规定。

2）线路按最短途径集中敷设，横平竖直、整齐美观、不宜交叉。

3）线路不应敷设在易受机械损伤、有腐蚀性介质排放、潮湿以及有强磁场和强静电场干扰的区域，必要时采取相应保护或屏蔽措施。

4）当线路周围温度超过 65℃时，应采取隔热措施；在有可能引起火灾的火源场所敷设线路时，应加防火措施。

5）线路不宜平行敷设在高温工艺设备、管道的上方和具有腐蚀性液体介质的工艺设备、管道的下方。

6）线路与绝热的工艺设备、管道绝热层表面之间的距离应大于 200mm，与其他工艺设备、管道表面之间的距离应大于 150mm。

7）线路的终端接线处以及经过建筑物的伸缩缝和沉降缝处，应留有适当的预留。

8）线路不应有中间接头，当无法避免时，应在分线箱或接线盒内接线。接头宜采用压接，当采用焊接时，应用无腐蚀性的助焊剂。补偿导线宜采用压接。同轴电缆及高频电缆应采用专用接头。

9）敷设线路时，不宜在混凝土土梁、柱上凿安装孔。

10）线路敷设完毕，应进行校线及编号，并按 1）的规定，测量绝缘电阻。

11）测量线路绝缘时，必须将已连接上的设备及元器件断开。

（2）照明线路采用的绝缘导线　照明线路的导线通常采用两种绝缘导线：聚氯乙烯绝缘导线或橡胶绝缘导线。

（3）照明线路的敷设方式　照明线路的敷设方式有明敷和暗敷两种。

1）明敷是将导线直接或穿管（或其他保护体）敷设于墙壁、顶棚的表面及桁架、支架等上。各种明敷配线方式穿墙或过楼板处都要加保护管，垂直过楼板要穿保护钢管。

明敷的几种方式及其适用场所见表 8-8。

表 8-8　明敷的几种方式及其适用场所

敷设方式	适用场所
瓷夹板、塑料线夹配线	适用于正常环境的室内和挑檐下的室外
瓷瓶（针式绝缘子）配线	能使导线与墙面距离增大，可用于比较潮湿的地方（如浴室、较潮的地下室等），或雨雪能落到的室外。工业厂房导线截面积较大时采用
瓷柱（瓷珠、绝缘子）配线	适用于室内、外，但雨雪能落到的地方不可采用。室内也可用于较潮湿的地方。瓷柱配线的导线截面积最大不宜超过 $25mm^2$，否则用瓷瓶配线
卡钉（铝片卡）配线	只能采用塑料护套线（BVV 型、BLVV 型）明敷于室内，不能在室外露天场所明敷。布线时固定点的间距不得大于 200mm
塑料槽板、木槽板配线	适用于干燥房屋的明敷，槽板应敷设于较隐蔽的地方，应紧贴于建筑物表面，排列整齐。一条槽板内应敷设同一回路的导线
穿管（钢管、电线管、塑料管）	穿钢管适用于用电量较大、易爆、易燃、多尘、干燥，又容易被碰撞的线路及场所。穿塑料管适用于用电量较大、腐蚀、多尘的场所

2）暗敷。暗敷是将导线穿管（钢管、塑料管）敷设于墙壁、顶棚、地坪及楼板等内部。配线管随土建工程施工时预埋好，然后把导线穿入管中。

暗敷配线的特点：不影响室内墙面的整洁美观；可防止导线受有害气体的腐蚀和机械损伤，使用年限长。但安装费用高，所以一般用于特殊要求的工作场所或标准较高的建筑物中。

3. 穿管截面积的要求

穿管配线无论是用于明敷或暗敷，管内导线的总截面积（包括外护层）不应超过管子内截面积的40%。

1）绝缘导线允许穿管根数及相应的最小管径见表8-9。

表8-9 绝缘导线允许穿管根数及相应最小管径

导线规格	500V BV、BLV 聚氯乙烯绝缘导线														
截面积/mm	2 根单芯					3 根单芯					4 根单芯				
	DG	G	GG	BYG	VG	DG	G	GG	BYG	VG	DG	G	GG	BYG	VG
	最小管径/mm														
1	15	15	15	15	15	15	15	15	15	15	15	15	15	15	15
1.5	15	15	15	15	15	15	15	15	15	15	15	15	15	15	15
2.5	15	15	15	15	15	15	15	15	15	15	20	15	15	20	15
4	15	15	15	15	15	15	15	15	15	15	20	15	15	20	20
6	15	15	15	15	15	20	15	15	20	20	25	20	20	25	20
10	25	20	20	25	20	25	25	25	32	25	32	25	25	32	32
16	25	20	20	25	25	32	25	25	32	32	40	32	32	40	40
25	32	25	25	32	32	40	32	32	40	40	50	40	40	50	40
35	40	32	32	40	40	50	40	40	50	40	50	50	50	50	50
50	50	32	32	40	40	50	50	50	50	50	—	50	50	—	70
70	50	50	50	50	50	—	—	70	—	70	—	—	70	—	80
95	—	50	50	—	70	—	—	70	—	80	—	—	80	—	—
120	—	—	70	—	70	—	—	70	—	80	—	—	80	—	—
150	—	—	70	—	—	—	—	80	—	—	—	—	100	—	—

导线规格	500V BV、BLV 聚氯乙烯绝缘导线									
截面积/mm	5 根单芯					6 根单芯				
	DG	G	GG	BYG	VG	DG	G	GG	BYG	VG
	最小管径/mm									
1	15	15	15	15	15	15	15	15	15	15
1.5	20	15	15	20	20	20	15	15	20	20
2.5	20	15	15	20	20	25	20	20	20	20
4	25	20	20	20	20	25	20	20	25	25
6	25	20	20	25	25	25	20	20	32	25
10	32	32	32	32	32	40	32	32	40	40
16	40	32	32	32	40	50	40	40	50	40
25	50	40	40	50	50	50	50	50	50	50
35	50	50	50	—	70	—	50	50	—	70
50	—	—	70	—	80	—	—	70	—	80
70	—	—	80	—	80	—	—	80	—	—
95	—	—	100	—	—	—	—	100	—	—
120	—	—	100	—	—	—	—	100	—	—
150	—	—	100	—	—	—	—	100	—	—

注：1. 表中代号：DG为薄钢电线管；G为厚钢电线管；GG为水煤汽钢管；VG为聚氯乙烯硬型塑料管；BYG为难燃型聚氯乙烯硬型塑料管。

2. 线管超过下列长度时，其中间应装设分线盒或接线盒：

①管全长超过30m且无曲折时；②线管全长超过20m，有1个曲折时；③线管全长超过15m，有2个曲折时；④线管全长超过8m，有3个曲折时。

3. 当采用铜芯导线穿管时，$25mm^2$ 及以上的导线应按表中管径加大一级。

2）钢管有电线管和水、煤气钢管两种。一般可使用电线管，但在有爆炸危险的场所内，或标准较高的建筑物中，应该采用水、煤气钢管。

3）管内的导线不应有接头。接头时（如分支），应设接线盒。为便于穿管，当管路过长或弯折较多时，也应适当地加装接线盒。在下列情况下应加装接线盒：①无弯折，且管路长度超过45m时；②有1个弯折，且管路长度超过30m时；③有2个弯折，且管路长度超过20m时；④有3个弯折，且管路长度超过12m时。

4. 电缆的敷设

1）敷设电缆时的环境温度不应低于-7℃。

2）敷设电缆时应合理安排，不宜交叉；敷设时应防止电缆之间及电缆与其他硬物体之间的磨擦；固定时，松紧应适度。

3）多芯电缆的弯曲半径，不应小于其外径的6倍。

4）信号电缆（线）与电力电缆交叉时，宜成直角；当平行敷设时，其相互间的距离应符合设计规定。

5）在同一线槽内的不同信号、不同电压等级的电缆，应分类布置；对于交流电源线路和连锁线路，应用隔板与无屏蔽的信号线路隔开敷设。

6）电缆沿支架或在线槽内敷设时应在下列各处固定牢固：①电缆倾斜坡度超过45°或垂直排列时，在每一个支架上；②电缆倾斜坡度不超过45°且水平排列时，在每隔1~2个支架上；③和补偿余度两侧以及保护管两端的第一、第二两个支架上；④引入仪表盘（箱）前300~400mm处；⑤引入接线盒及分线箱前150~300mm处。

7）线槽垂直分层安装时，电缆应按下列规定顺序从上至下排列：仪表信号线路、安全连锁线路、交流和直流供电线路。

8）明敷设的信号线路与具有强磁场和强电场的电气设备之间的净距离，宜大于1.5m；当采用屏蔽电缆或穿金属保护管以及在线槽内敷设时，宜大于0.8m。

9）电缆在沟道内敷设时，应敷设在支架上或线槽内；当电缆进入建筑物后，电缆沟道与建筑物间应隔离密封。

5. 其他要求

1）导线穿管前应清扫保护管，穿管时不应损伤导线。

2）信号线路、供电线路、连锁线路以及有特殊要求的仪表信号线路，应分别采用各自的保护管。

3）仪表盘（箱）内端子板两端的线路，均应按施工图样编号。

4）每一个接线端子上最多允许接两根芯线。

5）导线与接线端子板、仪表、电气设备等连接时，应留有适当裕度。

6. 电气线路的敷设方式

敷设方式新旧符号对照见表8-10，敷设部位新旧符号对照见表8-11。

线路的文字标注基本格式为

$$ab-c(d\times e+f\times g)i-jh$$

式中 a——线缆编号；

b——型号；

c——线缆根数；

d——线缆线芯数；

e——线缆线芯截面积（mm^2）；

f——PE、N 线芯数；

g——PE、N 线芯截面积（mm^2）；

i——线路敷设方式；

j——线路敷设部位；

h——线路敷设安装高度（m）。

表 8-10 敷设方式新旧符号对照

敷设方式	新符号	旧符号	敷设方式	新符号	旧符号
穿焊接钢管敷设	SC	G	电缆桥架敷设	CT	
穿电线管敷设	MT	DG	金属线槽敷设	MR	GC
穿硬塑料管敷设	PC	VG	塑料线槽敷设	PR	XC
穿阻燃半硬聚氯乙烯管敷设	FPC	ZYG	直埋敷设	DB	
穿聚氯乙烯塑料波纹管敷设	KPC		电缆沟敷设	TC	
穿金属软管敷设	CP		混凝土排管敷设	CE	
穿扣压式薄壁钢管敷设	KBG		钢索敷设	M	

表 8-11 敷设部位新旧符号对照

敷设部位	新符号	旧符号	敷设方式	新符号	旧符号
沿或跨梁（屋架）敷设	AB	LM	暗敷设在墙内	WC	QA
暗敷设在梁内	BC	LA	沿顶棚或顶板面敷设	CE	PM
沿或跨柱敷设	AC	ZM	暗敷设在屋面或顶板内	CC	PA
暗敷设在柱内	CLC	ZA	吊顶内敷设	SCE	
沿墙面敷设	WS	QM	地板或地面下敷设	F	DA

上述字母无内容时则省略该部分。

例：N_1 BLX-3×4-SC20-WC 表示有 3 根截面积为 $4mm^2$ 的铝芯橡胶绝缘导线，穿直径为 20mm 的水、煤气钢管沿墙暗敷设。

用电设备的文字标注格式为

$$\frac{a}{b}$$

式中 *a*——设备编号；

b——额定功率（kW）。

动力和照明配电箱的文字标注格式为

$$a\text{-}b\text{-}c \text{ 或 } a\frac{b}{c}$$

式中 *a*——设备编号；

b——设备型号；

c——设备功率（kW）。

例：3 $\frac{\text{XL-3-2}}{35.165}$表示 3 号动力配电箱，其型号为 XL-3-2 型，功率为 35.165kW。

照明灯具的文字标注格式为

$$a\text{-}b\,\frac{c\times d\times L}{e}f$$

式中　a——同一个平面内，同种型号灯具的数量；

b——灯具的型号；

c——每盏照明灯具中光源的数量；

d——每个光源的容量（W）；

e——安装高度，当吸顶或嵌入安装时用“—”表示；

f——安装方式；

L——光源种类（常省略不标）。

7. 照明线路的敷设要求

（1）瓷夹板布线的敷设要求

1）导线与建筑物应横平竖直，不得与建筑物接触。线路水平敷设时，导线距地高度一般不低于 2.5m；垂直敷设的线路，距地面高度低于 1.8m 的线段，应加防护装置。

2）在线路中接装的开关、灯座和吊线盒等电气器具两侧各 50mm 以内，应安装夹板，以固定导线。

3）瓷夹板不能拧在不坚固的底子上，如抹灰、苇箔等。

4）瓷夹板不得在顶棚内及其他隐蔽处敷设。

5）直线段瓷夹板的间距与瓷夹板的规格有关：40mm 长两线式和 64mm 长三线式的瓷夹板间距，不得大于 600mm；51mm 长两线式和 76mm 长三线式的瓷夹板间距，不得大于 800mm。

6）导线穿墙时必须用瓷管（或其他绝缘管）加以保护，在线路分支、交叉和转角处，导线不应受机械力的作用，并且应加装瓷夹板，导线与导线间应套绝缘管隔离。

（2）瓷珠布线的敷设要求

1）导线要横平竖直，不得与建筑物接触。线路水平敷设时，导线距地高度不得低于 2.5m。垂直敷设的线路，在距地低于 1.8m 的线段，应加防护装置。

2）根据导线截面积的大小，配用相应的瓷珠和绑线。

3）导线须用纱包铁心绑线（不得用裸铅丝）牢固地绑在瓷珠上。受力瓷珠用双绑法；加档瓷珠用单绑法；终端瓷珠把导线绑回头，导线应绑在瓷珠的同侧。

4）线路的分支、交叉和转角处，导线与导线之间应加装瓷套管或其他绝缘管隔离。

5）线路中接装的开关、插座和灯具附近约 100mm 处，都应安装瓷珠，以固定导线。

6）拧瓷珠的位置，若是砖墙或混凝土底子，应预留木砖；若是抹灰吊顶，应加木龙骨。线路在穿墙处需打好过墙眼、下套管或在彻墙时预留套管。

7）用瓷珠暗布线时，线路应便于检修和更换。

8. 绝缘子布线的敷设要求

1）导线要敷设得整齐，且不得与建筑物接触（内侧导线距墙一般为 10～15mm）。线路一般均为水平敷设，导线距地高度不应低于 3m。

2）从导线至接地物体之间的距离，不得小于 30mm。

3）绝缘子上敷设的绝缘导线，铜芯线截面积不得小于 1.5mm²，铝芯线不得小于

2. 5mm^2。

4）导线必须用纱包铁心绑线牢固地绑在绝缘子上。导线水平敷设绑扎在绝缘子靠墙侧颈槽内；导线垂直敷设绑扎在绝缘子上面顶槽内；线路在转角地方导线应绑扎在张力的反侧；终端绝缘子用“回头绑扎法”。

5）绝缘子应牢固地安装在支架和建筑物上。如固定在木结构上，可将直脚螺旋直接旋入；如固定在金属结构上，可先打孔用铁担直脚绝缘子穿孔固定。

6）导线由绝缘子线路引下对用电设备供电时，一般均采用塑料管或钢管明配，导线如需连接，应在绝缘子附近进行。

8.5 建筑电气施工图识读

8.5.1 建筑电气施工图的组成

1. 首页内容

首页内容包括电气工程图样目录、图例、电气材料规格说明表和施工说明。

拿到图样，首先必须核对施工图样与图样目录是否相符。其次，必须熟悉图例符号，才有助于了解设计人员的意图，看懂施工图样。再次，必须了解设计说明。设计说明主要说明系统图和平面图上未能表明而又与施工有关必须加以说明的问题，如进户线距地面高度、配电箱的安装高度、灯具开关和插座的安装高度，进户线重复接地的做法及其他有关问题。设计说明主要是补充图样上不能运用线条、符号表示的工程特点、施工方法、线路材料、工程技术参数、施工和验收要求及其他应该注意的事项。

2. 主要材料设备表

该表列出了该工程所需的各种主要设备、管材、导线管器材的名称、型号、材质、数量。主要材料设备表上所列主要材料的数量，是设计人员对该项工程提供的一个大概数量。

3. 电气系统图和二次接线图

（1）电气系统图　该图表明电力系统设备安装、配电顺序、原理和设备型号、数量及导线规格等关系。它不表示空间位置关系，只是示意性地把整个工程的供电线路用单线联结的形式来表示。通过识读电气系统图可以了解以下内容：

1）供电电源的种类及表达方式。建筑照明通常采用220V的单相交流电源。若负荷较大，则采用380/220V的三相四线制电源供电。

例如：3N～50Hz（380/220V）即表示三相四线制（N代表零线）电源供电，电源频率为50Hz，电源电压为380/220V。

2）导线的型号、截面积、敷设方式和部位及穿管直径和管材种类。导线分为进户线、干线和支线。由进户到室内总配电箱的一段线路称为进户线。进户点一般设在侧面和背面，距地2. 7m以上，可用电缆引入，也可架空引入。多层建筑一般沿二层或三层地板引入至总配电箱。

从总配电箱到分配电箱的线路称为干线。干线的布置方式有放射式、树干式和混合式。

在电气系统图中，进户线和干线的型号、截面积、穿管直径和管材、敷设方式和敷设部位等均是其重要内容。

3）配电箱。配电箱是接受电能和分配电能的装置。根据建筑物的大小，可设置一个或多个配电箱。如果设置多个配电箱，即在某层设置总配电箱，再从总配电箱引出干线到分配电箱。配电箱较多时，应将其编号并在旁边标出产品型号。若为自制配电箱，应将内部元器件布置用图表示清楚。控制、保护和计量装置（如电能表、开关等）的型号、规格标注在图上电气元件的旁边。

4）计算负荷。照明供电电路的计算功率、计算电流、计算时取用的需用系数等均应标注在电气系统图上。

（2）二次接线图（又称控制原理图）　实现对用电设备控制和保护的电器设备，一般统称为控制电器。

控制原理图是根据控制电器的工作原理，将规定的符号（见表 8-12 ~ 表 8-14）进行连接形成的电路展开图，一般不表示元器件的空间位置。

4. 平面图

平面图描述的主要对象是照明电气线路和照明设备，通常包括下列内容：

1）电气设备及供电总平面图。是以建筑平面图为依据绘出架空线路或地下电缆的位置，并注明所需线材设备和做法的一种图样。一般的工程设有外线总平面图。

2）照明平面图和动力平面图。它又分各层平面图，表明各种设备、器具的平面位置，导线的走向、根数，从盘引出的回路数，上、下管径，导线截面积。

3）防雷接地平面图。它是表明电气设备的防雷或接地装置布置及构造的一种图样。

通过平面图的识读，可以了解以下内容：

1）建筑物的平面布置、各轴线分布、尺寸以及图样比例。

2）电源进线和电源配电箱的形式、安装位置，以及电源配电箱内的电气系统。

3）照明线路中导线根数、线路走向。支线导线的规格、型号、截面积、敷设方式在平面图上一般不加标注，而是在设计说明里加以说明。这是因为，支线条数多，如一一标注，图面拥挤，不易辨别，反而容易出错。

4）照明灯具的类型，白炽灯及灯管的功率，灯具的安装方式、安装位置等。

5）照明开关的型号、安装位置及接线等。

6）插座及其他日用电气的类型、容量、安装位置及接线。

平面图的特点是将同一层内不同安装高度的电气设备及线路都放在同一平面上来表示。

表 8-12　配电箱（屏）控制台图形符号

序　号	图形符号	说　明	IEC
09—09—01		屏、台、箱、柜一般符号	
09—09—02		动力或动力—照明配电箱 注：需要时符号内可标示电流种类符号	
09—09—03	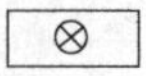	信号板、信号箱（屏）	
09—09—04		照明配电箱（屏） 注：需要时允许涂红	

（续）

序　号	图形符号	说　明	IEC
09—09—05		事故照明配电箱（屏）	
09—09—06		多种电源配电箱（屏）	
09—09—07	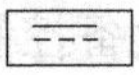	直流配电盘（屏） 注：若不混淆，直流符号可用符号 01—01—01	
09—09—08		交流配电盘（屏）	
09—09—09	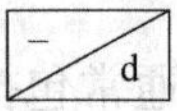	直流电源分配屏	
09—09—10	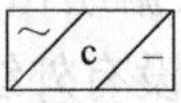	组合电源屏	
09—09—11	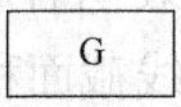	电源屏	
09—09—12		不间断电源（不停电电源）	
09—09—13	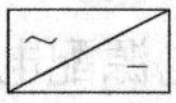	交直流电源切换盘（屏）	

表 8-13　电气插座图形符号

序　号	图形符号	说　明	IEC
09—12—01		单相插座	
09—12—02		暗装	
09—12—03		密闭（防水）	
09—12—04		防爆	
09—12—05		带保护接点插座 带接地插孔的单相插座	
09—12—06		暗装	
09—12—07		密闭（防水）	

（续）

序　　号	图 形 符 号	说　　明	IEC
09—12—08		防爆	
09—12—09	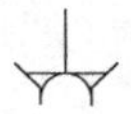	带接地插孔的三相插座	
09—12—10		暗装	
09—12—11		密闭（防水）	
09—12—12		防爆	
09—12—13	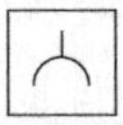	插座箱（板）	
09—12—14	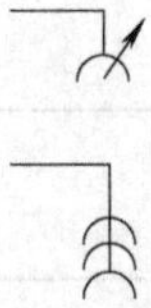	多个插座（示出三个）	
09—12—15	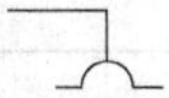	具有护板的插座	
09—12—16	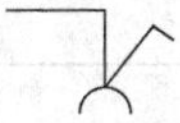	具有单极开关的插座	
09—12—17		带熔断器的插座	

表 8-14　电气开关图形符号

序　　号	图 形 符 号	说　　明	IEC
09—12—18	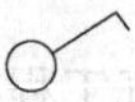	单极开关	
09—12—19		暗装	
09—12—20	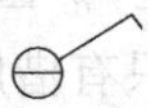	密闭（防水）	
09—12—21		防爆	
09—12—22	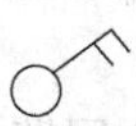	双极开关	

（续）

序　号	图形符号	说　明	IEC
09—12—23	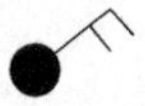	暗装	
09—12—24	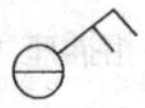	密闭（防水）	
09—12—25	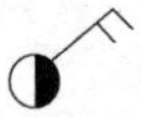	防爆	
09—12—26	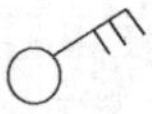	三极开关	
09—12—27	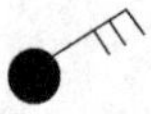	暗装	
09—12—28	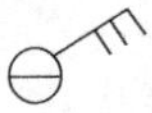	密闭（防水）	
09—12—29	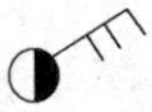	防爆	
09—12—30	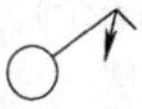	单极拉线开关	
09—12—31	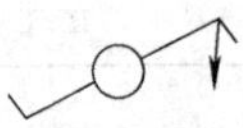	单极双控拉线开关	
09—12—32	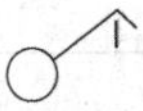	单限极时开关	
09—12—33	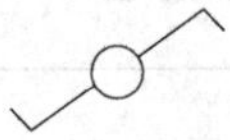	双控开关（单极三线）	
09—12—34		具有指示灯的开关	

8.5.2 建筑电气工程施工图的特点

掌握建筑电气工程施工图的特点，将会为阅读建筑电气工程施工图带来很多方便。建筑电气工程施工图的主要特点是：

1）建筑电气工程施工图大多是采用统一的图形符号并加注文字符号绘制出来的。

图形符号和文字符号就是构成电气工程语言的“词汇”。因为构成建筑电气工程的设备、元器件、线路很多，结构类型不一，安装方式各异，只有借用统一的图形符号和文字符号来表达，才比较合适。所以，绘制和阅读建筑电气工程施工图，首先必须明确和熟悉这些图形符号所代表的内容和含义，以及它们之间的相互关系。

2）建筑电气工程施工图反映的是电工、电子电路的系统组成、工作原理和施工安装方法。

分析任何电路都必须使其构成闭合回路，只有构成闭合回路，电流才能够流通，电气设备才能正常工作。一个电路的组成，包括四个基本要素，即电源、用电设备、导线和开关控制设备。因此要真正读懂图样，还必须了解设备的基本结构、工作原理、工作程序、主要性能和用途等。

3）电路中的电气设备、元器件等，彼此之间都是通过导线连接起来，构成一个整体的电气通路，导线可长可短，能够比较方便地跨越较远的空间距离。

正因为如此，建筑电气工程施工图有时就不像机械工程图或建筑工程图那样表达内容比较集中、直观，有时电气设备安装位置在 A 处，而控制设备的信号装置、操作开关则可能在 B 处。这就需要将各有关的图样联系起来，对照阅读。一般而言，应通过系统图、电路图找联系；通过平面布置图、接线图找位置，交错阅读，这样读图效率才可以提高。

4）建筑电气工程施工往往与主体工程（土建工程）及其他安装工程（给水排水管道、工艺管道、采暖通风等安装工程）施工相互配合进行。

例如，电气设备的布置与土建平面布置、立面布置有关；线路走向与建筑结构的梁、柱、门窗、楼板的位置、走向有关，还与管道的规格、用途、走向有关；安装方法与墙体结构有关；特别是一些暗敷线路、电气设备基础及各种电气预埋件，更与土建工程密切相关。因此，建筑电气工程施工图应与有关的土建工程图、管道工程图等对应起来阅读。

5）阅读建筑电气工程施工图的一个主要目的是用来编制施工方案、工程预算、指导工程施工、指导设备的维修和管理。而一些安装、使用、维修等方面的技术要求不能在图样中完全反映出来，而且也没有必要一一标注清楚，因为这些技术要求在有关的国家标准和规范、规程中都有明确的规定。因此在读图时，应了解、熟悉有关规程规范的要求。

8.5.3　阅读建筑电气工程施工图的一般顺序

阅读建筑电气工程施工图，除了应该了解建筑电气工程施工图的特点外，还应该按照一定顺序进行阅读，这样才能比较迅速、全面地读懂图样。

一套建筑电气工程施工图所包括的内容比较多，图样往往有很多张，一般应按以下顺序依次阅读，有时还有必要进行相互对照阅读。

（1）看图样目录及标题栏　了解工程名称项目内容、设计日期、工程全部图样数量、图样编号等。

（2）看总设计说明　了解工程总体概况及设计依据，了解图样中未能表达清楚的各有关事项，如供电电源的来源、电压等级、线路敷设方式，设备安装高度及安装方式，补充使用的非国标图形符号，施工时应注意的事项等。有些分项局部问题是在各分项工程的图样上说明的，看分项工程图样时，也要先看设计说明。

（3）看电气系统图　各分项工程的图样中都包含有系统图，如变配电工程的供电系统图、电力工程的电力系统图、电气照明工程的照明系统图以及电缆电视系统图等。看系统图的目的是为了解系统的基本组成，主要电气设备、元器件等的连接关系及它们的规格、型号、参数等，掌握该系统的基本概况。

（4）看电路图和接线图　了解各系统中用电设备的电气自动控制原理，用来指导设备的安装和控制系统的调试工作。因电路图多是采用功能布局法绘制的，看图时应依据功能关系从上至下或从左至右一个回路、一个回路地阅读。若能熟悉电路中各电器的性能和特点，对读懂图样将是一个很大的帮助。在进行控制系统的配线和调校工作时，还可配合阅读接线图和端子图进行。

(5) 看电气平面布置图　平面布置图是建筑电气工程施工图样中的重要图样之一，如变配电所设备安装平面图（还应有剖面图）、电力平面图、照明平面图、防雷与接地平面图等，它们都是用来表示设备安装位置，线路敷设部位、敷设方法以及所用导线型号、规格、数量与管径大小的，是安装施工、编制工程预算的主要依据。

(6) 看安装大样图　安装大样图是按照机械制图方法绘制的，用来详细表示设备安装方法的图样，也是用来指导施工和编制工程材料计划的重要依据。特别是对于初学安装的人员更显重要，甚至可以说是不可缺少的。

(7) 看设备材料表　设备材料表提供了该工程所使用的主要设备、材料的型号、规格和数量。

严格地说，阅读工程图样的顺序并没有统一的硬性规定，可以根据需要，自己灵活掌握，并应有所侧重。有时一张图样需反复阅读多遍。为更好地利用图样指导施工，使之安装质量符合要求，阅读图样时，还应配合阅读有关施工及检验规范、质量检验评定标准以及全国通用电气装置标准图集，以详细了解安装技术要求及具体安装方法。

【例 8-1】 建筑电气工程施工图识读（见表 8-15 及图 8-18、图 8-19）

表 8-15　设备材料表

图　例	名　称	备 注	图　例	名　称	备 注
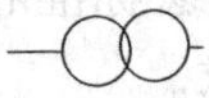	双绕组	形式 1		事故照明配电箱（屏）	
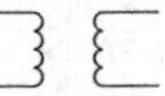	变压器	形式 2		室内分线盒	
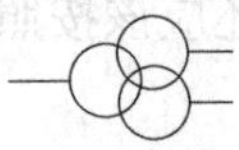	三绕组	形式 1		室外分线盒	
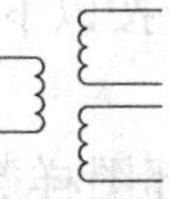	变压器	形式 2		灯的一般符号	
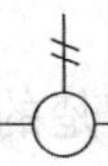	电流互感器	形式 1		球形灯	
	脉冲变压器	形式 2		顶棚灯	
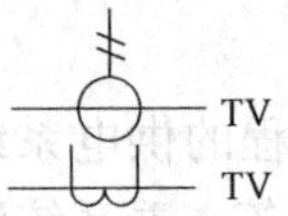	电压互感器	形式 1 形式 2		花灯	
	屏、台、箱柜一般符号		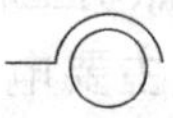	弯灯	
	动力或动力—照明配电箱			荧光灯	
	照明配电箱（屏）		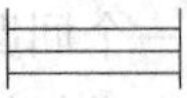	三管荧光灯	

（续）

图例	名称	备注	图例	名称	备注
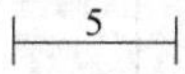	五管荧光灯			天线一般符号	
	壁灯			放大器一般符号	
	广照型灯（配照型灯）		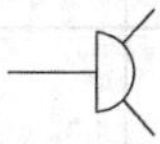	分配器，两路，一般符号	
	防水防尘灯		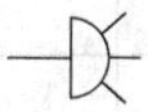	三路分配器	
	开关一般符号		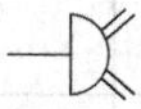	四路分配器	
	单极开关			电线、电缆、母线、传输通路、一般符号	
	指示式电压表			三根导线	
	功率因数表		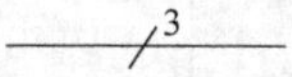 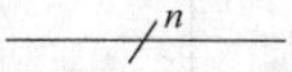	三根导线 *n* 根导线	
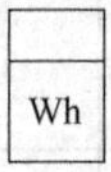	有功电能表（瓦时计）		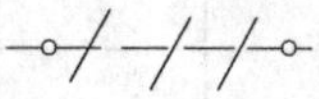 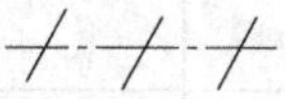	接地装置 （1）有接地极 （2）无接地极	
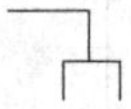	电信插座的一般符号，可用以下的文字或符号区别不同插座 TP—电话 FX—传真 M—传声器 FM—调频 TV—电视 —扬声器		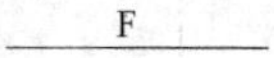	电话线路	
			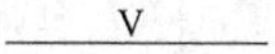	视频线路	
			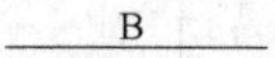	广播线路	
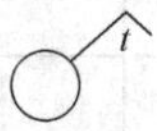	单极限时开关			消火栓	
	调光器		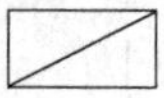	电源自动切换箱（屏）	
	钥匙开关			隔离开关	
	电铃			接触器（在非动作位置触点断开）	

（续）

图　例	名　称	备注
	断路器	
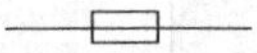	熔断器一般符号	
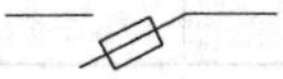	熔断器式开关	
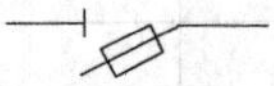	熔断器式隔离开关	
	避雷器	
	总配线架	
	中间配线架	
	壁龛交接箱	
	分线盒的一般符号	
	单极开关（暗装）	
	双极开关	
	双极开关（暗装）	
	三极开关	
	三极开关（暗装）	
	单相插座	
	暗装	
	密闭（防水）	
	防爆	
	带保护接点插座	
	带接地插孔的单相插座（暗装）	
	密闭（防水）	
	防爆	
	带接地插孔的三相插座	
	带接地插孔的三相插座（暗装）	
	插座箱（板）	
	指示式电流表	
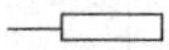	匹配终端	
	传声器一般符号	
	扬声器一般符号	
	感烟探测器	
	感光火灾探测器	
	气体火灾探测器（点式）	
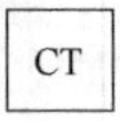	缆式线型定温探测器	

（续）

图　例	名　称	备　注	图　例	名　称	备　注
	感温探测器			火灾报警电话机（对讲电话机）	
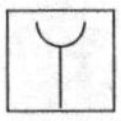	手动火灾报警按钮		EEL	应急疏散指示标志灯	
	水流指示器				
	火灾报警控制器		EL	应急疏散照明灯	

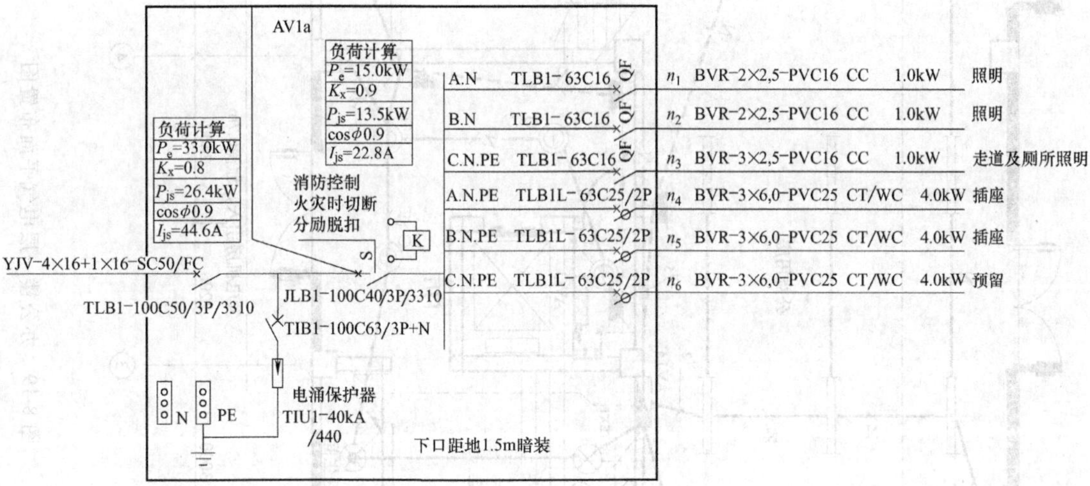

图 8-18　办公楼电气系统图

1. 识读图 8-18 得到的信息

1）断路器型号：TLB1-100C50/3P/3310。

2）配电箱符号：AV1a。

3）配电箱引出六条回路，这六条回路分别是 n_1、n_2、n_3、n_4、n_5、n_6。

4）各个回路导线的型号、规格和敷设方式。

2. 识读图 8-19 得到的信息

1）进户线：YJV-4×16+1×16-SC50/FC 从发电机房引入，埋深 0.7m。穿南墙沿地板暗敷进入配电箱 AV1a。

2）从配电柜引线到一楼配电箱再从配电箱引出六条回路。

3）n_1 回路：2 根截面积为 2.5mm^2 的 BVR 导线穿 PVC16 的管子沿顶板向西暗敷，为 12 个双管荧光灯供电。

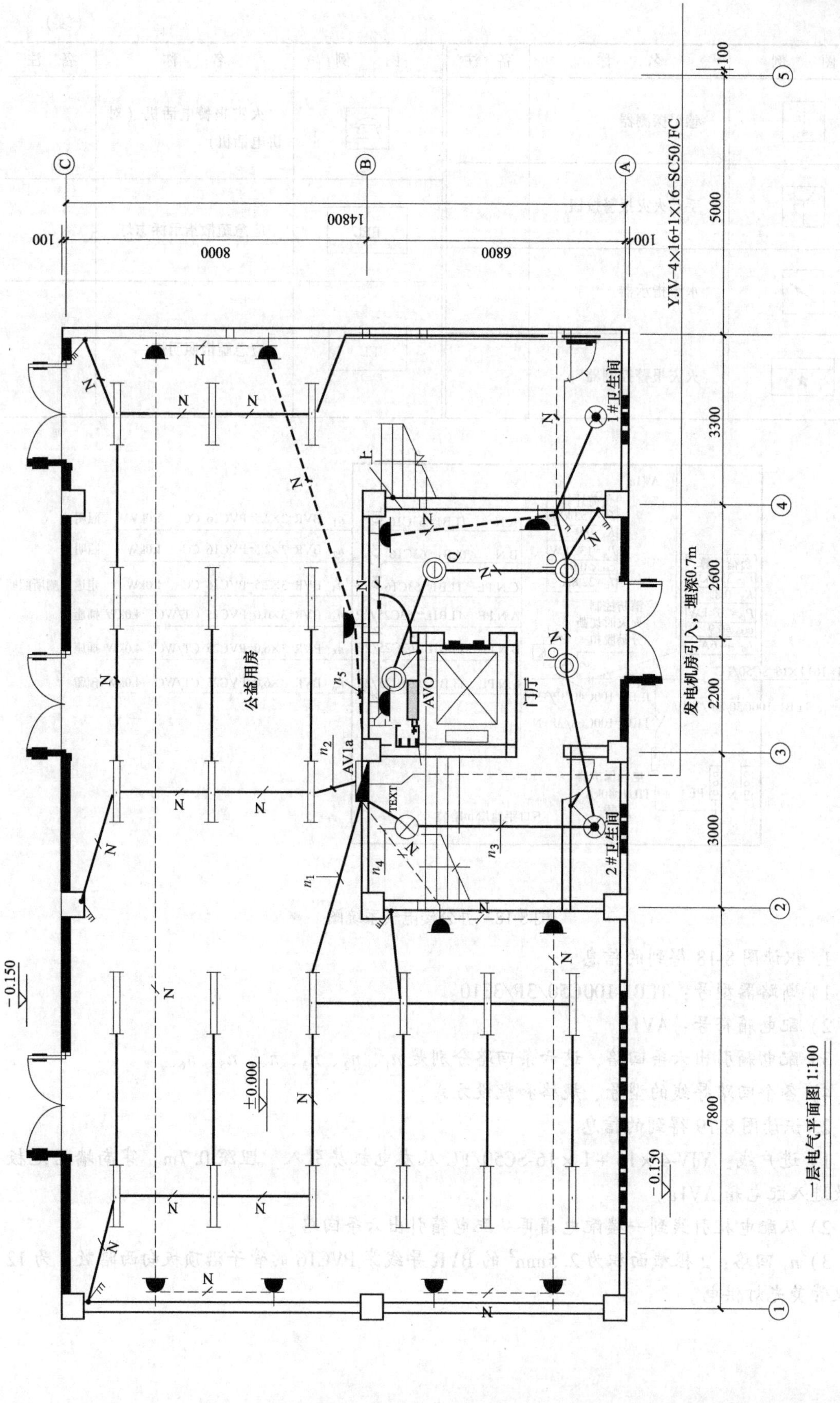

图 8-19 办公楼一层电气平面布置图

4) n_2 回路：2 根截面积为 2.5mm^2 的 BVR 导线穿 PVC16 的管子沿屋顶向北暗敷，为 9 个双管荧光灯供电。

5) n_3 回路：3 根截面积为 2.5mm^2 的 BVR 导线穿 PVC16 的管子供给过道及厕所照明。

6) n_4 回路：3 根截面积为 6.0mm^2 的 BVR 导线向西穿 PVC25 的管子或桥架沿墙暗敷，向 4 个插座供电。

7) n_5 回路：3 根截面积为 6.0mm^2 的 BVR 导线向东穿 PVC25 的管子或桥架沿墙暗敷，向 5 个插座供电。

8.6　电气照明计算及举例

照明计算就是照度计算，是照明设计的重要内容之一。照度是指物体被照面单位时间内所接受的光通量，采用单位面积所接受的光通量来表示，单位为勒克斯（lx）。1lx 即指 1lm（流明）的光通量均匀分布于面积为 1m^2 的被照面上时的光照度，即 1lx = 1lm/m^2。照度是以垂直面所接受的光通量为标准，若倾斜照射则照度下降。

照度计算有两个目的：第一，根据照度标准的要求、灯具的形式和布局、室内环境条件等有关条件，确定灯具的数量和光源的功率；第二，在光源的功率、灯具的形式和布局、室内环境条件等条件确定时，计算工作面的照度是否满足照度标准的要求。

照度的计算方法有利用系数法、概算曲线法、单位容量法等，适用于在初步设计阶段估算照明用电量。

8.6.1　利用系数法

平均照度的计算通常应用利用系数法，该方法考虑了由光源直接投射到工作面上的光通量和经过室内表面相互反射后再投射到工作面上的光通量。利用系数法适用于灯具均匀布置、墙和天棚反射系数较高、空间无大型设备遮挡的室内一般照明，但也适用于灯具均匀布置的室外照明。该方法的计算结果比较准确。

1. 应用利用系数法计算平均照度的基本公式

$$E_{av} = \frac{N\varphi UK}{A} \tag{8-1}$$

式中　E_{av}——工作面上的平均照度（lx）；

φ——光源光通量（lm）；

N——光源数量；

U——利用系数；

A——工作面面积（m^2）；

K——灯具的维护系数，其值参见表 8-17。

2. 利用系数 U

利用系数是自光源发射并间接投射到工作面上的光通量与光源直接投射到工作面上的光通量之比，按下式计算

$$U = \frac{\varphi_1}{\varphi} \tag{8-2}$$

式中 φ——光源直接投射到工作面上的光通量（lm）；

φ_1——自光源发射并间接投射到工作面上的光通量（lm）。

3. 室内空间的表示方法

室内空间的划分如图 8-20 所示。

室空间比 $$RCR=\frac{5h_r\ (l+b)}{lb} \tag{8-3}$$

顶棚空间比 $$CCR=\frac{5h_c\ (l+b)}{lb}=\frac{h_c}{h_r}RCR \tag{8-4}$$

地板空间比 $$FCR=\frac{5h_f\ (l+b)}{lb}=\frac{h_f}{h_r}RCR \tag{8-5}$$

式中 l——室长（m）；

b——室宽（m）；

h_c——顶棚空间高（m）；

h_r——室空间高（m）；

h_f——地板空间高（m）。

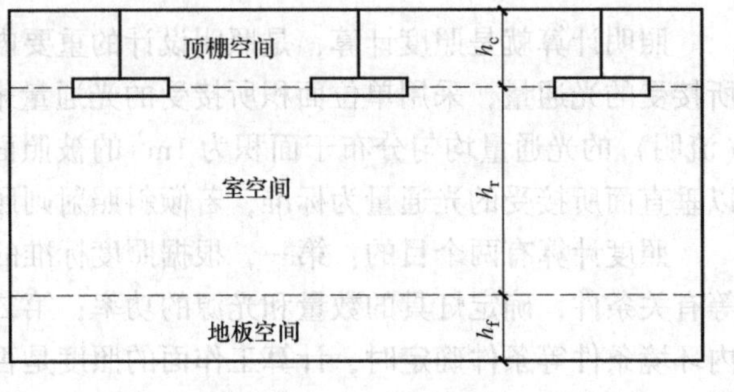

图 8-20 室内空间的划分

当房间不是正六面体时，因为墙面积 $=2h_r\ (l+b)$，地面积 $=lb$，则式（8-3）可改写为

$$RCR=\frac{2.5\times 墙面积}{地面积} \tag{8-6}$$

4. 有效空间反射比和墙面平均反射比

为使计算简化，将顶棚空间视为位于灯具平面上，且具有有效反射比 ρ_{cc} 的假想平面；将地板空间视为位于工作面上，且具有有效反射比 ρ_{fc} 的假想平面。光在假想平面上的反射效果同实际效果一样。有效空间反射比可按下式计算

$$\rho_{cc}=\frac{\rho A_0}{A_s-\rho A_s+\rho A_0} \tag{8-7}$$

$$\rho=\frac{\sum_{i=1}^{N}\rho_i A_i}{\sum_{i=1}^{N}A_i} \tag{8-8}$$

式中 ρ_{cc}——有效空间反射比；

A_0——空间开口平面面积（m^2）；

A_s——空间表面面积（m^2）；

ρ——空间表面平均反射比（地板、顶棚或墙面）；

ρ_i——第 i 个表面反射比；

A_i——第 i 个表面面积（m^2）；

N——表面数量。

若已知空间表面（地板、顶棚或墙面）反射比（ρ_f、ρ_c 或 ρ_w）及空间比，即可从事先算好的表上求出空间有效反射比。

为简化计算，把墙面看成一个均匀的漫射表面，将窗户或墙上的装饰品等综合考虑，求出墙面平均反射比来体现整个墙面的反射条件。墙面平均反射比可按下式计算

$$\rho_{wav} = \frac{\rho_w (A_w - A_g) + \rho_g A_g}{A_w} \tag{8-9}$$

式中　ρ_g、ρ_w——玻璃窗或装饰物的反射比和墙面反射比；

A_g、A_w——玻璃窗或装饰物的面积及墙的总面积（包括窗面积）（m^2）。

5. 利用系数表

利用系数是灯具光强分布、灯具效率、房间形状、室内表面反射比的函数，计算比较复杂。为此常按一定条件编制灯具利用系数表（表 8-16）以供设计使用。

查表时允许采用内插法计算。表 8-16 中所列的利用系数是在地板空间反射比为 0.2 时的数值，若地板空间反射比不是 0.2 时，则应用适当的修正系数进行修正。如计算精度要求不高，也可不作修正。有效顶棚反射比及墙面反射比的利用系数均为零时，用于室外照明计算。

表 8-16　利用系数表（JFC42848 型灯具）

有效顶棚反射比	0.70				0.50				0.30				0.10				0
墙面反射比	0.70	0.50	0.30	0.10	0.70	0.50	0.30	0.10	0.70	0.50	0.30	0.10	0.70	0.50	0.30	0.10	0
室空间比																	
1	0.75	0.71	0.67	0.63	0.67	0.63	0.60	0.57	0.59	0.56	0.54	0.52	0.52	0.50	0.48	0.46	0.43
2	0.68	0.61	0.55	0.50	0.60	0.54	0.50	0.46	0.53	0.48	0.45	0.41	0.46	0.43	0.40	0.37	0.34
3	0.61	0.53	0.46	0.41	0.54	0.47	0.42	0.38	0.47	0.42	0.38	0.34	0.41	0.37	0.34	0.31	0.28
4	0.56	0.46	0.39	0.34	0.49	0.41	0.36	0.31	0.43	0.37	0.32	0.28	0.37	0.33	0.29	0.26	0.23
5	0.51	0.41	0.34	0.29	0.45	0.37	0.31	0.26	0.39	0.33	0.28	0.24	0.34	0.29	0.25	0.22	0.20
6	0.47	0.37	0.30	0.25	0.41	0.33	0.27	0.23	0.36	0.29	0.25	0.21	0.32	0.26	0.22	0.19	0.17
7	0.43	0.33	0.26	0.21	0.38	0.30	0.24	0.20	0.33	0.26	0.22	0.18	0.29	0.24	0.20	0.16	0.14
8	0.40	0.29	0.23	0.18	0.35	0.27	0.21	0.17	0.31	0.24	0.19	0.16	0.27	0.21	0.17	0.14	0.12
9	0.37	0.27	0.20	0.16	0.33	0.24	0.19	0.15	0.29	0.22	0.17	0.14	0.25	0.19	0.15	0.12	0.11
10	0.34	0.24	0.17	0.13	0.30	0.21	0.16	0.12	0.26	0.19	0.15	0.11	0.23	0.17	0.13	0.10	0.09

6. 维护系数表

维护系数 K 又称为光损失因子（LLF）。它的定义是：经过一段时间工作后，照明系统在作业面上产生的平均照度（即维持照度）与系统新安装时的平均照度（即初始照度）的比值。

照明系统经过一段时间的使用后，作业面上的照度之所以会降低，是由于光源本身的光通量输出减少，灯具材质的老化引起透光率和反射率的下降以及环境尘埃对灯具和室内表面的污染造成灯具光输出效率和室内表面反射率的降低等原因。在造成光损失的诸多因素中，有些可通过清洁灯具和室内表面或更换光源等维护方式得以复原，称为可恢复损失因素，而另外一些因素，则涉及灯具、镇流器的变质或损耗，除非更换灯具等，否则不可能复原，称为不可恢复光损失因素。灯具维护系数表见表 8-17。

7. 应用利用系数法计算平均照度的步骤

应用利用系数法计算平均照度的步骤如下：

1）填写原始数据；

表 8-17 灯具维护系数

环境污染特征	类别	灯具每年擦洗次数	维护（减光）系数
清洁	仪器、仪表的装配车间，电子元器件的装配车间，实验室，办公室，设计室	2	0.8
一般	机械加工车间、机械装配车间、纺织车间	2	0.7
严重污染	锻工车间、铸工车间、碳化车间、水泥场球磨车间	3	0.6
室外	道路和广场	2	0.7

2）由式（8-3）、式（8-4）、式（8-5）计算空间比。

3）由式（8-8）求有效空间反射比。

4）由式（8-9）计算墙面平均反射比。

5）查灯具利用系数（见表 8-16）；

6）查维护系数（见表 8-17）；

7）由式（8-1）计算平均照度。

【例 8-2】 有个半径为 8m、高为 5m 的圆形房间，灯具吊挂长度为 0.5m，工作面高为 0.8m，求各空间比。

解：

1）顶棚面积为

$$S_c = \pi r^2 = 8^2 \pi m^2 \approx 201 m^2$$

顶棚空间墙面面积为

$$S_{wc} = 2\pi r h_c = 2 \times 8 \times 0.5 \pi m^2 \approx 25 m^2$$

顶棚空间比为

$$CCR = \frac{2.5 S_{wc}}{S_c} = \frac{2.5 \times 25}{201} \approx 0.3$$

2）工作面面积为

$$S_r = \pi r^2 = 8^2 \pi \approx 201 m^2$$

室空间墙面面积为

$$S_{wr} = 2\pi r h_r = 2 \times 8 \times (5 - 0.5 - 0.8) \pi m^2 \approx 186 m^2$$

室空间比为

$$RCR = \frac{2.5 S_{wr}}{S_r} = \frac{2.5 \times 186}{201} \approx 2.3$$

3）地板面积为

$$S_f = \pi r^2 = 8^2 \pi m^2 \approx 201 m^2$$

地板空间墙面面积为

$$S_{wf} = 2\pi r h_f = 2 \times 8 \times 0.8 \pi m^2 \approx 40 m^2$$

地板空间比为

$$FCR = \frac{2.5 S_{wf}}{S_f} = \frac{2.5 \times 40}{201} \approx 0.5$$

【例 8-3】 某无窗清洁厂房长为 10m，宽为 6m，高为 3.3m。室内表面反射比分别为：顶棚 0.7，墙面 0.5，地面 0.2。采用 JFC42848 型灯具照明，其利用系数见表 8-16。顶棚上均匀布置 6 个灯具，灯具吸顶安装，求距地面 0.8m 高的工作面上的平均照度。

解：

1. 填写原始数据

灯具型号为 JFC42848，光源光通量 $\varphi = 2\times3200\text{lm}$，安装灯数 $N=6$、室长 $l=10\text{m}$、室宽 $b=6\text{m}$、顶棚空间高 $h_c=0\text{m}$、顶棚反射比 $\rho_c=0.7$、室空间高 $h_r=2.5\text{m}$、墙面反射比 $\rho_w=0.5$、地板空间高 $h_f=0.8\text{m}$、地板反射比 $\rho_f=0.2$。

2. 计算空间比

$$RCR=\frac{5h_r(l+b)}{lb}=\frac{5\times2.5\times(10+6)}{10\times6}\approx3.33$$

$$FCR=\frac{5h_f(l+b)}{lb}=\frac{5\times0.8\times(10+6)}{10\times6}\approx1.1$$

$$CCR=0$$

3. 求顶棚有效反射比

因为顶棚空间高 $h_c=0\text{mm}$，由式(8-8)可得

$$\rho_{cc}=\rho_c=0.7$$

4. 计算墙面平均反射比

由于是无窗厂房，故 $\rho_w=0.5$。

5. 查灯具维护系数

查得 $K=0.8$。

6. 查利用系数表

由表 8-19 查得数值后得：$RCR=3$ 时 $U=0.53$，$RCR=4$ 时 $U=0.46$，用内插法计算，$(0.53-U)/(0.53-0.46)=(3.33-3)/(4-3)$，得出当 $RCR=3.33$ 时，$U=0.51$。

7. 计算平均照度

$$F_{av}=\frac{N\varphi UK}{A}=\frac{6\times6400\times0.51\times0.8}{10\times6}\text{lx}\approx261\text{lx}$$

该厂房工作面的平均照度为 261lx。

【例 8-4】 有一实验室长为 9.5m，宽为 6.6m，高为 3.6m，在顶棚下方 0.5m 处均匀安装 9 盏 YG1-1 型 40W 荧光灯(总光通量按 2400lm 计算)，设实验桌高度为 0.8m，顶棚反射比为 0.8，墙面反射比为 0.5，用利用系数法计算实验桌上的平均照度。

解：

1. 求空间比

$$RCR=\frac{5h_r(l+b)}{lb}=\frac{5\times2.3\times(6.6+9.5)}{6.6\times9.5}\approx2.95$$

$$CCR=\frac{h_c}{h_r}RCR=\frac{0.5}{2.3}\times2.95\approx0.64$$

$$FCR=\frac{h_f}{h_r}RCR=\frac{0.8}{2.3}\times2.95\approx1.03$$

2. 求有效空间反射比

$$\rho=\frac{\sum_{i=1}^{N}\rho_iA_i}{\sum_{i=1}^{N}A_i}=\frac{0.8\times(6.6\times9.5)+0.5\times(0.5\times6.6+0.5\times9.5)\times2}{6.6\times9.5+0.5\times6.6\times2+0.5\times9.5\times2}=0.74$$

$$\rho_{cc} = \frac{\rho A_0}{A_s - \rho A_s + \rho S_0} = \frac{0.74 \times 62.7}{78.8 - 0.74 \times 78.8 + 0.74 \times 62.7} = 0.69$$

3. 确定利用系数

根据 $RCR=2$，$\rho_w=0.5$，$\rho_{cc}=0.7$，查表 8-16 得 $U=0.61$；根据 $RCR=3$，$\rho_w=0.5$，$\rho_{cc}=0.7$，查表 8-16 得 $U=0.53$；用内插法可算出，$RCR=2.95$ 时 $U=0.534$。

4. 求实验桌上的平均照度

$$E_{av} = \frac{UKN\varphi}{A} = \frac{0.534 \times 0.8 \times 9 \times 2400}{6.6 \times 9.5}\text{lx} \approx 147.2\text{lx}$$

注意，上述计算并没有考虑实验室的开窗面积，如计入开窗面积的影响，平均照度将降低。

8.6.2 概算曲线法

对于某种灯具，已知其光源的光通量，并假定照度是 100lx，房间的长宽比、表面的反射比及灯具吊挂高度固定，即可编制出灯数 N 与工作面面积的关系曲线，称为灯数概算曲线（图 8-21）。这些曲线使用便利，但计算精度稍差。

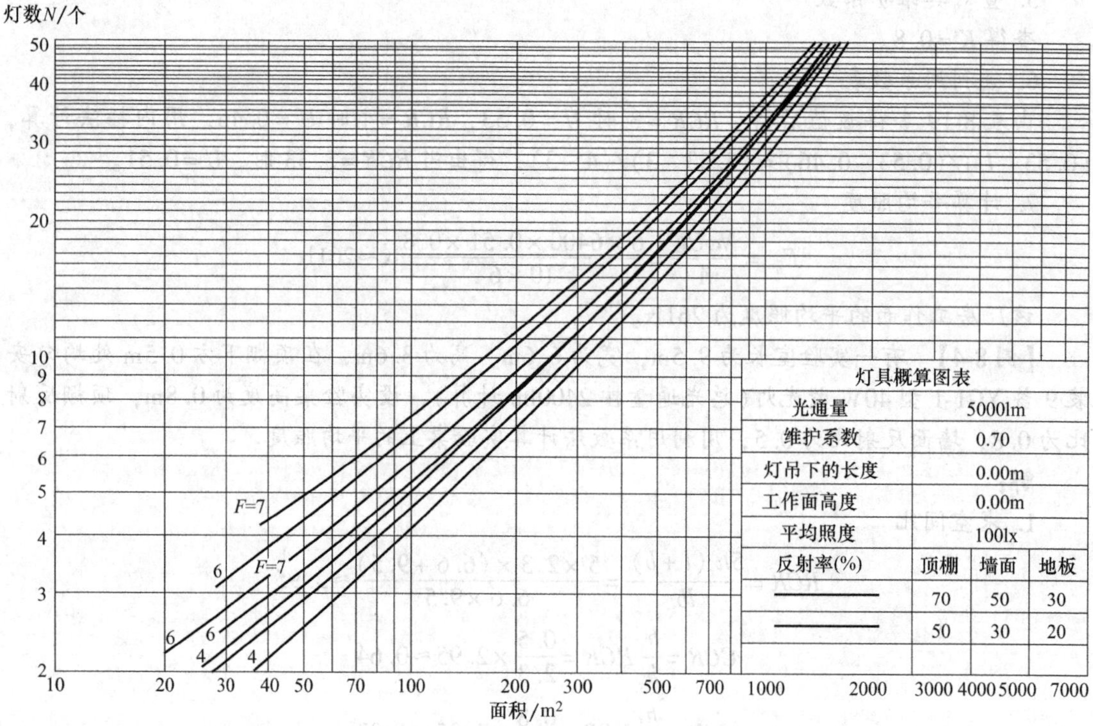

图 8-21 灯数概算曲线

$$N = \frac{E_{av}A}{\varphi UK} \tag{8-10}$$

根据式（8-10），如所需照度值不是 100lx 时，则所求灯数可由下式计算

$$灯数N = 由概算曲线上查出的灯数 \times \frac{实际照度值}{100} \tag{8-11}$$

注意：当图 8-21 中同一高度有多条曲线时，应注意其对应的反射率(比)，一般反射率低的灯具需要数量多，反射率高的需要灯具数量少，即反射率低的曲线位置高于反射率高的曲线。

【例 8-5】 某车间长为 20m，宽为 10m，工作面高为 0.8m，灯具距工作面为 6m，顶棚反射比 $\rho_c = 0.5$，墙面反射比 $\rho_w = 0.3$，地板反射比 $\rho_f = 0.2$，选用设计型号灯具照明，工作面照度要求达到 50lx，用灯数概算曲线计算所需灯数。

解：

设计型号灯数概算曲线如图 8-21 所示。

工作面面积　　$A = lb = 20 \times 10 = 200(\text{m}^2)$

根据反射率和工作面面积，由灯数概算曲线查出在照度为 100lx 时所需灯数为 8.5，故照度为 50lx 时所需灯数为

$$N = 8.5 \times \frac{50}{100} = 4.25$$

根据照明现场实际情况，N 应选取整数，故 $N = 5$。

8.6.3　单位容量法

1. 概述

在方案设计或初步设计阶段，需要估算照明用电量，往往采用单位容量计算，在允许计算偏差下，达到简化照明计算程序的目的。

单位容量计算是以达到设计照度时 1m² 需要安装的电功率(W/m²)或光通量(lm/m²)来表示。通常将其编制成计算表格，以便应用。

2. 单位容量计算

单位容量的基本公式为

$$P = P_0 AE$$

$$\varphi = \varphi_0 AE \tag{8-12}$$

或

$$P = P_0 AEC_1 C_2 C_3$$

式中　P——在设计照度条件下房间需要安装的最低电功率(W)；

P_0——照度为 1lx 时的单位容量(W/m²)，其值查表 8-18，当采用高压气体放电光源时，按 40W 荧光灯的 P_0 值计算；

A——房间面积，m²；

E——设计照度(平均照度)，lx；

φ——在设计照度条件下房间需要的光源总光通量，lm；

φ_0——照度达到 1lx 时所需的单位光通量，lm/m²；

C_1——当房间内各部分的光反射比不同时的修正系数，其值查表 8-19；

C_2——当光源不是 100W 的白炽灯或 40W 的荧光灯时的调整系数，其值查表 8-20；

C_3——当灯具效率不是 70% 时的校正系数，当 $\eta = 60\%$ 时，$C_3 = 1.22$；当 $\eta = 50\%$ 时，$C_3 = 1.47$。

表 8-18　单位容量(P_0)计算表

室空间比 *RCR* (室形指数 *RI*)	直接型配光灯具 $s \leqslant 0.9h$	 $s \leqslant 1.3h$	半直接型 配光灯具	均匀漫射型 配光灯具	半间接型 配光灯具	间接型配 光灯具
8.33 (0.6)	0.4308 0.0897 5.3846	0.4000 0.0833 5.0000	0.4308 0.0879 5.3846	0.4308 0.0897 5.3846	0.6225 0.1292 7.7783	0.7001 0.1454 7.7506
6.25 (0.8)	0.3500 0.0729 4.3750	0.3111 0.0648 3.8889	0.3500 0.0729 4.3750	0.3394 0.0707 4.2424	0.5094 0.1055 6.3641	0.5600 0.1163 7.0005
5.0 (1.0)	0.3111 0.0648 3.8889	0.2732 0.0569 3.4146	0.2947 0.0614 3.6842	0.2872 0.0598 3.5897	0.4308 0.0894 5.3850	0.4868 0.1012 6.0874
4.0 (1.25)	0.2732 0.0569 3.4146	0.2383 0.0496 2.9787	0.2667 0.0556 3.3333	0.2489 0.0519 3.1111	0.3694 0.0808 4.8280	0.3996 0.0829 5.0004
3.33 (1.5)	0.2489 0.0519 3.1111	0.2196 0.0458 2.7451	0.2435 0.0507 3.0435	0.2286 0.0476 2.8571	0.3500 0.0732 4.3753	0.3694 0.0808 4.8280
2.5 (2.0)	0.2240 0.0467 2.8000	0.1965 0.0409 2.4561	0.2154 0.0449 2.6923	0.2000 0.0417 2.5000	0.3199 0.0668 4.0003	0.3500 0.0732 4.3753
2 (2.5)	0.2113 0.0440 2.6415	0.1836 0.0383 2.2951	0.2000 0.0417 2.5000	0.1836 0.0383 2.2951	0.2876 0.0603 3.5900	0.3113 0.0646 3.8892
1.67 (3.0)	0.2036 0.0424 2.5455	0.1750 0.0365 2.1875	0.1898 0.0395 2.3729	0.1750 0.0365 2.1875	0.2671 0.0560 3.3335	0.2951 0.0614 3.6845
1.43 (3.5)	0.1967 0.0410 2.4592	0.1698 0.0354 2.1232	0.1838 0.0383 2.2976	0.1687 0.0351 2.1083	0.2542 0.0528 3.1820	0.2800 0.0582 3.5003
1.25 (4.0)	0.1898 0.0395 2.3729	0.1647 0.0343 2.0588	0.1778 0.0370 2.2222	0.1632 0.0338 2.0290	0.2434 0.0506 3.0436	0.2671 0.0560 3.3335
1.11 (4.5)	0.1883 0.0392 2.3521	0.1612 0.0336 2.0153	0.1738 0.0362 2.1717	0.1590 0.0331 1.9867	0.2386 0.0495 2.9804	0.2606 0.0544 3.2578
1 (5.0)	0.1867 0.0389 2.3333	0.1577 0.0329 1.9718	0.1697 0.0354 2.1212	0.1556 0.0324 1.9444	0.2337 0.0485 2.9168	0.2542 0.0528 3.1820

注：1. 表中 *s* 为灯距，*h* 为计算高度。

2. 表中每格所列三个数字由上至下依次为：选用100W 白炽灯的单位电功率(W/m^2)；选用40W 荧光灯的单位电功率(W/m^2)；单位光通量(lm/m^2)。

表 8-19　房间内各部分的光反射比不同时的修正系数 C_1

反射比	顶棚 ρ_c	0.7	0.6	0.4
	墙面 ρ_w	0.4	0.4	0.3
	地板 ρ_f	0.2	0.2	0.2
修正系数 C_1		1	1.08	1.27

表 8-20　当光源不是 100W 的白炽灯或 40W 的荧光灯时的调整系数 C_2

光源类型及额定功率/W	白炽灯(220V)					卤钨灯(220V)			
	15	25	40	60	100	500	1000	1500	2000
调整系数 C_2	1.7	1.42	1.34	1.19	1	0.64	0.6	0.6	0.6
额定光通量/lm	110	220	350	630	1250	9750	21 000	31 500	42 000

光源类型及额定功率/W	紧凑型荧光灯(220V)				紧凑型节能荧光灯(220V)				
	10	13	18	26	18	24	36	40	55
调整系数 C_2	1.071	0.929	0.964	0.929	0.9	0.8	0.745	0.686	0.688
额定光通量/lm	560	840	1120	1680	1200	1800	2900	3500	4800

光源类型及额定功率/W	T5 荧光灯(220V)								
	14	21	28	35	24	39	49	54	80
调整系数 C_2	0.764	0.72	0.70	0.677	0.873	0.793	0.717	0.762	0.820
额定光通量/lm	1100	1750	2400	3100	1650	2950	4100	4250	5850

光源类型及额定功率/W	T8 荧光灯(220V)				荧光高压汞灯(220V)				
	18	30	36	58	50	80	125	250	400
调整系数 C_2	0.857	0.783	0.675	0.696	1.695	1.333	1.210	1.181	1.091
额定光通量/lm	1260	2300	3200	5000	1770	3600	6200	12 700	22 000

光源类型及额定功率/W	金属卤化物灯(220V)						
	35	70	150	250	400	1000	2000
调整系数 C_2	0.636	0.700	0.709	0.750	0.750	0.750	0.600
额定光通量/lm	3300	6000	12 700	20 000	32 000	80 000	200000

光源类型及额定功率/W	高压钠灯(220V)						
	50	70	150	250	400	600	1000
调整系数 C_2	0.857	0.750	0.621	0.556	0.500	0.450	0.462
额定光通量/lm	3500	5600	14 500	27 000	48 000	80 000	130000

常用灯具配光分类见表 8-21。该分类符合国际照明委员会规定。

表 8-21 常用灯具配光分类表(符合国际照明委员会规定)

	直接型		半直接型	均匀漫射型	半间接型	间接型
灯具配光分类	上射光通量 0～10% 下射光通量 100%～90%		上射光通量 10%～40% 下射光通量 90%～60%	上射光通量 60%～40% 40%～60% 下射光通量 40%～60% 60%～40%	上射光通量 60%～90% 下射光通量 40%～10%	上射光通量 90%～100% 下射光通量 10%～0
	$s \leqslant 0.9h$	$s \leqslant 1.3h$				
所属灯具举例	嵌入式遮光格栅荧光灯 圆格栅吸顶灯 广照型防水防尘灯 防潮吸顶灯	控照式荧光灯 搪瓷深照灯 镜面深照灯 深照型防震灯 配照型工厂灯 防震灯	筒式荧光灯 纱罩单吊灯 塑料碗罩灯 塑料伞罩灯 尖扁圆吸顶灯 方形吸顶灯	平口橄榄罩吊灯 束腰单吊灯 圆球单吊灯 枫叶罩单 吊灯 彩灯	伞型罩单吊灯	

注：s、h 的含义同表 8-18。

【例 8-6】 有一房间面积 A 为 $9\text{m} \times 6\text{m} = 54\text{m}^2$，房间高度为 3.6m。已知 $\rho_c = 70\%$、$\rho_w = 50\%$、$\rho_f = 20\%$、$K = 0.7$，拟选用 36W 普通单管荧光吊链灯 $h_c = 0.6\text{m}$，如要求设计照度为 100lx，如何确定光源数量？

解：

因普通单管荧光灯类属半直接型配光，且取 $h_c = 0.6\text{m}$，室空间比 $RCR = 4.167$，再从表 8-18 中可查得 $P_0 = 0.0565$，则按式(8-12)有

$$P = P_0 AEC_2 = 0.0565 \times 54 \times 100 \times 0.675 = 205.9(\text{W})$$

故光源数量

$$N = 205.9/36 = 5.7(\text{盏})$$

根据实际情况拟选用 6 盏 36W 荧光灯，此时估算照度可达 105.3lx。

照度的三种计算方法的比较见表 8-22。

表 8-22 三种方法的比较

利用系数法	此法为光通法，或称流明法。计算时考虑了室内光的相互反射理论。计算较为准确、简便	适用于计算室内外各种场所的平均照度	当不计光的反射分量时，如室外照明，可以考虑各个表面的反射率为零
概算曲线法	根据利用系数法计算，编制出灯具与工作面面积关系曲线的图表，直接查出灯数，快速简便，但有较小的误差	适用于计算各种房间的平均照度	当照度值不是曲线给出的值时，灯数应乘以修正系数
单位容量法	将灯具按光通量的分配比例分类，进行计算，求出单位面积所需的照明的电功率	适用于初步设计阶段估算照明用电量	应正确采用修正系数，以免误差过大

8.7 建筑电气工程与土建工程的施工配合

建筑工程施工是一个比较复杂的专业交叉过程，它包括土建、给水排水、采暖通风、电气安装专业等。在施工过程中，若配合得不好，对工程的工期、质量都可能会造成一定的影响，甚至在经济上也会造成一定的损失。建筑电气工程是建筑工程中的一个重要组成部分，而且随着建筑智能化的迅速发展，使电气工程在建筑工程中所占的比例越来越大，技术含量越来越高，地位和作用越来越重要，对工程质量的要求也越来越严格。建筑电气工程直接影响到建筑物整体设备的安全运行、节能效果以及建筑物投入使用后的使用功能。建筑电气工程与其他专业工程尤其是土建工程的施工配合的好坏是影响其工程质量的一个重要因素，如电源的进户，明、暗线管的敷设，防雷和接地装置的安装，配电箱（柜、屏）的固定等，都要在土建施工中预埋构件和预留孔洞，如配合不好就会对安装质量产生一定的影响，因此，必须引起高度重视。建筑电气工程与土建工程的施工配合可以说是贯穿整个施工过程，在不同的施工阶段其要求和方法也有所不同。土建施工时，应针对建筑结构及施工方法的基本特点采取相应的措施，充分做好配合工作。下面介绍土建施工各阶段和电气施工的配合工作。

8.7.1 施工准备阶段的配合

建筑电气工程与土建工程的施工配合在施工的准备阶段就应有所体现。在进行工程项目设计时，电气设计人员就应对土建设计提出技术要求，如电气设备和线路的固定件预埋、配电柜的基础型钢预埋等，这些要求在土建结构施工图中应得到反映。土建施工前，电气施技术人员应会同土建施工技术人员认真准备并做好土建和电气施工图样的会审工作，防止遗漏和出现差错而影响了工程的正常施工。电气施工人员既要能看懂本专业的施工图样，也应该学会看懂土建工程的施工图样，了解土建工程的施工方法和施工进度计划，选择与土建施工相适应的电气安装方法。

8.7.2 基础施工阶段的配合

在土建进行基础工程施工时，电气应及时配合土建做好各项预埋和预留工作。电气工长应主动与土建工长取得联系，共同核对施工图样，保证土建施工时不发生遗漏和差错。要特别注意预留的轴线、标高、尺寸、数量、位置等方面是否符合图样要求，对于需要预埋的铁件、吊卡、吊杆、基础螺栓等预埋件，电气施工人员应提前做好准备，等土建施工到位及时埋入。当利用基础主筋做接地装置时，要将选定的柱子内的主筋在基础根部散开与底筋焊接，并做好色标。如需要安装接地体，应尽量在土建开挖基础沟槽时把接地体和接地干线做好。尺寸大于 300mm 的孔洞一般在土建图样上标注，由土建施工人员负责预留，电气施工人员应及时和土建施工人员沟通，避免遗漏。要配合土建施工进度及时做好土建施工图样上未标明的预留孔洞以及需在基础垫层内暗配的管线及稳盒的施工。

8.7.3 主体施工阶段的配合

电气与土建主体工程的施工配合不仅关系到土建的施工进度与质量，同时也关系到整个建筑电气工程的后续工序的进度与质量。如何做好与土建主体工程的施工配合是电气专业需要认真对待的一个问题。土建在进行主体工程施工时，电气施工人员的主要工作就是配合土建进行预留和线管、箱（盒）等的预埋（图8-22～图8-25）。对于土建结构图上已标明的预埋件以及由土建负责施工的预留孔，电气工长应随时检查、巡视，以免发生遗漏。对于要求电气专业自己施工的预留孔及预埋件，电气施工人员应配合土建施工，并应保证位置准确和埋设质量。电气在进行配管施工前，应结合土建布局、建筑结构情况以及其他专业管道位置，并根据电气安装工艺及施工规范的基本要求，经过综合考虑后确定好各种箱（盒）的准确位置，然后再确定较为合理的管路走向。电气施工人员应随土建工程进度将线管、箱（盒）按其正确位置及线路走向，逐段、逐层地配合施工暗设在墙体、预制空心楼板缝或板孔内，或暗设在现浇混凝土楼板、梁、柱及地面内。敷设塑料管时应在原材料规定的允许温度下进行，以防止塑料管强度减弱、脆性增大而造成断裂，影响工程质量。电气与土建工程的施工配合方法应根据主体结构情况来确定。

图8-22　楼板中的孔洞预留

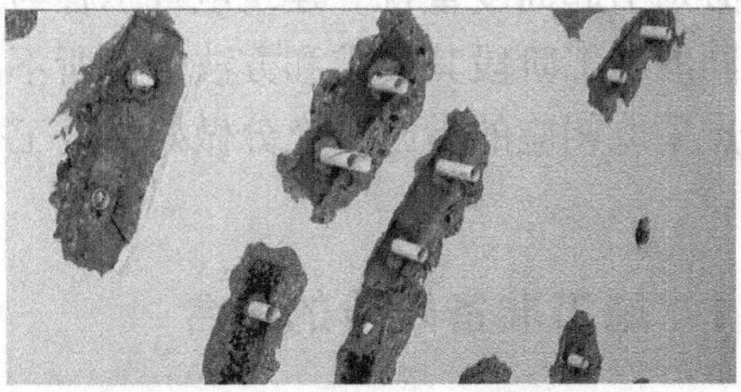

图8-23　墙体中的孔洞预留

图8-24　框架柱中的线管预留

1. 砖混结构的施工配合

砖混结构工程是由下向上砌筑墙体，墙体内的电气工程线管敷设也由下向上进行。一般要在未砌筑墙体前先把线管及各种器具盒预装好，由电气施工人员或土建施工人员在砌筑的过程中埋入墙内。线管不能有外露现象，距墙面不应小于15mm。当墙体砌筑到开关（插座）盒安装高度时，可先将盒放置在墙体上，

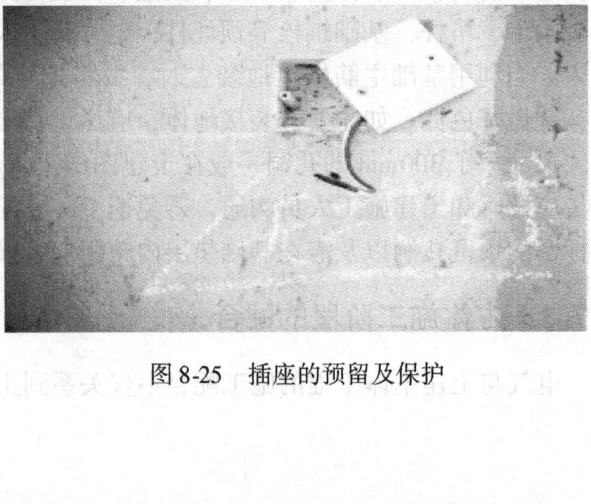

图8-25　插座的预留及保护

也可将连接好的管盒一同放置在墙体上，盒的位置应准确，由盒安装孔的方向、墙体装饰面厚度确定盒口突出墙体表面的尺寸。一般抹灰墙体盒口宜突出砌体 5 ~ 10mm，不能使盒口缩进墙体表面，也不能使盒口突出墙面过大，以使其在安装开关、插座面板时能紧贴建筑物表面。预埋配电箱箱体时，箱体宽度与墙体厚度的比例关系应正确。箱体内引上管敷设应与土建施工配合预埋，在墙体内砌筑牢固，不应在箱体顶部垂直留置洞口后敷设。

2. 现浇框架结构的施工配合

当主体为框架结构时，电气管路敷设一般先预埋梁、柱内及楼板内的线管（图 8-25），在墙体砌筑过程中连接和埋设剩余的线管。现浇混凝土柱内预埋开关（插座）盒时，应先将管与盒连接好，在支好柱子正面模板后，将盒与模板固定牢固，防止浇筑混凝土时移位。敷设在现浇混凝土梁内的灯位盒及顺向敷设的线管，应在支好梁底模后进行，盒口应与模板接触紧密后再进行固定，防止混凝土浆渗入盒内。在现浇混凝土墙内设置配电箱时，应将配电箱箱体一次预埋到位。敷设在现浇混凝土楼板内的线管应在支好模板后，根据房间四周墙或梁的边缘弹好十字线，确定好灯位的准确位置，在绑扎并垫好楼板底筋后，绑扎面筋前进行。各层的防雷引下线应配合土建结构施工进度进行焊接连接，如利用柱子主筋做防雷引下线应按图样要求随主体工程敷设到位，而且要保证其编号自上而下保持不变直至层面。

3. 墙体抹灰阶段的施工配合

土建在进行墙体抹灰前，电气施工人员应将所有电气工程的预留孔洞按设计和规范要求查对核实，符合要求后将箱盒稳定好；暗配管路要全部检查一遍，扫通管路后穿上引线，堵好管盒。抹灰时，应配合土建做好配电箱与墙面的缝隙修补及箱盒的收口工作。等土建喷浆或涂料刷完后进行照明器具安装，并要注意保护好土建成品，防止弄脏和碰坏墙面。工程实践表明，建筑电气工程与土建工程的施工配合是十分重要的，它不仅关系到建筑电气工程的质量，同时也关系到整个建筑工程的质量。做好与土建工程的施工配合是建筑电气施工人员的一项重要工作，也是保证工程质量的一项重要措施。

思考题和实训作业

1. 电气照明按照使用目的分为哪几类？
2. 光通量和发光效率的定义和相互关系是什么？
3. 如何理解照度？
4. 电光源是如何分类的？
5. 各种光源的放电原理和对应灯具是什么？
6. 灯具的安装要求有哪些？
7. 哪些设备属于配电设备？
8. 试述高压隔离开关、高压负荷开关和高压断路器功能的异同点。
9. 配电箱的布置要求有哪些？
10. 室内照明供电线路由哪几部分组成？
11. 室内照明供电线路的布置形式有哪些？
12. 对照表 6-3 和表 8-9 简述以下电缆和导线的型号含义：

（1）ZR-YJV22-3 × 16 + 1 × 10-SC32-CC。

（2）NH-VV33-3 × 70 + 1 × 35-SC50-FC。

（3）BX-3 × 10-PC32-CC。

13. 建筑电气施工图由哪些部分组成？

14. 建筑电气施工图的特点有哪些？

15. 试述建筑电气施工图的识读顺序。

16. 照度计算有哪几种方法？

17. 试述采用利用系数法计算照度的顺序。

18. 建筑电气与土建施工配合分为哪几个阶段？

19. 识读图 8-26 所示电气照明系统图：注意线路的标注、电缆的型号规格、导线的根数及线路的敷设方式，并根据该电气系统图画出一个与之对应的电气平面布置图。

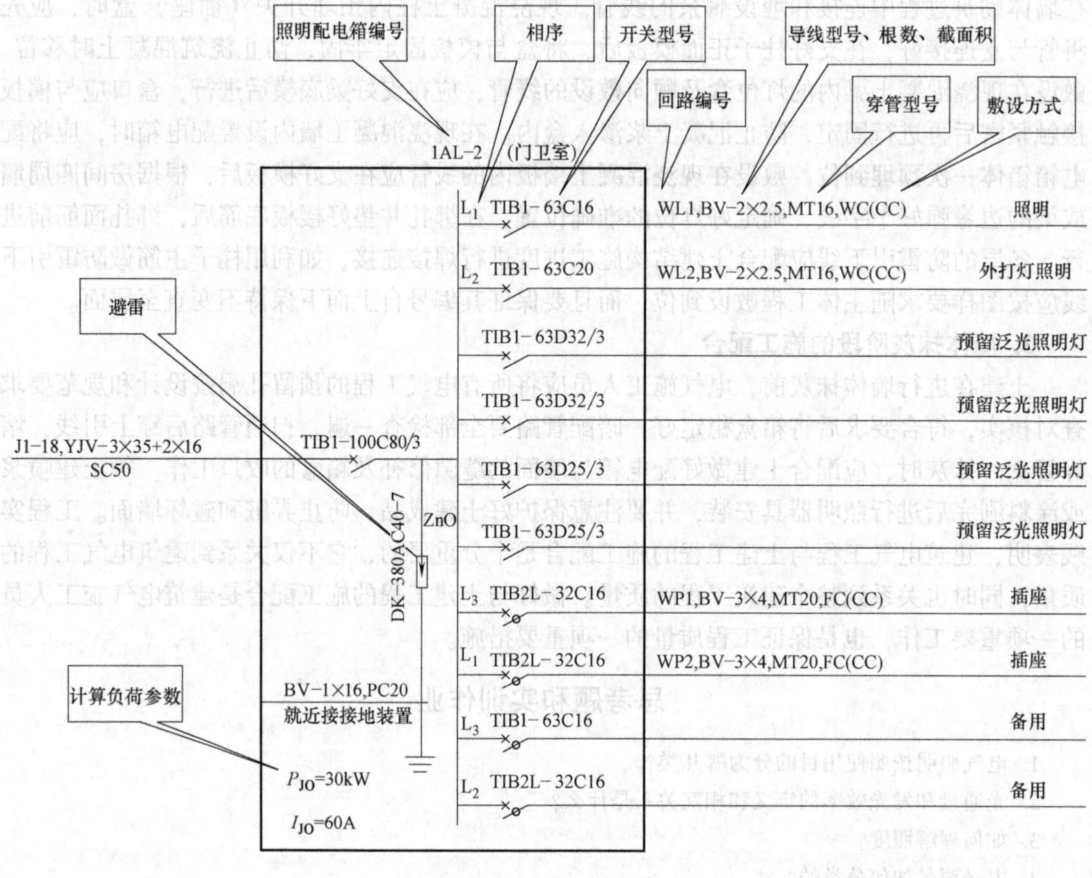

图 8-26 题 19 图

20. 有一实验室长为 9m，宽为 6m，高为 3.8m，在顶棚下方 0.5m 处均匀安装 YG1-1 型 40W 荧光灯（光通量按 2400lm 计算）。设实验桌高度为 0.8m，用利用系数法计算当实验桌上的平均照度不小于 160lx 时，该实验室最少应安装几盏灯？

拓展学习Ⅲ 建筑电气

Ⅲ.1 建筑弱电系统介绍

建筑中的弱电主要有两类：一类是国家规定的安全电压等级及控制电压等低电压电能，有交流与直流之分，交流36V以下，直流24V以下，如24V直流控制电源及应急照明灯备用电源；另一类是载有语音、图像、数据等信息的信息源，如电话、电视、计算机的信息。人们习惯把采用弱电的系统称为弱电系统，主要包括：电视系统、电话通信系统、楼宇对讲系统、火灾报警与消防联动控制系统等。

Ⅲ.1.1 电视系统

电视系统简称为CATV（Community Antenna Television）系统，是指共用一组优质天线接收电视台的电视信号，并通过同轴电缆传输、分配给各电视机用户的系统。

在共用天线的基础之上出现了通过同轴电缆、光缆或其组合来传输、分配和交换声音和图像信号的电视系统，称为电缆电视（Cable Television）系统，其简写也是“CATV”，习惯上又常称为有线电视系统。

共用天线电视系统一般由前端、干线、分配分支三个部分组成，如图Ⅲ-1所示。

1. 前端部分

前端部分的主要任务是接收电视信号，并对信号进行处理，如滤波、变频、放大、调制和混合等。

主要设备有接收天线、导频信号发生器、天线放大器、频率变换器、调制器、混合器以及连接线缆等。

（1）接收天线　接收天线主要有以下作用：

1）磁电转换。接收电视台向空间发射的高频电磁波，并将其转换为相应的电信号。

2）选择信号。在空间多个电磁波中，有选择地接收指定的电视射频信号。

3）放大信号。对接收的电视射频信号进行放大，提高电视接收机的灵敏度，改善接收效果。

4）抑制干扰。对指定的电视射频信号进行有效的接收，对其他无用的干扰信号进行有效的抑制。

5）改善接收的方向性。电视台发射的射频信号是按水平方向极化的水平极化波，具有近似于光波的传播性质，方向性强，这就要求接受机必须用接收天线来对准发射天线的方向才能实现最佳接收。

（2）导频信号发生器　若干线传输距离较长，由于电缆对不同频道信号衰减不同，使用导频信号发生器能进行自动增益控制和自动斜率控制。

（3）天线放大器　天线放大器主要用于放大微弱信号。采用天线放大器可提高接收天线的输出电平，以满足处于弱场强区电视传输系统主干线放大器输入电平的要求。

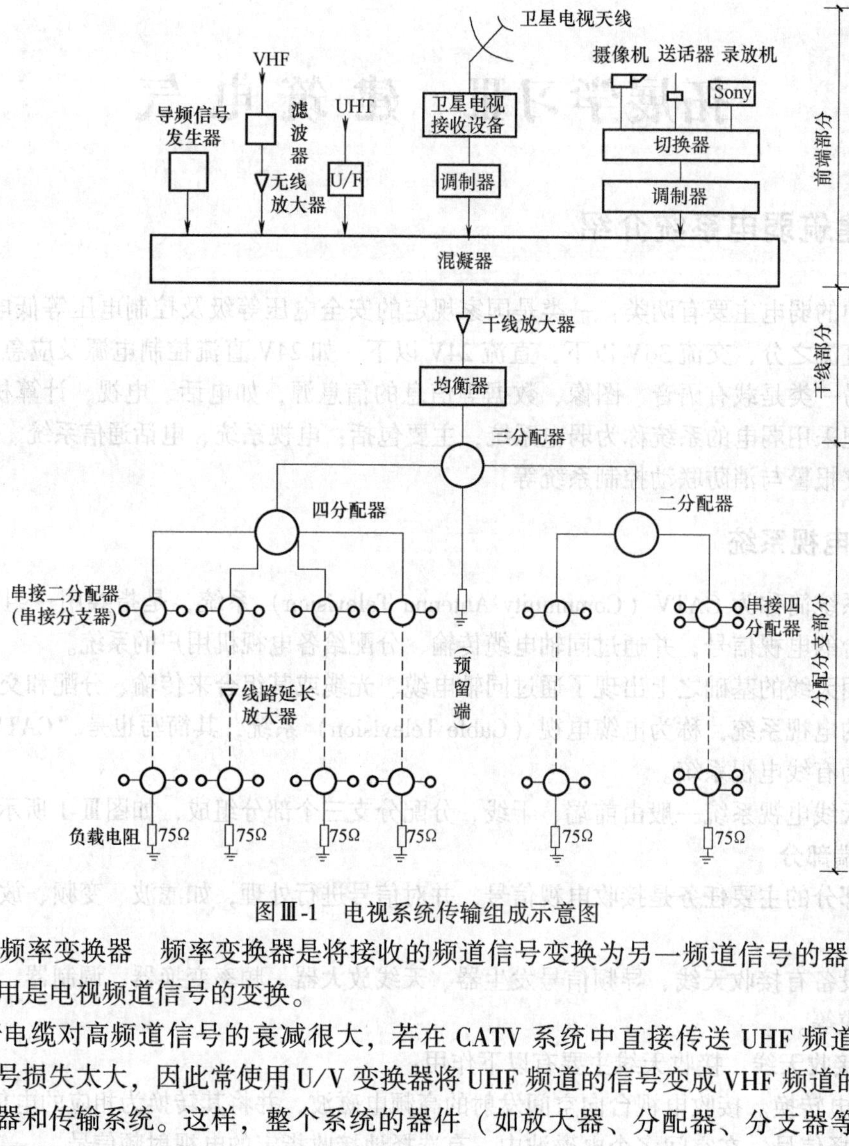

图Ⅲ-1 电视系统传输组成示意图

（4）频率变换器 频率变换器是将接收的频道信号变换为另一频道信号的器件。因此，其主要作用是电视频道信号的变换。

由于电缆对高频道信号的衰减很大，若在 CATV 系统中直接传送 UHF 频道的电视信号，则信号损失太大，因此常使用 U/V 变换器将 UHF 频道的信号变成 VHF 频道的信号，再送入混合器和传输系统。这样，整个系统的器件（如放大器、分配器、分支器等）就只采用 VHF 频段的，可大大降低 CATV 系统成本。

在电视台附近的高场强区，电视台的强直射信号会直接进入电视机，与通过 CATV 系统进入电视机的信号叠加形成严重的重影。用频率变换器后，直射信号会因其频道与转换后的接收频道不同而被电视机的高频放大、中频放大等电路滤掉。这就是说，为避免一个功率强的 VHF 电视频道的干扰，可以把收到的某个 VHF 频道信号转换为另外一个 VHF 频道信号后，再送入 CATV 系统的混合器中。

频率变换器按变换的频段不同可分为 U/V 频率变换器、V/V 频率变换器、V/U 频率变换器和 U/U 频率变换器。

（5）调制器 调制器的作用是将来自摄像机、录像机、激光、电视唱盘、卫星接收机、微波中继等设备输出的视频、音频信号调制成电视频道的射频信号后送入混合器。调制器一般有两种分类方式，一是按工作原理分为中频调制式和射频调制式，二是按组成器件分为分立元件调制器和集成电路调制器。

(6) 混合器 混合器是将两路或多路不同频道的电视信号混合成一路的部件。

在 CATV 系统中，混合器可将多个电视和声音信号混合成一路，用一根同轴电缆传输，达到多路复用的目的。如果不用混合器，直接将两路（或多路）不同频道的天线直接在其输出端并接，再由同轴电缆向下传输，则会破坏系统的匹配状态，由于系统内部信号的来回反射会使电视图像出现重影，并使图像（或伴音）产生失真，影响收视效果。分波器和混合器的功能相反，具有可逆性。如果将混合器的输入端和输出端互换，则混合器就变成了分波器。混合器按电路结构可分为滤波器式和宽带变压器式两大类。滤波器式混合器又可分为频道混合器（几个单频道的混合）和频段混合器（某一频段信号与另一频段信号的混合）等。

2. 干线系统

干线系统是把前端接收、处理、混合后的电视信号传输给分配分支系统的一系列传输设备，主要包括干线、干线放大器、均衡器等。干线放大器是安装在干线上，用以补偿干线电缆传输损耗的放大器。均衡器的作用是补偿干线部分的频谱特性，保证干线末端的各个频道信号电平基本相同。

3. 分配分支部分

分配分支部分是共用天线电视系统的最后部分，其主要作用是将前端部分、干线部分送入的信号分配给建筑物内各个用户电视机。它主要包括分配放大器、线路延长放大器、分配器、分支器、系统输出端和电缆线路等。

(1) 分配放大器 分配放大器安装在干线的末端，用以提高干线末端信号电平，以满足分配、分支的需要。

(2) 线路延长放大器 线路延长放大器安装在支干线上，用来补偿支线电缆传输损耗和分支器的分支损耗与插入损耗。

(3) 分配器 分配器是用来分配电视信号并保持线路匹配的装置，其主要作用有：

1) 分配作用。将一路输入信号均匀地分配成多路输出信号，并且插入损耗要尽可能地小。

2) 隔离作用。所谓隔离，是指分配器各路输出端之间的隔离，以避免相互干扰或影响。

3) 匹配作用。主要指分配器与线路输入端和线路输出端的阻抗匹配，即分配器的输入阻抗与输入线路的匹配。各路的输出阻抗必须与输出线路匹配，才能有效地传输信号。

分配器按输出路数的多少可分为二分配器、三分配器、四分配器、六分配器和八分配器等；按分配器的回路组成可分为集中参数型和分布参数型两种；按使用条件又可分为室内型、室外防水型和馈电型等。

(4) 分支器 分支器是从干线或支线上取出一部分信号馈送给用户电视机的部件，它的作用是：

1) 以较小的插入损耗从传输干线或分配线上分出部分信号经衰减后送至各用户。

2) 从干线上取出部分信号形成分支。

3) 反向隔离与分支隔离。分支器可根据分支输出端的个数分为一分支器、二分支器、四分支器等，也可根据其使用场合不同分为室内型、室外防水型、馈电型和普通型等。

4. 传输线路

目前，共用天线电视系统中的传输线路均使用同轴电缆。同轴电缆由内导体、外导体、绝缘体和护套层四个部分组成，它是用介质材料来使内、外导体之间绝缘，并且始终保持轴心重合的电缆。在CATV系统中，各国都规定采用特性阻抗为75Ω的同轴电缆作为传输线路。

5. 共用天线电视系统工程图

图Ⅲ-2所示为某建筑共用天线电视系统。从图中可以看出，该共用天线电视系统的系统干线选用SYKV-75-9型同轴电缆，穿管径为25mm的水煤气管埋地引入，在三层处由二分配器分为两条分支线，分支线采用SYKV-75-7型同轴电缆，穿管径为20mm的硬塑料管暗敷设。在每一楼层用四分支器将信号传输至用户端。

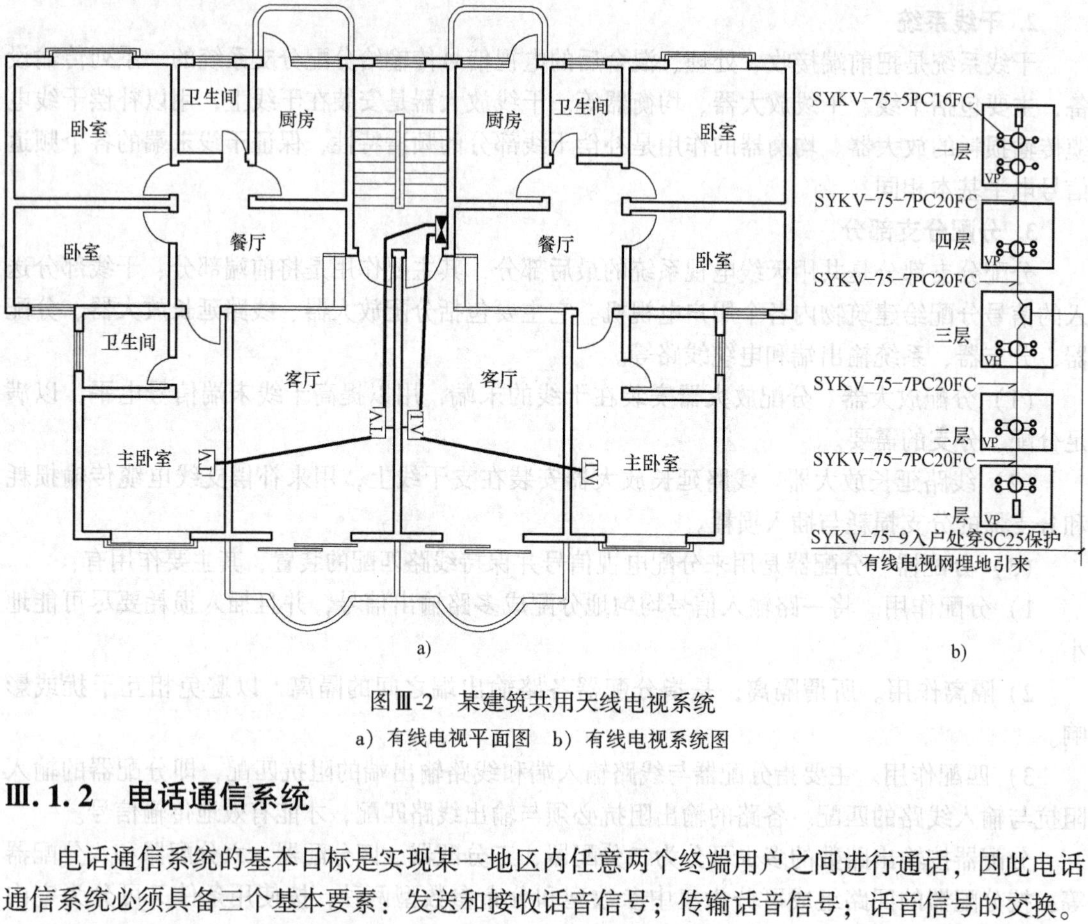

a) b)

图Ⅲ-2 某建筑共用天线电视系统

a）有线电视平面图 b）有线电视系统图

Ⅲ.1.2 电话通信系统

电话通信系统的基本目标是实现某一地区内任意两个终端用户之间进行通话，因此电话通信系统必须具备三个基本要素：发送和接收话音信号；传输话音信号；话音信号的交换。

这三个要素分别由用户终端设备、传输设备和电话交换设备来实现。一个完整的电话通信系统是由终端设备、传输设备和交换设备三大部分组成。

1. 用户终端设备

常见的用户终端设备有电话机、传真机等。随着通信技术与交换技术的发展，又出现了各种新的终端设备，如数字电话机、计算机终端等。

电话机一般由通话部分和控制系统两大部分组成。通话部分是话音通信的物理线路连接，以实现双方的话音通信，它由送话器、受话器、消侧音电路组成；控制系统实现话音通信建立所需要的控制功能，由叉簧、拨号盘、极化铃等组成。

1）电话机的基本功能有：①送话功能，即通过压电陶瓷器件将话音信号转变成电信号向对方发送；②受话功能，即通过炭砂式膜片将对方送来的话音电信号还原成声音信号输出；③消侧音功能，即电话机在送话、受话的过程中，减轻使用者发出的话音信号通过线路返回受话电路；④发送呼叫信号、应答信号和挂机信号功能；⑤发送选择信号（即所需对方的电话号码）供交换机作为选择和接线的根据；⑥接收振铃信号及各种信号音的功能。

2）电话机的分类。按电话制式来分，可分为磁石式电话机、共电式电话机、自动式电话机和电子式电话机；按控制信号划分，可分为脉冲式电话机、双音多频（DTMF）式电话机和脉冲/双音频兼容（P/T）电话机；按应用场合来分，可分为台式电话机、挂墙式电话机、台挂两用式电话机、便携式电话机及特种电话机（如煤矿用电话机、防水船舶电话机和户外电话机）等。

2. 电话传输系统

在电话通信网中，传输线路主要是指用户线和中继线，如图Ⅲ-3 所示。电话网中，交换局内装有交换机，交换可能在一个交换局的两个用户之间进行，也可能在不同的交换局的两个用户之间进行，两个交换局用户之间的通信有时还需要经过第三个交换局进行转接。

常见的电话传输媒体有市话电线电缆、双绞线和光缆。为了提高传输线路的利用率，对传输线路常采用多路复用技术。

图Ⅲ-3 程控用户交换机系统结构

3. 电话交换设备

电话交换设备是电话通信系统的核心。电话通信最初是在两点之间通过原始的受话器和导线的连接由电的传导来进行，如果仅需要在两部电话之间进行通话，只要用一对导线将两部电话机连接起来就可以实现。但如果有成千上万部电话机之间需要互相通话，则不可能采用个个相连的办法。这就需要有电话交换设备，即电话交换机，将每一部电话机（用户终端）连接到电话交换机上，通过线路在交换机上的接续转换，就可以实现任意两部电话机之间的通话。

目前主要使用的电话交换设备是程控交换机。程控是指控制方式，即存储程序控制，其英文名称是 Stored Program Control，简称为 SPC，它是把电子计算机的存储程序控制技术引入到电话交换设备中来。这种控制方式是预先把电话交换的功能编制成相应的程序（或称软件），并把这些程序和相关的数据都存入到存储器内。当用户呼叫时，由处理机根据程序所发出的指令来控制交换机的操作，以完成接续功能。

现代化建筑大厦中的程控交换机，除了基本的线路接续功能之外，还可以完成建筑物内部用户与用户之间的信息交换，以及内部用户通过公用电话网或专用数据网与外部用户之间的话音及图文数据传输。程控交换机通过控制机配备的各种不同功能的模块化接口，可组成通信能力强大的综合数据业务网（ISDN）。程控交换机的一般性系统结构如图Ⅲ-4 所示。

4. 建筑电话通信系统工程图

建筑电话通信系统工程图同样由系统图和平面图组成，是指导具体安装的依据。建筑电话通信系统通常是通过总配线架和市话网连接。在建筑物内部一般按建筑层数、每层所需电话门数以及这些电话的布局，决定每层设几个分接线箱。自总配线箱分别引出电缆，以放射式的布线形式引向每层的分接线箱，由总配线箱与分接线箱依次交接连接。也可以由总配线架引出一路大对数电缆，进入一层交接箱，再由一层交接箱除供本层电话用户外，引出几路具有一定芯线的电缆，分别供上面几层交接箱。如图Ⅲ-4 所示，该通信系统是采用 HYA-50（2×0.5）SC50WCFC 自电信局埋地引入建筑物，埋设深度为 0.8m；再由一层电话分接线箱 HX1 引出三条电缆，其中供本楼层电话使用，一条引至二、三层电话分接线箱，还有一条供给四、五层电话分接线箱，分接线箱引出的支线采用 RVB-2×0.5 型绞线穿塑料 PC 管敷设。其平面图如图Ⅲ-2 所示。

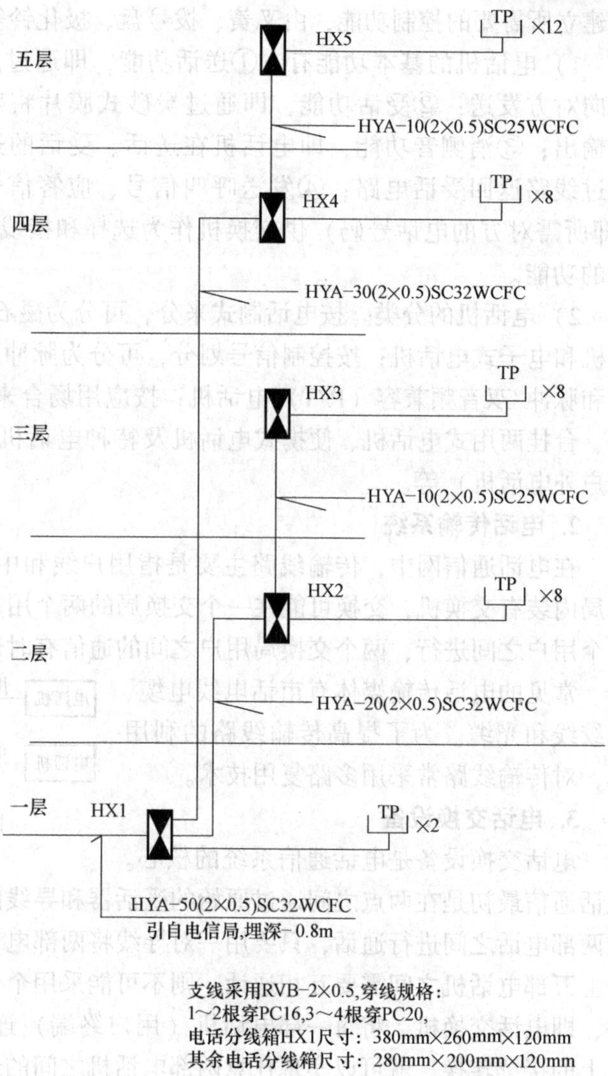

图Ⅲ-4 程控交换机的一般性系统结构

Ⅲ.1.3 楼宇对讲系统

1. 楼宇对讲系统的分类

楼宇对讲系统分为语音对讲系统和可视对讲系统。

（1）语音对讲系统 语音对讲系统是为来访客人与住户之间提供双向通话或可视通话，并由住户遥控防盗门的开关及向保安管理中心进行紧急报警的一种安全防范系统。它适用于单元式公寓、高层住宅楼和居住小区等。

语音对讲系统由对讲系统、控制系统和电控防盗安全门组成。

1）对讲系统主要由传声器、语言放大器及振铃电路等组成，要求对讲语言清晰、信噪比高、失真度低。

2）控制系统。一般采用总线制传输、数字编码解码方式控制，只要访客按下户主的代码，对应的户主摘机就可以与访客通话，并决定是否打开防盗安全门；而户主则可以凭电磁钥匙出入该单元大门。

3）电控安全防盗门。对讲系统用的电控安全门是在一般防盗安全门的基础之上加上电控锁、闭门器等构件组成。

（2）可视对讲系统 可视对讲系统除了对讲功能外，还具有视频信号传输功能，使户主在通话时可同时观察到来访者的情况。因此，系统增加了一部微型摄像机，安装在大门入口处附近，用户终端设一部监视器。

可视对讲系统主要具有以下功能：

1）通过观察监视器上来访者的图像，可以将不希望的来访者拒之门外。

2）按下呼出键，即使没人拿起受话器，屋里的人也可以听到来客的声音。

3）按下“电子门锁打开按钮”，门锁可以自动打开。

4）按下“监视按钮”，即使不拿起受话器，也可以监听和监看来访者长达30s，而来访者却听不到屋里的任何声音；再按一次，解除监视状态。

2. 楼宇对讲系统图

图Ⅲ-5所示为一高层住宅楼楼宇对讲系统图。通过识读系统图可以知道，该楼宇对讲系统为联网型可视对讲系统。

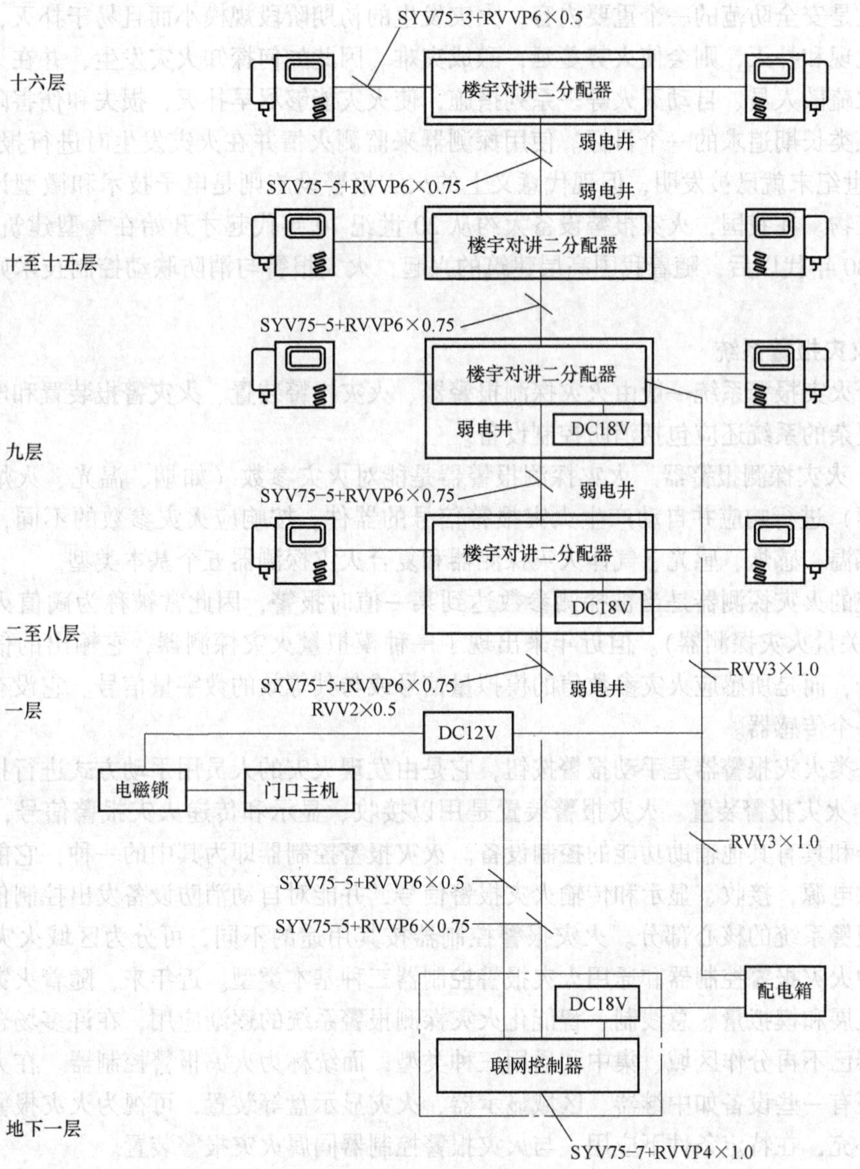

图Ⅲ-5 高层住宅楼可视对讲系统图

每个用户室内设置一台可视电话分机，单元楼梯口设一台带门禁编码式可视梯口机，住户可以通过智能卡和密码开启单元门。访客可通过门口主机实现在楼梯口与住户的呼叫对讲。

楼梯间设备采用就近供电方式，由单元配电箱引一路220V电源至梯间箱，实现对每楼层楼宇对讲二分配器及室内可视分机供电。

从图Ⅲ-5中还可得知，视频信号线型号分别为SYV75-5 + RVVP6 ×0.75和SYV75-5 + RVVP6 ×0.5，楼梯间电源线型号分别为RVV3 ×1.0和RVV2 ×0.5。

Ⅲ.1.4 火灾报警与消防联动控制系统

防火是安全防范的一个重要内容。火灾发生的初期阶段规模小而且易于扑灭，但如果不能及时发现和扑灭，则会使火势蔓延，酿成灾难。因此如何探知火灾发生，并在火灾发生后及时采取疏散人员、自动灭火等一系列措施，使火灾能够尽早扑灭，损失和伤害降到最低程度，是人类长期追求的一个目标。使用探测器来监测火情并在火灾发生时进行报警的设施，早在19世纪末就已被发明，但现代意义上的火灾报警设施则是电子技术和微型计算机技术结合的产物。在我国，火灾报警设备大约从20世纪70年代起才开始在大型建筑物中使用；20世纪80年代以后，随着我国高层建筑的兴起，火灾报警与消防联动控制技术则得到了较大的发展。

1. 火灾报警系统

一个火灾报警系统一般由火灾探测报警器、火灾报警装置、火灾警报装置和电源四部分构成。复杂的系统还应包括消防控制设备。

(1) 火灾探测报警器　火灾探测报警器是能对火灾参数（如烟、温光、火焰辐射、气体浓度等）进行响应并自动产生火灾报警信号的器件。按响应火灾参数的不同，火灾探测器分成感温、感烟、感光、气体火灾探测器和复合火灾探测器五个基本类型。

传统的火灾探测器是当被探测参数达到某一值时报警，因此常被称为阈值火灾探测器（或称开关量火灾探测器）。但近年来出现了一种模拟量火灾探测器，它输出的信号不是开关量信号，而是所感应火灾参数值的模拟量信号或与其等效的数字量信号。它没有阈值，只相当于一个传感器。

另一类火灾报警器是手动报警按钮，它是由发现火灾的人员用手动方式进行报警。

(2) 火灾报警装置　火灾报警装置是用以接收、显示和传递火灾报警信号，并能发出控制信号和具有其他辅助功能的控制设备。火灾报警控制器即为其中的一种，它能为火灾探测器提供电源，接收、显示和传输火灾报警信号，并能对自动消防设备发出控制信号，是火灾自动报警系统的核心部分。火灾报警控制器按其用途的不同，可分为区域火灾报警控制器、集中火灾报警控制器和通用火灾报警控制器三种基本类型。近年来，随着火灾探测报警技术的发展和模拟量、总线制、智能化火灾探测报警系统的逐渐应用，在许多场合，火灾报警控制器已不再分作区域、集中和通用三种类型，而统称为火灾报警控制器。在火灾报警装置中，还有一些设备如中继器、区域显示器、火灾显示盘等装置，可视为火灾报警控制器的演变或补充，在特定条件下应用，与火灾报警控制器同属火灾报警装置。

(3) 火灾警报装置　火灾警报装置是指火灾自动报警系统中用以发出区别于周围环境声、光的火灾警报信号装置。它以特殊的声、光等信号向警报区域发出火灾警报信号，以警示人们采取安全疏散、灭火救灾的措施。

(4) 消防控制设备 在火灾报警与消防联动控制系统中，当接收到火灾报警信号后，能自动或手动起动相关消防设备并显示其状态的设备称为消防控制设备，主要包括接受火灾报警控制器控制信号的自动灭火系统的控制装置、室内消火栓系统的控制装置、防排烟及空调通风系统的控制装置、常开防火门和防火卷帘的控制装置、电梯回降控制装置，以及火灾应急广播、火灾警报装置、消防通信设备、火灾应急照明与疏散指示标志等。消防控制设备一般设置在消防控制中心，以便于集中统一控制。也有的消防控制设备设置在被控消防设备所在现场，但其动作信号则必须返回消防控制中心，实行集中与分散相结合的控制方式。火灾自动报警与消防联控系统的供电应采用消防电源，备用电源采用蓄电池。火灾报警与消防联动控制系统框图如图Ⅲ-6所示。

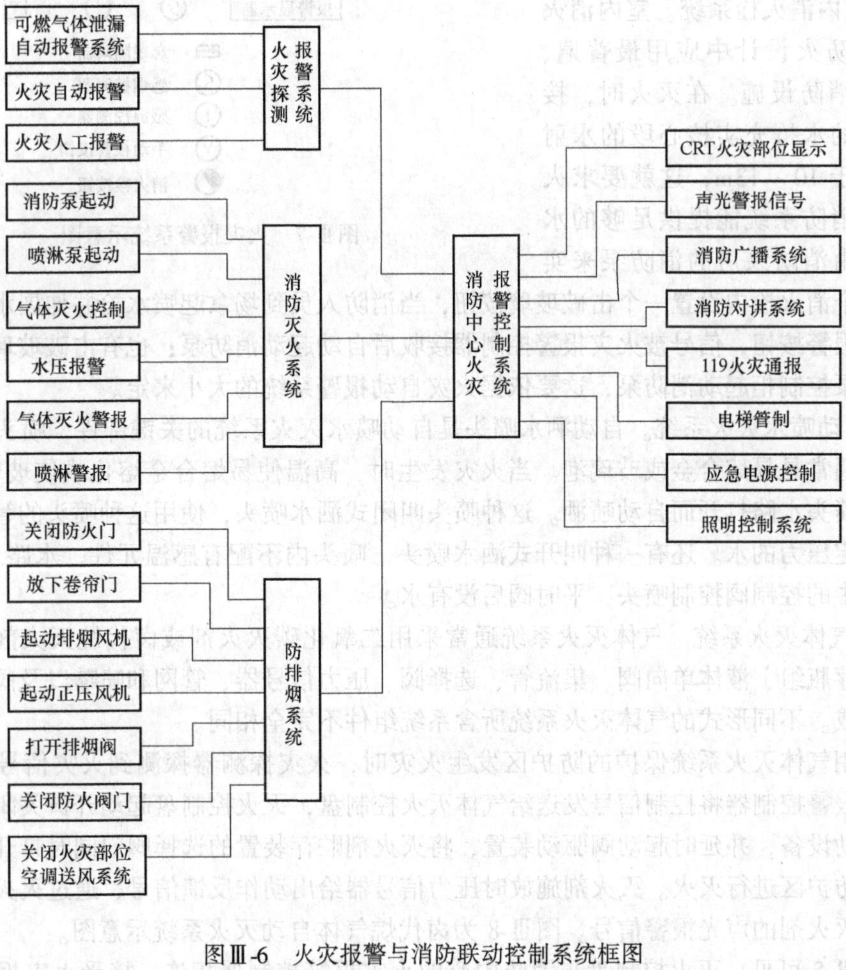

图Ⅲ-6 火灾报警与消防联动控制系统框图

目前的火灾报警控制器几乎都已采用了二总线制。由控制器到探测器只需接出两条线，既作为探测器的电源线，又作为信号传输线，它是将信号加载在电源上进行传输的。

为了避免同一回路上的几条支路之间某一条短路时会引起整个回路瘫痪，一般在每个支路与回路连接处都要加一总线隔离器，如图Ⅲ-7所示。

2. 自动灭火系统及其联动控制

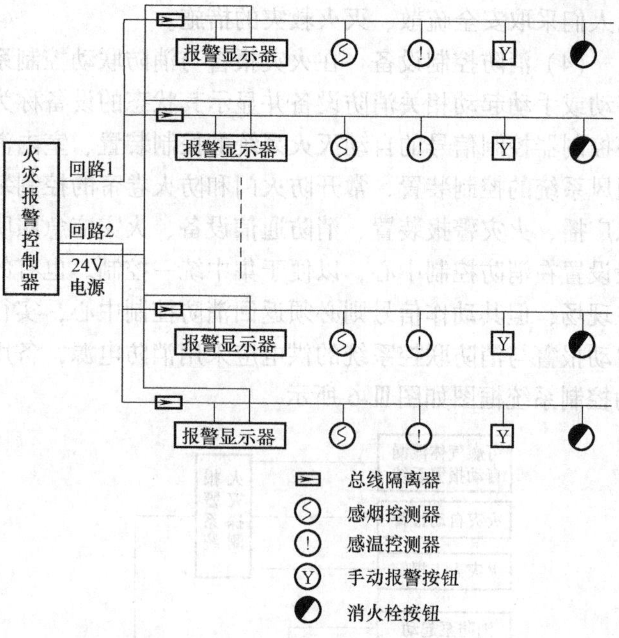

图Ⅲ-7 火灾报警系统示意图

消防灭火系统主要分为水灭火系统和气体灭火系统两种。在现代火灾自动报警与消防联动控制系统中，灭火系统应受到消防报警中心的控制和监视，以提高灭火系统的可靠性。

(1) 水灭火系统 水灭火系统由室内消火栓系统和自动喷水灭火系统两部分构成，有时也包括水幕系统。

1) 室内消火栓系统。室内消火栓是建筑防火设计中应用最普遍、最基本的消防设施。在灭火时，接于消火栓的水枪充实核心段的水射流不应小于 10 ~ 13m，这就要求火灾发生时消防系统能提供足够的水压，通常由消防泵房的消防泵来实现。在每个消火栓内设置一个击破玻璃按钮，当消防人员到场拿起喷水枪并伸展水带准备喷水时击动报警按钮，信号被火灾报警控制器接收后自动起动消防泵；也有击破玻璃按钮信号直接去水泵控制柜起动消防泵，这要依据火灾自动报警系统的大小来定。

2) 自动喷水灭火系统。自动洒水喷头是自动喷水灭火系统的关键部件，喷头内配有感温元件，通常是易熔合金或玻璃泡。当火灾发生时，高温使易熔合金熔化或使玻璃泡破碎，该信号使喷头水路打开而自动喷洒。这种喷头叫闭式洒水喷头，使用这种喷头的管路各段总是充有一定压力的水。还有一种叫开式洒水喷头，喷头内不配有感温元件，水路总是开着，而由管道中的控制阀控制喷头，平时阀后没有水。

(2) 气体灭火系统 气体灭火系统通常采用二氧化碳灭火剂或卤代烷灭火剂。系统由灭火剂贮存瓶组、液体单向阀、集流管、选择阀、压力信号器、管网和喷嘴以及阀驱动装置等组件组成。不同形式的气体灭火系统所含系统组件不完全相同。

当采用气体灭火系统保护的防护区发生火灾时，火灾探测器探测到火灾信号并经确认后，火灾报警控制器将控制信号发送给气体灭火控制盘，灭火控制盘起动开口关闭装置、通风机等联动设备，并延时起动阀驱动装置，将灭火剂贮存装置的选择阀门同时打开，将灭火剂施放到防护区进行灭火。灭火剂施放时压力信号器给出动作反馈信号，通过灭火控制盘再发出施放灭火剂的声光报警信号。图Ⅲ-8 为卤代烷气体自动灭火系统示意图。

由图Ⅲ-8 可见，灭火控制盘与消防中心的火灾报警控制器相连，接受火灾报警控制器的控制信号并予以实施。灭火剂贮存装置一般由灭火剂及其贮存容器、容器阀、单向阀和集流管组成，用于贮存灭火剂和控制灭火剂施放。选择阀是用来控制灭火剂经管网释放到预定防护区域或保护对象的阀门。选择阀和防护区一一对应。选择阀有电动式和气动式两种，无论哪种起动方式的选择阀均设有应急手动操作机构，以备自动控制失灵时仍能将选择阀打开。喷嘴是用来控制灭火剂的流速和喷射方向的组件。

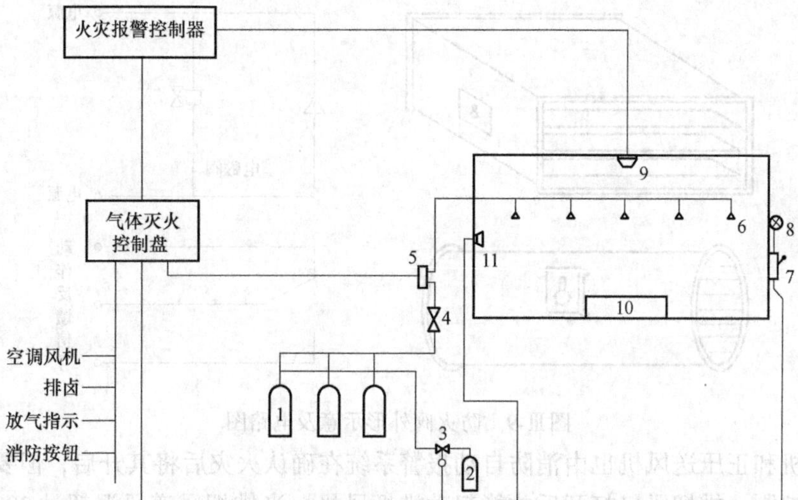

图Ⅲ-8 卤代烷灭火系统示意图

1—气瓶 2—起动压力瓶 3—电磁阀 4—选择阀 5—压力开关 6—喷头
7—手动操纵装置 8—放气信号灯 9—报警器 10—被保护物 11—报警扬声器

气体灭火系统一般适用于下列一些典型场所：大、中型电子计算机房；大、中型通信或电视发射塔微波室；贵重设备室；文物资料珍藏库；大、中型图书馆和档案库；发电机房、油浸变压器室、变电室、电缆隧道或电缆夹层等电气危险场所。显然上述场所都是不适于用水灭火的场所。

3. 通风空调与防、排烟系统的消防联动控制

（1）通风、空调系统的消防联动控制 在设有通风、空调系统的建筑物内，纵横的通风、空调管道如不设有消防联动设施，则在火灾发生时会成为火灾蔓延的重要途径。因通风、空调管道引起火灾蔓延而导致严重事故的例子已屡见不鲜。

一般应在管道穿越防火分区的隔离墙处，穿越通风、空气调节机房及重要的或火灾危险性大的房间隔墙和楼板处，垂直风管与每层水平风管交接处的水平管道上，穿越变形缝处的两侧，厨房、浴室、厕所等垂直排风管道等部位设置防火阀。

防火阀外形示意及电路图如图Ⅲ-9 所示。防火阀的作用是平时风门打开，不影响通风、空调系统的正常工作，而火灾发生时，通过消防中心消防联动控制系统遥控使其关闭或通过阀上的易熔金属丝在70℃左右温度时熔断引起机械连锁机构动作而使风阀关闭，这样使风路断开，不使火灾顺通风、空调管道蔓延成灾。阀门关闭后可通过动作反馈信号向消防中心返回阀已关闭的信号或对其他装置进行连锁控制。

（2）防烟、排烟系统 现代的建筑物内，可燃装修、陈设较多。特别是一些塑料装修、化纤地毯和用泡沫塑料填充的家具，这些可燃物在燃烧过程中会产生大量的有毒烟气和热，同时要消耗大量的氧气。据统计，火灾造成人员伤亡的主要原因是一氧化碳中毒窒息死亡或被其他有毒烟气熏死，一般占火灾总死亡人数的40%~50%，有时高达65%。而那些被火烧死的人当中，多数是先中毒窒息晕倒而后被烧死的。

排烟系统管道出口一般设有排烟口，而正压送风风道的室外端设有送风口，排烟口与送风口的结构和控制方式与防火阀相同，只不过它是平时关闭而火灾时打开。

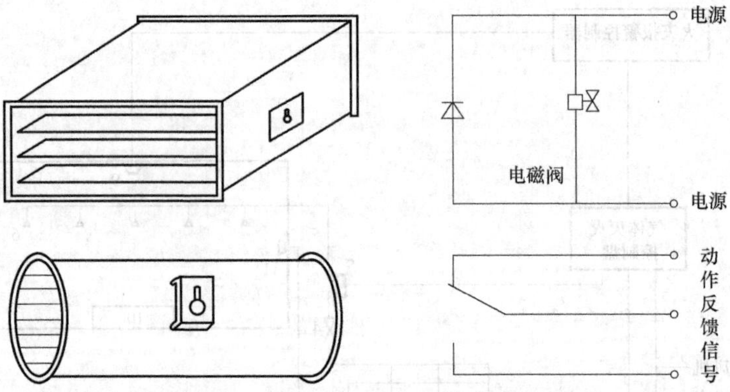

图Ⅲ-9　防火阀外形示意及电路图

排烟风机和正压送风机也由消防自动报警系统在确认火灾后将其开启，但要与排烟口或送风口连锁控制，排烟风口打开后才能起动排烟风机。当排烟风道风温超过280℃时，排烟风口的易熔金属熔断，触发连锁机构使风口关闭，这时也应同时关闭排烟风机。在建筑设计时为了防火防烟，可能设置防烟垂壁、防火门、排烟或者防火卷帘门。

（3）火灾事故照明与疏散指示标志　火灾发生时，为了防止火灾引起照明电源短路而使火灾沿电路蔓延，事故区要由火灾报警控制器自动切断日常工作电源。此时为保证人员安全疏散、重要部位继续工作和组织扑救，建筑中设置的火灾事故照明和疏散指示标志电路应接通。应急照明应设在以下部位：

1）楼梯间、防烟楼梯间前室、消防电梯间及其前室和避难层。

2）配电室、消防控制室、消防水泵房、防排烟机房、供消防用电的储电池室、自备发电机房、电话总机房以及发生火灾时仍需坚持工作的其他房间。

3）观众厅、展览厅、多功能厅、餐厅和商业营业厅等人员密集的场所。

4）公共建筑内的疏散走道长度超过20m的内走道。

疏散标志灯设在疏散走道和安全出口处，疏散标志灯宜设在1m以下墙面上，间距不超过20m，安全出口标志应设在出口顶部。走廊、过道处疏散应急照明，地面照度不低于0.5lx，而发生火灾时仍需坚持工作的房间照度应与正常照明要求相同。

应急照明配电箱由消防电源回路供电。箱内主电路应能由消防联动控制器自动接通。而普通照明层总配电箱内的主开关应设有脱扣装置，能够由消防报警控制器自动切断。

4. 电梯的控制

火灾发生后，消防自动报警控制器将使全部电梯迫降到首层，并接收其反馈信号。

电梯是高层建筑纵向交通工具，消防电梯是发生火灾时供消防人员扑救火灾和营救人员用的。火灾时一般电梯没有特殊情况不能做疏散用，因为这时电源没有把握能正常提供，因此火灾时对电梯的控制一定要安全可靠。对电梯的控制方式有两种，一是将所有电梯控制显示的副盘设在消防中心，消防值班人员可直接操作；再就是消防控制室可通过联动控制系统在火灾时向电梯机房发出火灾信号和强制电梯全部停于首层的指令。

5. 火灾事故广播系统

火灾事故广播系统是消防报警与消防联动控制系统中的一个重要组成部分。当火灾发生时，在消防中心的指挥人员可通过该系统组织指挥现场灭火和人员疏散。通常消防广播与业务广播或背景音乐广播共用一套广播系统，故也称为公共广播系统。

火灾事故广播系统由三部分构成：广播录放单元、广播功率放大单元和广播分配单元。

1）广播录放单元是火灾事故广播系统的音响来源，它具有外线输入、送话器和磁带播放等方式，同时能对各种播放方式下的广播过程自动进行同步录音，并设有扬声器监听任何方式下的广播音响。火灾报警联动控制系统可实现正常广播与事故广播的自动切换。紧急时值班人员可通过紧急控制键手动启动系统，进入火灾事故广播。

2）广播功率放大单元为功率输入单元，主要提供功率输出音频信号，一般为120V定压输出。消防广播分配控制通常有两种方式：一种是手动分配，由值班人员确定广播层次；另一种是由火灾自动报警与消防联动控制系统进行控制。消防广播系统在每一层均设有一控制模块以确定该层的广播线路是否与广播功率放大系统的输出回路相接。

3）火灾发生时，火灾事故广播的顺序是地下室发生火灾应先接通地下各层及首层的广播线路，若首层与二层具有大的共享空间时，也应接通二层的广播线路；首层发生火灾时，应先接通本层、二层及地下各层的广播线路；其他各层发生火灾时应先接通本层及上、下相邻两层的广播线路。其他层暂时不接入火灾广播信号，以免造成不必要的混乱。图Ⅲ-10所示为火灾事故广播系统结构框图。扬声器的布置应保证从一个防火分区的任何部位到最近一个扬声器的步行距离不大于15m，到走廊末端扬声器不大于18m。扬声器的功率不小于3W。

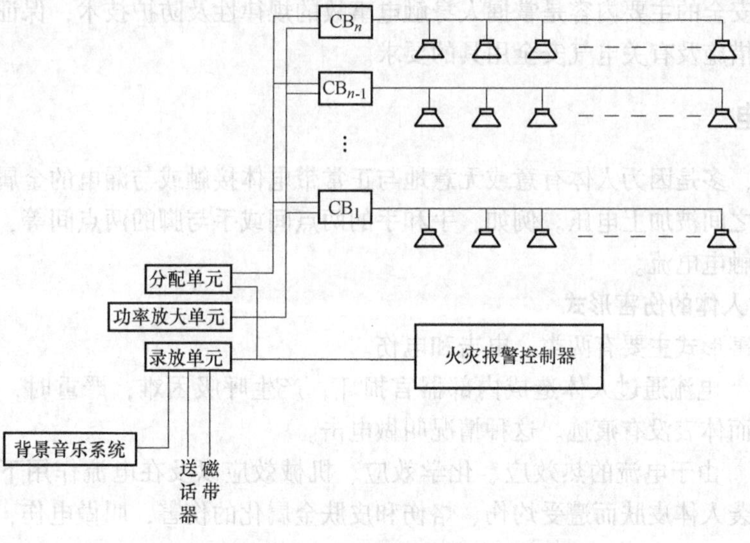

图Ⅲ-10 火灾事故广播系统

注：CB为控制切入模块，一般为二总线制单元模块。

6. 消防电话通信系统

消防电话通信系统是在火灾发生时进行人工确认或各楼层值班人员、消防人员将火灾现场情况及时迅速地报告消防中心或接受消防中心指令的专用通信设备。

消防电话系统的终端有两种：一种是电话分机，另一种是电话插孔。电话分机一般设置在消防泵房、变配电室、防排烟机房、电梯机房等与消防联动有关的设备室，有人值守的值班室、服务台等。电话插孔一般设在手动报警按钮和消火栓启泵按钮上。

消防电话系统有两种：一种是星形火警通信总机系统，另一种是总线式通信系统。星形系统的电话总机设在消防中心，然后将电话线路一对一引到分机电话插孔点处。总机在分机呼叫时声光报警，按下相应的分机键即可与其相互通话。也可由总机对一部或多部分机进行呼叫，按下群呼键可对各电话分机进行群呼及举行电话会议等，在预置自动录音的条件下，总机还可自动对通话内容进行录音。

总线式通信系统无需像星形通信总机系统那样每个终点引出一对线，而是用4总线引至所有电话终端点，大大减少了穿线量。其中两根线为电源线，两根线为信号线。总线式的电话分机应为专用电话机而非普通电话机。

消防电话通信系统应外接一部市内电话，以使火警系统能自动拨叫119火警电话，也可接听外线呼入电话。

Ⅲ.2 建筑电气安全

随着国民经济的迅速发展及人民生活水平的不断提高，电力已成为工农业生产、科研、城市建设、市政交通和人民生活不可缺少的能源。随着用电设备和负荷的增加，用电安全的问题越来越突出。这是因为电力的生产和使用有它的特殊性，在生产和使用过程中，若不注意安全，则会造成人身伤亡事故和国家财产的巨大损失。因此，安全用电在生产领域和生活领域更具有特殊的重大意义。

建筑电气安全的主要内容是掌握人身触电事故的规律性及防护技术，保证电气作业的技术措施和组织措施及有关电气安全用具的要求。

Ⅲ.2.1 触电

所谓触电，多是因为人体有意或无意地与正常带电体接触或与漏电的金属外壳接触，使人体的某两点之间被加上电压。例如，手和手的两点间或手与脚的两点间等，在这两点之间形成电流，即触电电流。

1. 触电对人体的伤害形式

触电的伤害形式主要有两类：电击和电伤。

（1）电击　电流通过人体造成内部器官损坏，产生呼吸困难，严重时，造成心脏停止跳动而死亡，而体表没有痕迹。这种情况叫做电击。

（2）电伤　由于电流的热效应、化学效应、机械效应以及在电流作用下，使熔化蒸发的金属微粒侵袭人体皮肤而遭受灼伤、烙伤和皮肤金属化的伤害，叫做电伤，严重时也能致命。

2. 触电的预防措施

触电也有一定的规律性。例如在每年的六月份至八月份，天气多雨、潮湿，加上人体多汗，所以触电事故最多。发生在低压供电系统和低压电气设备上的事故较多；触电事故多发生在非电工人员身上；一般来说，冶金、建筑、矿业和机械行业触电事故较多；高温、潮湿、有导电灰尘，有腐蚀性气体的环境和临时设施发生触电事故多、用电设备多的部门触电事故多。为防止触电事故，除了思想上重视，认真贯彻执行合理的规章制度外，主要依靠健全组织措施和完善各种技术措施。

为防止触电事故或降低触电的危害程度，需做好以下几方面的工作：

1）设立屏障，保证人与带电体的安全距离，并悬挂标志牌。

2）有金属外壳的电气设备，要采取接地或接零保护。

3）采用安全电压。

4）采用连锁装置和继电保护装置，推广、使用漏电保护装置。

5）正确选用和安装导线、电缆、电气设备；对有故障的电气设备及时维修。

6）合理使用各种安全用具、工具和仪表，要经常检查、定期试验。

7）建立健全各项安全规章制度，加强安全教育和对电气工作人员的培训。

有些与用电有关的事故隐患，也应引起重视。例如对电火花和电弧可能引起的火灾和爆炸事故，对雷电或其他因素可能引起的过电压事故，都应从电气角度采取一些必要的、预防性的措施。同时，对电工安装和检修中可能发生的高空坠落事故，对停电不当或事故停电可能造成的其他事故，对生产机械的电气故障可能引起的机械伤害等，也都应给予足够的重视。

Ⅲ.2.2 接地

所谓接地，简单说来是各种设备与大地的电气连接。接地装置由接地体和接地线组成。直接与土壤接触的金属导体称为接地体。电工设备需接地点与接地体连接的金属导体称为接地线。接地体可分为自然接地体和人工接地体两类。

自然接地体有：

1）埋在地下的自来水管及其他金属管道（液体燃料和易燃、易爆气体的管道除外）。

2）金属井管。

3）建筑物和构筑物与大地接触的或水下的金属结构。

4）建筑物的钢筋混凝土基础等。

人工接地体可用垂直埋置的角钢、圆钢或钢管，以及水平埋置的圆钢、扁钢等。当土壤有强烈腐蚀性时，应将接地体表面镀锡或热镀锌，并适当加大截面积。水平接地体一般可用直径为 8～10mm 的圆钢。垂直接地体的钢管长度一般为 2～3m，钢管外径为 35～50mm，角钢尺寸一般为 40mm×40mm×4mm 或 50mm×50mm×4mm。

人工接地体的顶端应埋入地表面下 0.5～1.5m 处。这个深度以下，土壤电导率受季节影响变动较小，接地电阻稳定，且不易遭受外力破坏。要求接地的设备有电力设备、通信设备、电子设备、防雷装置等。接地的目的是为了使设备正常和安全运行，以及为建筑物和人身的安全准备条件。常用的接地可分为以下各种。

1. 系统接地

在电力系统中将其某一适当的点与大地连接，称为系统接地或称工作接地，如变压器中性点接地、零线的重复接地等。

2. 设备的保护接地

各种电气设备的金属外壳、线路的金属管、电缆的金属保护层、安装电气设备的金属支架等，由于导体的绝缘损坏可能带电，为了防止这些不带电金属部分产生过高的对地电压危及人身安全而设置的接地，称为保护接地。

3. 防雷接地

为了使雷电流安全地向大地泄放，以保护被击建筑物或电力设备而采取的接地，称为防雷接地。

4. 屏蔽接地

一方面是为了防止外来电磁波的干扰和侵入，造成电子设备的误动作或通信质量的下降，另一方面是为了防止电子设备产生的高频向外部泄放，需将线路的滤波器、变压器的静电屏蔽层、电缆的屏蔽层、屏蔽室的屏蔽网等进行接地，称为屏蔽接地。高层建筑为减少竖井内垂直管道受雷电流感应产生的感应电势，将竖井混凝土壁内的钢筋予以接地，也属于屏蔽接地。

5. 防静电接地

静电是由于摩擦等原因而产生的积蓄电荷。要防止静电放电导致发生事故或影响电子设备的工作，就需要有使静电荷迅速向大地泄放的接地，称为防静电接地。

6. 等电位接地

医院的某些特殊的检查和治疗室、手术室和病房中，病人所能接触到的金属部分（如床架、床灯、医疗电器等），不应发生有危险的电位差，因此要把这些金属部分相互连接起来成为等电位体并予以接地，称为等电位接地。高层建筑中为了减少雷电流造成的电位差，将每层的钢筋网及大型金属物体连接成一体并接地，也是等电位接地。

7. 电子设备的信号接地及功率接地

电子设备的信号接地（或称逻辑接地）是信号回路中放大器、混频器、扫描电路、逻辑电路等的统一基准电位接地，目的是不致引起信号量的误差。功率接地是所有继电器、电动机、电源装置、大电流装置、指示灯等电路的统一接地，以保证在这些电路中的干扰信号泄放到大地中，不致于干扰灵敏的信号电路。

按国际电工委员会（IEC）的标准，低压配电系统根据保护接地的形式不同分为：IT 系统、TT 系统和 TN 系统。其中，IT 系统和 TT 系统的设备外露可导电部分经各自的保护线直接接地（保护接地）；TN 系统的设备外露可导电部分经公共的保护线与电源中性点直接电气连接（接零保护）。

国际电工委员会（IEC）对系统接地文字符号的意义规定如下：

第一个字母表示电力系统的对地关系：

1）T 表示一点直接接地。

2）I 表示所有带电部分与地绝缘或一点经高阻抗接地。

第二个字母表示装置的外露可导电部分的对地关系：

1）T 表示外露可导电部分对地直接电气连接，与电力系统的任何接地点无关。

2）N 表示外露可导电部分与电力系统的接地点直接电气连接（在交流系统中，接地点通常就是中性点）。

后面还有字母（第三个字母）时，这些字母表示中性线与保护线的组合：

1）S 表示中性线和保护线是分开的。

2）C 表示中性线和保护线是合一的。

（1）TN 系统　在三相四线（380V/220V）制的电源中性点直接接地的低压电网中，把正常运行时不带电的用电设备的金属外壳，经公共的保护线和电源的中性点直接做电气连接所构成的系统。

TN 系统的电源中性点直接接地，并有中性线引出，按其保护线的形式，又可分为以下 3 种：

1）TN-C系统（三相四线制）。图Ⅲ-11所示为TN-C系统接地原理图，其整个系统的中性线（N）和保护线（PE）是合一的，该线又称为保护中性线（即PEN线）。其优点是节省了一条导线，但当三相负载不平衡或中性线断开时会使所有设备的金属外壳都带上危险电压。一般情况下，若保护装置和导线截面积选择适当，该系统是能够满足要求的。

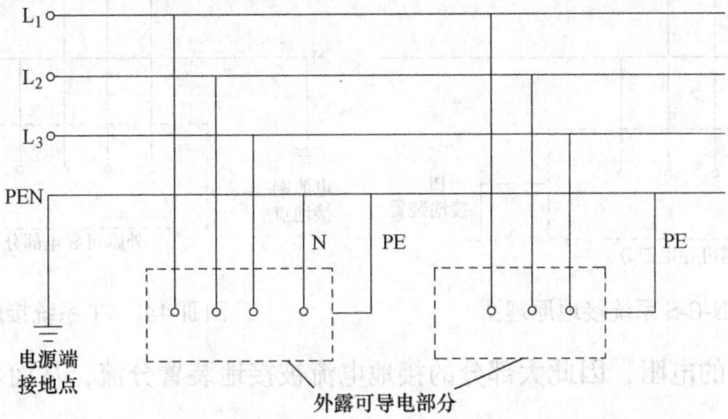

图Ⅲ-11 TN-C系统接地原理图

2）TN-S系统（三相五线制）。图Ⅲ-12所示为TN-S系统接地原理图，其整个系统的中性线（N）和保护线（PE）是分开的。其优点是PE线在正常情况下没有电流通过，因此，不会对接在PE线上的其他设备产生电磁干扰。此外，由于中性线（N）和保护线（PE）是分开的，N线断线也不会影响PE线的保护作用。但TN-S系统使用导线较多，增加了投资。一般情况该系统多用于对安全可靠性要求较高、设备对抗电磁干扰要求较高或环境条件较差的场所，对于新建的民用建筑、住宅小区，推荐使用TN-S系统。

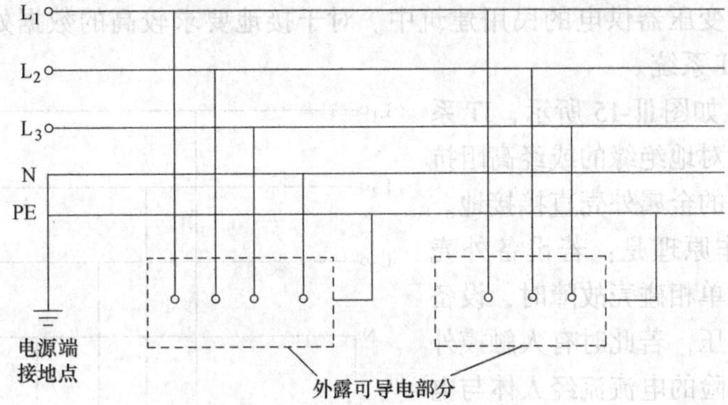

图Ⅲ-12 TN-S系统接地原理图

3）TN-C-S系统（三相四线和三相五线混合系统）。图Ⅲ-13所示为TN-C-S系统接地原理图。系统中有部分中性线（N）和保护线（PE）是合一的，而又有一部分线是分开的。这种系统兼有TN-C系统和TN-S系统的特点，常用于配电系统末端环境较差或有对抗电磁干扰要求较高的场所。

（2）TT系统　如图Ⅲ-14所示，TT系统的电源中性点直接接地，与用电设备接地无关。PE为保护接地，设备的金属外壳也直接接地，且与电源中性点相连。

TT系统的工作原理是：当发生单相碰壳故障时，接地电流流过保护接地的接地装置和电源的工作接地装置所构成的回路。此时，若有人触摸带电的外壳，则由于保护接地装置的

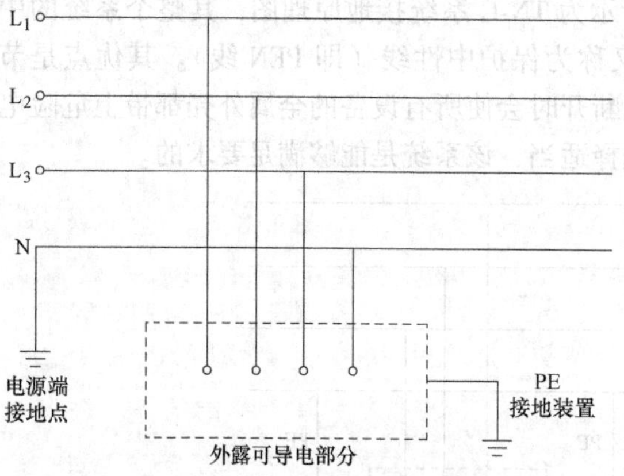

图Ⅲ-13 TN-C-S 系统接地原理图

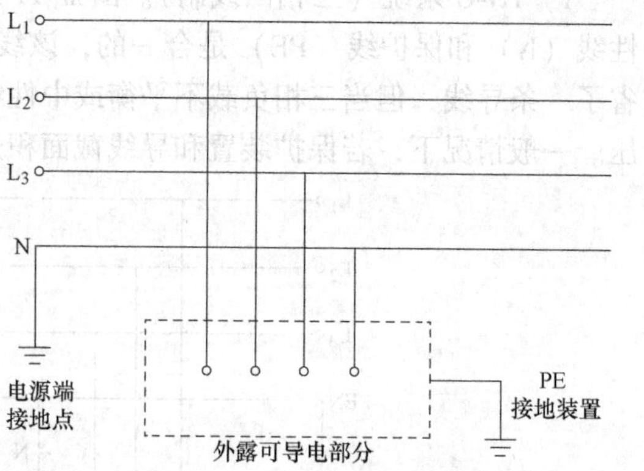

图Ⅲ-14 TT 系统接地原理图

电阻远远小于人体的电阻，因此大部分的接地电流被接地装置分流，从而对人体起到保护作用。

TT 系统在确保安全用电方面也存在着不足之处：

1）在采用 TT 系统的电气设备发生单相碰壳故障时，接地电流并不很大，往往不能使保护装置动作，这将导致线路长期带故障运行。

2）当 TT 系统中的电气设备只是由于绝缘不良引起漏电时，因漏电电流往往不大（仅为毫安级），不可能使线路的保护装置动作，这也导致漏电设备的金属外壳长期带电，增加了人体触电的危险。

因此，使用 TT 系统必须加装漏电保护开关。TT 系统广泛应用于城镇、农村、居民区、工业企业和由公用变压器供电的民用建筑中。对于接地要求较高的数据处理设备和电子设备，应优先考虑 TT 系统。

（3）IT 系统 如图Ⅲ-15 所示，IT 系统的电源中性点是对地绝缘的或经高阻抗接地，而用电设备的金属外壳直接接地。

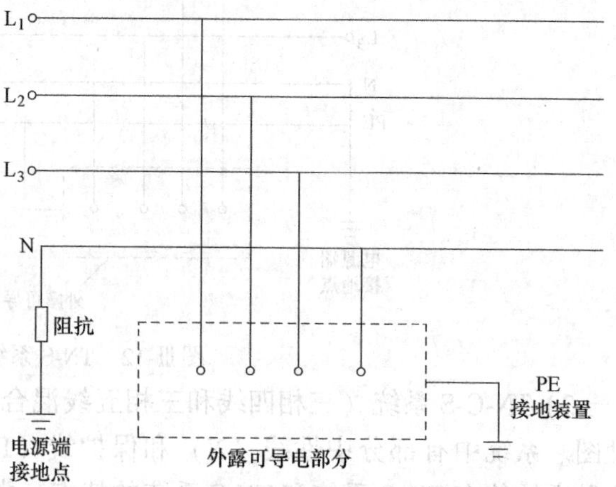

图Ⅲ-15 TT 系统接地原理图

IT 系统的工作原理是：若设备外壳没有接地，在发生单相碰壳故障时，设备外壳就会带上相电压，若此时有人触摸外壳，就会有相当危险的电流流经人体与电网和大地之间的分布电容所构成的回路，而设备的金属外壳有了保护接地后，由于人体电阻远比接地装置的接地电阻大，在发生单相碰壳时，大部分的接地电流装置分流，流经人体的电流很小，从而起到了保护人体安全作用。

IT 系统适用于环境条件不良、易发生单相接地故障的场所，以及易燃、易爆的场所，如煤矿、化工厂、纺织厂等。

保护接地适用于中性点不接地（对地绝缘）的电网中。在这种电网中，凡由于绝缘破坏或其他原因而可能呈现危险电压的金属部分，除另有规定外，均应接地。

但是，在干燥场所，交流额定电压50V以下，直流额定电压110V及以下；以及在干燥且有木质、沥青等不良导电地面的场所，交流额定电压380V及以下，电气设备金属外壳可不接地。直流额定电压440V及以下的电气设备金属外壳，除另有规定外（在爆炸危险场所仍应接地），可不接地。

Ⅲ.2.3　建筑工程的防雷系统

1. 雷电的形成及对建筑物的危害

雷电的破坏作用主要是雷电流引起的。它的危害基本上可分为三种类型：

1）直击雷的作用。即雷电直接在建筑物或设备上发生的热效应作用和电动力作用。

2）雷电的二次作用。即雷电流产生的静电感应作用和电磁感应作用，通常称为感应雷。

3）雷电对架空线路或金属管道的作用。所产生的雷电波可能沿着这些金属导体、管路，特别是沿天线或架空电线引入室内，形成所谓高电位引入，而造成火灾或触电伤亡事故。雷电流的热效应主要表现在雷电流通过导体时产生出大量的热能，它能使金属融化、飞溅，从而引起火灾或爆炸。

2. 建筑物的防雷措施和防雷装置

（1）一般的防雷措施和防雷装置　防直击雷一般采用装设避雷网或避雷带。对面积较大的屋顶装设避雷网，网格宽度不应大于10m，屋面上的任意一点距避雷网均不得大于5m。当有三条以上平行避雷带时，每隔24m处需加设相互跨接线，突出屋面的电梯机房、水箱间等可沿屋顶的四周装设避雷带。突出屋面的砖砌通风道可装设环状避雷带；金属透气管应与避雷带（网）连接。

当采用避雷针保护屋面的突出物时，其保护角按45°计算。防直击雷的引下线不应少于2根，其间距不应大于24m。防直击雷的接地装置的冲击电阻不应大于10Ω，接地体围绕建筑物敷设。进入建筑物的埋地金属管道及电气设备的接地装置，宜在入户处与防雷接地装置连接。

（2）防雷接地装置

1）接闪器是用来吸引雷电的，是直接遭受雷击的部分，所以它是用良导体材料制成，并且安装在建筑物的顶部。接闪器的结构有避雷带、避雷网、避雷针等以及兼做接闪器的金属屋面、金属构件等。接闪器采取镀锌或涂漆等防腐处理。接闪器通过引下线与接地装置相连。

2）引下线作用是将接闪器“接”来的雷电流引入大地，它应能保证雷电流通过而不被熔化。引下线一般用圆钢或扁钢制成，其截面积应能满足通过的大电流；也可利用建筑物的金属构件，如梁、板、柱以及基础等钢筋混凝土内的钢筋作为防雷引下线。作为防雷引下线的金属构件必须焊接成电气通路，其电阻值应满足接地要求。

3）接地装置是接地体和接地线的统称。接地体的作用是使雷电流迅速流散到大地中去，因此，接地体的接地电阻要小，其长度、截面积、埋设深度等都有一定的要求。接地体分人工接地体和自然接地体，无论是哪种，都要满足技术规范要求。如人工接地体的长度、截面积、埋设深度以及周围土壤的电阻率等都有要求。

目前，高层建筑的防雷设计，是将整个建筑物的梁、板、柱、基础等主要结构的钢筋，通过焊接连成一体。在建筑物的顶部，设避雷网压顶；在建筑物的腰部，多处设置避雷带、均压环。这样，使整个建筑物及每层分别连成一个笼式整体避雷网，对雷电起到均压作用。当雷击时建筑物各处构成了等电位面，对人体和设备都安全。同时由于屏蔽效应，笼内空间电场强度为零，笼体各处电位基本相等，则导体间不会发生反击现象。

建筑内部的金属管道由于与房屋建筑的结构钢筋作电气连接，也能起到均衡电位的作用。此外，各结构钢筋连成一体并与基础钢筋相连。

由于高层建筑基础深、面积大，利用钢混基础中的钢筋作为防雷接地体，它的接地电阻一般都能满足 4Ω 以下的要求。

参考文献

[1] 住房和城乡建设部，国家质量监督检验检疫总局. GB 50015—2003 建筑给水排水设计规范(2009 年版)[S]. 北京：中国计划出版社，2010.

[2] 高明远. 建筑设备技术[M]. 北京：中国建筑工业出版社，1998.

[3] 高明远，岳秀萍. 建筑设备工程[M]. 北京：中国建筑工业出版社，2005.

[4] 韦节廷. 建筑设备工程[M]. 3 版. 武汉：武汉理工大学出版社，2007.

[5] 陈送财. 建筑给排水[M]. 北京：机械工业出版社，2012.

[6] 周连起. 建筑设备工程[M]. 北京：中国电力出版社，2009.

[7] 中华人民共和国住房和城乡建设部. JGJ 26—2010 严寒和寒冷地区居住建筑节能设计标准[S]. 北京：中国建筑工业出版社，2010.

[8] 张爱民，刘曙光. 建筑设备工程[M]. 北京：水利水电出版社，2009.

[9] 张东放. 建筑设备工程[M]. 北京：机械工业出版社，2009.

[10] 李金. 城市集中供暖系统节能及换热站控制系统的设计[D]. 西安：西安建筑科技大学，2011.

[11] 王庆军. 分户热计量方式[J]. 住宅科技，2010.

[12] 孟金玲. 国内热计量技术现状及发展趋势[J]. 中国新技术新产品，2010.

[13] 郭济语. 高层建筑热水供暖系统选择[J]. 煤气与热力，2007.

[14] 王宏伟，李善可，郭海丰，等. 室内供暖系统调节对集中供热管网的影响[J]. 沈阳建筑大学学报(自然科学版)，2010.

[15] 于晓明，李向东，任照峰. 集中供热住宅供暖系统节能设计要点[J]. 暖通空调，2012.

[16] 夏喜英，王建华. 集中供热、燃气锅炉及电热供暖系统的经济分析[J]. 建筑热能通风空调，2002.

[17] 马有江，戴坚，程志芬，等. 谈供暖系统存在的问题及其解决的途径[J]. 节能技术，2002.

[18] 卜城，屠峥嵘，杨旭东，等. 建筑设备[M]. 北京：中国建筑工业出版社，2010.

[19] 祝连波. 建筑设备[M]. 北京：化学工业出版社，2010.

[20] 李祥平，闫增峰. 建筑设备[M]. 北京：中国建筑工业出版社，2008.

[21] 许琢玉，谭荣伟. 建筑设备技术细节与要点[M]. 北京：化学工业出版社，2011.

[22] 王新泉. 通风工程学[M]. 北京：机械工业出版社，2008.

[23] 马最良，姚杨. 民用建筑空调设计[M]. 2 版. 北京：化学工业出版社，2010.

[24] 陆亚俊，等. 暖通空调[M]. 2 版. 北京：中国建筑工业出版社，2007.

[25] 胡晓东，等. 2009 全国一级注册建筑师执业资格考试辅导教材——建筑物理与建筑设备[M]. 武汉：华中科技大学出版社，2008.

[26] 张玉萍. 新编建筑设备工程[M]. 北京：化学工业出版社，2009.

[27] 徐志胜，等. 防排烟工程[M]. 北京：机械工业出版社，2009.

[28] 住房和城乡建设部工程质量安全监管司，中国建筑标准设计研究院. 全国民用建筑工程设计技术措施：暖通空调·动力(2009 年版)[M]. 北京：中国计划出版社，2009.

[29] 中国有色工程设计研究总院. GB 50019—2003 采暖通风与空气调节设计规范[S]. 北京：中国计划出版社，2003.

[30] 中国建筑科学研究院，中国建筑业协会建筑节能专业委员会. GB 50189—2005 公共建筑节能设计标准[S]. 北京：中国建筑工业出版社，2005.

[31] 中华人民共和国住房和城乡建设部，中华人民共和国国家质量监督检验检疫总局. GB/T 50114—2011 暖通空调制图标准[S]. 北京：中国建筑工业出版社，2001.